机器人学译丛

[美] 怀亚特·S. 纽曼（Wyatt S. Newman） 著

李笔锋 祝朝政 刘锦涛 译

何明 李静 张瑞雷 审

ROS机器人编程
原理与应用

A SYSTEMATIC
APPROACH TO
LEARNING ROBOT
PROGRAMMING
WITH ROS

机械工业出版社
CHINA MACHINE PRESS

图书在版编目（CIP）数据

ROS 机器人编程：原理与应用 /（美）怀亚特·S. 纽曼（Wyatt S. Newman）著；李笔锋，祝朝政，刘锦涛译 . —北京：机械工业出版社，2019.4（2025.1 重印）

（机器人学译丛）

书名原文：A Systematic Approach to Learning Robot Programming with ROS

ISBN 978-7-111-62576-6

I. R… II. ①怀… ②李… ③祝… ④刘… III. 机器人–程序设计 IV. TP242

中国版本图书馆 CIP 数据核字（2019）第 074214 号

北京市版权局著作权合同登记　图字：01-2018-4598 号。

A Systematic Approach to Learning Robot Programming with ROS by Wyatt S. Newman (ISBN: 978-1-4987-7782-7).

Copyright © 2018 by Taylor & Francis Group, LLC

Authorized translation from the English language edition published by CRC Press, part of Taylor & Francis Group LLC. All rights reserved.

China Machine Press is authorized to publish and distribute exclusively the Chinese (Simplified Characters) language edition. This edition is authorized for sale in the Chinese mainland (excluding Hong Kong SAR, Macao SAR and Taiwan). No part of this publication may be reproduced or distributed in any form or by any means, or stored in a database or retrieval system, without the prior written permission of the publisher.

Copies of this book sold without a Taylor & Francis sticker on the cover are unauthorized and illegal.

本书原版由 Taylor & Francis 出版集团旗下 CRC 出版公司出版，并经授权翻译出版。版权所有，侵权必究。

本书中文简体字翻译版授权由机械工业出版社独家出版并仅限在中国大陆地区（不包括香港、澳门特别行政区及台湾地区）销售。未经出版者书面许可，不得以任何方式复制或抄袭本书的任何内容。

本书封面贴有 Taylor & Francis 公司防伪标签，无标签者不得销售。

ROS 已在学术界、工业界和研究机构中广泛使用。本书系统化地介绍了 ROS、ROS 包、ROS 工具的组织，以及如何将现有 ROS 包纳入新的应用中，并开发新的 ROS 包。本书分为六部分，共 18 章。第一部分介绍如何编写 ROS 节点和 ROS 工具，也覆盖了消息、类和服务器。第二部分介绍如何用 ROS 进行仿真和可视化，其中包括坐标变换。第三部分讨论 ROS 的感知过程。第四部分介绍 ROS 中的移动机器人控制和导航。第五部分介绍 ROS 机械臂的相关知识。第六部分介绍系统集成和更高级别的控制，包括基于感知的移动操作。本书既可作为 ROS 课程的教材，也可作为机器人研究人员、工程师及爱好者的参考书。

出版发行：机械工业出版社（北京市西城区百万庄大街 22 号　邮政编码：100037）
责任编辑：冯秀泳　　　　　　　　　　　　　　　责任校对：殷　虹
印　　刷：固安县铭成印刷有限公司　　　　　　版　　次：2025 年 1 月第 1 版第 7 次印刷
开　　本：185mm×260mm　1/16　　　　　　　印　　张：29
书　　号：ISBN 978-7-111-62576-6　　　　　　 定　　价：199.00 元

客服电话：(010) 88361066　68326294

版权所有·侵权必究
封底无防伪标均为盗版

译者序

易科机器人实验室联手机械工业出版社,为传播最新的机器人技术以及方便国内读者学习,引进出版了一系列 ROS 入门与实践的书籍,如侧重于入门基础的《ROS 机器人程序设计(原书第 2 版)》(ISBN:978-7-111-55105-8)、《ROS 机器人高效编程(原书第 3 版)》(ISBN:978-7-111-57846-8),以及体现当前 ROS 开发应用最新成果的《ROS 机器人项目开发 11 例》(ISBN:978-7-111-59817-6)、《ROS 机器人开发:实用案例分析》(ISBN:978-7-111-59372-0)。除此之外,近年来国内亦有许多专家贡献了大量的作品,所涵盖的内容已经非常丰富了。但翻遍所有已出版的 ROS 图书,心中不免又有一点遗憾,总感觉似乎还缺少这么一本书——它在宽度上,能够概述机器人学相关基础;在深度上,又能挖掘 ROS 底层原理。为了弥补此缺憾,我们团队成员以及相关专家甚至为此开过数次研讨会,甚至都拟定了初步的提纲,差点就要撸起袖子来自己干了!

2018 年,Wyatt S. Newman 教授出版了《A Systematic Approach to Learning Robot Programming with ROS》,我们发现此书不同于以往图书只是注重实践操作,它对 ROS 的底层原理做了深入的解释,对一些机器人学基础知识也做了必要的介绍,这对于机器人入门学习是非常有帮助的,正是符合我们之前设想的一本难得的好书!因而决定翻译引进。在书名翻译上,我们也是几经周折,先后调整了三四次。为了凸显此书特色,我们再三斟酌决定增加副书名"原理与应用"。为了言简意赅,编辑也建议不必直译书名,而是关注国内读者阅读习惯,最后本书命名为《ROS 机器人编程:原理与应用》。

关于 ROS 诸多优势在此不过多赘述,接下来补充介绍此书不同于已有图书的特点。我们认为,它是迄今为止已出版 ROS 图书中涉及领域最为系统全面的一本,除了系统讲解 ROS 内部的工作机制外,还着重介绍了移动机器人与机械臂的基本原理，以及系统集成、高级控制等方面的应用，能够让读者充分了解 ROS 原理以及在机器人主要领域的实践应用。但也正如作者所言：ROS 涵盖了机器人研究的众多领域，每一个具体领域都需要专业的知识，甚至可以作为一个科研方向进行研究。希望本书能够帮助你为未来的研究与工作奠定良好的基础，找到自己真正感兴趣的方向，深入下去！

此书适合本科高年级学生、研究生和工程技术人员。此书内容系统且深入，附有大量示例代码，尤其适合需要自学的朋友。愿此书能够陪伴你开启美好的学习之旅！

最后感谢机械工业出版社的编辑对此书的大力支持！感谢易科机器人实验室的张瑞雷博士、林远山博士和吴中红博士审阅此书并提出宝贵的修改意见。感谢河海大学国防生机器人运动与视觉实验室的吕泽宇、乔睿哲和刘官明同学参与了文字审校工作。感谢华东师范大学机器人运动与视觉实验室负责人张新宇副教授的帮助与支持！

ROS（Robot Operating System，机器人操作系统）正在成为现代机器人学的实际标准编程方法。ROS wiki（https://www.ros.org/history/）写道：

ROS 生态系统现在由全世界数以万计的用户组成，覆盖了从桌面爱好项目到大型工业自动化系统。

为什么是 ROS？ 在 1956 年，Joseph Engelberger 创立了 Unimation 公司，世界上第一个机器人公司[7]。然而，在过去的半个世纪里，机器人技术的进步令人失望。世界范围内的机器人学研究也仅限于实验室里的演示和探奇。这一领域的新生研究人员通常一无所有，从头开始构建新型机器人，解决执行器和传感器接口的问题，构建底层的伺服控制，并且通常在实现更高级的机器人能力之前就已经精疲力竭了，而这些自定义的机器人和软件很少被复用于后续工作。

人们认识到采用构建巴比塔的模式是徒劳的，构建更智能的机器人的任务需要持续的、协作的努力，并建立在能够不断达到更高层能力的基础上。在 1984 年，Vincent Hayward 和 Richard Paul 引入了机器人控制 C 库（Robot Control C Library, RCCL）[15]作为解决这一长期问题的方法。不幸的是，RCCL 没有获得机器人研究人员足够的认可。National Instruments[24]和 Microsoft[39-40]均引入了试图使机器人编程标准化的产品。然而，研究人员发现这些方法烦琐而昂贵。

ROS 于 2007 年由斯坦福人工智能实验室发起[26]，它试图统一零碎的谷歌所采用的机器人学方法，且于 2008 年至 2013 年得到 Willow Garage 的支持[12]，随后自 2013 年至今得到谷歌开源机器人基金会（Open Source Robotics Foundation，OSRF）的支持[10]。ROS 方法遵循了开源软件和分布式协作的现代方法。此外，它桥接和提升了其他并行的开源工作，包括 OpenCV[28]、PointCloudLibrary[21]、

Open Dynamics Engine[8]、Gazebo[19]和Eigen[20]。对于研究人员而言，ROS在开放性和易用性方面可能与RCCL相似，而谷歌持续七年的支持是ROS存活的关键。

ROS现在在学术界、工业界和研究机构中得到了全世界的广泛使用。开发人员提供了数以千计的软件包，包括来自一些世界领先的专家在相关领域的解决方案。新的机器人公司在它们的产品上提供了ROS接口，并且已建立的工业机器人公司也引入了ROS接口。随着广泛采用ROS作为机器人编程实际标准的做法，人们对提高机器人的能力有了新的希望。在最近的DARPA机器人挑战赛中，大多数入围的团队使用了ROS。新型自动驾驶汽车的开发商正在开发ROS。新的机器人公司正在崛起，这部分是由ROS资源驱动的。鉴于ROS的势头和功绩，显而易见，当今的机器人工程师必须精通ROS编程。

什么是ROS？ 将其称为"机器人操作系统"并不全面。简洁地定义ROS很困难，因为它包含了很多方面，包括：编程风格（特别是依赖于松散耦合的分布式节点），节点间通信的接口定义和范例，库和包合并的接口定义，可视化、调试、数据记录和系统诊断的工具集合，共享源代码的存储仓库，桥接多个有用的、独立的开源库的桥梁。因此，ROS是机器人程序员的一种生活方式，而不只是一种简单的操作系统。ROS的定义可以参考ROS wiki（https://wiki.ros.org/ROS/Introduction）：

ROS是一个针对机器人的开源、元级操作系统。它提供了用户在操作系统上所期望的服务，包括硬件抽象、低层设备控制、常用功能的实现、进程之间的消息传递以及包管理。它还提供了在多台计算机上获取、生成、编写以及运行代码的工具和库。

ROS的主要目标是支持机器人研究和开发中的代码复用。ROS是一个分布式的进程（也称节点）框架，它能使可执行的文件单独设计以及在运行时松散耦合。这些进程可以打包成易于共享和分发的包。ROS还支持一个代码库的联合系统，能够同时分发协作。从文件系统级到社区级的这个设计实现了开发和部署的独立决策，但所有这些都可以与ROS的基础底层工具一起使用。

Brian Gerkey在网上的评论（https://answers.ros.org/question/12230/what-is-ros-exactly-middleware-framework-operating-system/）如下。

我是这样解释ROS的：

1. 管道：ROS提供了发布-订阅消息传递基础结构，旨在支持分布式计算系统的快速、轻松构建。

2. 工具：ROS提供了一套广泛用于配置、启动、反思、调试、可视化、记录、测试和停止的分布式计算系统的工具。

3. 功能：聚焦于移动性、操作性和感知性，ROS提供了实现机器人有用的功能的广泛库集。

4. 生态系统：ROS 拥有规模庞大的社区支持，并通过着力聚焦于集成和文档而不断改进。ros.org 是一个一站式的站点，在这里可以查找和了解来自世界各地开发者的成千上万个可用 ROS 包。

来自参考文献［13］对 ROS 的解释如下：

ROS（发音 Ross［rɔs］）的主要目标是提供一个统一的开源编程框架，用于在各种真实世界和仿真环境中控制机器人。

来自参考文献［13］中的 ROS 管道：

ROS 中的核心实体称为节点。节点通常是用 Python 或 C++ 编写的小程序，用于执行一些相对简单的任务或过程。节点可以相互独立地启动和停止，并通过传递消息进行通信。节点可以在某些主题上发布消息或向其他节点提供服务。

例如，发布器节点可能会报告从连接到机器人微控制器的传感器传来的数据。/head-sonar 主题上数值为 0.5 的消息意味着传感器当前检测的物体有 0.5 m 远。任何想从这个传感器知晓读数的节点只需订阅 /head-sonar 主题即可。为了使用这些值，订阅器节点定义了一个回调函数，每当新消息到达订阅的主题时它就会执行。这种情况发生的频率取决于发布器节点更新其消息的速率。

节点还可以定义一个或多个服务。当从另一个节点发送请求时，ROS 服务会产生某个行为或发送应答。一个简单的例子就是打开或关闭 LED 的服务。一个更复杂的例子是，当给定一个目标位置和机器人的初始位姿时，返回一个移动机器人导航规划的服务。

学习 ROS 的方法：ROS 有很多功能、工具、风格和习惯。ROS 的学习曲线陡峭，因为在富有成效地使用它之前需要掌握很多细节。ROS wiki 有文档和一系列教程的链接。然而，这些对于 ROS 的初学者而言可能很难遵循，因为定义是分散的，并且所呈现的细节水平千差万别，从未经说明的示例到面向复杂用户的解释。本书的目的是从简单的代码示例以及相应的操作理论层面向读者介绍 ROS 的基本组件。这种介绍只会触及表面，但应该能让读者开始建立有用的 ROS 节点，并使教程变得更可读。

ROS 代码可以用 C++ 或 Python 编写。本书仅使用 C++。对于 Python，读者可参考《ROS 机器人编程实践》（中文版已出版，ISBN：978-7-111-58529-9）[34]。

本书配套的代码示例假定采用 Linux Ubuntu 14.04 和 ROS Indigo。如果你使用 PC 运行 Windows 或使用 Mac 运行 OSX，则一个选择是安装 VirtualBox 来设置虚拟 Linux 计算机，以便在不影响原操作系统的情况下运行。关于安装 VirtualBox、Ubuntu、ROS 以及附带的代码示例和工具，包括在 https://github.com/wsnewman/learning_ros 的子目录 additional_documents 中。（该目录还包括使用 git 的入门指南。）

配置计算机来使用 ROS 可能是一个挑战。可参考《机器人操作系统（ROS）浅析》（中文版已出版）[27]以进一步阐明和协助 ROS 的安装，并获得 ROS 组织和通信的更多细节和幕后解释。（关于 ROS 的其他书籍列于：https://wiki.ros.org/Books。）

ROS 安装的在线描述链接是：https://wiki.ros.org/indigo/Installation/Ubuntu。

安装 ROS 时，用户有命名 ROS 工作区的选择权。在本书中，假定该目录位于用户的主目录下，并命令为 ros_ws。如果你为 ROS 工作区选择另外一个名称，请将在本书中所有地方的 ros_ws 替换为该名称。

本书的代码示例可以在以下网址找到：https://github.com/wsnewman/learning_ros。与此代码一起使用的一些附加包位于：https://github.com/wsnewman/learning_ros_external_packages。应将两个软件库都复制到子目录 ~/ros_ws/src 中的用户 ROS 工作区，以便能够编译示例。要想手动安装这些软件，请在设置 ROS 环境后，cd 至 ~/ros_ws/src 并输入：

```
git clone https://github.com/wsnewman/learning_ros.git
```

和

```
git clone https://github.com/wsnewman/learning_ros_external_packages.git
```

这将使此处引用的所有示例代码都显示在这两个子目录中。

或者（推荐此方法），使用软件库 https://github.com/wsnewman/learning_ros_setup_scripts 中包含的自动安装 ROS 的脚本，来安装本书的示例代码、安装其他有用的工具以及设置 ROS 工作区。网站在线提供了获取和运行这些脚本的说明。这些说明适用于本地 Ubuntu-14.04 安装或 Ubuntu-14.04 的 VirtualBox 安装。（注意，当运行计算密集型或图形密集型代码时，VirtualBox 可能会卡顿。本机 Linux 安装和兼容的 GPU 处理器更可取。）

本书内容无法面面俱到。感兴趣的学生、研究者、自动化工程师或机器人爱好者可以自行探索数以千计的 ROS 包。此外，还有在线教程有更详细的细节和扩展内容。本书的目的是提供一个概览，使读者能够理解 ROS、ROS 包和 ROS 工具的组织，将现有 ROS 包纳入新的应用中，并开发新的包用于机器人和自动化系统。本书使读者能够更好地了解现有的在线文档以便进一步学习。

本书内容分为六部分：
- ROS 基础
- ROS 中的仿真和可视化
- ROS 中的感知处理
- ROS 中的移动机器人

- ROS 中的机械臂
- 系统集成与高级控制

每个主题都覆盖了广泛的领域,包含了大量专业研究成果。本书无法一一在这些领域指导读者。然而,机器人系统需要集成的元素横跨硬件集成、人机界面、控制理论、运动学和动力学、操作规划、运动规划、图像处理、场景解释和人工智能等一系列主题。机器人工程师必须是通才,因此至少需要了解这些领域的基本实践。ROS 生态系统的一个目的就是让工程师可以导入以上每个领域现有的包,并将它们集成到一个定制的系统中,而不必成为每个领域的专家。因此,了解每个领域的 ROS 接口和 ROS 方法对系统集成商来说极具价值,可以充分利用世界各地的机器人研究者、计算机科学家和软件工程师所贡献的专业知识。

致谢

在学术界,工作乐趣之一就是经常接触聪明且富有激情的学生们。感谢我的前顾问 Chad Rockey 和 Eric Perko,他们于 2010 年将我带入 ROS 的大门。从此,我从一个 ROS 质疑者变成了传播者。感谢这一路相伴的学生们,包括 Tony Yanick、Bill Kulp、Ed Venator、Der-Lin Chow、Devin Schwab、Neal Aungst、Tom Shkurti、TJ Pech 和 Luc Bettaieb,他们帮我实现了转变并学习了新的 ROS 技巧。

感谢 Sethu Vijayakumar 教授和苏格兰信息学与计算机科学联盟,感谢他们对我在爱丁堡大学开设 ROS 课程和本书基础课程时给予的支持。感谢爱丁堡大学的 Chris Swetenham、Vladimir Ivan 和 Michael Camilleri,我们在 DARPA 机器人挑战赛中一起开展 ROS 编程合作。在这个过程中,他们教会了我很多额外的 ROS 编程技巧。

感谢 Hung Hing Ying 家庭的支持,他们的基金会使得我成为香港大学的 Hung Hing Ying 客座教授,期间与香港大学 DARPA 机器人挑战赛团队一起组织并开展工作。这是一次宝贵的实践 ROS 的经历。感谢东京大学的 Kei Okada 及其学生对我们港大团队所做的贡献,包括 ROS 使用的宝贵意见和技巧。

感谢 Taylor and Francis 的资深策划编辑 Randi Cohen,她鼓励并指导了本书的出版。感谢为本书提出了宝贵建议的审稿者,他们是 NASA Goddard 空间飞行中心和马里兰大学的 Craig Carignan 博士和广东工业大学的 Juan Rojas 教授。

最后,感谢我的妻子 Peggy Gallagher、女儿 Clea 和 Alair Newman 的支持,以及不断的鼓励和帮助。

感谢谷歌和开源机器人基金、许多创建了有价值的 ROS 包和在线教程以及回答大量 ROS 问题的在线贡献者,正是有了他们的支持,ROS 才能成功。

作者简介

Wyatt S. Newman 是凯斯西储大学电气工程和计算机科学系的教授,自 1988 年开始执教。他的研究领域是机电一体化、机器人学和计算智能,拥有 12 项专利并发表了超过 150 篇学术出版物。他在哈佛大学获得了工程科学专业的学士学位,在麻省理工学院热流体科学系获得了机械工程专业的硕士学位,在哥伦比亚大学获得了控制理论和网络理论专业的电机工程理学硕士学位,在麻省理工学院设计与控制系获得了机械工程专业的博士学位。他是机器人学方面的 NSF 青年研究员,担任过以下职务:飞利浦实验室高级研究员、飞利浦 Natuurkundig 实验室的访问科学家、美国桑迪亚国家实验室智能系统和机器人中心的访问学者、NASA 格伦研究中心的 NASA 夏季教员、普林斯顿大学神经科学的访问学者、爱丁堡大学信息学院的杰出访问学者、香港大学的 Hung Hing Ying 杰出客座教授。他带领机器人团队参加了 2007 年 DARPA 城市挑战赛和 2015 年 DARPA 机器人挑战赛,并将继续致力于机器人的广泛应用。

译者序
前言

第一部分 ROS 基础 / 1

第 1 章 概述：ROS 工具和节点 / 2
1.1 ROS 基础概念 / 2
1.2 编写 ROS 节点 / 5
    1.2.1 创建 ROS 程序包 / 5
    1.2.2 编写一个最小的 ROS 发布器 / 8
    1.2.3 编译 ROS 节点 / 11
    1.2.4 运行 ROS 节点 / 12
    1.2.5 检查运行中的最小发布器节点 / 13
    1.2.6 规划节点时间 / 15
    1.2.7 编写一个最小 ROS 订阅器 / 17
    1.2.8 编译和运行最小订阅器 / 19
    1.2.9 总结最小订阅器和发布器节点 / 21
1.3 更多的 ROS 工具：catkin_simple、roslaunch、rqt_console 和 rosbag / 21
    1.3.1 用 catkin_simple 简化 CMakeLists.txt / 21
    1.3.2 自动启动多个节点 / 23
    1.3.3 在 ROS 控制台观察输出 / 25
    1.3.4 使用 rosbag 记录并回放数据 / 26
1.4 最小仿真器和控制器示例 / 28
1.5 小结 / 32

第 2 章 消息、类和服务器 / 33
2.1 定义自定义消息 / 33
    2.1.1 定义一条自定义消息 / 34
    2.1.2 定义一条变长的消息 / 38
2.2 ROS 服务介绍 / 43
    2.2.1 服务消息 / 43
    2.2.2 ROS 服务节点 / 45
    2.2.3 与 ROS 服务手动交互 / 47
    2.2.4 ROS 服务客户端示例 / 48
    2.2.5 运行服务和客户端示例 / 50
2.3 在 ROS 中使用 C++ 类 / 51
2.4 在 ROS 中创建库模块 / 56
2.5 动作服务器和动作客户端介绍 / 61
    2.5.1 创建动作服务器包 / 62
    2.5.2 定义自定义动作服务器消息 / 62
    2.5.3 设计动作客户端 / 68
    2.5.4 运行示例代码 / 71
2.6 参数服务器介绍 / 80
2.7 小结 / 84

第二部分 ROS 中的仿真和可视化 / 85

第 3 章 ROS 中的仿真 / 86
3.1 简单的 2 维机器人仿真器 / 86
3.2 动力学仿真建模 / 93
3.3 统一的机器人描述格式 / 95
    3.3.1 运动学模型 / 95
    3.3.2 视觉模型 / 98
    3.3.3 动力学模型 / 99
    3.3.4 碰撞模型 / 102
3.4 Gazebo 介绍 / 104
3.5 最小关节控制器 / 112
3.6 使用 Gazebo 插件进行关节伺服控制 / 118
3.7 构建移动机器人模型 / 124
3.8 仿真移动机器人模型 / 132
3.9 组合机器人模型 / 136
3.10 小结 / 139

第 4 章 ROS 中的坐标变换 / 141
4.1 ROS 中的坐标变换简介 / 141
4.2 变换侦听器 / 149
4.3 使用 Eigen 库 / 156
4.4 转换 ROS 数据类型 / 161
4.5 小结 / 163

第 5 章 ROS 中的感知与可视化 / 164
5.1 rviz 中的标记物和交互式标记物 / 168
    5.1.1 rviz 中的标记物 / 168
    5.1.2 三轴显示示例 / 172
    5.1.3 rviz 中的交互式标记物 / 176
5.2 在 rviz 中显示传感器值 / 183
    5.2.1 仿真和显示激光雷达 / 183
    5.2.2 仿真和显示彩色相机数据 / 189
    5.2.3 仿真和显示深度相机数据 / 193
    5.2.4 rviz 中点的选择 / 198
5.3 小结 / 201

第三部分 ROS 中的感知处理 / 203

第 6 章 在 ROS 中使用相机 / 204
6.1 相机坐标系下的投影变换 / 204
6.2 内置相机标定 / 206
6.3 标定立体相机内参 / 211
6.4 在 ROS 中使用 OpenCV / 217
    6.4.1 OpenCV 示例：寻找彩色像素 / 218
    6.4.2 OpenCV 示例：查找边缘 / 223
6.5 小结 / 224

第 7 章 深度图像与点云信息 / 225
7.1 从扫描 LIDAR 中获取深度信息 / 225
7.2 立体相机的深度信息 / 230
7.3 深度相机 / 236
7.4 小结 / 237

第 8 章 点云数据处理 / 238
8.1 简单的点云显示节点 / 238
8.2 从磁盘加载和显示点云图像 / 244
8.3 将发布的点云图像保存到磁盘 / 246
8.4 用 PCL 方法解释点云图像 / 248
8.5 物体查找器 / 257
8.6 小结 / 261

第四部分 ROS 中的移动机器人 / 263

第 9 章 移动机器人的运动控制 / 264
9.1 生成期望状态 / 264
    9.1.1 从路径到轨迹 / 264
    9.1.2 轨迹构建器库 / 268
    9.1.3 开环控制 / 273
    9.1.4 发布期望状态 / 274
9.2 机器人状态估计 / 282
    9.2.1 从 Gazebo 获得模型状态 / 282
    9.2.2 里程计 / 286
    9.2.3 混合里程计、GPS 和惯性传感器 / 292
    9.2.4 混合里程计和 LIDAR / 297
9.3 差分驱动转向算法 / 302

9.3.1 机器人运动模型 / 303
9.3.2 线性机器人的线性转向 / 304
9.3.3 非线性机器人的线性转向 / 306
9.3.4 非线性机器人的非线性转向 / 308
9.3.5 仿真非线性转向算法 / 309
9.4 相对于地图坐标系的转向 / 312
9.5 小结 / 317

第 10 章 移动机器人导航 / 318
10.1 构建地图 / 318
10.2 路径规划 / 323
10.3 move_base 客户端示例 / 328
10.4 修改导航栈 / 331
10.5 小结 / 335

第五部分 ROS 中的机械臂 / 337

第 11 章 底层控制 / 338
11.1 单自由度移动关节机器人模型 / 338
11.2 位置控制器示例 / 339
11.3 速度控制器示例 / 342
11.4 力控制器示例 / 344
11.5 机械臂的轨迹消息 / 349
11.6 7 自由度臂的轨迹插值动作服务器 / 353
11.7 小结 / 354

第 12 章 机械臂运动学 / 355
12.1 正向运动学 / 356
12.2 逆向运动学 / 360
12.3 小结 / 365

第 13 章 手臂运动规划 / 366
13.1 笛卡儿运动规划 / 367
13.2 关节空间规划的动态规划 / 368
13.3 笛卡儿运动动作服务器 / 372

13.4 小结 / 376

第 14 章 Baxter 仿真器进行手臂控制 / 377
14.1 运行 Baxter 仿真器 / 377
14.2 Baxter 关节和主题 / 379
14.3 Baxter 夹具 / 382
14.4 头盘控制 / 385
14.5 指挥 Baxter 关节 / 387
14.6 使用 ROS 关节轨迹控制器 / 390
14.7 关节空间记录和回放节点 / 391
14.8 Baxter 运动学 / 397
14.9 Baxter 笛卡儿运动 / 399
14.10 小结 / 404

第 15 章 object-grabber 包 / 405
15.1 object-grabber 代码组织 / 405
15.2 对象操作查询服务 / 407
15.3 通用夹具服务 / 410
15.4 object-grabber 动作服务器 / 412
15.5 object-grabber 动作客户端示例 / 415
15.6 小结 / 425

第六部分 系统集成与高级控制 / 427

第 16 章 基于感知的操作 / 428
16.1 外部相机标定 / 428
16.2 综合感知和操作 / 431
16.3 小结 / 440

第 17 章 移动操作 / 441
17.1 移动机械手模型 / 441
17.2 移动操作 / 442
17.3 小结 / 446

第 18 章 总结 / 447

参考文献 / 449

PART I

第一部分
ROS 基础

第一部分从基本概念、工具和结构开始，介绍机器人操作系统（Robot Operating System，ROS）的基础知识。演示 ROS 包、节点和工具的创建和使用。介绍 ROS 通信的基础，包括发布器和订阅器、服务和客户端、动作服务器和动作客户端、参数服务器。这些内容均是 ROS 的基础，也是讨论机器人学技术细节的前导知识。

第1章

概述:ROS 工具和节点

引言

这是介绍性的一章,将从最简单的例子开始,主要讲解 ROS 中节点的概念,以及一些 ROS 工具,以说明 ROS 节点的行为。在这里将会用到最简单的 ROS 通信方法——发布和订阅,可供选择的通信方法(service 和 actionserver)将会在第 2 章讲解。

1.1 ROS 基础概念

节点(node)间的通信是 ROS 的核心。节点是一种使用 ROS 的中间件进行通信的 ROS 程序。一个节点可以独立于其他节点启动,多个节点也可以以任何顺序启动。多个节点可以运行在同一台计算机中,或者分布于一个计算机网络中。但一个节点只有当与其他节点通信并最终与传感器和执行器连接时,它才是有用的。

节点之间的通信涉及了 message、topic、roscore、publisher 和 subscriber(service 同样有用,而且这些与发布器和订阅器紧密相关)。节点间所有通信都是序列化的网络通信。publisher 发布的 message 是一个数据包,需要查询对应的关键字进行解析。因为每条消息都以比特流形式接收,那么就需要查询关键字(消息类型描述)来知道怎么解析这些比特,并重构出对应的数据结构。一个简单的例子就是 Float64,它的定义在 ROS 内置程序包 std_msgs 中。此种消息类型帮助发布器把浮点数封装到所定义的 64 位比特流中,而且它同样也帮助订阅器把这些比特流解析为浮点数表示。

关于消息(message),更复杂一点的例子是 twist,它由描述 3 维平移和旋转速度的多个字段组成。有些消息还提供了可选的附加功能,比如时间戳和消息标识码。

当发布器(publisher)节点发布数据时,任何感兴趣的订阅器(subscriber)节点都可以使用它。订阅器节点必须能够和已发布的数据相连,发布的数据通常来自不同的节点,原因是软件的开发会导致发布器发生变化，或者一些发布器节点在不同的环境中会与不同的节点联系。比如，负责控制关节速度的发布器节点可能是一个刚性的位置控制器，但在其他场景中则需要一个柔顺力控制器。通过改变发布速度命令的节点，便可实现交接。这也暴露了一个问题，即订阅器无法知道它的输入正由谁发布。但事实上，要知道哪个节点正在发布的需求会使大型系统的结构变得复杂化，这个问题由 topic 这个概念予以解决。

通过引入话题（topic），不同的发布器可以轮流发布至该话题。因此，一个订阅器只需要知道话题名，而不需要知道是哪个节点或哪些节点向该话题发布消息（message）。比如，用于控制速度的话题是 vel_cmd，然后机器人的底层控制器就会订阅该话题以接收速度命令。不同的发布器都可能负责向这个话题发布速度控制消息，不管是处于实验状态的节点还是随后替换进来的用于满足特定任务需求的可信节点。

尽管通过创建 topic 这一抽象概念可以起到一些作用，但发布器和订阅器都需要知道如何通过话题进行通信，这可以通过 ROS 中的通信中间件所提供的可执行节点 roscore 实现。roscore 像一个操作员一样来负责调整通信。尽管会有很多 ROS 节点分布在多网络计算机中，但只能有一个 roscore 实例可以运行，而运行 roscore 的机器则是这个系统的主计算机。

一个发布器节点通过通知 roscore 一个话题名（和相应的消息类型）来初始化该话题，这称为 advertising 话题。为了实现它，发布器实例化了类 ros::Publisher 的一个对象。这个类的定义属于 ROS 发行版的一部分，使用发布器对象避免了设计者自己编写通信代码。在实例化了发布器对象后，用户代码调用了成员函数 advertise，指定了消息类型，并声明了所需的话题名。此时，用户代码可以开始使用发布器成员函数 publish（它作为消息发布的一个参数），向已命名话题发送消息。

因为每个发布器节点都要和 roscore 通信，roscore 必须在所有 ROS 节点启动前就开始运行。要运行 roscore，打开 Linux 中的一个终端并输入 roscore。该指令的响应是一个确认："已启动核心服务"。它也会输出 ROS_MASTER_URI，它对通知运行在非主计算机上的节点如何连接 roscore 很有用。运行 roscore 的终端只能运行 roscore，无法执行其他任务。只要机器人仍处于有效控制状态（或希望接入机器人的传感器），roscore 节点就应持续运行。

在 roscore 已经启动后，就应该启动发布器节点了。发布器节点会发布它的话题，也可能会开始发送消息（以节点希望的速率发送，但频率受到系统性能的限制）。对于底层控制器和传感器数据，以 1kHz 的速率发布消息是很常见的。

把一个传感器接入一个 ROS 系统需要特定的代码（也许还需要特定的硬件）来与这个传感器通信。例如，LIDAR（激光雷达）传感器需要 RS488 通信，需要以特定格式接收指令，并以预定义格式开始流数据。必须用一个专用的微控制器（或主计算机内的一个节点）与 LIDAR 通信，接收数据，然后在一个 ROS 话题上用某种 ROS 消息类型发布数据。这些特定节点把每个特殊的传感器数据转化为通用的 ROS 通信格式。

当一个发布器开始发布消息时，不需要每个节点都收听这些消息。或者，同一话题上有多个订阅器。发布器不必知道有没有订阅器，也不必知道有多少订阅器。这些都由ROS的中间件来处理。一个订阅器也许会从一个发布器那里接收消息，这个发布器有可能被停止，然后由另一个发布器取代它来发布这一话题，而订阅器会继续接收消息，不必重启。

ROS中的订阅器也可以和roscore通信。它通过使用一个ros::Subscriber类的对象来实现。这个类有一个名为subscribe的成员函数，它需要一个已命名话题作为参数。程序员必须意识到这个目标话题的存在，并知道这个话题的名字。此外，订阅功能需要一个callback函数的名字。这为ROS的中间件提供了必要的钩子，以便回调函数可以开始接收消息。在一个新消息发布出来前，这个回调函数是挂起的，而且设计者也会把代码包括进去以操作新接收的消息。

订阅器函数可以在对应的发布器函数前启动。ROS让订阅器注册话题名字，订阅器希望通过这个已命名话题接收消息，即使这个话题并不存在。在某一时刻，如果当一个发布器通知roscore它将发布消息到那个指定的话题上，这个订阅器的请求就会得到回应，订阅器将开始接收这些发布的消息。

一个节点既可以是订阅器，也可以是发布器。例如，一个控制节点既是一个需要接收传感器信号的订阅器，同样也是一个发送控制指令的发布器。这只需要在同一个节点内同时实例化订阅器对象和发布器对象即可。将消息管道化有利于进行顺序处理。例如，底层图像处理程序（比如边缘检测）会订阅原始的相机数据并发布底层的处理后的图像。更高层的一个节点会订阅这些处理后的边缘图像，寻找这个图像中的特定形状，并发布它的结果（比如识别出来的形状）以便给更高层的处理程序做进一步的处理。执行连续层级处理的一组节点序列可以一次更换一个节点进行增量式修改。新节点只需继续使用同样的输入和输出话题名和消息类型，就可以替换掉整个链条中的一个环节。尽管在修改过的节点中的算法会有显著不同，但链条中的其他节点不会受影响。

可以以任何顺序启动发布器和订阅器的灵活性使系统设计变得较为轻松。此外，独立节点可在任何时刻停止，附加节点也可在运行的系统中进行热插拔。这些特性非常有用，例如，当需要时，可启动一些特定代码，在不需要它们时，随时可以停止（可能计算非常昂贵）。此外，诊断节点（比如解释和报告的已发布消息）会运行并停止移动自组网。这对于测试选定的传感器的输出以确认它的正常运行会很有用。

但应当认识到，在一个运行的系统中随时可以启动和停止发布器和订阅器，这种灵活性也有可能成为不利因素。对于时间要求严格的代码——尤其是依赖于传感器的值生成执行器命令的控制代码——控制代码或关键传感器发布器的中断会导致机器人或它周边物体的物理损害。程序员需要确保时间要求严格的节点要保持运行。要对关键节点的中断进行测试并做出恰当的响应（例如停止所有执行器）。

从系统架构的角度来看，ROS有助于实现一个符合预期的软件架构，并在大型系统开发中支持团队合作。从一个预定的软件架构开始，可以构造一个由一些节点组成的大型系统的骨架。起初，每个节点都可能是简化的节点，可以通过预设话题（软件接口）发送和接收消息。架构中的每个模块随后都可以把旧的（或简化的）节点置换为新节点逐步进行升级，而且整个系统的其他部分无须改变。它支持分布式软件开发和增量测试，这些对于构建大型复杂系统是必要的。

1.2 编写 ROS 节点

这一节详细介绍最小发布器和最小订阅器的设计，将介绍 ROS 程序包的概念，以及关于如何通过关联文件 package.xml 和 CMakeLists 中的指令进行编译和代码链接，以及一些 ROS 工具和命令，包括 rosrun、rostopic、rosnode 和 rqt_graph。会详细说明发布器和订阅器的 C++ 代码示例，以及展示编译节点的运行结果。

这一节中使用的代码示例包含在附带的软件库中，在 learning_ros/Part_1/minimal_nodes 下的目录程序包 minimal_nodes 之中。这个介绍从如何创建附带示例代码的指令开始。在试验这些指令的过程中，避免命名歧义十分重要。在这一节，会对所提供的代码示例中的一些名字进行替换，以说明示例代码是如何创建的。在后续章节中，这些示例代码会原封不动地使用。

在创建新 ROS 代码前，必须先建立一个目录（ROS 工作区），在这里放置 ROS 代码。我们可以在系统中某个方便的位置创建该目录（比如在 home 目录下）。必须要有名为 src 的子目录，在这里放置源代码（程序包）。操作系统必须知道 ROS 工作区的位置（一般通过编辑启动脚本 .bashrc 自动完成）。建立一个 ROS 工作区（并定义 ROS 路径）只需要做一次，该操作在 http://wiki.ros.org/ROS/Tutorials/InstallingandConfiguringROSEnvironment 中有详细描述。在 Linux 中正确设置必要的环境变量非常重要，否则操作系统不知道在哪里寻找代码进行编译和执行。在以前的（ROS Fuerte 以及更早的）版本中，ROS 使用自己名为 rosbuild 的构建系统，后来被 path{catkin}indexcatkin 构建系统所取代，它更快、但也会更复杂。catkin_simple 是一个方便的简化版，它减少了程序员构建项目时的设置细节。

接下来，假设我们已经安装了 ROS Indigo，有了一个明确的 ROS 工作区（在下面的示例中名为 ros_ws），它有了 src 子目录，而且操作系统已经知道工作区的路径（通过查询环境变量）。如果你的设置使用了在前言中推荐的 learning_ros_setup_scripts，这些需求都会得到实现。我们接下来在工作区中继续创建新代码。

1.2.1 创建 ROS 程序包

开始编写新 ROS 代码时，首要工作就是创建一个 package（程序包）。package 是 ROS 中的一个概念，它把众多必要的部分集合在一起，以简化 ROS 代码的构建，并与其他 ROS 代码组合在一起。程序包应该是代码按逻辑的分组，比如按照底层关节控制、高层规划、导航、地图、视觉等分组不同的程序包。尽管这些程序包一般会分别开发，但不同程序包的节点最终会部署在一个机器人上同时运行（或者通过计算机网络共同控制机器人）。

我们用 catkin_create_pkg 命令（或者用 cs_create_pkg 代替，在这里它是更好的方法）来创建一个新 package，catkin_create_pkg 命令是 ROS 默认安装中的一部分。对于一个给定的程序包，只需创建一次。我们可以返回到程序包里并逐步添加更多代码（无须重新创建一个程序包）。当然，添加到这个程序包的代码要在逻辑上属于这个程序包（比如，不要把底层关节控制代码和建图代码放在同一程序包中）。

新程序包应放置在 catkin 工作区中的 src 目录下（比如 ros_ws/src）。作为一个特例，我们考虑创建一个名为 my_minimal_nodes 的新程序包，它包含 C++ 源代码，并依赖包含在 std_msgs 中的基本的预定义消息类型。打开终端，并导航（cd）到 ros_ws 目录。roscd 是一个快捷命令，它能让你直达 ~/ros_ws。从这里，再进入子目录 /src，并输入如下命令：

```
catkin_create_pkg my_minimal_nodes roscpp std_msgs
```

这个命令的效果是创建并进入一个新目录：~/ros_ws/src/my_minimal_nodes。

ROS 中的程序包的名字不能重复。按照惯例，程序包的命名遵循 C 语言一般变量名约定：小写字母，以字母开始，使用下划线分隔符，比如 grasp_planner（参阅 http://wiki.ros.org/ROS/Patterns/Conventions）。系统中所用的每个程序包都必须有自己单独的名字。正如在 http://wiki.ros.org/ROS/Patterns/Conventions 中所指出的，你可以通过 http://www.ros.org/browse/list.php 来查询名字是否已经被占用。结合先前所说明的，选择 my_minimal_nodes 这个名字是为了不与程序包 minimal_nodes 冲突，这个程序包放置在示例代码软件库中（在 ~/ros_ws/src/learning_ros/Part_1/minimal_nodes 下）。

移至新创建的程序包目录，~/ros_ws/src/my_minimal_nodes，我们可以看到它已经被 package.xml、CMakeLists 以及子目录 src 和 include 填充。这是因为 catkin_create_pkg 命令刚以 my_minimal_nodes 的名字创建了一个新 package，它会把文件放置在这个名字的目录下。

当我们创建新代码时，我们就会依赖一些 ROS 工具和定义。在 catkin_create_pkg 命令中列举了两个依赖项：roscpp 和 std_msgs。roscpp 依赖项表明了我们将使用 C++ 编译器来创建 ROS 代码，我们还需要兼容 C++ 的接口（比如 ros::Publisher 类和 ros::Subscriber 类）。std_msgs 依赖项则表明我们将需要依赖一些已经在 ROS 中预定义的数据类型格式（标准消息），例如 std_msgs::Float64。

package.xml 文件：构建系统将根据其拥有的 package.xml 文件来重新组织 ROS 程序包，一个兼容的 package.xml 文件具有一个特定的结构，可以命名程序包，并列出它的依赖项。对于新程序包 my_minimal_nodes，会自动生成一个 package.xml 文件，内容如代码清单 1.1 所示。

代码清单 1.1　最小节点程序包中 package.xml 的内容

```xml
<?xml version="1.0"?>
<package>
  <name>my_minimal_nodes</name>
  <version>0.0.0</version>
  <description>The my_minimal_nodes package</description>

  <!-- One maintainer tag required, multiple allowed, one person per tag -->
  <!-- Example:  -->
  <!-- <maintainer email="jane.doe@example.com">Jane Doe</maintainer> -->
  <maintainer email="wyatt@todo.todo">wyatt</maintainer>


  <!-- One license tag required, multiple allowed, one license per tag -->
  <!-- Commonly used license strings: -->
  <!--    BSD, MIT, Boost Software License, GPLv2, GPLv3, LGPLv2.1, LGPLv3 -->
  <license>TODO</license>


  <!-- Url tags are optional, but multiple are allowed, one per tag -->
  <!-- Optional attribute type can be: website, bugtracker, or repository -->
  <!-- Example: -->
  <!-- <url type="website">http://wiki.ros.org/my_miminal_nodes</url> -->


  <!-- Author tags are optional, multiple are allowed, one per tag -->
  <!-- Authors do not have to be maintainers, but could be -->
  <!-- Example: -->
  <!-- <author email="jane.doe@example.com">Jane Doe</author> -->


  <!-- The *_depend tags are used to specify dependencies -->
  <!-- Dependencies can be catkin packages or system dependencies -->
  <!-- Examples: -->
  <!-- Use build_depend for packages you need at compile time: -->
  <!--   <build_depend>message_generation</build_depend> -->
  <!-- Use buildtool_depend for build tool packages: -->
  <!--   <buildtool_depend>catkin</buildtool_depend> -->
  <!-- Use run_depend for packages you need at runtime: -->
  <!--   <run_depend>message_runtime</run_depend> -->
  <!-- Use test_depend for packages you need only for testing: -->
  <!--   <test_depend>gtest</test_depend> -->
  <buildtool_depend>catkin</buildtool_depend>
  <build_depend>roscpp</build_depend>
  <build_depend>std_msgs</build_depend>
  <run_depend>roscpp</run_depend>
  <run_depend>std_msgs</run_depend>


  <!-- The export tag contains other, unspecified, tags -->
  <export>
    <!-- Other tools can request additional information be placed here -->

  </export>
</package>
```

package.xml 文件只是使用 XML 格式的 ASCII 文本，可以用任何编辑器打开（如 gedit）。在代码清单 1.1 中，多数行都只是注释，比如 <!-- Example: -->，在这里每条注释都会起始于 <!-- 结束于 -->。这些注释指导你如何恰当地编辑这些文件。建议大家编辑这些值，并作为代码的作者输入你的名字和电子邮件地址，这可以公开分享你的成就。

行 <name>my_nimimal_nodes</name> 要与新程序包的名字一致，这一点很重要。你不能只用新名字创建一个新目录，然后复制其他程序包的内容进去。因为在 package.xml 文件中，你的目录名和程序包名不匹配，ROS 就会出现混乱。

在 package.xml 文件中，以下行：

```xml
<build_depend>roscpp</build_depend>
<build_depend>std_msgs</build_depend>
<run_depend>roscpp</run_depend>
<run_depend>std_msgs</run_depend>
```

明确地声明了 roscpp 和 std_msgs 程序包的依赖。在创建程序包时，这两项都明确列为依赖项。最后，我们可能会引入大量第三方代码（其他程序包）。为了把这些程序包结合在一起（比如利用这些程序包中的对象和数据类型），我们需要把它们添加到 package.xml 文件中。这可以通过以下步骤实现：编辑程序包中的 package.xml 文件，模仿已有的 roscpp 和 std_msgs 依赖声明，在 build_depend 和 run_depend 行中添加需要利用的新程序包。

src 目录用于放置用户编写的 C++ 代码。我们会编写 minimal_publisher.cpp 和 minimal_subscriber.cpp 作为示例。编辑 CMakeLists.txt 文件以通知编译器有新的节点需要编译，这一点很必要，我们会在后面详细介绍。

1.2.2 编写一个最小的 ROS 发布器

在一个终端窗口中，进入已创建的 my_minimal_nodes 程序包里的 src 目录，打开编辑器，创建一个名为 minimal_publisher.cpp 的文件，并输入以下代码。（提示：如果你尝试复制/粘贴这份文本的电子版，很有可能会复制错误，包括不需要的换行符，它会导致 C++ 编译器出现混乱。可以参考在链接 https://github.com/wsnewman/learning_ros 的 github 存储库中，包 ~/ros_ws/ src/learning_ros/Part_1/minimal_nodes 下对应的示例代码。）

代码清单 1.2 最小发布器

```cpp
#include <ros/ros.h>
#include <std_msgs/Float64.h>

int main(int argc, char **argv) {
    ros::init(argc, argv, "minimal_publisher"); // name of this node will be "←
        minimal_publisher"
    ros::NodeHandle n; // two lines to create a publisher object that can talk to ROS
    ros::Publisher my_publisher_object = n.advertise<std_msgs::Float64>("topic1", 1);
    //"topic1" is the name of the topic to which we will publish
    // the "1" argument says to use a buffer size of 1; could make larger, if expect ←
        network backups

    std_msgs::Float64 input_float; //create a variable of type "Float64",
    // as defined in: /opt/ros/indigo/share/std_msgs
    // any message published on a ROS topic must have a pre-defined format,
    // so subscribers know how to interpret the serialized data transmission

    input_float.data = 0.0;

    // do work here in infinite loop (desired for this example), but terminate if ←
        detect ROS has faulted
    while (ros::ok())
    {
        // this loop has no sleep timer, and thus it will consume excessive CPU time
        // expect one core to be 100% dedicated (wastefully) to this small task
        input_float.data = input_float.data + 0.001; //increment by 0.001 each ←
            iteration
        my_publisher_object.publish(input_float); // publish the value--of type ←
            Float64--
        //to the topic "topic1"
    }
}
```

在这里分析一下以上代码。第 1 行：

```
#include <ros/ros.h>
```

引入核心 ROS 库的头文件。对于任何用 C++ 编写的 ROS 源代码，这都应该将此放在第一行。

第 2 行：

```
#include <std_msgs/Float64.h>
```

引入描述对象类型 stg_msgs::Float64 的头文件，它是我们在这个示例代码中会用到的消息类型。

随着加入使用更多的 ROS 消息类型或 ROS 库，你需要将它们相关的头文件包含到你的代码中，正如我们对 std_msgs 所做的那样。

第 4 行：

```
int main ( int argc , char ** argv )
```

声明了一个 main 函数。对于所有 C++ 编写的 ROS 节点，每个节点必须且只能有一个 main() 函数。minimal_publisher.cpp 文件已经用标准 "C" 风格声明了带有 argc、argv 参数的 main() 函数。这就给节点提供了使用命令行选项的机会，ROS 函数会使用这些选项（然后这些参数会包含在 main() 中）。

第 5 行到第 7 行代码引用了在核心 ROS 库中定义的函数或对象。第 5 行：

```
ros::init(argc, argv, "minimal_publisher");
```

在每个 ROS 节点中都是必须要有的。在 ROS 系统中，新节点会使用参数 minimal_publisher 作为自己的名字在启动时进行注册（这个名字可以在启动时被重写或 remapped，在此不做详细介绍）。节点必须要有名字，系统中的每个节点的名字也必须不一样。ROS 工具利用了节点名的优势，例如监控哪些节点正在活动，哪些节点正在哪个话题上进行发布或订阅。

第 6 行通过声明实例化了一个 ROS NodeHandle 对象，声明如下：

```
ros::NodeHandle n;
```

需要 NodeHandle 建立节点间的网络通信。NodeHandle 的名字 n 可以随意命名，它并不经常使用（通常用于初始化通信对象）。这一行可以简单地加到每个节点的源代码中（即使在少数不需要它的情况下，这也没有任何害处）。

第 7 行：

```
ros::Publisher my_publisher_object = n.advertise<std_msgs::Float64> ↵
    ("topic1", 1);
```

实例化名为 my_publisher_object 的对象（名字由程序员设定）。在实例化对象中，ROS 系统收到通知，当前节点（这里称之为 minimal_publisher）打算在名为 topic1 的话题上发布 std_msgs::Float64 类型的消息。在实践中，应该选择对通过话题携带的信息类型是有帮助的和描述性的话题名。

第 11 行：

```
std_msgs::Float64 input_float;
```

程序创建了一个 std_msgs::Float64 类型对象，并命名为 input_float。需要在 std_msgs 中查阅消息定义才能了解如何使用这个对象。这个对象定义为拥有名为 data 的成员，这个消息类型的具体细节可以通过命令 roscd std_msgs 访问相应的目录来找到。子目录 msg 包含不同的文件，它们定义了大量标准消息的结构，包括 Float64.msg。我们可以用 rosmsg show …命令来测试任何消息类型的细节，例如从一个终端输入这个命令：

```
rosmsg show std_msgs/Float64
```

会显示这个消息的相应字段，这会出现如下响应：

```
float64 data
```

在这里，只有一个名为 data 的单一字段，它具有类 float64 值（ROS 基础类型）。在第 16 行中：

```
input_float.data = 0.0;
```

程序将 input_float 的 data 成员初始化为 0.0 值。然后进入一个无限循环，当它侦测到 ROS 系统终止时会自动终止，这通过使用第 19 行中的函数 ros::ok() 实现：

```
while (ros::ok())
```

这种方法只需要通过停止 ROS 系统（关闭 roscore）就可以关闭一批节点，这一点十分便捷。

在 while 循环中，input_float.data 的值每次迭代增加 0.001。随后使用如下代码发布这个值（第 24 行）：

```
my_publisher_object.publish(input_float);
```

它在之前已经建立（来自类 ros::Publisher 的对象 my_publisher_object 的实例化），my_publisher_object 会把 std_msg::Float64 类型的消息发布到名为 topic1 的话题上。发布器对象 my_publisher_object 有成员函数 publish 来调用发布。发布器期望一个兼容类型的参数。因为对象 input_float 属于类型 std_msgs::Float64，而且由于发布器对象实例化成该类型的参数，所以 publish 函数调用是一致的。

该 ROS 示例节点只有 14 行有效代码，很多代码是 ROS 特有的，所以可能比较晦涩。然而，大多代码行都比较常见，熟悉这些公共代码可以更容易理解阅读其他 ROS 代码。

1.2.3 编译 ROS 节点

运行 catkin_make 编译 ROS 节点。该命令必须在一个特定目录中执行。在终端中，打开你的 ROS 工作空间（~/ros_ws），然后输入 catkin_make。

这样就可以编译工作空间中的所有程序包。虽然编译大量代码比较耗时，但在后面的编写、编译和测试迭代中，编译速度会变快。尽管编译有时会比较慢，但编译的代码会非常高效。尤其对于 CPU 密集型操作（例如点云处理、图像处理或强化规划计算），编译后的 C++ 代码通常比 Python 代码更快。

建立了一个 catkin 包后，可执行文件就会存放在根据源代码包命名的 ros_ws/devel/lib 中的文件夹中。

然而，在编译之前，还需要让 catkin_make 知道新源代码 minimal_publisher.cpp 的存在。要实现它，需要编辑文件 CMakeLists.txt。当我们运行 catkin_create_pkg 时，CMakeLists.txt 会生成在程序包 my_minimal_nodes 中。虽然这个文件很长（在我们的例子中有 187 行），但它几乎全是注释。

这些注释描述了如何修改 CMakeLists.txt。目前，我们只需要确保我们已经声明过包的依赖项，通知编译器编译新的源代码，并把已编译的代码链接到必要的库中。

catkin_package_create 已经填充了以下字段：

代码清单 1.3　CMakeList.txt 中的片段

```
find_package(catkin REQUIRED COMPONENTS
  roscpp
  std_msgs
)
include_directories(
  ${catkin_INCLUDE_DIRS}
)
```

但是，我们还需要做出如下两处修正：

代码清单 1.4　添加新节点并链接库

```
## Declare a cpp executable
add_executable(my_minimal_publisher src/minimal_publisher.cpp)
## Specify libraries to link a library or executable target against
target_link_libraries(my_minimal_publisher ${catkin_LIBRARIES} )
```

这些修改告知编译器我们新源代码，以及哪个库链接到哪里。

上述内容中，add_executable 的第一个参数是为生成的可执行文件选定名字，这里选定为 my_minimal_publisher，碰巧和源代码是同样的根名。

第二个参数是对包目录而言在哪里找到源代码。源代码 minimal_publisher.cpp 在 src 子目录下。(将源代码存放在包的 src 子目录下很常见。)

节点名称具有一些特性。一般来说，我们不能运行两个同样名称的节点。这时，ROS 系统会报错，关闭当前运行的节点，并开启新节点（相同名称）。ROS 允许不同的程序包重用节点名称，尽管它们同一时刻只能有一个可以运行。虽然（可执行）节点名称允许在包之间重复，但是 catkin_make 构建系统会因为这种重复而出现混乱（尽管这些构建可以通过一次只编译一个程序包的方式强制执行）。为简单起见，最好避免复制节点名称。

修改了 CMakeLists 文件后，我们就可以编译新代码。为实现它，打开终端，找到 ros_ws 目录并输入：

```
catkin_make
```

它会调用 C++ 编译器来构建所有程序包，包括新的 my_minimal_nodes 程序包。如果编译器输出错误，那就寻找并修复缺陷。

假定编译成功，如果你查看目录 ros_ws/devel/lib/my_minimal_nodes，你会看到一个新的名为 my_minimal_publisher 的可执行文件。在 CMakeLists 中添加 add_executable(my_minimal_publisher src/minimal_publisher.cpp)，也就是选定输出文件（可执行节点）的名字。

1.2.4　运行 ROS 节点

正如在 1.1 节中提到的，在任何节点启动之前，必须有且只有一个 roscore 实例在运行。在终端输入：

```
roscore
```

它的响应是一页结尾为"启动核心服务"的内容。随后，你可以缩小窗口就不用管它了。ROS 节点无须启动新的 roscore，就可以随意启动和停止。（然而，如果你关闭了 roscore 或运行 roscore 的窗口，所有节点都会停止运行）。

接下来，启动新的发布器节点（从一个新的终端）：

```
rosrun    my_minimal_nodes    my_minimal_publisher
```

rosrun 的这些参数是程序包名（my_minimal_nodes）和可执行文件名（my_minimal_publisher）。

在名字重用时，rosrun 有时候会比较困惑。例如，如果我们想创建一个 LIDAR 发布器节点，我们可能有一个名为 lidar_publisher 的程序包，一个名为 lidar_publisher.cpp 的源文件，一个名为 lidar_publisher 的可执行文件，以及一个 lidar_publisher 的节点名（在源代码中声明）。要运行这个节点，我们需要输入：

```
rosrun    lidar_publisher    lidar_publisher
```

这可能看着有些冗余,但它仍遵循如下格式:

```
rosrun    package_name    executable_name
```

一旦这个命令输入后,ROS 系统将通过 lidar_publisher 的名字识别一个新节点。虽然名字重用可能会导致混乱,但在很多案例中,不必为程序包、源代码、可执行文件名和节点名创造新名字。事实上,这可以帮助简化识别已命名的实体,只要来龙去脉是清晰的(程序包、源代码、可执行文件、节点名)。

1.2.5 检查运行中的最小发布器节点

在输入 rosrun my_minimal_nodes my_minimal_publisher 后,结果可能看起来令人失望。启动该节点的窗口好像被卡住,没有任何反应。而 minimal_publisher 仍在运行,我们可以调用一些 ROS 工具看到它。

打开一个新的终端并输入:rostopic。你可以看到下面的响应:

```
rostopic is a command-line tool for printing information about ROS Topics.

Commands:
rostopic bw   display bandwidth used by topic
rostopic echo print messages to screen
rostopic find find topics by type
rostopic hz   display publishing rate of topic
rostopic info print information about active topic
rostopic list list active topics
rostopic pub  publish data to topic
rostopic type print topic type

Type rostopic <command> -h for more detailed usage, e.g. 'rostopic echo -h'
```

它显示 rostopic 命令有八个选项。如果我们输入:

```
rostopic list
```

结果为:

```
/rosout
/rosout_agg
/topic1
```

我们看到有三个活动话题——两个由 ROS 自己创建,第三个话题 topic1 由发布器创建。

输入:

```
rostopic    hz    topic1
```

出现以下输出结果:

```
average rate: 38299.882
min: 0.000s max: 0.021s std dev: 0.00015s window: 50000
```

```
average rate: 38104.090
    min: 0.000s max: 0.024s std dev: 0.00016s window: 50000
```

输出显示，最小发布器（在这个特定的计算机上）以约 38kHz 的频率（伴随一些抖动）发布它的数据。观察系统监视器发现单核 CPU 在运行最小发布器时就已经完全饱和。这是因为在 ROS 节点内的 while 循环没有中止。它以尽可能快的速度在发布。

输入：

```
rostopic bw topic1
```

得到以下输出：

```
average: 833.24KB/s
    mean: 0.01KB min: 0.01KB max: 0.01KB window: 100
average: 1.21MB/s
    mean: 0.00MB min: 0.00MB max: 0.00MB window: 100
average: 746.32KB/s
    mean: 0.01KB min: 0.01KB max: 0.01KB window: 100
```

这显示了最小发布器消耗了多少可用通信带宽（名义上为 1MB/s）。rostopic 的这个选项对于识别过度消耗通信资源的节点会很有帮助。

输入：

```
rostopic info topic1
```

得出：

```
Type: std_msgs/Float64

Publishers:
 * /minimal_publisher (http://Wall-E:56763/)

Subscribers: None
```

这告诉我们 topic1 包含 std_msgs/Float64 类型的消息。目前，只有一个单独的发布器在该话题上（它是标准型），而这个发布器有一个 minimal_publisher 的节点名。如上面所提到的，这个节点名字是我们在第 5 行源代码中已经指定：

```
ros::init(argc,argv,"minimal_publisher");
```

输入：

```
rostopic echo topic1
```

rostopic 尝试输出在 topic1 上发布的一切。一个输出样本如下：

```
data: 860619.606909
---
data: 860619.608909
---
data: 860619.609909
---
data: 860619.612909
---
```

在这种情况下，显示速度没有机会赶得上发布速度，大多数消息丢失在显示行中。如果回显（echo）速度可以赶上，我们可以看到值以 0.001 的增量增长，它是源代码中 while 循环使用的增量。

rostopic 命令告诉我们很多关于正在运行的系统的状态，即使没有节点收到由最小发布器发送的消息。额外的 ROS 便捷命令在"ROS 备忘单"中（参见 http://www.ros.org/news/2015/05/ros-cheatsheet-updated-for-indigo-igloo.html）进行了总结。

例如，输入：

```
rosnode list
```

结果输出为：

```
/minimal_publisher
/rosout
```

我们可以看到有两个节点正在运行：rosout（一个通用进程，用于节点在终端上显示文本，由 roscore 默认启动）和 minimal_publisher（我们的节点）。

尽管 minimal_publisher 没有在终端上显示输出结果，但通过 rosout 话题，链接仍然适用，由显示节点 rosout 处理。使用 rosout 很有用，因为程序不会因为输出操作（例如 cout）变慢。而通过把输出结果发布到 rosout 话题上，消息可以快速发送，一个独立的节点（rosout）负责用户显示。有时我们想要监控一些对时间要求严格的程序，但是不能以放慢速度为代价。

1.2.6 规划节点时间

我们已经观察到我们的发布器示例滥用了 CPU 的计算能力和通信带宽。事实上，在机器人系统内，需要以 30kHz 的速度进行更新的节点可能是异常的。即使是时间要求严格、低层次的节点，一个比较合理的更新速度是 1kHz。在本示例中，我们会使用 ROS 定时器将发布器减缓至 1Hz。

minimal_publisher.cpp 源代码的一个修订版，名为 sleep_minimal_publisher.cpp，如下所示：

代码清单 1.5　带计时的最小发布器：sleep_minimal_publisher.cpp

```cpp
#include <ros/ros.h>
#include <std_msgs/Float64.h>

int main(int argc, char **argv) {
    ros::init(argc, argv, "minimal_publisher2"); // name of this node will be "
        minimal_publisher2"
    ros::NodeHandle n; // two lines to create a publisher object that can talk to ROS
    ros::Publisher my_publisher_object = n.advertise<std_msgs::Float64>("topic1", 1);
    //"topic1" is the name of the topic to which we will publish
    // the "1" argument says to use a buffer size of 1; could make larger, if expect 
        network backups

    std_msgs::Float64 input_float; //create a variable of type "Float64",
```

```
12          // as defined in: /opt/ros/indigo/share/std_msgs
13          // any message published on a ROS topic must have a pre-defined format,
14          // so subscribers know how to interpret the serialized data transmission
15
16      ros::Rate naptime(1.0); //create a ros object from the ros Rate class;
17      //set the sleep timer for 1Hz repetition rate (arg is in units of Hz)
18
19          input_float.data = 0.0;
20
21          // do work here in infinite loop (desired for this example), but terminate if
                detect ROS has faulted
22          while (ros::ok())
23          {
24              // this loop has no sleep timer, and thus it will consume excessive CPU time
25              // expect one core to be 100% dedicated (wastefully) to this small task
26              input_float.data = input_float.data + 0.001; //increment by 0.001 each
                    iteration
27              my_publisher_object.publish(input_float); // publish the value--of type
                    Float64--
28              //to the topic "topic1"
29          //the next line will cause the loop to sleep for the balance of the desired period
30          // to achieve the specified loop frequency
31          naptime.sleep();
32          }
33      }
```

以上程序只有两行新的代码，第 16 行：

```
ros::Rate naptime(1); //set the sleep timer for 1Hz repetition rate
```

和第 31 行：

```
naptime.sleep();
```

调用 ROS 的类 Rate 创建一个名为 naptime 的 Rate 对象。这样做，naptime 被初始化为"1"，它是期望频率的规格（1Hz）。创建这个对象以后，它会用于 while 循环，并调用成员函数 sleep()。该函数会导致节点的挂起（从而停止消耗 CPU 时间），直到等待所需时间（1 秒）已经完成。

在重新编译已修正的代码后（用 catkin_make），我们可以运行它（用 rosrun）并通过输入以下内容（从一个新的终端）查看它的状态：

```
rostopic hz topic1
```

它会产生以下输出：

```
average rate: 1.000
    min: 1.000s max: 1.000s std dev: 0.00000s window: 2
average rate: 1.000
    min: 1.000s max: 1.000s std dev: 0.00006s window: 3
average rate: 1.000
    min: 1.000s max: 1.000s std dev: 0.00005s window: 4
average rate: 1.000
```

输出结果表明，topic1 正以 1Hz 的速率更新，并且精度好，抖动小。更好的是，观察系统监视器可以发现，修改后的发布器节点几乎不消耗 CPU 时间。

如果我们从这个终端输入：

```
rostopic echo topic1
```

示例输出如下：

```
data: 0.153
---
data: 0.154
---
data: 0.155
---
```

通过 rostopic echo 显示发布器发送的每个消息，如消息之间 0.001 的增量所示。这些显示每秒更新一次，这是当前发布新数据的速率。

1.2.7 编写一个最小 ROS 订阅器

发布器的补集是订阅器（一个监听节点）。我们在同样的程序包 my_minimal_nodes 里创建这个节点。源代码放在子目录 src 下。

打开编辑器并在目录 ~/ros_ws/src/my_minimal_nodes/src 中创建 minimal_subscriber.cpp 文件。输入以下代码（可以在 ~/ros_ws/src/learning_ros/Part_1/minimal_nodes/src/minimal_subscriber.cpp 中找到）：

代码清单 1.6　最小订阅器

```
1  #include<ros/ros.h>
2  #include<std_msgs/Float64.h>
3  void myCallback(const std_msgs::Float64& message_holder)
4  {
5    // the real work is done in this callback function
6    // it wakes up every time a new message is published on "topic1"
7    // Since this function is prompted by a message event,
8    //it does not consume CPU time polling for new data
9    // the ROS_INFO() function is like a printf() function, except
10   // it publishes its output to the default rosout topic, which prevents
11   // slowing down this function for display calls, and it makes the
12   // data available for viewing and logging purposes
13   ROS_INFO("received value is: %f",message_holder.data);
14   //really could do something interesting here with the received data...but all we do
         is print it
15  }
16
17  int main(int argc, char **argv)
18  {
19    ros::init(argc,argv,"minimal_subscriber"); //name this node
20    // when this compiled code is run, ROS will recognize it as a node called "
            minimal_subscriber"
21    ros::NodeHandle n; // need this to establish communications with our new node
22    //create a Subscriber object and have it subscribe to the topic "topic1"
23    // the function "myCallback" will wake up whenever a new message is published to
            topic1
24    // the real work is done inside the callback function
25
26    ros::Subscriber my_subscriber_object= n.subscribe("topic1",1,myCallback);
27
28    ros::spin(); //this is essentially a "while(1)" statement, except it
29    // forces refreshing wakeups upon new data arrival
30    // main program essentially hangs here, but it must stay alive to keep the callback
            function alive
31    return 0; // should never get here, unless roscore dies
32  }
33
```

最小订阅器中的大多数代码都与最小发布器中的相同（尽管在第 19 行，节点名已经变成"minimal_subscriber"）。有四行重要的新代码行需要注意。

最主要的是，订阅器要比发布器更复杂，因为它需要一个 callback，这在第 3 行声明：

```
void myCallback(const std_msgs::Float64& message_holder)
```

这个函数（callback）有一个指向 std_msgs::Float64 类型对象的引用指针参数（由 & 符号标识）。这是与 topic1 关联的消息类型，由最小发布器发布。

回调（callback）函数的重要性在于，当在它的关联话题（在本例中设定为 topic1）上有新数据可用时，它会被唤醒。当新数据发布到关联话题时，回调函数开始运行，同时已发布的数据会出现在参数 message_holder 中。（该信息持有者必须是与发布在兴趣话题上的消息类型相兼容的类型，例如：std_msgs::Float64。）

回调函数做的唯一的事情就是显示接收到的数据，由第 13 行实现：

```
ROS_INFO("received value is: %f",message_holder.data);
```

使用 ROS_INFO()，而不是 cout 或 printf.ROS_INFO() 执行显示。ROS_INFO() 使用消息发布，它避免了因为显示驱动而放慢时间要求严格的代码。同时，使用 ROS_INFO() 使数据适用于日志记录和监控。然而，从运行该节点的终端上来看，输出结果与使用 cout 或 printf 相同。ROS_INFO() 中的参数和 C 中的 printf 相同。

一种替代 ROS_INFO() 的方法是 ROS_INFO_STREAM()。第 13 行可以改为：

```
ROS_INFO_STREAM("received value is: "<<message_holder.data<<std::endl);
```

虽然它产生相同的结果，但使用 cout 语法。

一旦回调函数执行，它就返回到休眠状态，准备被 topic1 上新来的消息唤醒。

在主程序中，第 26 行有一个新的重要概念：

```
ros::Subscriber my_subscriber_object= n.subscribe("topic1",1,myCallback);
```

ros::Subscriber 的用法和之前的 ros::Publisher 的用法相同。一个 Subscriber 类型的对象被实例化，Subscriber 是存在于 ROS 版本中的一个类。有三个参数用于实例化订阅器对象。第一个参数是话题名，最小发布器发布数据到话题 topic1。（对于这个例子，我们希望订阅器节点监听示例发布器节点的输出。）

第二个参数是队列大小。如果回调函数无法跟上发布数据的频率，数据就需要排队。在本例中，队列大小设置为 1。如果回调函数不能与发布保持一致，消息将就会被新消息覆盖而丢失。（回想一下第一个案例，rostopic echo topic1 不能跟上初始的最小发布器 30kHz 的频率。显示的值跳过了许多中间消息）。对于控制来说，通常只有最近发布的传感器数值才有意义。如果传感器发布的速度快于回调函数响应的速度，那么删除信息并没有什么坏处，因为只有最近的消息才是所需要的。在这种情况（很多情况）下，只需要一个消息的队列大小。

实例化 Subscriber 对象的第三个参数是回调函数名，它用于接收 topic1 数据。这个参数已经设置为 myCallback，是我们的回调函数名，已经在之前描述过。通过这行代码，我们可以把回调函数和发布到 topic1 的消息关联在一起。

最后，在第 28 行：

```
ros::spin();
```

引入了一个重要的 ROS 概念，虽然不明显，但必不可少。每当 topic1 上有新消息时，回调函数就应被唤醒。然而，主程序必须为回调函数的响应提供一些时间。这可以通过 spin() 命令完成。在当前案例中，虽然 spin 可以让主程序挂起，但回调函数依旧可以工作。如果主函数运行结束，回调函数就不再在对新消息做出反应。spin() 命令不需要消耗大量 CPU 时间就可以保持 main() 的运行。因此，最小订阅器是非常高效的。

1.2.8 编译和运行最小订阅器

要编译我们的新节点，我们必须在 CMakeLists 中包含对它的引用。这需要添加两行代码，这与我们在确保编译最小发布器时所做的工作非常相似。第一行新代码很简单：

```
add_executable(my_minimal_subscriber src/minimal_subscriber.cpp)
```

参数是期望的可执行文件名（选定为 my_minimal_subscriber），以及到源代码的相对路径（src/minimal_subscriber.cpp）。

添加的第二行代码为：

```
target_link_libraries(my_minimal_subscriber  ${catkin_LIBRARIES} )
```

用于告知编译器把新的可执行文件和声明过的库链接起来。

在更新 CMakeLists 后，代码由命令 catkin_make 重新编译（必须从 ros_ws 目录上运行）。

这个代码示例应该没有错误的编译，之后，一个新的可执行文件 my_minimal_subcriber 会出现在目录 ~/ros_ws/devel/lib/my_minimal_subscriber 中，注意：不必为可执行文件重新调出冗长路径。当把程序包名和节点名作为参数运行 rosrun 时，可执行文件就会被找到。

重新编译之后，我们现在有两个节点可以运行。在第一个终端，输入：

```
rosrun my_minimal_nodes sleepy_minimal_publisher
```

在第二个终端输入：

```
rosrun my_minimal_nodes my_minimal_subscriber
```

不用在意谁先运行。一个 my_minimal_subscriber 节点在终端显示如下所示：

```
[ INFO] [1435555572.972403158]: received value is: 0.909000
[ INFO] [1435555573.972261535]: received value is: 0.910000
[ INFO] [1435555574.972258968]: received value is: 0.911000
```

这种显示以每秒一次的频率更新，因为发布器以 1Hz 的频率向 topic1 发布消息。接收的消息相差 0.001 的增量，与在发布器代码中设置的一样。

在另一个终端，输入：

```
rosnode list
```

产生以下结果：

```
/minimal_publisher2
/minimal_subscriber
/rosout
```

这表明，我们现在有三个节点在运行：默认的 rosout；最小发布器（我们以节点 minimal_publisher2 命名这个限时的版本）；最小订阅器 minimal_subscriber。

在一个可用的终端，输入：

```
rqt_graph
```

生成了运行系统的图形显示，如图 1.1 所示：

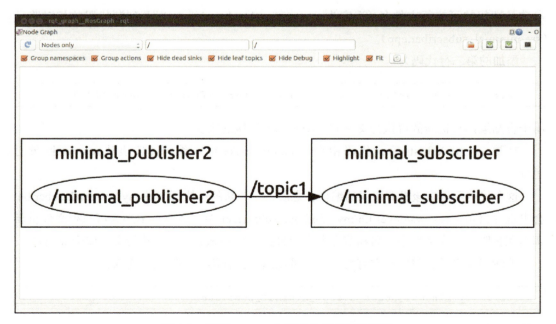

图 1.1　通过 rqt_graph 图示的节点拓扑结构

该图形显示展示了两个节点。最小发布器节点显示为发布到 topic1，而最小订阅器显示为订阅了该话题。

1.2.9 总结最小订阅器和发布器节点

我们已经知道创建自己的发布器和订阅器节点的基本要素。一个单节点可以通过复制相应的代码行来创建额外的订阅器对象和回调函数，以此订阅多种话题。相似地，一个节点也可以通过实例化多个发布器对象来发布多个话题。一个节点可以既是订阅器，也是发布器。

在 ROS 控制的机器人系统中，自定义设备驱动节点必须设计成能读取和发布传感器信息，以及设计一个或更多的节点来订阅执行器（或控件设定值）命令并把它们强加在执行器上。幸运的是，对于常见传感器已经有大量现成的 ROS 驱动，包括 LIDAR、相机、Kinect 传感器、惯性测量单元、编码器等。它们可以作为程序包导入，在系统中直接使用（也可能需要调整引用系统中的一些描述）。也有用于驱动一些伺服系统（比如霍比特-伺服式 RC 和 Dynamixel 电动机）的程序包。还有一些用于工业机器人的 ROS 工业接口，它们只需要发布和订阅机器人话题。在某些情况下，用户可能需要设计设备驱动节点来接入自定义的执行器。更进一步，硬实时、高速伺服回路可能需要非 ROS 专用控制器（尽管可能跟 Arduino 微控制器一样简单）。然后，用户负责设计硬实时控制器并编写与 ROS 兼容的、能在控制计算机上运行的订阅器接口。

1.3 更多的 ROS 工具：catkin_simple、roslaunch、rqt_console 和 rosbag

介绍完最小 ROS 说话者（发布器）和收听者（订阅器）之后，我们就可以开始学习一些额外的 ROS 工具的价值了。这里介绍的工具有 catkin_simple, roslaunch, rqt_console 和 rosbag。

1.3.1 用 catkin_simple 简化 CMakeLists.txt

如在 1.2.3 节看到的那样，新程序包创建时生成的 CMakeLists.txt 文件非常长。然而对该文件的编辑比较简单，引入额外的功能需要枯燥且不明显的变动。名为 catkin_simple 的程序包可以帮助简化 CMakeLists.txt 文件。在 https://github.com/catkin/catkin_simple.git 中可以找到这个程序包。一份副本已经拷贝在 https://github.com/wsnewman/learning_ros_external_package.git 的外部程序包资源库中，它也已经拷贝在你的 ~/ros_ws/src 目录中。

此外，外部程序包资源库拥有一个 Python 脚本，有助于使用 catkin_simple 创建新的程序包。通过定义一个别名把这个脚本指定成一个命令，运行这个脚本很方便。在终端里，输入：

```
alias cs_create_pkg='~/ros_ws/src/learning_ros_external_packages/cs_create_pkg.py'
```

随后,还是这个终端,你可以使用命令 cs_create_pkg 创建一个使用 catkin_simple 的程序包。例如,找到 ~/ros_ws/src 并通过输入以下命令,创建一个名为 my_minimal_nodes2 的新程序包:

```
cs_create_pkg my_minimal_nodes2 roscpp std_msgs
```

注意,这行命令只能在定义过别名 cs_create_pkg 的终端上才可以被识别。更方便地,别名的定义应该包含在你的 .bashrc 文件中。要实现它,找到你的主目录并编辑(隐藏)文件 .bashrc。添加以下行,并保存:

```
alias cs_create_pkg='~/ros_ws/src/learning_ros_external_packages/cs_create_pkg.py'
```

随后,这个别名会被所有新打开的终端识别。如果你已经使用推荐的安装脚本,.bashrc 文件的编辑已经被执行。

调用过 cs_create_pkg 命令后,新程序包 my_minimal_nodes2 会包含设想的结构,包括子目录 src 和 include、package.xml 文件、一个 CMakeLists.txt 文件和一个新文件 README.md。编辑 README 文件描述新程序包的目的,以及如何在程序包内运行示例。README 文件使用 markdown 格式(参见 https://github.com/features/mastering-markdown/ 对 markdown 的描述)。当使用浏览器查看你的资源库时,这种格式可以让你的 README 文件以引人注目的格式显示出来。

package.xml 文件与 catkin_create_pkg 创建出来的相似,除了它包含的额外依赖项:

```
<buildtool_depend>catkin_simple</buildtool_depend>
```

CMakeLists.txt 文件已经得到很大程度的简化。默认生成文件的副本如下:

代码清单 1.7　使用 catkin_simple 的 CMakeLists.txt

```
cmake_minimum_required(VERSION 2.8.3)
project(my_minimal_nodes2)

find_package(catkin_simple REQUIRED)

#uncomment next line to use OpenCV library
#find_package(OpenCV REQUIRED)

#uncomment the next line to use the point-cloud library
#find_package(PCL 1.7 REQUIRED)

#uncomment the following 4 lines to use the Eigen library
#find_package(cmake_modules REQUIRED)
#find_package(Eigen3 REQUIRED)
#include_directories(${EIGEN3_INCLUDE_DIR})
#add_definitions(${EIGEN_DEFINITIONS})

catkin_simple()

# example boost usage
# find_package(Boost REQUIRED COMPONENTS system thread)

# C++0x support - not quite the same as final C++11!
# use carefully;  can interfere with point-cloud library
```

```
# SET(CMAKE_CXX_FLAGS "${CMAKE_CXX_FLAGS} -std=c++0x")

# Libraries: uncomment the following and edit arguments to create a new library
# cs_add_library(my_lib src/my_lib.cpp)

# Executables: uncomment the following and edit arguments to compile new nodes
# may add more of these lines for more nodes from the same package
# cs_add_executable(example src/example.cpp)

#the following is required, if desire to link a node in this package with a library ←
    created in this same package
# edit the arguments to reference the named node and named library within this package
# target_link_libraries(example my_lib)

cs_install()
cs_export()
```

catkin_simple() 那一行调用自动执行大多冗长的编辑 CMakeLists.txt 的操作。注释行用来提醒如何使用 CMake 的语法，包括链接到主流的库，比如 Eigen、PCL 和 OpenCV。为了修改 CMakeLists.txt 以编译我们想要的代码，去掉注释，并编辑以下行：

```
cs_add_executable(example src/example.cpp)
```

把 minimal_publisher.cpp 复制到新程序包 my_minimal_node2，通过对 CMakeLists.txt 中的上述行进行调整，我们可以指定这个节点被编译：

```
cs_add_executable(minimal_publisher3 src/minimal_publisher.cpp)
```

这表明，我们希望编译 minimal_publisher.cpp 并命名可执行文件为 minimal_publisher3（一个不会和其他最小发布器节点实例发生冲突的名字）。通过插入更多相同格式的 cs_add_executable 行，我们可以添加编译额外节点的命令。指定与库进行链接不是必需的。虽然在这一方面，还不能称之为简化，但当我们开始连接更多库、创建库并创建自定义消息时，catkin_simple 会变得非常有价值。

1.3.2 自动启动多个节点

在我们的最小示例中，我们运行了两个节点：一个发布器节点和一个订阅器节点。为了实现它，我们打开了两个独立的终端，并输入两次 rosrun 命令。由于一个复杂的系统会有数百个节点在运行，我们需要一个更方便的方式来启动系统。可以使用 launch 文件和 roslaunch 命令来完成。（参见 http://ros.org/wiki/roslaunch 了解更多细节和额外功能，比如参数设置。）

启动文件的后缀是 .launch。通常，它的名字要和程序包的名字一样（尽管这不是必需的），它也通常位于程序包中以 launch 命名的（也不是必需的）子目录。一个启动文件同样可以调用其他启动文件，以从多个程序包中启动多个节点。然而，我们会从一个最小启动文件开始。在我们的程序包 my_minimal_nodes 中，我们可以创建一个子目录 launch 并在这个目录中创建一个包含如下行的 my_minimal_nodes.launch 文件：

```xml
<launch>
<node name="publisher" pkg="my_minimal_nodes" type="sleepy_minimal_publisher"/>
<node name="subscriber" pkg="my_minimal_nodes" type="my_minimal_subscriber"/>
</launch>
```

在上述代码中，使用了 XML 语法，并用关键词"node"告诉 ROS，我们想要启动一个 ROS 节点（由 catkin_make 编译的一个可执行程序）。我们指定三个键/值对来启动一个节点：节点的程序包名（"pkg"的值），节点的二进制可执行文件名（"type"的值），以及当启动时可由 ROS 识别出的节点名（"name"的值）。事实上，我们已经在源代码中指定了节点名（例如在 sleepy_minimal_publisher.cpp 中的 ros::init(argc, argv, "minimal_publisher2"))。当节点被启动时，这个启动文件会给你重命名节点的机会。例如，通过在启动文件中设置：name="publisher"，我们仍然可以在程序包 my_minimal_nodes 中运行一个名为 sleepy_minimal_publisher 的可执行文件的实例，但它会以名字 publisher 在 roscore 中注册。相似地，通过把 name="subscriber" 指定到可执行文件 my_minimal_subscriber，节点会以名字 subscriber 在 roscore 中注册。

我们可以通过输入以下命令来执行启动文件：

```
roslaunch my_minimal_nodes my_minimal_nodes.launch
```

回忆一下，为了使用 rosrun 来启动节点，首先必须运行 roscore。当使用 roslaunch 时，不必启动 roscore。如果 roscore 已经开始运行了，roslaunch 会启动指定的节点。如果 roscore 还没有运行，roslaunch 会检测到并在启动指定节点之前启动 roscore。

在我们执行 roslaunch 的终端上会显示：

```
SUMMARY
========

PARAMETERS
 * /rosdistro: indigo
 * /rosversion: 1.11.13

NODES
  /
    publisher (my_minimal_nodes/sleepy_minimal_publisher)
    subscriber (my_minimal_nodes/my_minimal_subscriber)

ROS_MASTER_URI=http://localhost:11311

core service [/rosout] found
process[publisher-1]: started with pid [18793]
process[subscriber-2]: started with pid [18804]
```

在另外一个终端上，输入：

```
rosnode list
```

产生以下输出：

```
/publisher
/rosout
/subscriber
```

这表明节点作为发布器和订阅器正在运行（通过启动文件把新名字指派到这些节点）。

很多时候，虽然我们不想改变节点的初始的指定名，但 ROS 启动文件还是需要使用这个选项。为了不用改变节点名，默认名（嵌入在源代码中）可以作为期望的节点名使用。

在启动我们的节点后，rostopic list 表明 topic1 是活动的，而命令 rostopic info topic1 表明节点 publisher 正在发布话题，而节点 subscriber 已经订阅该话题。很明显，当我们有很多节点需要启动时会很有用。

然而这样有个副作用，就是我们不能看到从订阅器产生的输出，这些输出以前是出现在启动订阅器的终端上。不过，因为我们使用 ROS_INFO() 替代了 printf 和 cout，我们仍然可以用 rqt_console 工具观察输出。

1.3.3 在 ROS 控制台观察输出

rqt_console 是监控 ROS 消息的一个便捷工具，通过在终端输入 rqt_console，它可以从该终端被调出。随着两个节点的运行，一个使用该工具的例子如图 1.2 所示。

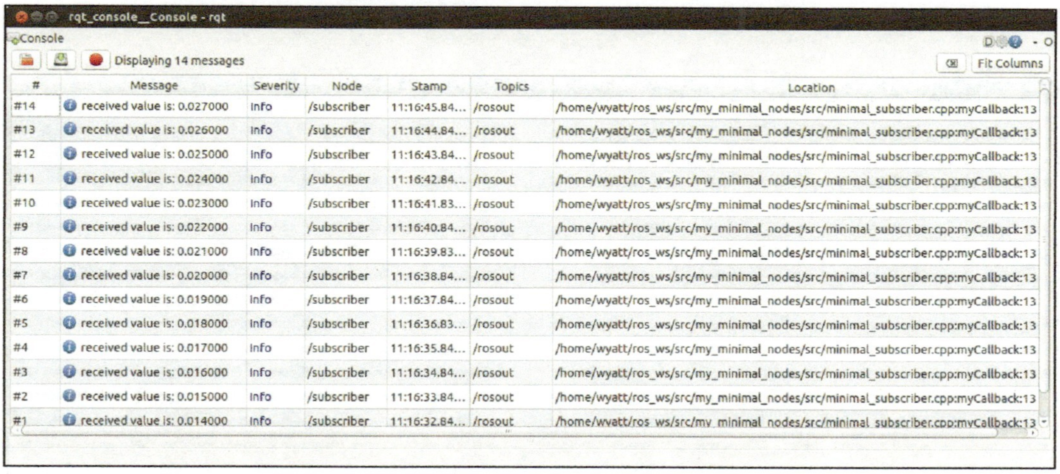

图 1.2 最小节点启动时的 rqt_console 输出

在这个实例中，rqt_console 通过最小订阅器，显示了从 rqt_console 开始到暂停（使用 rqt_console "暂停"键）的时间内值的输出。这些显示的行表明，这些消息不过是信息，不是警告或错误。控制台也显示，负责公布信息的节点是最小订阅器（通过名字"subscriber"可以看出）。rqt_console 同样记录了消息发送时的时间戳。

使用 ROS_INFO() 的多个节点可能会同时运行，可以用 rqt_console 观察消息，记录新的事件，比如新节点的开始和停止。使用 ROS_INFO() 替代 printf() 和 cout 的另一个好处就是消息可以记录并进行回放。rosbag 可以实现这一功能。

1.3.4 使用 rosbag 记录并回放数据

rosbag 命令在调试复杂系统时尤为有用。当系统运行时，我们可以指定记录一系列话题，rosbag 会订阅这些话题并将发布的消息和附带的时间戳记录在"包"文件中。rosbag 也可以用来回放包文件，由此重建已记录的系统环境。（这种回放和已发布的原始数据发生在同样的时钟频率，因此模拟了实时系统。）

当运行 rosbag 时，生成的记录（包）文件会保存在和 rosbag 启动的同一个目录下。对于我们的例子，移至 my_minimal_nodes 目录并创建一个新的子目录 bagfiles。我们的节点仍然在运行（这是可选项；节点可以稍后启动），找到 bagfile 目录（在你选择存储你的包文件的任何地方）并输入：

```
rosbag record topic1
```

使用该命令，我们请求记录在 topic1 上发布的所有消息。运行 rqt_console 会从 topic1 显示数据，正如使用 ROS_INFO() 的订阅器所报告的一样。在图 1.3 所示的 rqt_console 屏幕截图中，rosbag 记录的启动是在 34 行。在这瞬间，订阅器值的输出是 0.236（即节点启动后的 236 秒）。

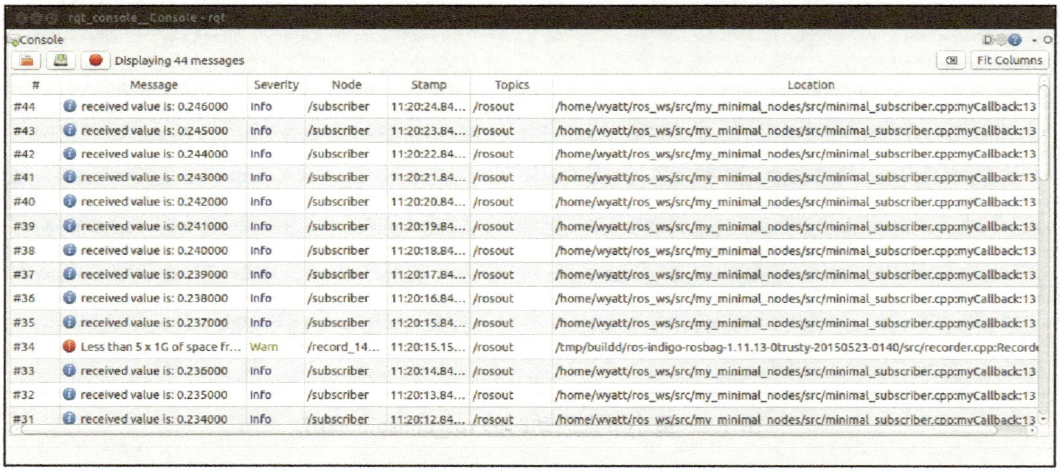

图 1.3　运行最小节点和 rosbag 的 rqt_console 的输出

rosbag 节点随后在启动它的终端上用一个 ctrl-C 来停止。查看 bagfiles 目录（从这里启动了 rosbag），我们会看到有一个新文件，它根据记录的日期和时间来命名，并带有 .bag 后缀。

我们也可以用 rosbag 回放记录。为此，首先关闭运行中的节点，然后输入：

```
rosbag    play    fname.bag
```

其中"fname"是记录的文件名。虽然 Rosbag 终端显示了回放时间在递增,但除此之外没有明显的效果。屏幕输出为:

```
rosbag play 2016-01-07-11-20-15.bag
[ INFO] [1452184943.589921994]: Opening 2016-01-07-11-20-15.bag

Waiting 0.2 seconds after advertising topics... done.

Hit space to toggle paused, or 's' to step.
wyatt@Wall-E:~/ros_ws$ 452183621.541102    Duration: 5.701016 / 750.000001
```

rqt_console 的显示表明虽然包文件已经打开,但没有显示其他信息。此时,rosbag 正在以与记录数据相同的速率将记录的数据(从 topic1 记录)发布到 topic1 上。

要看到正在发生的情况,请停止所有节点(包括 rosbag)。运行 rqt_console。在一个终端窗口,启动订阅器节点,而不是发布器节点,使用:

```
rosrun    my_minimal_nodes    my_minimal_subscriber
```

此时,该终端被暂停,因为 topic1 还没有被激活。

在另一个终端,找到 bagfiles 目录并输入:

```
rosbag    play  fname.bag
```

其中"fname"(又一次出现)是之前装入的记录的名字。rosbag 现在扮演了 sleepy_minimal_publisher 以前的角色,并重新创建之前发布的消息。my_minimal_subscriber 窗口报告了记录的数据,并每秒更新一次。rqt_console 同样展示了由最小订阅器发布的数据。如图 1.4 所示,原始数据对应的回放,从订阅器节点第一个输出(控制台第 2 行)显示的值为 0.238。

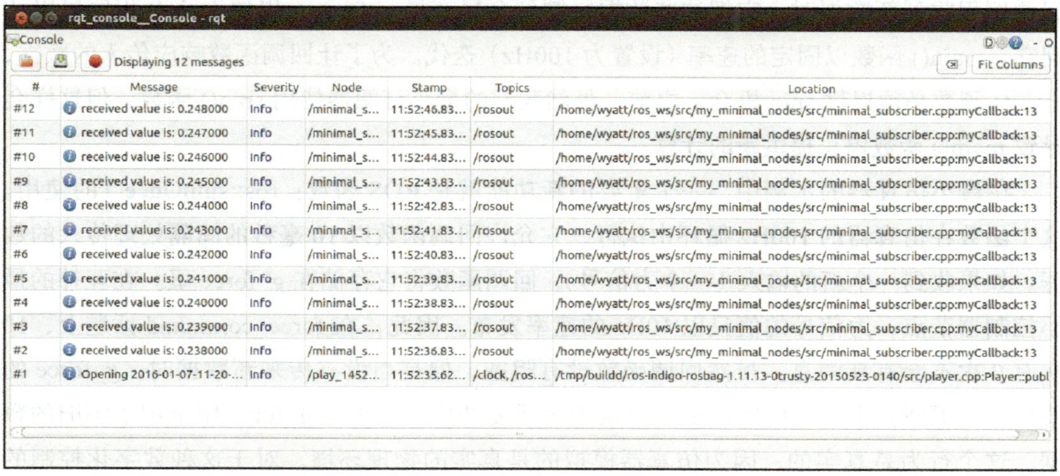

图 1.4 minimal_subscriber 和 rosbag play 记录(装入)的数据的 rqt_console 输出

这些值以 sleepy_minimal_publisher 发布它们时的初始 1Hz 速率动态发布。rosbag 播放器在它到达所记录的数据的尽头时会终止。

注意，订阅器并不知道是哪个实体在发布 topic1。因此，先前记录的数据回放与接收实时数据是难以区分的。这对开发十分有用。比如，机器人可以通过感兴趣的环境进行遥控操作，同时发布照相机、LIDAR 等传感器数据。使用 rosbag，这些数据都会被逐字逐句地记录。随后，传感器进程会在已记录的数据上开始执行，以测试机器视觉算法（举例）。一旦一个感知解析节点对于这些已记录的数据有效，同样的节点会在机器人系统上逐字逐句地尝试。注意，不需要更改已开发的节点。在真实实验中，该节点只接收由实时系统发布的消息，而不是 rosbag playback。

1.4 最小仿真器和控制器示例

总结一下，我们考虑一对发布和订阅节点。其中一个节点是最小仿真器，另一个是最小控制器。最小仿真器以仿真公式 $F = ma$，通过加速度的积分来更新速度。力的输入由某个实体（最终就是控制器）发布到话题 force_cmd 上。生成的系统状态（速度）会由最小仿真器发布到话题 velocity 上。

仿真器代码如代码清单 1.8 所示，源代码在附带的资源库中，参见 https://github.com/wsnewman/learning_ros/tree/master/Part_1/minimal_nodes/src。

main() 函数初始化了发布器和订阅器。之前，虽然我们将节点视为专门的发布器或专门的订阅器。但一个节点可以（而且经常）执行两种操作（发布和订阅）。等价于仿真器节点像一个链条中的节点，它处理进来的数据，并提供及时的输出发布。

与先前的发布器和订阅器节点的另一个不同之处在于，回调函数和 main() 例程都会执行有用的操作。最小仿真器有一个回调例程，用于检查话题 force_cmd 上的新数据。当回调例程收到新数据时，它把这些数据复制到全局变量 g_force，以便 main() 程序可以访问它。main() 函数以固定的速率（设置为 100Hz）迭代。为了让回调函数响应传入的数据，main() 函数必须提供 spin 机会。之前，虽然我们的最小订阅器使用 spin() 函数，但这样会导致 main() 函数停止提供新的计算。

在最小仿真器的示例中，一个重要的新功能就是 ROS 函数：ros::spinOnce() 的使用。这个函数在仿真器的 100Hz 循环中执行，它允许回调函数以 10 毫秒的间隔处理传入的数据。如果收到一个新的输入（一个力信号），回调函数将它存储在 g_force 里。在互补的最小控制器节点，力信号的值只以 10Hz 的速率发布。因此，在 force_command 话题上，10 次有 9 次不会有新消息。虽然回调函数没有阻塞，但是当没有传来新数据时，g_force 的值也不会更新。主循环仍然以 100Hz 的速率重复迭代，尽管在 g_force 中重用了陈旧的数据。这个行为是真实的，因为仿真器模拟的是真实的物理环境。对于这种数字化控制的驱动关节，驱动器力（力或扭矩）命令通常在控制器更新（采样周期）期间表现为采样保持输出。

代码清单 1.8　最小仿真器

```cpp
// minimal_simulator node:
// wsn example node that both subscribes and publishes
// does trivial system simulation, F=ma, to update velocity given F specified on topic
     "force_cmd"
// publishes velocity on topic "velocity"
#include<ros/ros.h>
#include<std_msgs/Float64.h>
std_msgs::Float64 g_velocity;
std_msgs::Float64 g_force;
void myCallback(const std_msgs::Float64& message_holder)
{
// checks for messages on topic "force_cmd"
ROS_INFO("received force value is: %f",message_holder.data);
g_force.data = message_holder.data; // post the received data in a global var for
     access by
// main prog.
}
int main(int argc, char **argv)
{
ros::init(argc,argv,"minimal_simulator"); //name this node
// when this compiled code is run, ROS will recognize it as a node called "
     minimal_simulator"
ros::NodeHandle nh; // node handle
//create a Subscriber object and have it subscribe to the topic "force_cmd"
ros::Subscriber my_subscriber_object= nh.subscribe("force_cmd",1,myCallback);
//simulate accelerations and publish the resulting velocity;
ros::Publisher my_publisher_object = nh.advertise<std_msgs::Float64>("velocity",1);
double mass=1.0;
double dt = 0.01; //10ms integration time step
double sample_rate = 1.0/dt; // compute the corresponding update frequency
ros::Rate naptime(sample_rate);
g_velocity.data=0.0; //initialize velocity to zero
g_force.data=0.0; // initialize force to 0; will get updated by callback
while(ros::ok())
{
g_velocity.data = g_velocity.data + (g_force.data/mass)*dt; // Euler integration of
//acceleration
my_publisher_object.publish(g_velocity); // publish the system state (trivial--1-D)
ROS_INFO("velocity = %f",g_velocity.data);
ros::spinOnce(); //allow data update from callback
naptime.sleep(); // wait for remainder of specified period; this loop rate is faster
     than
// the update rate of the 10Hz controller that specifies force_cmd
// however, simulator must advance each 10ms regardless
}
return 0; // should never get here, unless roscore dies
}
```

最小仿真器可以编译并运行。正在运行的 rqt_console 表明速度值持续为 0。

使用 ROS 工具 rqt_plot 可以使结果形象地可视化。为此，使用命令行参数来绘制值，例如：

```
rqt_plot velocity/data
```

会绘制出相对于时间的速度命令。当前的输出会比较无聊，因为速度一直是零。

我们可以从命令行手动发布数值到一个话题。例如，在一个终端输入以下命令：

```
rostopic pub -r 10 force_cmd std_msgs/Float64 0.1
```

这会导致使用一致的消息类型 std_msgs/Float64 将值 0.1 以 10Hz 的速率重复发布到话题 force_cmd 上。这可以从另一个终端得以证实：

```
rostopic echo force_cmd
```

它表明话题 force_cmd 正在接收指定的值。

此外，调用：

```
rqt_plot velocity/data
```

显示速度在线性增长，并且 rqt_console 将打印对应值（对于力和速度）。

与手动发布力的命令值不同，这些值可以由控制器计算并发布。代码清单 1.9 显示了一个兼容的最小控制器节点。（这个代码同样包含在 https://github.com/wsnewman/learning_ros/tree/master/Part_1/minimal_nodes/src 下的附带资源库中。）

最小控制器订阅两个话题（velocity 和 vel_cmd），并发布至话题 force_cmd。在每个控制周期（设置为 10Hz），控制器会检查最近的系统状态（速度），检查命令速度的所有更新，并计算比例误差反馈以推导出（和发布）一个力的命令。这个简单的控制器尝试驱动仿真系统至用户指定的速度设定值。

同样，ros::spinOnce() 函数用来防止定时主循环中的阻塞。回调函数把接收的消息数据置于全局变量 g_velocity 和 g_vel_cmd 中。

代码清单 1.9　最小控制器

```
1  // minimal_controller node:
2  // wsn example node that both subscribes and publishes--counterpart to ←
       minimal_simulator
3  // subscribes to "velocity" and publishes "force_cmd"
4  // subscribes to "vel_cmd"
5  #include<ros/ros.h>
6  #include<std_msgs/Float64.h>
7  //global variables for callback functions to populate for use in main program
8  std_msgs::Float64 g_velocity;
9  std_msgs::Float64 g_vel_cmd;
10 std_msgs::Float64 g_force; // this one does not need to be global...
11 void myCallbackVelocity(const std_msgs::Float64& message_holder)
12 {
13 // check for data on topic "velocity"
14 ROS_INFO("received velocity value is: %f",message_holder.data);
15 g_velocity.data = message_holder.data; // post the received data in a global var for ←
       access by
16 //main prog.
17 }
18 void myCallbackVelCmd(const std_msgs::Float64& message_holder)
19 {
20 // check for data on topic "vel_cmd"
21 ROS_INFO("received velocity command value is: %f",message_holder.data);
22 g_vel_cmd.data = message_holder.data; // post the received data in a global var for ←
       access by
23 //main prog.
24
25 }
```

```cpp
26  int main(int argc, char **argv)
27  {
28  ros::init(argc,argv,"minimal_controller"); //name this node
29  // when this compiled code is run, ROS will recognize it as a node called "←
          minimal_controller"
30  ros::NodeHandle nh; // node handle
31  //create 2 subscribers: one for state sensing (velocity) and one for velocity commands
32  ros::Subscriber my_subscriber_object1= nh.subscribe("velocity",1,myCallbackVelocity);
33  ros::Subscriber my_subscriber_object2= nh.subscribe("vel_cmd",1,myCallbackVelCmd);
34  //publish a force command computed by this controller;
35  ros::Publisher my_publisher_object = nh.advertise<std_msgs::Float64>("force_cmd",1);
36  double Kv=1.0; // velocity feedback gain
37  double dt_controller = 0.1; //specify 10Hz controller sample rate (pretty slow, but
38  //illustrative)
39  double sample_rate = 1.0/dt_controller; // compute the corresponding update frequency
40  ros::Rate naptime(sample_rate); // use to regulate loop rate
41  g_velocity.data=0.0; //initialize velocity to zero
42  g_force.data=0.0; // initialize force to 0; will get updated by callback
43  g_vel_cmd.data=0.0; // init velocity command to zero
44  double vel_err=0.0; // velocity error
45  // enter the main loop: get velocity state and velocity commands
46  // compute command force to get system velocity to match velocity command
47  // publish this force for use by the complementary simulator
48  while(ros::ok())
49  {
50  vel_err = g_vel_cmd.data - g_velocity.data; // compute error btwn desired and actual
51  //velocities
52  g_force.data = Kv*vel_err; //proportional-only velocity-error feedback defines ←
          commanded
53  //force
54  my_publisher_object.publish(g_force); // publish the control effort computed by this
55  //controller
56  ROS_INFO("force command = %f",g_force.data);
57  ros::spinOnce(); //allow data update from callback;
58  naptime.sleep(); // wait for remainder of specified period;
59  }
60  return 0; // should never get here, unless roscore dies
61  }
```

一旦两个节点使用 catkin_make 编译（它需要编辑 CMakeLists.txt，把这些可执行文件添加到程序包中），它们可以从不同的终端窗口（假设 roscore 正在运行）运行（用 rosrun）。运行 rqt_console 显示，速度每更新 10 次，力的命令就更新一次（对于以 100Hz 更新的仿真器和以 10Hz 更新的控制器，正如所期望的那样）。

速度命令可以从另一个终端用命令行输入，例如：

```
rostopic pub r 10 vel_cmd  std_msgs/Float64 1.0
```

以 10Hz 的速率向话题 vel_cmd 重复发布数值 0.1。对 rqt_console 的输出的观察显示速度以指数级收敛到期望的 vel_cmd 值。

使用 ROS 工具 rqt_plot 可以使结果可视化。为此，使用命令行参数来绘制值，例如：

```
rqt_plot vel_cmd/data,velocity/data,force_cmd/data
```

在同一图像中绘制相对于时间的速度命令、实际速度和力的命令。对于最小仿真器和最小控制器，速度命令由 rostopic pub 设置为初始值 0.0。随后，该命令设置为 2.0。生成的 rqt_plot 的屏幕截图如图 1.5 所示。控制力（红线）加快速度使其逼近于 2.0 的目标，然后控制力开始下降。最终，系统速度收敛于目标值，所需的控制力减少至零。

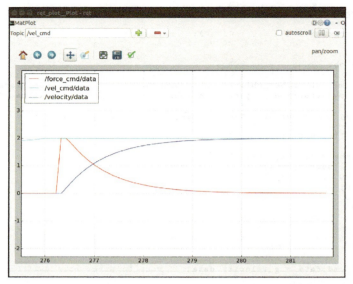

图 1.5 使用 minimal_simulator、minimal_controller 的 rqt_plot 输出和通过控制台输入阶跃速度命令

1.5 小结

本章向读者介绍了 ROS 的一些基础知识。可以知道，由 roscore 协调，通过在话题上发布和订阅消息的机制，多异步节点可以互相通信。我们还介绍了一些 ROS 工具，用来编译节点（catkin_create_pkg, cs_creat_pkg 和 catkin_make）、记录和回放已发布的信息（rosbag）和可视化 ROS 输出（rqt_console 和 rqt_plot）。

在下一章，我们会介绍更多通信话题，包括定义定制消息类型、使用客户端 – 服务器交互、操作服务器的通用设计范例和 ROS 参数服务器。

第2章

消息、类和服务器

引言

上一章介绍了 ROS 节点如何通过发布和订阅进行通信,并介绍了示例(简单的)消息类型。为了使发布和订阅更加通用化,能够自定义消息非常有用。此外,使用发布和订阅并不总是合适的,有时需要进行端到端通信,这种功能在 ROS 中是通过客户端–服务交互实现的。客户端–服务交互解决了发布和订阅方面的问题,通过使用通信源的知识以保证消息的接收。客户端–服务通信的一个限制是这些传输会堵塞,因此客户端节点将被暂停直到服务节点响应为止。通常,要执行的服务可能需要相当长的时间才能完成,在这种情况下,可以允许交互没有阻塞。为此,可选用动作客户端和动作服务器这第 3 交互机制。本章将阐述这 3 个方法。

2.1 定义自定义消息

ROS 消息类型是基于 14 个基元(内置类型),加上固定或变长的数组。(参见 http://wiki.ros.org/msg。)使用这些内置类型,用户可以构造更复杂的消息类型。

我们所阐述的最小节点通过发布和订阅来使用标准消息(std_msgs)进行通信。std_msgs 包定义了 32 种消息类型,其中大多数对应于单个内置字段(数据)类型。一个值得注意的例外是 Header.msg,它是由 3 个字段组成,每个字段对应一种内置类型。

通过包含其他已定义的消息类型(不一定是原始的内置类型),可以定义更复杂的消息类型。例如,在更高级的消息定义中包含头消息类型很常见,因为包含时间戳是常见的需要。在新的消息定义中包含已定义消息类型的能力是递归扩展的(消息包含消息包含消息…);但是,更高级的消息类型最终完全是根据内置的基元来定义。

一些有价值的(更复杂的)消息在其他包中定义,例如 geometry-msgs、sensor-msgs、

nav-msgs、pcl-msgs、visualization-msgs、trajectory-msgs 和 actionlib-msgs。

使用 rosmsg show（紧随其后的是消息的包和消息的名称），可以交互检查定义的消息。例如，输入：

```
rosmsg show std_msgs/Header
```

输出：

```
uint32 seq
time stamp
string frame_id
```

这表明 Header 是由 seq、stamp 和 frame_id 这 3 个字段组成。这些消息名称分别存储原始类型 uint32、time 和 string 的数据。

如果在 ROS 的标准分布中已存在消息类型，则应使用该消息。然而，有时需要定义自己的消息。定义自定义消息的更多详细信息可以参见 http://wiki.ros.org/ROS/Tutorials/DefiningCustomMessages。下一节将介绍定义自定义消息的基本知识。

2.1.1 定义一条自定义消息

接下来的描述引用了包 example-ros-msg 中随书软件库中的相应代码。

使用以下命令创建包 example-ros-msg：

```
cs_create_pkg example_ros_msg roscpp std_msgs
```

它将在 example-ros-msg 下创建一个目录结构。通过使用 cs-create-pkg，我们将能够使用缩写的 CMakeLists.txt。

若要定义新的消息类型，我们可以在这个包中创建一个名为 msg 的子目录。在这个子目录中，我们采用 ExampleMessage.msg 的名称创建一个新的文本文件。消息文件示例仅包含 3 个相关行：

```
Header header
int32 demo_int
float64 demo_double
```

该消息类型有 3 个字段：header、demo-int 和 demo-double。它们的类型分别是 Header、int32 和 float64，这些都是包 std-msgs 中定义的消息类型。

若要通知编译器我们需要生成新的消息头，必须编辑 package.xml 文件。插入（或取消注释）以下行：

```
<build_depend>message_generation</build_depend>
```

以及

```
<run_depend>message_runtime</run_depend>
```

代码清单 2.1 展示了缩写的 CMakeLists.txt 文件（删除了不必要的注释）。

代码清单 2.1 使用 catkin_simple 的 CMakeLists.txt

```
1  cmake_minimum_required(VERSION 2.8.3)
2  project(example_ros_msg)
3
4  find_package(catkin_simple REQUIRED)
5
6  catkin_simple()
7
8  # Executables
9  #cs_add_executable(example_ros_message_publisher src/example_ros_message_publisher.cpp←
       )
10
11 cs_install()
12 cs_export()
```

注意，cs_add_executable 被注释掉。一旦我们有了测试节点 example_ros_message_publisher.cpp 的预期源代码，我们将启用它。

定义了消息类型后，我们可以生成适合 C++ 文件包含的相应头文件。利用 catkin_make 编译代码产生一个头文件，它安装在目录：~/ros_ws/devel/include/example_ros_msg/ExampleMessage.h。（提示：在这里以及整本书中，将假定 ROS 工作区称为 ros_ws。）

想要使用此新消息类型的节点源代码应依赖于包 example_ros_msg（在相应的 package.xml 文件中），并且当使用该消息类型时，在节点的 C++ 源代码中包含如下新头文件：

```
#include <example_ros_msg/ExampleMessage.h>
```

下面是一个解释示例。

本书附随的代码软件库（在 https://github.com/wsnewman/learning_ros/tree/master/Part_1/minimal_nodes 中）包含 example_ros_msg/src/example_ros_message_publisher.cpp 下的源文件。代码清单 2.2 展示了源代码。

代码清单 2.2 example_ros_message_publisher：使用自定义消息类型的代码示例

```
1  #include <ros/ros.h>
2  #include <example_ros_msg/ExampleMessage.h>
3  #include <math.h>
4
5  int main(int argc, char **argv) {
6      ros::init(argc, argv, "example_ros_message_publisher"); // name of this node
7      ros::NodeHandle n; // two lines to create a publisher object that can talk to ROS
8      ros::Publisher my_publisher_object = n.advertise<example_ros_msg::ExampleMessage>(←
           "example_topic", 1);
9      //"example_topic" is the name of the topic to which we will publish
10     // the "1" argument says to use a buffer size of 1; could make larger, if expect ←
           network backups
11
12     example_ros_msg::ExampleMessage  my_new_message;
13     //create a variable of type "example_msg",
14     // as defined in this package
15
16     ros::Rate naptime(1.0); //create a ros object from the ros Rate class;
```

```cpp
17      //set the sleep timer for 1Hz repetition rate (arg is in units of Hz)
18
19      // put some data in the header.  Do: rosmsg show std_msgs/Header
20      //  to see the definition of "Header" in std_msgs
21      my_new_message.header.stamp = ros::Time::now(); //set the time stamp in the header;
22      my_new_message.header.seq=0; // call this sequence number zero
23      my_new_message.header.frame_id = "base_frame"; // would want to put true reference
             frame name here, if needed for coord transforms
24      my_new_message.demo_int= 1;
25      my_new_message.demo_double=100.0;
26
27      double sqrt_arg;
28      // do work here in infinite loop (desired for this example), but terminate if
             detect ROS has faulted
29      while (ros::ok())
30      {
31         my_new_message.header.seq++; //increment the sequence counter
32         my_new_message.header.stamp = ros::Time::now(); //update the time stamp
33         my_new_message.demo_int*=2.0; //double the integer in this field
34         sqrt_arg = my_new_message.demo_double;
35         my_new_message.demo_double = sqrt(sqrt_arg);
36
37          my_publisher_object.publish(my_new_message); // publish the data in new
                 message format on topic "example_topic"
38      //the next line will cause the loop to sleep for the balance of the desired period
39          // to achieve the specified loop frequency
40      naptime.sleep();
41      }
42   }
```

该节点使用新消息类型如下，它将发布器对象定义如下：

```cpp
ros::Publisher my_publisher_object = n.advertise<example_ros_msg::
    ExampleMessage>("example_topic", 1);
```

它表明 example_topic 将携带类型 example_ros_msg::ExampleMessage 的消息。（通过引用包含它的包 example_ros_msg 来识别消息类型，后跟详细说明消息格式的文件名前导，例如 ExampleMessage 取自文件名 ExampleMessage.msg。）

利用以下命令行，我们也实例化了 example_ros_msg::ExampleMessage 类型的对象：

```cpp
example_ros_msg::ExampleMessage  my_new_message;
```

注意，在引用头文件时，我们使用了符号 example_ros_msg/ExampleMessage.h（头文件的路径），但是当实例化一个基于该定义（或引用发布的数据类型）的对象时，我们使用类符号 example_ros_msg::ExampleMessage。

在 example_ros_message_publisher.cpp 的源代码中，填充新消息对象 my_new_message 的各个字段，然后发布此消息。

填充新消息类型的字段很简单，例如：

```cpp
my_new_message.demo_int= 1;
```

访问层次结构字段的元素需要深度探讨，如下所示：

```cpp
my_new_message.header.stamp = ros::Time::now(); //set the time stamp in the header;
```

这里，stamp 是 Header 消息类型 header 字段的一个字段。此外，该行代码还解释了另外一个有用的 ROS 函数：ros::Time::now()。它将查找当前时间并以同 header 兼容的形式返回它（由秒和纳秒的单独字段构成）。注：绝对时间基本上是无意义的。但是，时间上的差异可以用作有效的时间增量。

通过取消 CMakeLists.txt 中的注释行：

```
cs_add_executable(example_ros_message_publisher src/example_ros_ ←
    message_publisher.cpp)
```

以及再运行 catkin_make，创建一个名为 example_ros_message_publisher 的新节点。

运行该节点（假定 roscore 正在运行）：

```
rosrun example_ros_msg example_ros_message_publisher
```

不产生输出。然而，（从单独的终端）运行：

```
rostopic list
```

揭示出一个新的主题 exampletopic。我们可以通过以下命令来检查该主题的输出：

```
rostopic echo example_topic
```

它产生以下输出：

```
header:
  seq: 1
  stamp:
    secs: 1452225386
    nsecs: 619262393
  frame_id: base_frame
demo_int: 4
demo_double: 3.16227766017
---
header:
  seq: 2
  stamp:
    secs: 1452225387
    nsecs: 619259445
  frame_id: base_frame
demo_int: 8
demo_double: 1.77827941004
---
header:
  seq: 3
  stamp:
    secs: 1452225388
    nsecs: 619234854
  frame_id: base_frame
demo_int: 16
demo_double: 1.33352143216
---
```

可以看到，我们的新节点成功地使用了新的消息类型。序列数单调增加。demo_int 字段在每次迭代时加倍（按照源代码的逻辑）。demo_double 字段显示了连续的平方根（从 100 开始）。每个迭代的头文件 secs 字段以 1 秒递增（因为迭代速率计时器设置为 1Hz）。字符串 base_frame 出现在 frame_id 字段中。

遵循相同的过程，用户可以创建更多自定义的消息类型。在定义新的消息类型后，相同包中的节点或其他包中的节点可以使用新的消息类型，作为一种依赖关系为其提供外部包代码清单 example_ros_msg（在相应的 package.xml 文件中）。

2.1.2 定义一条变长的消息

ROS 消息基元的一个非常有用的扩展是能够发送和接收任意长度向量的消息。为了说明如何执行此操作，请参阅附随代码软件库的 Part_1 文件夹中的包 custom_msgs。包 custom_msgs 不包含源代码，但它确实具有文件 CMakeLists.txt 和 package.xml，以及一个包含消息文件 VecOfDoubles.msg 的 msg 文件夹。该消息文件具有以下内容（单行）：

```
float64[] dbl_vec
```

虽然我们的新包没有要编译的源文件，但我们仍然需要执行从 *.msg 文件生成头文件的过程。若要调用此项，取消 package.xml 文件中两行的注释：

```
<build_depend>message_generation</build_depend>
<run_depend>message_runtime</run_depend>
```

取消注释后，新包可以通过运行 catkin_make 构建。这就产生一个新的头文件 VecOfDoubles.h，出现于文件夹：~/ros_ws/devel/include/custom_msgs。用户可以通过输入以下命令来确认已经安装了新消息：

```
rosmsg show custom_msgs/VecOfDoubles
```

它产生如下响应：

```
float64[] dbl_vec
```

当订阅器收到此消息时，可以将其解释为双 C++ 向量。

使用新消息类型的发布器示例是 vector_publisher.cpp，它放在 example_ros_msg 包的 src 文件夹中。代码清单 2.3 给出了 vector_publisher.cpp 的代码清单。

代码清单 2.3　vector_publisher.cpp：使用自定义消息 VecOfDoubles 的发布器节点

```
1  #include <ros/ros.h>
2  //next line requires a dependency on custom_msgs within package.xml
3  #include <custom_msgs/VecOfDoubles.h> //this is the message type we are testing
4
5  int main(int argc, char **argv) {
```

```
6      ros::init(argc, argv, "vector_publisher"); // name of this node
7      ros::NodeHandle n; // two lines to create a publisher object that can talk to ROS
8      ros::Publisher my_publisher_object = n.advertise<custom_msgs::VecOfDoubles>("↵
           vec_topic", 1);
9
10     custom_msgs::VecOfDoubles vec_msg; //create an instance of this message type
11     double counter=0;
12     ros::Rate naptime(1.0); //create a ros object from the ros Rate class; set 1Hz ↵
           rate
13
14     vec_msg.dbl_vec.resize(3); //manually resize it to hold 3 doubles
15     //After setting the size, one can access elements of this array conventionally, e.g.
16     vec_msg.dbl_vec[0]=1.414;
17     vec_msg.dbl_vec[1]=2.71828;
18     vec_msg.dbl_vec[2]=3.1416;
19
20     //Alternatively, one can use the vector member function push_back() to append data↵
            to an existing array, e.g.:
21     vec_msg.dbl_vec.push_back(counter); // this makes the vector longer, to hold ↵
           additional data
22     while(ros::ok())  {
23     counter+=1.0;
24     vec_msg.dbl_vec.push_back(counter);
25     my_publisher_object.publish(vec_msg);
26     naptime.sleep();
27     }
28  }
```

在代码清单 2.3 的第 2 行，新向量消息的消息头为：

```
#include <custom_msgs/VecOfDoubles.h> //this is the message type we are testing
```

在第 8 行中，和先前一样实例化了发布器，但这次使用了新的消息类型：

```
ros::Publisher my_publisher_object = n.advertise<custom_msgs::VecOf ↵
    Doubles>("vec_topic", 1);
```

它将发布的主题是 vec_topic。

在第 10 行中声明了一个名为 vec_msg 的新消息类型实例：

```
custom_msgs::VecOfDoubles vec_msg; //create an instance of this message type
```

如果需要，可以调整变长消息的长度，如 14 行所示：

```
vec_msg.dbl_vec.resize(3); //manually resize it to hold 3 doubles
```

注意，用户必须引用消息 vec_msg 中的字段名 dbl_vec，从中可以调用向量对象的成员函数（包括 size()、resize() 和 push_back()）。在调整向量大小后，可以通过索引来访问各个元素。这 3 个数值存储在前 3 个位置，代码见 16 ~ 18 行：

```
vec_msg.dbl_vec[0]=1.414;
vec_msg.dbl_vec[1]=2.71828;
vec_msg.dbl_vec[2]=3.1416;
```

另外，用户可将数据添加到向量中，自动调整大小以适应其他数据。这是利用 push_back

成员函数实现的,如 21 行所示:

```
vec_msg.dbl_vec.push_back(counter); // this makes the vector longer, to hold ←
    additional data
```

然后,示例程序进入一个定时循环,每次迭代计数器递增 1,将该值添加到变长向量,并通过 25 行发布结果:

```
my_publisher_object.publish(vec_msg);
```

为了在包 example_ros_msg 中编译这个新节点,必须对该包中的 package.xml 和 CMakeLists.txt 进行编辑,必须向 package.xml 告知新消息的新依赖关系。这是通过插入以下命令行来完成:

```
<build_depend>custom_msgs</build_depend>
<run_depend>custom_msgs</run_depend>
```

从逻辑上讲,这些可以在 std_msgs 的相同标记后面插入,但是顺序是灵活的。

第二个需要更改的是编辑 CMakeLists.txt 而调用新节点的编译。这是通过插入以下命令行来完成:

```
cs_add_executable(vector_publisher src/vector_publisher.cpp)
```

利用这些更改,通过 catkin_make 编译新节点。用户可以使用以下操作来运行新节点:

```
rosrun example_ros_msg vector_publisher
```

这就导致每秒向主题 vec_topic 发布一次变长的向量。通过运行以下命令可以观察到此效果:

```
rostopic echo vec_topic
```

它将产生以下输出:

```
dbl_vec: [1.414, 2.71828, 3.1416, 0.0, 1.0, 2.0]
---
dbl_vec: [1.414, 2.71828, 3.1416, 0.0, 1.0, 2.0, 3.0]
---
dbl_vec: [1.414, 2.71828, 3.1416, 0.0, 1.0, 2.0, 3.0, 4.0]
---
dbl_vec: [1.414, 2.71828, 3.1416, 0.0, 1.0, 2.0, 3.0, 4.0, 5.0]
---
dbl_vec: [1.414, 2.71828, 3.1416, 0.0, 1.0, 2.0, 3.0, 4.0, 5.0, 6.0]
---
dbl_vec: [1.414, 2.71828, 3.1416, 0.0, 1.0, 2.0, 3.0, 4.0, 5.0, 6.0, 7.0]
```

这表明由于 push_back 操作,变长向量消息的长度在每次迭代时都在增加。

example_ros_msg 包的 src 文件夹中也包含一个互补的订阅器节点:vector_subscriber.

cpp。它主要是示例 minimal_subscriber.cpp 的延续。代码清单 2.4 展示了 vector_subscriber.cpp 的内容。

代码清单 2.4　vector_subscriber.cpp：使用自定义消息 VecOfDoubles 的订阅器节点

```cpp
#include<ros/ros.h>
#include <custom_msgs/VecOfDoubles.h> //this is the message type we are testing
void myCallback(const custom_msgs::VecOfDoubles& message_holder)
{
  std::vector <double> vec_of_doubles = message_holder.dbl_vec; //can copy contents of
      message to a C++ vector like this
  int nvals = vec_of_doubles.size(); //ask the vector how long it is
  for (int i=0;i<nvals;i++) {
    ROS_INFO("vec[%d] = %f",i,vec_of_doubles[i]); //print out all the values
  }
  ROS_INFO("\n");
}

int main(int argc, char **argv)
{
  ros::init(argc,argv,"vector_subscriber"); //default name of this node
  ros::NodeHandle n; // need this to establish communications with our new node

  ros::Subscriber my_subscriber_object= n.subscribe("vec_topic",1,myCallback);

  ros::spin();
  return 0; // should never get here, unless roscore dies
}
```

在代码清单 2.4 中，第 2 行引入了新消息的头文件，如发布器所做的那样：

```
#include <custom_msgs/VecOfDoubles.h> //this is the message type we are testing
```

在 18 行 main() 函数中实例化了订阅器：

```
ros::Subscriber my_subscriber_object= n.subscribe("vec_topic",1,myCallback);
```

这与前面的 minimal_subscriber.cpp 示例相同，只是主题名已更改为 vec_topic，与向量发布器节点一致。

回调函数开始于第 3 行：

```
void myCallback(const custom_msgs::VecOfDoubles& message_holder)
```

它定义为接收一个基于新变长向量消息的参数。

回调函数是通过接收 vec_topic 主题的新传输而唤醒。接收的数据包含在 message_holder 中，其内容可以复制到 C++ 向量中，如第 5 行所示：

```
std::vector <double> vec_of_doubles = message_holder.dbl_vec;
```

随后，该向量对象可与其所有成员函数一起使用。例如，可以查找该向量的长度，如第 6 行所示：

```
 int nvals = vec_of_doubles.size(); //ask the vector how long it is
```

然后，回调函数循环遍历该向量的所有分量，并使用 ROS_INFO() 来显示它们。

若要编译订阅器节点，需将以下命令行添加到 CMakeLists.txt 文件：

```
cs_add_executable(vector_subscriber src/vector_subscriber.cpp)
```

然后利用 catkin_make 编译。

若要在一个终端中（运行着 roscore）测试互补节点，输入：

```
rosrun example_ros_msg vector_publisher
```

在第二个终端中，利用以下命令启动订阅器：

```
rosrun example_ros_msg vector_subscriber
```

因此，订阅器将显示以下示例输出：

```
[ INFO] [1452450667.220847072]: vec[0] = 1.414000
[ INFO] [1452450667.220985967]: vec[1] = 2.718280
[ INFO] [1452450667.221041396]: vec[2] = 3.141600
[ INFO] [1452450667.221097413]: vec[3] = 0.000000
[ INFO] [1452450667.221151168]: vec[4] = 1.000000
[ INFO] [1452450667.221208351]: vec[5] = 2.000000
[ INFO] [1452450667.221265818]:

[ INFO] [1452450668.220694702]: vec[0] = 1.414000
[ INFO] [1452450668.220802727]: vec[1] = 2.718280
[ INFO] [1452450668.220898220]: vec[2] = 3.141600
[ INFO] [1452450668.220989838]: vec[3] = 0.000000
[ INFO] [1452450668.221095457]: vec[4] = 1.000000
[ INFO] [1452450668.221200559]: vec[5] = 2.000000
[ INFO] [1452450668.221308814]: vec[6] = 3.000000
[ INFO] [1452450668.221393760]:

[ INFO] [1452450669.220683996]: vec[0] = 1.414000
[ INFO] [1452450669.220777258]: vec[1] = 2.718280
[ INFO] [1452450669.220820689]: vec[2] = 3.141600
[ INFO] [1452450669.220884177]: vec[3] = 0.000000
[ INFO] [1452450669.220937618]: vec[4] = 1.000000
[ INFO] [1452450669.220999832]: vec[5] = 2.000000
[ INFO] [1452450669.221057884]: vec[6] = 3.000000
[ INFO] [1452450669.221115040]: vec[7] = 4.000000
[ INFO] [1452450669.221172102]:
```

这表明通过使用新的变长消息类型，发布器和订阅器彼此成功地进行了通信。

实际上，当使用变长消息时，用户必须注意 2 个问题：

1. 确保变长向量不会变得过大。很容易忘记向量持续增长，因此，当消息增长过大时，用户可能会消耗所有的内存和通信带宽。

2. 与常规数组一样，如果尝试访问尚未分配的内存，则会出现错误（通常是分段错误）。例如，如果接收的复制到 vec_of_doubles 的消息长度为 3 个单元，那么尝试访问 vec_of_doubles[3]（第 4 个单元）将导致运行错误（但是没有编译器警告）。

定义消息类型的介绍至此告一段落。正如将要介绍的，同样的过程用于定义 ROS 服务和 ROS 动作服务器的其他消息类型。

2.2 ROS 服务介绍

到目前为止，节点之间通信的主要方式包括发布和订阅。在这种通信模式中，发布器不知道谁是订阅器，而订阅器只知道所订阅的某个主题，而不知道哪个节点可能发布消息到该主题。消息以未知的时间间隔发送，并且订阅器可能会丢失消息。这种通信方式适用于重复的消息，如传感器数值的发布。对于这种情况，传感器发布器不需要知道哪个或多少个节点订阅其输出，发布器也将不会更改其消息以响应来自用户的任何请求。这种通信方式简单而灵活。如果前面的限制不需要关注，则首选发布和订阅方式。

或者，有时需要建立双向、一对一、可靠的通信。在这种情况下，客户端向服务发送请求，服务向客户端发送响应。按需进行问题和应答交互，并且客户端知道服务提供者的名称。

应该指出，ROS 服务的目的是快速响应。当客户端发送请求时，客户端将被暂停直至应答返回。ROS 代码应该容忍这种延迟。如果请求涉及大量计算或延迟响应，那么可能需要使用另一种替代方法，即动作服务器和动作客户端机制（将在 2.5 节中介绍）。

下面的示例包含于随书软件库的包 example_ros_service 中。首先介绍服务消息，然后构建一个服务提供者节点，最后构建一个服务客户端节点。

2.2.1 服务消息

定义一个自定义服务消息需要描述请求和响应的数据类型和字段名称。这是通过一个称为 *.srv 文件的 ROS 模板来完成。包含了自动生成的可以包含在 C++ 文件中的 C++ 头文件。

若要在所需的包（在本例中为 example_ros_service）中创建新的服务消息，创建一个称为 srv 的子目录。(此目录与 src 同级别。) 在这个目录中，创建一个名为 *.srv 的文本文件。在当前示例中，该文本文件已命名为 ExampleServiceMsg.srv。下面给出了服务消息示例的内容：

```
string name
---
bool on_the_list
bool good_guy
int32 age
string nickname
```

其中，"---"上面的行定义了请求结构，"---"下面的行定义了响应结构。请求（对于这个简单的示例）由单个组件（名为 name）组成，该字段中包含的数据类型是一个（ROS）

字符串。

对于该示例的响应部分，具有名为 on_the_list、good_guy、age 和 nickname 的 4 个字段，各自的数据类型为 bool、bool、int32 和 string（所有这些都被定义为内置的 ROS 消息类型）。

虽然服务消息在一个文本文件中只有非常简单的描述，但是编译器将被命令解析此文件，并构建一个可以包含在 C++ 程序中的 C++ 头文件。正如为发布和订阅而定义自定义消息类型一样，我们通知编译器需要通过 package.xml 文件生成新的消息头。用户必须编辑此文件而插入（或取消注释）以下命令行：

```
<build_depend>message_generation</build_depend>
```

和

```
<run_depend>message_runtime</run_depend>
```

通过使用 catkin_simple 简化 CMakeLists.txt 文件，在 cs_create_pkg 帮助下，创建了包 example_ros_service。预计我们将需要编译 2 个测试节点 example_ros_service.cpp 和 example_ros_client.cpp，CMakeLists.txt 文件中的相应行指定应该编译这些源文件。下面的代码清单 2.5 展示了 CMakeLists.txt 文件（删除了指导性注释，并暂时注释掉了 cs_add_executable 行）。

代码清单 2.5　针对客户端和服务节点示例的使用 catkin_simple 的 CMakeLists.txt

```
1  cmake_minimum_required(VERSION 2.8.3)
2  project(example_ros_service)
3
4  find_package(catkin_simple REQUIRED)
5
6  catkin_simple()
7
8  #cs_add_executable(example_ros_service src/example_ros_service.cpp)
9  #cs_add_executable(example_ros_client src/example_ros_client.cpp)
10
11 cs_install()
12 cs_export()
```

在定义了服务消息后，在编写任何 C++ 源代码之前，用户也都可以对包的编译进行测试。新包可以通过运行 catkin_make（一如既往在 ros_ws 目录）进行编译。

虽然 CMakeLists.txt 文件没有有效的 cs_add_executable 命令，但是 catkin 构建系统将会识别一个新的 srv 文件，并且它将自动生成与 C++ 兼容的头文件。实际上，通常会有包含消息定义的 ROS 包，但没有 C++ 代码。std_msgs 中的预定义消息包含在一个包（名为 std_msgs）中，尽管此包不包含 C++ 源代码。这是定义消息的常用技术，对于多个包的情形可能有用。

已自动生成的头文件放在目录 catkin/devel/include/example_ros_service 中。不需要记

住此目录路径,因为如果你列出了对包 example_ros_service 的依赖关系,catkin_make 就会知道在哪里查找这些头文件。正如发布和订阅新消息类型的创建,自动生成的头文件与用户定义的 *.srv 文件共享相同的基名。对于我们的示例,在编译之后,目录 catkin/devel/include/example_ros_service 包含了一个名为 ExampleServiceMsg.h 的头文件。比发布和订阅消息类型稍微复杂一点的是,在 catkin/devel/include/example_ros_service 目录中创建了 2 个服务头文件:ExampleServiceMsgRequest.h 和 ExampleServiceMsgResponse.h。这 2 个头文件都包含在 ExampleServiceMsg.h 头文件中。注意,这些头文件的名称包含基名 ExampleServiceMsg,但是它们的名称中也有一个附加的组件,即 Request 或 Service。

若要在一个节点中使用新的消息类型,利用以下命令行在 C++ 源代码中包含相关的头文件:

```
#include <example_ros_service/ExampleServiceMsg.h>
```

注意,该头文件引用了定义消息的包名称(example_ros_service),以及消息的基名(ExampleServiceMsg),并附加后缀 .h。分隔符 <…> 告诉编译器在预期的位置(在本例中为 catkin/devel/include)查找该文件。

在当前示例中,展示节点的源代码是相同 example_ros_service 包的一部分。如果想在一个单独包的节点中使用新的服务消息,则需要同样地在 C++ 代码中添加:#include< example_ros_service/ExampleServiceMsg.h>。然而,在新的 package.xml 文件中将有两个不同之处。其一,它不必依赖于 message_generation 或 message_runtime,因为消息类型只需要生成一次(这是在编译包 example_ros_service 后执行)。其二,通过包含命令行:<build_depend>example_ros_service</build_depend>,新包的 package.xml 文件必须列出对包 example_ros_service 的依赖关系。

2.2.2 ROS 服务节点

在子目录 src 的包 example_ros_service 中定义了一个 ROS 服务节点示例,命名为 example_ros_service.cpp。通过添加(或取消注释)下面命令行,可编辑 CMakeLists.txt 文件,指示编译器编译该代码:

```
cs_add_executable(example_ros_service src/example_ros_service.cpp)
```

代码清单 2.6 给出了 example_ros_service.cpp 的源代码。

代码清单 2.6　example_ros_service.cpp:服务节点示例

```
1  //example ROS service:
2  // run this as: rosrun example_ROS_service example_ROS_service
3  // in another window, tickle it manually with (e.g.):
4  //     rosservice call lookup_by_name "Ted"
5
6
```

```cpp
7   #include <ros/ros.h>
8   #include <example_ros_service/ExampleServiceMsg.h>
9   #include <iostream>
10  #include <string>
11  using namespace std;
12
13  bool callback(example_ros_service::ExampleServiceMsgRequest& request,
        example_ros_service::ExampleServiceMsgResponse& response)
14  {
15      ROS_INFO("callback activated");
16      string in_name(request.name); // convert this to a C++-class string, so can use
            member funcs
17      //cout<<"in_name:"<<in_name<<endl;
18      response.on_the_list=false;
19
20      // here is a dumb way to access a stupid database...
21      // hey: this example is about services, not databases!
22      if (in_name.compare("Bob")==0)
23      {
24          ROS_INFO("asked about Bob");
25          response.age = 32;
26          response.good_guy=false;
27          response.on_the_list=true;
28          response.nickname="BobTheTerrible";
29      }
30      if (in_name.compare("Ted")==0)
31      {
32          ROS_INFO("asked about Ted");
33          response.age = 21;
34          response.good_guy=true;
35          response.on_the_list=true;
36          response.nickname="Ted the Benevolent";
37      }
38
39      return true;
40  }
41
42  int main(int argc, char **argv)
43  {
44      ros::init(argc, argv, "example_ros_service");
45      ros::NodeHandle n;
46
47      ros::ServiceServer service = n.advertiseService("lookup_by_name", callback);
48      ROS_INFO("Ready to look up names.");
49      ros::spin();
50
51      return 0;
52  }
```

在服务代码示例中，注意包含新的头文件：

```cpp
#include <example_ros_service/ExampleServiceMsg.h>
```

在 main() 主体中，命令行：

```cpp
ros::ServiceServer service = n.advertiseService("lookup_by_name", callback);
```

类似于在 ROS 中创建发布器。在这种情况下，将会创建一个称为 lookup_by_name 的服务。当对此服务的请求到达时，将会调用已命名的回调函数（在本例中，简单称为 callback）。服务没有定时循环。相反（在主函数中使用 ros::spin()），它休眠直到有请求到来，并且由回调函数服务传入的请求。

服务节点构建中容易忽略的属性是服务回调参数的类型声明。

```
bool callback(example_ros_service::ExampleServiceMsgRequest& request,
    example_ros_service::ExampleServiceMsgResponse& response)
```

参数：

```
example_ros_service::ExampleServiceMsgRequest& request
```

声明了 request 是类型 example_ros_service::ExampleServiceMsgRequest 的引用指针。同样地，回调函数的第 2 个参数是：

```
example_ros_service::ExampleServiceMsgResponse& response
```

它声明了 response 是类型 example_ros_service::ExampleServiceMsgResponse 的引用指针。

这可能看起来奇怪，因为我们没有在包 example_ros_service 中定义一个称为 ExampleServiceMsgRequest 的数据类型。构建系统将这种数据类型创建为自动生成的消息头文件的一部分。名称 ExampleServiceMsgRequest 是通过在服务消息名称 ExampleServiceMsg 后附加 Request 而创建（Response 类同）。当定义新的服务消息时，可以假定系统将为你创建这 2 种新的数据类型。

当调用服务回调函数时，回调可以检查传入请求的内容。在当前示例中，请求在其定义中只有一个字段 name。命令行：

```
string in_name(request.name);
```

根据 request.name 中包含的字符创建了 C++ 样式的 string 对象。利用此字符串对象，用户可以调用成员函数 compare()，例如，在代码 22 行中测试名称是否与 "Bob" 相同：

```
if (in_name.compare("Bob")==0)
```

在回调例程中，将为响应填充字段。当回调返回时，此响应消息将被传回调用请求的客户端。程序员隐藏了执行该通信的机制，它是作为 ROS 服务范例的一部分而执行的（例如，不必调用类似 publish(response) 的操作）。

一旦编译了 ROS 服务示例，就可以运行它（假设 roscore 正在运行）：

```
rosrun example_ros_service example_ros_service
```

2.2.3 与 ROS 服务手动交互

一旦节点 example_ros_service 运行，就可以看到一个可用的新服务。在命令提示符后输入：

```
rosservice list
```

将显示一个名为 /lookup_by_name（我们声明它为节点的服务名称）的服务。

用户可以在命令行手动与服务交互，例如，通过键入：

```
rosservice call lookup_by_name 'Ted'
```

对此的响应是：

```
on_the_list: True
good_guy: True
age: 21
nickname: Ted the Benevolent
```

可以看到，服务对请求做出了适当的反应。更一般的情况是从其他 ROS 节点调用服务请求。

2.2.4　ROS 服务客户端示例

若要以编程方式与 ROS 服务交互，用户可以生成一个 ROS client。代码清单 2.7 给出了一个示例（位于包 example_ros_service 中的 example_ros_client.cpp）。

代码清单 2.7　example_ros_client.cpp：客户端节点示例

```
1  //example ROS client:
2  // first run: rosrun example_ROS_service example_ROS_service
3  // then start this node:  rosrun example_ROS_service example_ROS_client
4
5
6
7  #include <ros/ros.h>
8  #include <example_ros_service/ExampleServiceMsg.h> // this message type is defined in ←
       the current package
9  #include <iostream>
10 #include <string>
11 using namespace std;
12
13 int main(int argc, char **argv) {
14     ros::init(argc, argv, "example_ros_client");
15     ros::NodeHandle n;
16     ros::ServiceClient client = n.serviceClient<example_ros_service::ExampleServiceMsg←
        >("lookup_by_name");
17     example_ros_service::ExampleServiceMsg srv;
18     bool found_on_list = false;
19     string in_name;
20     while (ros::ok()) {
21         cout<<endl;
22         cout << "enter a name (x to quit): ";
23         cin>>in_name;
24         if (in_name.compare("x")==0)
25             return 0;
26         //cout<<"you entered "<<in_name<<endl;
27         srv.request.name = in_name; //"Ted";
28         if (client.call(srv)) {
29             if (srv.response.on_the_list) {
30                 cout << srv.request.name << " is known as " << srv.response.nickname ←
                    << endl;
31                 cout << "He is " << srv.response.age << " years old" << endl;
32                 if (srv.response.good_guy)
33                     cout << "He is reported to be a good guy" << endl;
34                 else
35                     cout << "Avoid him; he is not a good guy" << endl;
36             } else {
37                 cout << srv.request.name << " is not in my database" << endl;
38             }
```

```
39              } else {
40                  ROS_ERROR("Failed to call service lookup_by_name");
41                  return 1;
42              }
43          }
44          return 0;
45      }
46  %
47
```

在该程序中，包含了和服务节点相同的消息头文件：

```
#include <example_ROS_service/ExampleServiceMsg.h>
```

注意，如果在另一个包中定义了这个节点，则需要在 package.xml 文件中列出包的依赖关系 example_ros_service。

在客户端程序中有两个关键命令行。其一，第 16 行：

```
ros::ServiceClient client =
    n.serviceClient<example_ROS_service::ExampleServiceMsg>("lookup_by_name");
```

创建一个 ROS ServiceClient，希望按照 example_ros_service::ExampleServerMsg 中定义的方式传达请求和响应。此外，该服务客户端期望与称为 lookup_by_name 的已命名服务通信。（这是在服务节点示例内定义的服务名称。）

其二，第 17 行为请求和响应实例化了一个一致类型的对象：

```
example_ros_service::ExampleServiceMsg srv;
```

上面的类型指定了定义服务消息的包名称（example_ros_service）和服务消息的名称（ExampleServiceMsg）。在这种情况下，srv 包含了一个请求字段和一个响应字段。若要发送服务请求，首先填充请求消息的字段（在本例中，请求消息只有单个组件），如 27 行所示：

```
srv.request.name = in_name; //e.g., manually test with contents: "Ted";
```

然后，通过以下调用（28 行）并结合已命名服务而执行事务：

```
client.call(srv)
```

此调用将返回一个布尔值，让用户知道调用是否成功。如果调用成功，用户可能期望填充 srv.response 的组件（如 ROS 服务所提供的）。这些组件由示例代码检查和显示。在这个客户端示例中，可计算字段 on_the_list、name、age 和 good_guy，如 31-33 行所示。例如，第 31 行：

```
cout << "He is " << srv.response.age << " years old" << endl;
```

查找并报告服务响应消息的 age 字段。

2.2.5 运行服务和客户端示例

在 roscore 运行的情况下，启动服务：

```
rosrun example_ros_service example_ros_service
```

该服务显示"准备查找名称"，然后暂停操作直到出现服务请求。尽管该服务处于活动状态，但在等待服务请求时，它消耗的资源（CPU 周期和带宽）微不足道。

在另一个终端中，启动客户端示例：

```
rosrun example_ros_service example_ros_client
```

这将出现 enter a name (x to quit): 以提示用户输入。下面的输出来自输入 Ted、Bob、Amy、x 的响应结果。

```
enter a name (x to quit): Ted
Ted is known as Ted the Benevolent
He is 21 years old
He is reported to be a good guy

enter a name (x to quit): Bob
Bob is known as BobTheTerrible
He is 32 years old
Avoid him; he is not a good guy

enter a name (x to quit): Amy
Amy is not in my database

enter a name (x to quit): x
```

当客户端节点处于活动状态时，它可以向服务发送重复的请求，如上所述。ros::ServiceClient 只需要实例化一次，并且可以利用 srv 消息中更新的数值再次调用 client.call(srv)。虽然客户端可能会结束运行，但是该服务将保持活动状态（除非被故意终止）。其他客户端节点也可以使用该服务，并且这些客户端可能同时运行。服务 – 客户端中使用的对等通信方案确保服务将只对发出相应请求的唯一客户端返回其响应。

总之，使用服务适合一对一、有保证的通信。虽然传感器（例如联合编码器）可以简单地持续发布其当前数值，但它不适合诸如 close_gripper 这样的命令。在后一种情况下，我们希望发送该命令一次，并确保命令已接收且执行。客户端 – 服务器的交互适合这类需要。

定义服务消息需要一些额外的工作，并确保服务器和客户端都包含相应的消息头文件。ROS 的确包含带有预定义服务消息的包 std_srvs。然而，与发布和订阅所使用的非常丰富的 ROS 消息集不同，在该包中只定义了 2 种服务消息，并且它们的用途有限。通常，用户每次生成一个新的 ROS 服务节点时，常常也需要定义一条相应的服务消息。

服务应仅仅用作快速请求和响应的交互。对于可能需要持续很长时间直到响应就绪的交互（例如 plan_path），更合适的界面是操作 – 服务器和操作 – 客户端。在介绍动作服务器之前，必须了解如何在构建节点时使用 C++ 类。

2.3　在 ROS 中使用 C++ 类

ROS 代码很快就会变得过于冗长。若要提高代码效率和代码复用，最好使用类。

在 C++ 的所有书中都详细介绍了 C++ 类的用法。一般而言，可取的做法是：

- 在头文件中定义类：
  - 定义类所有成员函数的原型。
  - 定义私有和公共数据成员。
  - 定义类构造函数的原型。
- 编写一个单独的实现文件：
  - 包含上面的头文件。
  - 包含已声明成员函数的工作代码。
  - 包含在构造函数中封装必要初始化的代码。

在包 example_ros_class 的示例代码软件库中提供了一个示例。代码清单 2.8 给出了该示例的头文件。

代码清单 2.8　example_ros_class 的头文件

```
1  // example_ros_class.h header file //
2  // wsn; Feb, 2015
3  // include this file in "example_ros_class.cpp"
4
5  // here's a good trick--should always do this with header files:
6  // create a unique mnemonic for this header file, so it will get included if needed,
7  // but will not get included multiple times
8  #ifndef EXAMPLE_ROS_CLASS_H_
9  #define EXAMPLE_ROS_CLASS_H_
10
11 //some generically useful stuff to include...
12 #include <math.h>
13 #include <stdlib.h>
14 #include <string>
15 #include <vector>
16
17 #include <ros/ros.h> //ALWAYS need to include this
18
19 //message types used in this example code; include more message types, as needed
20 #include <std_msgs/Bool.h>
21 #include <std_msgs/Float32.h>
22 #include <std_srvs/Trigger.h> // uses the "Trigger.srv" message defined in ROS
23
24 // define a class, including a constructor, member variables and member functions
25 class ExampleRosClass
26 {
27 public:
28     ExampleRosClass(ros::NodeHandle* nodehandle); //"main" will need to instantiate a ←
           ROS nodehandle, then pass it to the constructor
29     // may choose to define public methods or public variables, if desired
30 private:
31     // put private member data here;  "private" data will only be available to member ←
            functions of this class;
32     ros::NodeHandle nh_; // we will need this, to pass between "main" and constructor
```

```
33      // some objects to support subscriber, service, and publisher
34      ros::Subscriber minimal_subscriber_; //these will be set up within the class ←
            constructor, hiding these ugly details
35      ros::ServiceServer minimal_service_;
36      ros::Publisher   minimal_publisher_;
37
38      double val_from_subscriber_; //example member variable: better than using globals;←
             convenient way to pass data from a subscriber to other member functions
39      double val_to_remember_; // member variables will retain their values even as ←
            callbacks come and go
40
41      // member methods as well:
42      void initializeSubscribers(); // we will define some helper methods to encapsulate←
             the gory details of initializing subscribers, publishers and services
43      void initializePublishers();
44      void initializeServices();
45
46      void subscriberCallback(const std_msgs::Float32& message_holder); //prototype for ←
            callback of example subscriber
47      //prototype for callback for example service
48      bool serviceCallback(std_srvs::TriggerRequest& request, std_srvs::TriggerResponse&←
             response);
49  }; // note: a class definition requires a semicolon at the end of the definition
50
51  #endif  // this closes the header-include trick...ALWAYS need one of these to match #←
        ifndef
```

代码清单 2.8 中的头文件定义了新类 ExampleRosClass 的结构。该类定义了构造函数（第 28 行声明：ExampleRosClass(ros::NodeHandle*nodehandle);）和各种私有成员对象与函数的原型。头文件还声明了成员变量。这些实体都可由类的成员函数访问。

定义了 publisher、subscriber 和 service 的对象，允许构造函数来执行对这些对象的设置，从而简化主程序。

定义了成员函数的原型，声明了名称、返回类型和参数类型。这些函数的实现所构成的可执行代码包含在一个或多个单独的 *.cpp 文件中。用户应该避免将实现代码放在头文件中（除了非常短的实现，例如 get() 和 set() 函数）。

作为一个样式风格问题，私有成员对象和变量（例如 minimal_publisher_）用尾随下划线命名，以便向用户提示这些变量只有 ExampleRosClass 中的成员函数可以访问。

注意，整个头文件包含在一个起始于 #ifndef EXAMPLE_ROS_CLASS_H_ 且终止于 #endif 的编译器宏中。在编写头文件时应始终用这个方法，它帮助编译器避免了冗余的头文件副本。

代码清单 2.9 ~ 2.12 给出了与代码清单 2.8 头文件相对应的实现代码，它将文件 example_ros_class.cpp 分解为构造函数、助手函数、回调函数和主程序。

代码清单 2.9 example_ros_class 的实现：前导和构造函数

```
1  //example_ros_class.cpp:
2  //wsn, Jan 2016
3  //illustrates how to use classes to make ROS nodes
4  // constructor can do the initialization work, including setting up subscribers, ←
       publishers and services
5  // can use member variables to pass data from subscribers to other member functions
6
7  // can test this function manually with terminal commands, e.g. (in separate terminals←
       ):
8  // rosrun example_ros_class example_ros_class
```

```cpp
 9  // rostopic echo exampleMinimalPubTopic
10  // rostopic pub -r 4 exampleMinimalSubTopic std_msgs/Float32 2.0
11  // rosservice call exampleMinimalService 1
12
13
14  // this header incorporates all the necessary #include files and defines the class "↵
        ExampleRosClass"
15  #include "example_ros_class.h"
16
17  //CONSTRUCTOR:  this will get called whenever an instance of this class is created
18  // want to put all dirty work of initializations here
19  // odd syntax: have to pass nodehandle pointer into constructor for constructor to ↵
        build subscribers, etc
20  ExampleRosClass::ExampleRosClass(ros::NodeHandle* nodehandle):nh_(*nodehandle)
21  { // constructor
22      ROS_INFO("in class constructor of ExampleRosClass");
23      initializeSubscribers(); // package up the messy work of creating subscribers; do ↵
            this overhead in constructor
24      initializePublishers();
25      initializeServices();
26
27      //initialize variables here, as needed
28      val_to_remember_=0.0;
29
30      // can also do tests/waits to make sure all required services, topics, etc are ↵
            alive
31  }
```

代码清单 2.10　example_ros_class 的实现：助手成员函数

```cpp
33  //member helper function to set up subscribers;
34  // note odd syntax: &ExampleRosClass::subscriberCallback is a pointer to a member ↵
        function of ExampleRosClass
35  // "this" keyword is required, to refer to the current instance of ExampleRosClass
36  void ExampleRosClass::initializeSubscribers()
37  {
38      ROS_INFO("Initializing Subscribers");
39      minimal_subscriber_ = nh_.subscribe("example_class_input_topic", 1, &↵
            ExampleRosClass::subscriberCallback,this);
40      // add more subscribers here, as needed
41  }
42
43  //member helper function to set up services:
44  // similar syntax to subscriber, required for setting up services outside of "main()"
45  void ExampleRosClass::initializeServices()
46  {
47      ROS_INFO("Initializing Services");
48      minimal_service_ = nh_.advertiseService("example_minimal_service",
49                                              &ExampleRosClass::serviceCallback,
50                                              this);
51      // add more services here, as needed
52  }
53
54  //member helper function to set up publishers;
55  void ExampleRosClass::initializePublishers()
56  {
57      ROS_INFO("Initializing Publishers");
58      minimal_publisher_ = nh_.advertise<std_msgs::Float32>("example_class_output_topic"↵
            , 1, true);
59      //add more publishers, as needed
60      // note: COULD make minimal_publisher_ a public member function, if want to use it↵
             within "main()"
61  }
```

代码清单 2.11　example_ros_class 的实现：回调函数

```cpp
65  // a simple callback function, used by the example subscriber.
66  // note, though, use of member variables and access to minimal_publisher_ (which is a ↵
        member method)
67  void ExampleRosClass::subscriberCallback(const std_msgs::Float32& message_holder) {
68      // the real work is done in this callback function
```

```
69          // it wakes up every time a new message is published on "exampleMinimalSubTopic"
70
71          val_from_subscriber_ = message_holder.data; // copy the received data into member
                variable, so ALL member funcs of ExampleRosClass can access it
72          ROS_INFO("myCallback activated: received value %f",val_from_subscriber_);
73          std_msgs::Float32 output_msg;
74          val_to_remember_ += val_from_subscriber_; //can use a member variable to store
                values between calls; add incoming value each callback
75          output_msg.data= val_to_remember_;
76          // demo use of publisher--since publisher object is a member function
77          minimal_publisher_.publish(output_msg); //output the square of the received value;
78      }
79
80
81      //member function implementation for a service callback function
82      bool ExampleRosClass::serviceCallback(std_srvs::TriggerRequest& request, std_srvs::
            TriggerResponse& response) {
83          ROS_INFO("service callback activated");
84          response.success = true; // boring, but valid response info
85          response.message = "here is a response string";
86          return true;
87      }
```

代码清单 2.12 example_ros_class 的实现：主程序

```
91      int main(int argc, char** argv)
92      {
93          // ROS set-ups:
94          ros::init(argc, argv, "exampleRosClass"); //node name
95
96          ros::NodeHandle nh; // create a node handle; need to pass this to the class
                constructor
97
98          ROS_INFO("main: instantiating an object of type ExampleRosClass");
99          ExampleRosClass exampleRosClass(&nh); //instantiate an ExampleRosClass object and
                pass in pointer to nodehandle for constructor to use
100
101         ROS_INFO("main: going into spin; let the callbacks do all the work");
102         ros::spin();
103         return 0;
104     }
```

在 example_ros_class.cpp 中，ROS 服务定义和 ROS 发布器与第 1 章介绍的 minimal_nodes 包中的示例类似。但是注意，订阅器能够调用发布器，因为发布器是所有成员函数都可以访问的成员对象。进一步讲，订阅器可以将其接收到的数据复制到成员变量（在本例中为 val_from_subscriber_），让这些数据可供所有成员函数使用。此外，订阅器回调函数展示了使用一个成员变量（val_to_remember_）在调用之间存储结果，因为该成员变量在调用之间持续保存其数据至订阅器。因此，成员变量的行为类似于全局变量，但是这些变量只对类成员函数可用，因而首选此构造函数。

构造函数负责设置示例发布器、示例订阅器和示例服务。但是，使用的符号有点奇怪。main() 必须实例化便于构造函数使用的节点句柄，并且必须将该值传递给构造函数。然而，构造函数负责初始化类变量，这就会产生一个鸡蛋相生的问题。这是通过使用下面的构造函数初始化器代码清单（20 行）并结合某种奇怪的符号来解决的：

```
ExampleRosClass::ExampleRosClass(ros::NodeHandle* nodehandle):nh_(*nodehandle)
```

该初始化技术允许主程序创建类 ExampleRosClass 的实例，并传递给构造函数（指向）由

main() 创建的 nodehandle（98 行）：

```
ExampleRosClass exampleRosClass(&nh);
```

还要注意，在构造函数中执行的订阅器和服务的某种奇怪的设置：

```
minimal_subscriber_ = nh_.subscribe("example_class_input_topic", 1, &
    ExampleRosClass::subscriberCallback,this);
```

和

```
minimal_service_ = nh_.advertiseService("example_minimal_service", 
    &ExampleRosClass::serviceCallback,this);
```

符号：&ExampleRosClass::subscriberCallback 向要与订阅器一起使用的回调函数提供了一个指针。该回调函数被定义为当前类的成员函数。此外，关键字 this 告诉编译器正在引用此类的当前实例。

注意，与服务相关的回调函数使用了一条预定义的服务消息（82 行）：

```
bool ExampleRosClass::serviceCallback(std_srvs::TriggerRequest& 
    request, std_srvs::TriggerResponse& response)
```

服务消息 Trigger 是在 std_srvs 中定义。若要编译示例 ROS 类包，需要在 package.xml 中列出对 std_srvs 的一个依赖关系。对于自定义服务消息（正如通常定义的自定义 ROS 消息），可以方便地将它们放到一个单独的包中，就像已经用 ROS 提供的 std_srvs 包那样。

虽然示例类的表示法有些烦琐，但以这种方式设计 ROS 节点很方便。因此，构造函数能够封装设置发布器、订阅器和服务的细节，以及初始化所有重要的变量。在将控制权释放到"main"程序之前，构造函数还可以测试来自同伴节点的所需主题和服务是否是活跃的和健康的。

在当前示例中，主程序非常短。它只是创建了一个新类的实例，然后进入循环。所有的程序工作随后由新类对象的回调执行。

可以利用以下命令测试示例代码（roscore 在运行）：

```
rosrun example_ros_class example_ros_class
```

启动时，此节点显示以下输出：

```
[ INFO] [1452372936.675150947]: main: instantiating an object of type ExampleRosClass
[ INFO] [1452372936.675272621]: in class constructor of ExampleRosClass
[ INFO] [1452372936.675323574]: Initializing Subscribers
[ INFO] [1452372936.682326226]: Initializing Publishers
[ INFO] [1452372936.683708338]: Initializing Services
[ INFO] [1452372936.685131573]: main: going into spin; let the callbacks do all the work
```

在此节点运行时，用户可以从命令行查看和改变各种 I/O 选项。从单独的终端输入：

```
rosservice call example_minimal_service
```

该终端响应：

```
success: True
message: here is a response string
```

并且运行 example_ros_class 的终端显示：

```
service callback activated
```

它显示了预期的行为。当客户端（在本例中，从命令行手动调用）向名为 example_minimal_service 的服务发送请求时，唤醒了节点 example_ros_class 中相应的回调函数。回调函数（83 行）输出文本"已激活服务回调"。然后，填充响应消息的字段（84 行和 85 行）：

```
response.success = true; // boring, but valid response info
response.message = "here is a response string";
```

并且这些值通过服务响应消息返回到服务客户端。接收的数值由（手动调用的）服务客户端显示如下：

```
success: True
message: here is a response string
```

还可以手动测试 example_ros_class 节点中的订阅器回调函数。从单独的终端输入：

```
rostopic pub -r 2 example_class_input_topic  std_msgs/Float32 2.0
```

rostopic 命令接收 YAML 语法中的参数。（有关详细信息参见 http://wiki.ros.org/ROS/YAML-CommandLine。）选项 –r 2 意味着发布将以 2Hz 的速率重复。运行此命令后，节点 example_ros_class 的终端输出：

```
[ INFO] [1452374662.370650465]: myCallback activated: received value 2.000000
[ INFO] [1452374662.870560823]: myCallback activated: received value 2.000000
[ INFO] [1452374663.370577645]: myCallback activated: received value 2.000000
```

通过这个最小的示例，了解了如何在 C++ 类中并入 ROS 发布器、订阅器和服务。该示例 ROS 类可以用作创建新 ROS 类的起点。从这个示例开始，我们重新命名类及其服务和主题。根据需要，可以添加更多的服务、主题、订阅器和发布器。在主 cpp 文件所提供的头文件和实现中，可以声明其他的成员函数。使用类可以帮助封装一些单调乏味的 ROS 工作，从而让程序员能够专注于算法。另外，通过使用类，用户可以创建易于代码复用的库，接下来将进行介绍。

2.4　在 ROS 中创建库模块

到目前为止，我们已经创建了利用现有库的独立包。但是，随着源代码变得更长，最好将其分解为较小的模块。如果将来的模块可能复用一项工作，那么最好创建一个新的库。本节介绍创建库的步骤。它将会在两个单独包 creating_a_ros_library 和 using_a_ros_library 的附带代码库中引用示例。

利用以下命令创建包 creating_a_ros_library：

```
cs_create_pkg creating_a_ros_library roscpp std_msgs std_srvs
```

这将设置预期的包结构，包含 src、include 和 CMakeLists.txt 文件夹，package.xml 和 README.md 文件。

从上一节开始，我们借用包 example_ros_class 的代码。将源文件 example_ros_class.cpp 复制到新包 creating_a_ros_library 的 src 子目录。编辑该代码并删除 main() 程序。此外，参照以下内容修改头文件的包含：

```
#include <creating_a_ros_library/example_ros_class.h>
```

源代码文件与 example_ros_class 完全相同。为完整性起见，代码清单 2.13 ～ 2.15 给出了编辑的文件，分别拆分为前导和构造函数、助手成员函数和回调函数。

代码清单 2.13　库 example_ros_class 的实现：前导和构造函数

```
1
2   //example_ros_class.cpp:
3   //wsn, Jan 2016
4   //illustrates how to use classes to make ROS nodes
5   // constructor can do the initialization work, including setting up subscribers, ←
        publishers and services
6   // can use member variables to pass data from subscribers to other member functions
7
8   // can test this function manually with terminal commands, e.g. (in separate terminals←
        ):
9   // rosrun example_ros_class example_ros_class
10  // rostopic echo exampleMinimalPubTopic
11  // rostopic pub -r 4 exampleMinimalSubTopic std_msgs/Float32 2.0
12  // rosservice call exampleMinimalService 1
13
14
15  // this header incorporates all the necessary #include files and defines the class "←
        ExampleRosClass"
16  #include <creating_a_ros_library/example_ros_class.h>
17
18  //CONSTRUCTOR:  this will get called whenever an instance of this class is created
19  // want to put all dirty work of initializations here
20  // odd syntax: have to pass nodehandle pointer into constructor for constructor to ←
        build subscribers, etc
21  ExampleRosClass::ExampleRosClass(ros::NodeHandle* nodehandle):nh_(*nodehandle)
22  { // constructor
23      ROS_INFO("in class constructor of ExampleRosClass");
24      initializeSubscribers(); // package up the messy work of creating subscribers; do ←
            this overhead in constructor
25      initializePublishers();
26      initializeServices();
27
28      //initialize variables here, as needed
29      val_to_remember_=0.0;
30
31      // can also do tests/waits to make sure all required services, topics, etc are ←
            alive
32  }
```

代码清单 2.14　库 example_ros_class 的实现：助手成员函数

```
34  //member helper function to set up subscribers;
35  // note odd syntax: &ExampleRosClass::subscriberCallback is a pointer to a member ←↪
        function of ExampleRosClass
36  // "this" keyword is required, to refer to the current instance of ExampleRosClass
37  void ExampleRosClass::initializeSubscribers()
38  {
39      ROS_INFO("Initializing Subscribers");
40      minimal_subscriber_ = nh_.subscribe("example_class_input_topic", 1, &↪
            ExampleRosClass::subscriberCallback,this);
41      // add more subscribers here, as needed
42  }
43
44  //member helper function to set up services:
45  // similar syntax to subscriber, required for setting up services outside of "main()"
46  void ExampleRosClass::initializeServices()
47  {
48      ROS_INFO("Initializing Services");
49      minimal_service_ = nh_.advertiseService("example_minimal_service",
50                                              &ExampleRosClass::serviceCallback,
51                                              this);
52      // add more services here, as needed
53  }
54
55  //member helper function to set up publishers;
56  void ExampleRosClass::initializePublishers()
57  {
58      ROS_INFO("Initializing Publishers");
59      minimal_publisher_ = nh_.advertise<std_msgs::Float32>("example_class_output_topic"↪
            , 1, true);
60      //add more publishers, as needed
61      // note: COULD make minimal_publisher_ a public member function, if want to use it↪
             within "main()"
62  }
```

代码清单 2.15　库 example_ros_class 的实现：回调函数

```
66  // a simple callback function, used by the example subscriber.
67  // note, though, use of member variables and access to minimal_publisher_ (which is a ←↪
        member method)
68  void ExampleRosClass::subscriberCallback(const std_msgs::Float32& message_holder) {
69      // the real work is done in this callback function
70      // it wakes up every time a new message is published on "exampleMinimalSubTopic"
71
72      val_from_subscriber_ = message_holder.data; // copy the received data into member ←↪
            variable, so ALL member funcs of ExampleRosClass can access it
73      ROS_INFO("myCallback activated: received value %f",val_from_subscriber_);
74      std_msgs::Float32 output_msg;
75      val_to_remember_ += val_from_subscriber_; //can use a member variable to store ←↪
            values between calls; add incoming value each callback
76      output_msg.data= val_to_remember_;
77      // demo use of publisher--since publisher object is a member function
78      minimal_publisher_.publish(output_msg); //output the square of the received value;
79  }
80
81
82  //member function implementation for a service callback function
83  bool ExampleRosClass::serviceCallback(std_srvs::TriggerRequest& request, std_srvs::↪
        TriggerResponse& response) {
84      ROS_INFO("service callback activated");
85      response.success = true; // boring, but valid response info
86      response.message = "here is a response string";
87      return true;
88  }
```

当希望将库链接到新包中的节点时，带有类原型的头文件需要放在一个 catkin_make

可以找到的位置。按照约定，头文件不是直接位于 /include 目录下。相反，创建 /include 目录的子目录（与包同名），并将库的头文件放在此处，即 …/creating_a_ros_library/include/creating_a_ros_library。原始的头文件 example_ros_class.h 复制到该目录。随后，节点可以通过包含以下命令行来导入该头文件：

```
#include <creating_a_ros_library/example_ros_class.h>
```

（与库一样）。

编辑 CMakeLists.txt 文件而包含（或取消注释）命令行：

```
cs_add_library(example_ros_library src/example_ros_class.cpp)
```

它通知 catkin_make 将创建一个新库，命名为 example_ros_library，其源代码放在 src/example_ros_class.cpp 中。

此时，可以通过运行 catkin_make（来自 ros_ws 目录）编译库。编译后，一个名为 libexample_ros_library.so 的新文件出现在目录 ~/ros_ws/devel/lib 中。基名 example_ros_library.so 由 cs_add_library 中的名称赋值产生，并且构建系统预先考虑名称"lib"。然而，向该库指定链接并不需要了解此新名称，只需要注意 package.xml 中的包依赖关系，并使用 #include<creating_a_ros_library/example_ros_class.h> 包含相关的头文件。

若要查看新库是否正在工作，可以在同一个包中创建一个测试 main() 程序。代码清单 2.16 展示了文件 example_ros_class_test_main.cpp。

代码清单 2.16　example_ros_class_test_main.cpp：使用类的示例

```
#include <creating_a_ros_library/example_ros_class.h>

int main(int argc, char** argv)
{
    // ROS set-ups:
    ros::init(argc, argv, "example_lib_test_main"); //node name

    ros::NodeHandle nh; // create a node handle; need to pass this to the class ←
        constructor

    ROS_INFO("main: instantiating an object of type ExampleRosClass");
    ExampleRosClass exampleRosClass(&nh); //instantiate an ExampleRosClass object and←
         pass in pointer to nodehandle for constructor to use

    ROS_INFO("main: going into spin; let the callbacks do all the work");
    ros::spin();
    return 0;
}
```

该测试程序与 example_ros_class/src/example_ros_class.cpp 中相应的 main() 函数相同，除了头文件指定为 #include<creating_a_ros_library/example_ros_class.h>（1行）。

若要编译测试 main，需要对 CMakeLists.txt 进行 2 次更改。第 1 次更改是使用以下命令来指定新的可执行文件的编译：

```
cs_add_executable(ros_library_test_main src/example_ros_class_test_main.cpp)
```

第 2 次更改指定新节点应该链接到新库，这需要以下命令行：

```
target_link_libraries(ros_library_test_main example_ros_library)
```

该链接命令将可执行文件名 ros_library_test_main 作为第 1 个参数，将新库名 example_ros_library 作为第 2 个参数。

用户可以利用以下命令运行新的测试节点：

```
rosrun creating_a_ros_library example_ros_class_test_main
```

像往常一样，它引用了包名（creating_a_ros_library）和该包中的可执行文件名（example_ros_class_test_main）。结果和上一节中获得的输出相同（时间戳除外）：

```
[ INFO] [1452395548.594901501]: main: instantiating an object of type ExampleRosClass
[ INFO] [1452395548.595099162]: in class constructor of ExampleRosClass
[ INFO] [1452395548.595126811]: Initializing Subscribers
[ INFO] [1452395548.599454035]: Initializing Publishers
[ INFO] [1452395548.600454593]: Initializing Services
[ INFO] [1452395548.601531005]: main: going into spin; let the callbacks do all the work
```

main()、example_ros_class_test_main 示例演示了如何在一个节点中使用新库。但是，新代码通常需要引用存在于单独包中的库。这样做是相当简单的，就像使用单独的包 using_a_ros_library 说明的那样。利用以下命令创建该包（包含于随书的代码软件库）：

```
cs_create_pkg using_a_ros_library roscpp std_msgs std_srvs creating_a_ros_library
```

注意，上面使用的 cs_create_pkg 声明了包 creating_a_ros_library 的依赖关系。在创建包 creating_a_ros_library 时没有这样做（因为这将会循环，试图依赖正在创建的包）。因此，CMakeLists.txt 文件要求链接命令行 target_link_libraries(ros_library_test_main example_ros_library) 注意，测试 main 应该链接到在同一个包中创建的库。

从包 creating_a_ros_library 的 src 文件夹将测试主程序 example_ros_class_test_main.cpp 复制到新包 using_a_ros_library 的 src 文件夹。没有对测试 main 源文件进行任何更改。若要编译这个新节点，编辑 CMakeLists.txt 文件来包括以下命令行：

```
cs_add_executable(ros_library_external_test_main src/example_ros_ ↵
    class_test_main.cpp)
```

但是，使用 catkin_simple 时，不需要包含与新库链接的命令。因为 package.xml 文件已经注意到对包 creating_a_ros_library 的依赖关系，而且源代码包含了头文件 #include<creating_a_ros_library/example_ros_class.h>，catkin_simple 确认了可执行文件应该链接到

来自包 creating_a_ros_library 的库 example_ros_library。使用没有 catkin_simple 的 catkin_make 将需要编辑几行 CMakeLists.txt 来声明头文件位置、要链接的库以及（在更一般的情况下）自定义消息的编译。

新的测试节点可以运行如下：

```
rosrun using_a_ros_library ros_library_external_test_main
```

输出和行为与包 example_ros_class 和 creating_a_ros_library 中的相应案例相同。

上面的诠释说明了如何创建一个 ROS 库。随着代码变得更加复杂，库的使用对于封装细节和复用软件越来越有价值。

2.5 动作服务器和动作客户端介绍

我们已经了解了 ROS 发布 – 订阅和服务 – 客户端的通信机制。ROS 中第 3 个重要的通信范例是动作服务器 – 动作客户端模式。动作服务器 – 动作客户端方法类似于服务 – 客户端通信，因为在服务和客户端之间有点对点的通信。客户端总是知道客户端请求的接收者（服务），并且服务也总是知道它应该响应哪个客户端。服务 – 客户端方法的一个限制是，客户端"块"等待服务响应。如果所需的行为需要很长时间（例如 clear_the_table），则在执行所请求的行为时，客户端继续运行其他重要的任务（例如 check_the_battery_voltage）是可取的。动作服务器 – 动作客户端充当该角色。

在构建动作服务器和动作客户端方面有许多选择和变化，这里只介绍一些简单的示例。更多的细节可以从 http://wiki.ros.org/actionlib 在线查找。相关的示例代码可以在随书软件库的包 example_action_server 中找到。

来自 http://wiki.ros.org/actionlib：

- 在任何基于 ROS 的大型系统中，存在这样的情形，即有人希望向节点发送请求以执行某项任务，并且还会收到该请求的答复。目前这可以通过 ROS 服务实现。
- 但是，在某些情形下，如果服务需要很长时间才可执行，则用户可能希望有在执行过程中取消请求的能力，或者有获取有关请求进展情况的定期回馈的能力。actionlib 包提供了一些工具来创建可优先执行持续运行目标的服务器。它也提供了客户端接口，以便向服务器发送请求。

动作服务器的常见用途是预规划轨迹的执行。如果用户已计算了要在指定时间内实现的一系列关节空间位姿，则可以将整个消息传送到动作服务器以执行。（这是在 ROS 工业中使用的方法，用于将期望的轨迹传送给工业机器人，随后使用本地控制器执行该轨迹。）利用动作服务器进行设计允许用户为更高级的状态机编程以及替代的决策协调包而开发 SMACH（参见 http://wiki.ros.org/smach）。

2.5.1 创建动作服务器包

用户可以通过导航到 ros_ws/src（或此处的某个子目录）并（使用 catkin_simple 选项）调用以下命令来创建新的动作服务器包：

```
cs_create_pkg example_action_server roscpp actionlib
```

在随书的示例代码软件库中已经完成了此操作（参见 http://github.com/wsnewman/learning_ros/tree/master/Part_1/example_action_server）。包 example_action_server 使用了库 actionlib。

调用 cs_create_pkg（或通过 catkin_create_pkgCMakeLists.txt 的长版本）可做许多准备工作，包括创建 package.xml 文件、CmakeLists.txt 文件以及子目录 include 和 src。但是，我们需要一个附加的子目录来定义自定义操作消息。操作消息的创建与服务消息的创建类似。导航到新的包目录中并调用：

```
mkdir action
```

我们将使用该目录在新服务器和其未来客户端之间定义通信消息格式。若要通过 catkin_make 预处理新的操作消息，还需要编辑 package.xml 文件（就像先前为 .msg 和 .srv 消息创建所做那样）并取消注释以下命令行：

```
<build_depend>message_generation</build_depend>
```

和

```
<run_depend>message_runtime</run_depend>
```

这将导致自动生成为动作客户端-动作服务器通信定义消息类型的各种头文件。

2.5.2 定义自定义动作服务器消息

前面我们已经了解如何定义发布-订阅通信的自定义消息，以及客户端-服务通信的自定义服务消息。所需的步骤包含在包目录中创建相应的文件夹（msg 或 srv 对应于消息和服务消息），并生成一个描述所需消息格式（*.msg 或 *.srv 文件）的简单文本文件。服务消息比简单消息稍微复杂一些，因为服务消息需要指定请求和响应。

动作服务器-动作客户端消息的创建方式类似。在包的 action 子目录中，用后缀 .action 创建一个新文件。与服务消息一样，操作消息具有多个区域，其中 3 个区域用于操作消息（服务消息有 2 个区域）。这些区域是 goal、result 以及 feedback 组件。

在我们的示例中，action 文件夹包含文件 demo.action，内容如下：

```
#goal definition
#the lines with the hash signs are merely comments
#goal, result and feedback are defined by this fixed order, and separated by 3 hyphens
```

```
int32 input
---
#result definition
int32 output
int32 goal_stamp
---
#feedback
int32 fdbk
```

在上述内容中,我们规定了 3 个区域:goal、result 和 feedback。这个简单情形下的目标(goal)定义只包含一个称为 input 的简单组件,它的类型为 int32。注意,# 符号是注释分隔符。goal、result 和 feedback 的标签只是提醒。消息生成将忽略这些注释,并假定有 3 个区域以固定顺序(goal、result、feedback)由 3 个短横线(---)分割。

在 3 个短横线之后,定义了 result 消息。在该示例中,result 定义由 2 个组件构成:output 和 goal_stamp,两者都是 int32 类型。最后的 feedback 定义也是由 3 个短横线分割,该示例只有一个名为 fdbk 的字段。类型也为 int32。

操作消息必须以上述格式编写。短横线和顺序很重要,注释是可选的,但很有用。

在这些区域中定义的组件可以包含任何现有的消息定义,前提是在 package.xml 文件中指定了相应的消息包以及在源代码文件(组成如下所述)中包含了相应的头文件。

因为 package.xml 文件已启用 message_generation,一旦用户在新包上执行 catkin_make,构建系统将创建多个新的 *.h 头文件,尽管这并不明显。这些文件将位于 ~/ros_ws/devel/include 中对应包名 example_action_server 的子目录下。在这个目录中,将创建 7 个 *.h 文件,每个文件的名称都以 demo 开头(针对操作消息描述选择的名称)。其中 6 个包含在第 7 个头文件 demoAction.h 中。通过在 action 节点代码中包含此复合头文件,用户可以引用诸如 demoGoal 和 demoResult 的消息类型。

代码清单 2.17 ~ 2.20 展示了动作服务器示例源代码 example_action_server.cpp,分别按照类定义、构造函数、回调函数和主程序分隔。

代码清单 2.17　example_action_server:类定义

```
1   // example_action_server: a simple action server
2   // this version does not depend on actionlib_servers hku package
3   // wsn, October, 2014
4
5   #include<ros/ros.h>
6   #include <actionlib/server/simple_action_server.h>
7   //the following #include refers to the "action" message defined for this package
8   // The action message can be found in: .../example_action_server/action/demo.action
9   // Automated header generation creates multiple headers for message I/O
10  // These are referred to by the root name (demo) and appended name (Action)
11  #include<example_action_server/demoAction.h>
12
13  int g_count = 0;
14  bool g_count_failure = false;
15
16  class ExampleActionServer {
17  private:
18
19      ros::NodeHandle nh_; // we'll need a node handle; get one upon instantiation
20
21      // this class will own a "SimpleActionServer" called "as_".
22      // it will communicate using messages defined in example_action_server/action/demo←
```

```
                    .action
23          // the type "demoAction" is auto-generated from our name "demo" and generic name "↵
                Action"
24          actionlib::SimpleActionServer<example_action_server::demoAction> as_;
25
26          // here are some message types to communicate with our client(s)
27          example_action_server::demoGoal goal_; // goal message, received from client
28          example_action_server::demoResult result_; // put results here, to be sent back to↵
                the client when done w/ goal
29          example_action_server::demoFeedback feedback_; // not used in this example;
30          // would need to use: as_.publishFeedback(feedback_); to send incremental feedback↵
                to the client
31
32
33
34      public:
35          ExampleActionServer(); //define the body of the constructor outside of class ↵
                definition
36
37          ~ExampleActionServer(void) {
38          }
39          // Action Interface
40          void executeCB(const actionlib::SimpleActionServer<example_action_server::↵
                demoAction>::GoalConstPtr& goal);
41      };
```

代码清单 2.18　example_action_server：构造函数

```
53      //implementation of the constructor:
54      // member initialization list describes how to initialize member as_
55      // member as_ will get instantiated with specified node-handle, name by which this ↵
            server will be known,
56      //   a pointer to the function to be executed upon receipt of a goal.
57      //
58      // Syntax of naming the function to be invoked: get a pointer to the function, called ↵
            executeCB, which is a member method
59      // of our class exampleActionServer.  Since this is a class method, we need to tell ↵
            boost::bind that it is a class member,
60      // using the "this" keyword.  the _1 argument says that our executeCB takes one ↵
            argument
61      // the final argument "false" says don't start the server yet.  (We'll do this in the↵
            constructor)
62
63      ExampleActionServer::ExampleActionServer() :
64          as_(nh_, "example_action", boost::bind(&ExampleActionServer::executeCB, this, _1),↵
                false)
65      // in the above initialization, we name the server "example_action"
66      //    clients will need to refer to this name to connect with this server
67      {
68          ROS_INFO("in constructor of exampleActionServer...");
69          // do any other desired initializations here...specific to your implementation
70
71          as_.start(); //start the server running
72      }
```

代码清单 2.19　example_action_server：回调函数

```
74      //executeCB implementation: this is a member method that will get registered with the ↵
            action server
75      // argument type is very long.  Meaning:
76      // actionlib is the package for action servers
77      // SimpleActionServer is a templated class in this package (defined in the "actionlib"↵
            ROS package)
78      // <example_action_server::demoAction> customizes the simple action server to use our ↵
            own "action" message
79      //  defined in our package, "example_action_server", in the subdirectory "action", ↵
            called "demo.action"
80      // The name "demo" is prepended to other message types created automatically during ↵
            compilation.
81      // e.g., "demoAction" is auto-generated from (our) base name "demo" and generic name ↵
            "Action"
82      void ExampleActionServer::executeCB(const actionlib::SimpleActionServer<↵
```

```
                example_action_server::demoAction>::GoalConstPtr& goal) {
83          //ROS_INFO("in executeCB");
84          //ROS_INFO("goal input is: %d", goal->input);
85          //do work here: this is where your interesting code goes
86
87          //....
88
89          // for illustration, populate the "result" message with two numbers:
90          // the "input" is the message count, copied from goal->input (as sent by the ←
                client)
91          // the "goal_stamp" is the server's count of how many goals it has serviced so far
92          // if there is only one client, and if it is never restarted, then these two ←
                numbers SHOULD be identical...
93          // unless some communication got dropped, indicating an error
94          // send the result message back with the status of "success"
95
96          g_count++; // keep track of total number of goals serviced since this server was ←
                started
97          result_.output = g_count; // we'll use the member variable result_, defined in our←
                class
98          result_.goal_stamp = goal->input;
99
100         // the class owns the action server, so we can use its member methods here
101
102         // DEBUG: if client and server remain in sync, all is well--else whine and ←
                complain and quit
103         // NOTE: this is NOT generically useful code; server should be happy to accept new←
                clients at any time, and
104         // no client should need to know how many goals the server has serviced to date
105         if (g_count != goal->input) {
106             ROS_WARN("hey--mismatch!");
107             ROS_INFO("g_count = %d; goal_stamp = %d", g_count, result_.goal_stamp);
108             g_count_failure = true; //set a flag to commit suicide
109             ROS_WARN("informing client of aborted goal");
110             as_.setAborted(result_); // tell the client we have given up on this goal; ←
                    send the result message as well
111         }
112         else {
113             as_.setSucceeded(result_); // tell the client that we were successful acting ←
                    on the request, and return the "result" message
114         }
115     }
```

代码清单 2.20　example_action_server：主程序

```
107     int main(int argc, char** argv) {
108         ros::init(argc, argv, "demo_action_server_node"); // name this node
109
110         ROS_INFO("instantiating the demo action server: ");
111
112         ExampleActionServer as_object; // create an instance of the class "←
                ExampleActionServer"
113
114         ROS_INFO("going into spin");
115         // from here, all the work is done in the action server, with the interesting ←
                stuff done within "executeCB()"
116         // you will see 5 new topics under example_action: cancel, feedback, goal, result,←
                status
117         while (!g_count_failure) {
118             ros::spinOnce(); //normally, can simply do: ros::spin();
119             // for debug, induce a halt if we ever get our client/server communications ←
                    out of sync
120         }
121
122         return 0;
123     }
```

在 example_action_server.cpp 中，第 6 行：

```
        #include <actionlib/server/simple_action_server.h>
```

引入了与 simple_action_server 包相关的头文件，有必要使用这个库。第 11 行：

```
#include<example_action_server/demoAction.h>
```

引入了操作消息描述，它们是自动生成的头文件，由 catkin_make 创建，正如新包 example_action_server 的 action 子目录中所规定。

第 16 行：

```
class ExampleActionServer {
```

开始类 ExampleActionServer 的定义。该类包含来自 actionlib 库中定义的 SimpleActionServer 类的对象。在第 24 行中声明了该对象，并将其命名为 as_：

```
actionlib::SimpleActionServer<example_action_server::demoAction> as_;
```

类 ExampleActionServer 的原型也包含了 3 个消息对象：goal_、result_ 和 feedback_，在 27 ~ 29 行中声明如下：

```
example_action_server::demoGoal goal_; // goal message, received from client
example_action_server::demoResult result_; // put results here, to be sent ←
     back to the client when done w/ goal
example_action_server::demoFeedback feedback_; // not used in this example;
```

客户端和服务器代码将需要引用这些新消息来相互通信。为了进一步阐明，示例 C++ 代码的第 28 行实例化了一个在包 example_action_server 中定义的名为 result_、类型为 demoResult 的变量。随后，用户可以引用 result_ 的组件，如 87 行所示：

```
result_.output = g_count;
```

当服务器将目标消息返回到其客户端时，将由客户端接收分配给 result_.output 的数值（以及服务器所填充的其他 result 的字段）。

类 ExampleActionServer 有一个构造函数，这在 35 行上进行了声明，其主体在 53 ~ 62 行中实现。

类 ExampleActionServer 的最重要组成部分是回调函数，其原型出现于第 40 行：

```
void executeCB(const actionlib::SimpleActionServer<example_action_ ←
     server::demoAction >::GoalConstPtr& goal);
```

该回调函数将与 SimpleActionServer 对象 as_ 关联。回调函数的实现（本例中为 72 ~ 105 行）包含了执行请求服务时将执行的代码核心。此回调函数的原型相当冗长。函数名 executeCB 是可任意选择。该函数的参数是指向目标消息的指针。目标消息的声明指的是 actionlib 库、模板化的类 SimpleActionServer 以及由 example_action_server::demoAction（进一步具有自动生成的类型 GoalConstPtr）引用的操作消息。这种语法很烦琐。然而，该示例可无改变地复制，并且程序员可以根据需要更改特定的函数、包和消息名称。

从第 53 行开始的构造函数也是相当隐晦：

```
ExampleActionServer::ExampleActionServer() :
    as_(nh_, "example_action", boost::bind(&ExampleActionServer:: ←
        executeCB, this, _1), false)
```

该命令行的目的是初始化对象 as_。初始化参数指定，名为 example_action 的 ROS 系统将会知道新的动作服务器。

此外，我们希望回调函数与动作服务器相关联。类 ExampleActionServer 有一个我们希望使用的成员类函数 executeCB。这是在使用 boost::bind 初始化 as_ 过程中完成的。在 boost::bind 的参数中，我们指定将要使用在类 ExampleActionServer 的命名空间中定义的回调函数 executeCB。关键字 this 表明 executeCB 是当前对象的一个成员。boost::bind 所使用的参数 _1 告诉简单的动作服务器对象，定义的回调函数采用 1 个参数。

最后的初始化参数 false 告诉构造函数，我们还不希望启动新的动作服务器。相反，构造函数的第 61 行开始运行动作服务器：

```
as_.start(); //start the server running
```

动作服务器的启动推迟至此是为了避免争用情况，从而确保服务器的初始化在开始运行之前完成。

107 ～ 123 行构成了 main() 函数。第 112 行：

```
ExampleActionServer as_object; // create an instance of the class " ←
    ExampleActionServer"
```

实例化了新类 ExampleActionServer 的对象。正如更简单的 ROS 服务的情形，主程序现在可以简单地进入 spin()，让新动作服务器的回调函数完成所有工作。同样类似 ROS 服务，该动作服务器节点在等待动作客户端目标请求时占用微不足道的 CPU 或带宽资源。

在回调函数 executeCB() 中，代码可以引用目标消息中包含的信息。目标消息的内容由动作客户端传输到动作服务器。回调函数可能有要返回给客户端的信息，此类消息应通过填充 result_ 期望的字段返回给客户端。

这里的简单示例没有解释如何向客户端发送反馈消息。（有关详细信息参阅在线 ROS 教程。）反馈消息的目的是在目标执行过程中向客户端提供状态报告。反馈消息不是必需的，但它们通常会有帮助。

一旦执行了 executeCB 中的重要工作，必须通过调用 as_.setAborted (result_) 或 as_.setSucceeded (result_) 来结束该函数。在这两种情况下，提供参数 result_ 都会导致这些成员函数将消息 result_ 传回客户端。另外，客户端还会获知服务器是成功完成还是异常退出。

在提供的最小示例中，动作服务器仅仅执行了一个简单的通信诊断（在回调函数中实现）。在 executeCB()（在本例中）中，服务器跟踪它已服务目标的次数，并将此值复制到 result 消息的 output 字段（86 行和 87 行）：

```
g_count++;
result_.output = g_count;
```

此外，在第 88 行中，目标消息的 input 字段被复制到 result_ 消息的 goal_stamp 字段。

```
result_.goal_stamp = goal->input;
```

客户端将接收 result_ 消息的那些字段中的数值。

对于这个简单的诊断服务器，如果所实现目标数的服务器记录与客户端的输入不同，则服务器输出错误信息并关闭（95 ~ 101 行）。否则，服务器报告成功，并将结果消息返回到客户端（103 行）：

```
as_.setSucceeded(result_);
```

在设计新的动作服务器时，可以通过复制和粘贴提供的示例代码而忽略前述的复杂性。服务器的核心包含在 executeCB 的实现中，这也是用于新的服务器行为的新代码应该生成的地方。

除了回调函数实现之外，此处新的动作服务器的设计可以复用示例代码，只要一致地进行所需的名称更改。新的动作服务器将放在一个新包中，并且应该用这个包的名称替换示例代码中的每个 example_action_server 实例。另外，还应选择一个更加助记的类名，并在每次 ExampleActionServer 出现时替换为此新名称。

应该创建适合于新动作服务器的助记符操作消息，并且应在所有地方将示例名称 "demo" 替换为该操作消息的基名（例如更改 ::demoAction 等以使用新的操作消息基名）。

用户可以改变变量名称 goal_、result_ 和 feedback_，并且这些名称如果保持原样，应该也是有效的。如果需要可以更改回调函数名称 executeCB，但是可能要在不引起混淆情况下保留示例名称。

重要的是，服务器名称（当前为 example_action）应更改为对新服务器有意义的名称。最后，main() 中的节点名称（demo_action_server_node）也应更改为相关和助记的名称。

2.5.3 设计动作客户端

与新动作服务器兼容的客户端也放在同一个示例包 example_action_server 中，其源文件称为 example_action_client.cpp。代码清单 2.21 给出了它的代码。

代码清单 2.21　example_action_client

```
1  // example_action_client:
2  // wsn, October, 2014
3
4  #include<ros/ros.h>
```

```cpp
5   #include <actionlib/client/simple_action_client.h>
6
7   //this #include refers to the new "action" message defined for this package
8   // the action message can be found in: .../example_action_server/action/demo.action
9   // automated header generation creates multiple headers for message I/O
10  // these are referred to by the root name (demo) and appended name (Action)
11  // If you write a new client of the server in this package, you will need to include ←
        example_action_server in your package.xml,
12  // and include the header file below
13  #include<example_action_server/demoAction.h>
14
15
16  // This function will be called once when the goal completes
17  // this is optional, but it is a convenient way to get access to the "result" message ←
        sent by the server
18  void doneCb(const actionlib::SimpleClientGoalState& state,
19          const example_action_server::demoResultConstPtr& result) {
20      ROS_INFO(" doneCb: server responded with state [%s]", state.toString().c_str());
21      int diff = result->output - result->goal_stamp;
22      ROS_INFO("got result output = %d; goal_stamp = %d; diff = %d",result->output,←
            result->goal_stamp,diff);
23  }
24
25  int main(int argc, char** argv) {
26      ros::init(argc, argv, "demo_action_client_node"); // name this node
27      int g_count = 0;
28      // here is a "goal" object compatible with the server, as defined in ←
            example_action_server/action
29      example_action_server::demoGoal goal;
30
31      // use the name of our server, which is: example_action (named in ←
            example_action_server.cpp)
32      // the "true" argument says that we want our new client to run as a separate ←
            thread (a good idea)
33      actionlib::SimpleActionClient<example_action_server::demoAction> action_client←
            ("example_action", true);
34
35      // attempt to connect to the server:
36      ROS_INFO("waiting for server: ");
37      bool server_exists = action_client.waitForServer(ros::Duration(5.0)); // wait ←
            for up to 5 seconds
38      // something odd in above: does not seem to wait for 5 seconds, but returns ←
            rapidly if server not running
39      //bool server_exists = action_client.waitForServer(); //wait forever
40
41      if (!server_exists) {
42          ROS_WARN("could not connect to server; halting");
43          return 0; // bail out; optionally, could print a warning message and retry
44      }
45
46
47      ROS_INFO("connected to action server");  // if here, then we connected to the ←
            server;
48
49      while(true) {
50      // stuff a goal message:
51      g_count++;
52      goal.input = g_count; // this merely sequentially numbers the goals sent
53      //action_client.sendGoal(goal); // simple example--send goal, but do not ←
            specify callbacks
54      action_client.sendGoal(goal,&doneCb); // we could also name additional ←
            callback functions here, if desired
55      //   action_client.sendGoal(goal, &doneCb, &activeCb, &feedbackCb); //e.g., ←
            like this
56
57      bool finished_before_timeout = action_client.waitForResult(ros::Duration(5.0))←
            ;
58      //bool finished_before_timeout = action_client.waitForResult(); // wait ←
            forever...
59      if (!finished_before_timeout) {
60          ROS_WARN("giving up waiting on result for goal number %d",g_count);
61          return 0;
62      }
63      else {
64          //if here, then server returned a result to us
65      }
```

```
66          }
67      }
68
69      return 0;
70  }
```

与动作服务器一样,动作客户端必须引入一个来自 actionlib 库的头文件,特别是 simple_action_client(5 行):

```
#include <actionlib/client/simple_action_client.h>
```

动作客户端(类似动作服务器)也必须引用在当前包中定义的自定义操作消息(第 13 行):

```
#include<example_action_server/demoAction.h>
```

通常,不同的客户端程序可能使用相同的服务器,并且这些客户端可能是在单独的包中定义。在这种情况下,需要在 package.xml 中指定包的依赖关系,它包含了定义要使用的操作消息的操作文件(以及相应的头文件必须包含在客户端的源代码中)。

动作客户端的主程序(从 25 行开始)在 29 行实例化了类型 example_action_server::demoGoal 的对象:

```
example_action_server::demoGoal goal;
```

该对象用于将目标传达给动作服务器。

名为 action_client 的对象实例化自(模板化)类 actionlib::SimpleActionClient。利用模板描述,我们专门将此对象用于已定义的操作消息(33 行):

```
actionlib::SimpleActionClient<example_action_server::demoAction> action_client("↵
    example_action", true);
```

利用参数 example_action 构建新的动作客户端。这是在动作服务器的设计中选择的名称,就像类构造函数中所指定的那样:

```
exampleActionServer::exampleActionServer() :
as_(nh_, "example_action", boost::bind(&exampleActionServer::executeCB, this, _1),↵
    false)
```

动作客户端节点(类似服务客户端)需要知道其各自服务器的名称才能进行连接。

动作客户端的成员函数之一是 waitForServer()。37 行:

```
bool server_exists = action_client.waitForServer(ros::Duration(5.0)); // wait up to 5 ↵
    sec
```

促使动作客户端试图连接到指定的服务器。该格式允许在某个限制时间内等待,或者无限时等待(如果删除时限参数)。如果成功建立连接,则此类函数返回 true。

在示例程序中,主程序计算发送到动作服务器的目标数,目标消息让其 input 字段中填充了当前的迭代数（51 行和 52 行）：

```
g_count++;
goal.input = g_count;
```

通过调用成员函数（54 行），请求服务器按照目标消息中所指定的执行其服务：

```
action_client.sendGoal(goal,&doneCb);
```

这种形式的 sendGoal 包括对名为 doneCb（可任意命名）的回调函数的引用。

然后客户端调用 57 行：

```
bool finished_before_timeout =
action_client.waitForResult(ros::Duration(5.0));
```

这将导致客户端暂停而等待服务器，但是具有指定的超时限制。如果该服务器在指定的时间限制内返回，将会触发 goalCB 函数。此函数接收由服务器提供的结果消息。

在示例代码中，回调函数（18～23 行）将目前为止服务器所服务的目标数与客户端请求的目标数进行对比。它打印出两者之间的差异。如果只有此客户端请求来自服务器的目标，并且客户端和服务器都是在同一会话中启动，则我们应该期望 diff 的值始终为 0，因为服务器服务的目标数和此客户端请求的目标数应该相同。然而，如果客户端或服务器停止并重新启动（或者第 2 个客户端启动），则会出现计数不匹配。

该客户端示例可复用于设计新的动作客户端。对于一个新的客户端包，客户端代码必须引用各自的服务器包名称、服务器名称及其相应的操作文件。将所有的 example_action_server 实例替换为新客户端的包名称。将所有的操作消息名 demo 替换为新的操作消息名称。新客户端的节点名称（在第 26 行 ros::init() 内）应更改为合适的、助记的和唯一的名称。在实例化动作客户端时（第 33 行），应将 example_action 替换为所需动作服务器的名称。最重要的是，doneCb() 函数（可能重命名或可能不重命名）应该包含一些可实现预期目标的有用的应用程序代码。

2.5.4 运行示例代码

若要运行示例代码，首先确保 roscore 正在运行。然后，可以利用下面的命令在不同终端中启动服务器和客户端：

```
rosrun example_action_server example_action_server
```

和

```
rosrun example_action_server example_action_client
```

动作客户端的输出类似于：

```
[ INFO] [1452388037.084421813]: got result output = 21756; goal_stamp = 21756; diff = 0
[ INFO] [1452388037.086694318]:  doneCb: server responded with state [SUCCEEDED]
[ INFO] [1452388037.086733133]: got result output = 21757; goal_stamp = 21757; diff = 0
```

```
[ INFO] [1452388037.088981490]:  doneCb: server responded with state [SUCCEEDED]
[ INFO] [1452388037.089020387]: got result output = 21758; goal_stamp = 21758; diff = 0
[ INFO] [1452388037.091277514]:  doneCb: server responded with state [SUCCEEDED]
[ INFO] [1452388037.091318054]: got result output = 21759; goal_stamp = 21759; diff = 0
```

随着这些节点的运行，在 /example_action 下将会有 5 个新主题：取消、反馈、目标、结果和状态。用户可以通过运行下面的命令来观察节点间通信：

```
rostopic echo example_action/goal
```

它产生如下输出：

```
---
header:
  seq: 21758
  stamp:
    secs: 1452388037
    nsecs: 89057580
  frame_id: ''
goal_id:
  stamp:
    secs: 1452388037
    nsecs: 89057840
  id: /demo_action_client_node-21759-1452388037.89057840
goal:
  input: 21759
---
header:
  seq: 21759
  stamp:
    secs: 1452388037
    nsecs: 91357355
  frame_id: ''
goal_id:
  stamp:
    secs: 1452388037
    nsecs: 91357624
  id: /demo_action_client_node-21760-1452388037.91357624
goal:
  input: 21760
---
```

或者利用以下命令检查结果消息：

```
rostopic echo example_action/result
```

它产生如下输出：

```
---
header:
  seq: 21759
  stamp:
    secs: 1452388037
    nsecs: 92533965
  frame_id: ''
status:
  goal_id:
    stamp:
      secs: 1452388037
```

```
      nsecs: 91357624
    id: /demo_action_client_node-21760-1452388037.91357624
    status: 3
    text: ''
result:
  output: 21760
  goal_stamp: 21760
---
```

用户可以尝试终止和重启这些节点以观察行为超时或者目标计数不匹配。

ROS 中动作服务器的一个特质是，从客户端到服务器的重新连接（或新连接）似乎有点不靠谱。自动的再次连接尝试有助于实现更可靠的连接。

例如，下面的代码段再次尝试将客户端 cart_move_action_client_ 连接到其相关的动作服务器：

```cpp
// attempt to connect to the server:
ROS_INFO("waiting for server: ");
bool server_exists = false;
while ((!server_exists)&&(ros::ok())) {
    server_exists = cart_move_action_client_.waitForServer(ros::Duration(0.5)); //
    ros::spinOnce();
    ros::Duration(0.5).sleep();
    ROS_INFO("retrying...");
}
ROS_INFO("connected to action server"); // if here, then we connected to the ←
    server;
```

在 example_action_server_w_fdbk.cpp 和 timer_client.cpp 中给出了第 2 个动作服务器 – 动作客户端说明示例。代码清单 2.22 ~ 2.25 给出了动作服务器代码的内容。

代码清单 2.22　example_action_server_w_fdbk.cpp：类定义

```cpp
 1  // example_action_server: 2nd version, includes "cancel" and "feedback"
 2  // expects client to give an integer corresponding to a timer count, in seconds
 3  // server counts up to this value, provides feedback, and can be cancelled any time
 4  // re-use the existing action message, although not all fields are needed
 5  // use request "input" field for timer setting input,
 6  // value of "fdbk" will be set to the current time (count-down value)
 7  // "output" field will contain the final value when the server completes the goal ←
        request
 8
 9  #include<ros/ros.h>
10  #include <actionlib/server/simple_action_server.h>
11  //the following #include refers to the "action" message defined for this package
12  // The action message can be found in: .../example_action_server/action/demo.action
13  // Automated header generation creates multiple headers for message I/O
14  // These are referred to by the root name (demo) and appended name (Action)
15  #include<example_action_server/demoAction.h>
16
17  int g_count = 0;
18  bool g_count_failure = false;
19
20  class ExampleActionServer {
21  private:
22
23      ros::NodeHandle nh_;  // we'll need a node handle; get one upon instantiation
24
25      // this class will own a "SimpleActionServer" called "as_".
26      // it will communicate using messages defined in example_action_server/action/demo←
            .action
27      // the type "demoAction" is auto-generated from our name "demo" and generic name "←
            Action"
28      actionlib::SimpleActionServer<example_action_server::demoAction> as_;
29
30      // here are some message types to communicate with our client(s)
31      example_action_server::demoGoal goal_; // goal message, received from client
```

```cpp
            example_action_server::demoResult result_; // put results here, to be sent back to
                the client when done w/ goal
            example_action_server::demoFeedback feedback_; // for feedback
            //  use: as_.publishFeedback(feedback_); to send incremental feedback to the
                client
            int countdown_val_;


public:
            ExampleActionServer(); //define the body of the constructor outside of class
                definition

            ~ExampleActionServer(void) {
            }
            // Action Interface
            void executeCB(const actionlib::SimpleActionServer<example_action_server::
                demoAction>::GoalConstPtr& goal);
};
```

代码清单 2.23　example_action_server_w_fdbk.cpp：构造函数

```cpp
//implementation of the constructor:
// member initialization list describes how to initialize member as_
// member as_ will get instantiated with specified node-handle, name by which this
    server will be known,
//   a pointer to the function to be executed upon receipt of a goal.
//
// Syntax of naming the function to be invoked: get a pointer to the function, called
    executeCB,
// which is a member method of our class exampleActionServer.
// Since this is a class method, we need to tell boost::bind that it is a class member
    ,
// using the "this" keyword.  the _1 argument says that our executeCB function takes
    one argument
// The final argument, "false", says don't start the server yet.  (We'll do this in
    the constructor)

ExampleActionServer::ExampleActionServer() :
    as_(nh_, "timer_action", boost::bind(&ExampleActionServer::executeCB, this, _1),
        false)
// in the above initialization, we name the server "example_action"
//   clients will need to refer to this name to connect with this server
{
    ROS_INFO("in constructor of exampleActionServer...");
    // do any other desired initializations here...specific to your implementation

    as_.start(); //start the server running
}
```

代码清单 2.24　example_action_server_w_fdbk.cpp：回调函数

```cpp
//executeCB implementation: this is a member method that will get registered with the
    action server
// argument type is very long.  Meaning:
// actionlib is the package for action servers
// SimpleActionServer is a templated class in this package (defined in the "actionlib"
    ROS package)
// <example_action_server::demoAction> customizes the simple action server to use our
    own "action" message
// defined in our package, "example_action_server", in the subdirectory "action",
    called "demo.action"
// The name "demo" is prepended to other message types created automatically during
    compilation.
// e.g., "demoAction" is auto-generated from (our) base name "demo" and generic name
    "Action"
void ExampleActionServer::executeCB(const actionlib::SimpleActionServer<
    example_action_server::demoAction>::GoalConstPtr& goal) {
    ROS_INFO("in executeCB");
    ROS_INFO("goal input is: %d", goal->input);
    //do work here: this is where your interesting code goes
    ros::Rate timer(1.0); // 1Hz timer
    countdown_val_ = goal->input;
```

```
83      //implement a simple timer, which counts down from provided countdown_val to 0, in↵
                seconds
84      while (countdown_val_>0) {
85         ROS_INFO("countdown = %d",countdown_val_);
86
87         // each iteration, check if cancellation has been ordered
88         if (as_.isPreemptRequested()){
89            ROS_WARN("goal cancelled!");
90            result_.output = countdown_val_;
91            as_.setAborted(result_); // tell the client we have given up on this goal; ↵
                   send the result message as well
92            return; // done with callback
93          }
94
95         //if here, then goal is still valid; provide some feedback
96         feedback_.fdbk = countdown_val_; // populate feedback message with current ↵
                countdown value
97         as_.publishFeedback(feedback_); // send feedback to the action client that ↵
                requested this goal
98         countdown_val_--; //decrement the timer countdown
99         timer.sleep(); //wait 1 sec between loop iterations of this timer
100     }
101     //if we survive to here, then the goal was successfully accomplished; inform the ↵
            client
102     result_.output = countdown_val_; //value should be zero, if completed countdown
103     as_.setSucceeded(result_); // return the "result" message to client, along with "↵
            success" status
104  }
```

代码清单 2.25　example_action_server_w_fdbk.cpp：主程序

```
106  int main(int argc, char** argv) {
107     ros::init(argc, argv, "timer_action_server_node"); // name this node
108
109     ROS_INFO("instantiating the timer_action_server: ");
110
111     ExampleActionServer as_object; // create an instance of the class "↵
            ExampleActionServer"
112
113     ROS_INFO("going into spin");
114     // from here, all the work is done in the action server, with the interesting ↵
            stuff done within "executeCB()"
115     // you will see 5 new topics under example_action: cancel, feedback, goal, result,↵
             status
116     ros::spin();
117
118     return 0;
119  }
```

程序 example_action_server_w_fdbk.cpp 与 example_action_server.cpp 大体相同，除了名称（ROS 根据名称将会知道动作服务器 timer_action，58 行）以及回调函数主体（77～104 行）。在回调函数中，目标被诠释为计时器值，回调函数的工作是按照特定的秒数进行计时，然后返回。

回调函数有 2 个重要的新元素。其一，88～93 行测试了客户端是否已经请求抢占当前目标。如果是，则终止当前目标，客户端将被告知此状态，并且回调函数结束。设计者有责任在动作服务器中测试此状态，无论频率是否合适。

对目标取消的检查是很重要的。例如，发送给机器人的轨迹命令随后可能被发现是一个坏主意（例如一个人走进机器人的工作空间）。基于单独的节点计算的警报，可能有必要突然停止命令性运动。或者，停滞命令性运动，例如通过一个屏障阻挡指定的导航路径。这可能导致死锁，动作服务器从来未将结果返回给动作客户端。客户端应该能够评估一个命令性目标的进度，并且在必要时取消它。

该动作服务器的第 2 个重要特性出现在 96 行和 97 行。这里，反馈消息被更新和发布。这类反馈可被动作客户端用于评估进度，例如检测并解决死锁。这是由设计人员提供相应的客户端订阅来接收和评估此类反馈。

用户可以设计一个等价节点来订阅目标主题，并发布反馈和结果主题。但是，当多个客户端节点试图与此操作节点通信时，这可能会造成混淆。发布的反馈和结果消息将由所有客户端接收，而不仅仅是正在处理当前目标的客户端。使用动作服务器 – 动作客户端的通信方式避免了这种混淆。只有当前目标的客户端才会接收反馈和结果信息。当完成目标时，任何其他客户端都可以请求新的目标。

本示例使用"简单的"动作服务器库。简单版本不尝试并行处理多个目标，也不尝试对请求进行排队。当目标仍在进行中时，任何请求的目标都将抢占进行中的目标。无论冲突的目标是来自单个客户端还是来自多个并行运行的客户端，均是如此。在使用简单的动作服务器时，设计者必须考虑此行为的含义。

与 example_action_server_w_fdbk.cpp 交互的相应动作客户端是 timer_client.cpp，如代码清单 2.26 和 2.27 所示。

代码清单 2.26　timer_client.cpp：前导和回调函数

```
1   // timer_client: works together with action server called "timer_action"
2   // in source: example_action_server_w_fdbk.cpp
3   // this code could be written using classes instead (e.g. like the corresponding ←
        server)
4   //  see: http://wiki.ros.org/actionlib_tutorials/Tutorials/Writing%20a%20Callback%20←
        Based%20Simple%20Action%20Client
5
6   #include<ros/ros.h>
7   #include <actionlib/client/simple_action_client.h>
8   #include<example_action_server/demoAction.h> //reference action message in this ←
        package
9
10  using namespace std;
11
12  bool g_goal_active = false; //some global vars for communication with callbacks
13  int g_result_output = -1;
14  int g_fdbk = -1;
15
16  // This function will be called once when the goal completes
17  // this is optional, but it is a convenient way to get access to the "result" message ←
         sent by the server
18  void doneCb(const actionlib::SimpleClientGoalState& state,
19          const example_action_server::demoResultConstPtr& result) {
20      ROS_INFO(" doneCb: server responded with state [%s]", state.toString().c_str());
21      ROS_INFO("got result output = %d",result->output);
22      g_result_output = result->output;
23      g_goal_active=false;
24  }
25
26  //this function wakes up every time the action server has feedback updates for this ←
        client
27  // only the client that sent the current goal will get feedback info from the action ←
        server
28  void feedbackCb(const example_action_server::demoFeedbackConstPtr& fdbk_msg) {
29      ROS_INFO("feedback status = %d",fdbk_msg->fdbk);
30      g_fdbk = fdbk_msg->fdbk; //make status available to "main()"
31  }
32
33  // Called once when the goal becomes active; not necessary, but could be useful ←
        diagnostic
34  void activeCb()
```

```
35  {
36    ROS_INFO("Goal just went active");
37    g_goal_active=true; //let main() know that the server responded that this goal is in
          process
38  }
```

代码清单 2.27   timer_client.cpp：主程序

```
40
41  int main(int argc, char** argv) {
42      ros::init(argc, argv, "timer_client_node"); // name this node
43      ros::NodeHandle n;
44      ros::Rate main_timer(1.0);
45      // here is a "goal" object compatible with the server, as defined in
            example_action_server/action
46      example_action_server::demoGoal goal;
47
48      // use the name of our server, which is: timer_action (named in
            example_action_server_w_fdbk.cpp)
49      // the "true" argument says that we want our new client to run as a separate
            thread (a good idea)
50      actionlib::SimpleActionClient<example_action_server::demoAction> action_client
            ("timer_action", true);
51
52      // attempt to connect to the server: need to put a test here, since client
            might launch before server
53      ROS_INFO("attempting to connect to server: ");
54      bool server_exists = action_client.waitForServer(ros::Duration(1.0)); // wait
            for up to 1 second
55      // something odd in above: sometimes does not wait for specified seconds,
56      // but returns rapidly if server not running; so we'll do our own version
57      while (!server_exists) { // keep trying until connected
58          ROS_WARN("could not connect to server; retrying...");
59          server_exists = action_client.waitForServer(ros::Duration(1.0)); // retry
                every 1 second
60      }
61      ROS_INFO("connected to action server");  // if here, then we connected to the
            server;
62
63      int countdown_goal = 1; //user will specify a timer value
64      while(countdown_goal>=0) {
65          cout<<"enter a desired timer value, in seconds (0 to abort, <0 to quit): ";
66          cin>>countdown_goal;
67          if (countdown_goal==0) { //see if user wants to cancel current goal
68            ROS_INFO("cancelling goal");
69            action_client.cancelGoal(); //this is how one can cancel a goal in
                process
70          }
71          if (countdown_goal<0) { //option for user to shut down this client
72            ROS_INFO("this client is quitting");
73            return 0;
74          }
75          //if here, then we want to send a new timer goal to the action server
76          ROS_INFO("sending timer goal= %d seconds to timer action server",
                countdown_goal);
77          goal.input = countdown_goal; //populate a goal message
78          //here are some options:
79          //action_client.sendGoal(goal); // simple example--send goal, but do not
                specify callbacks
80          //action_client.sendGoal(goal,&doneCb); // send goal and specify a callback
                function
81          //or, send goal and specify callbacks for "done", "active" and "feedback"
82          action_client.sendGoal(goal, &doneCb, &activeCb, &feedbackCb);
83
84          //this example will loop back to the the prompt for user input.  The main
                function will be
85          // suspended while waiting on user input, but the callbacks will still be
                alive
86          //if user enters a new goal value before the prior request is completed,
                the prior goal will
87          // be aborted and the new goal will be installed
88
89      }
```

```
90      return 0;
91  }
```

此客户端阐述了一些附加功能。不是有 1 个回调函数，而是有 3 个。当动作服务器接受客户端的目标请求时，调用回调函数 activeCb()（34 ~ 38 行）。此回调函数不是必需的，但是它对于诊断很有用。在本例中，回调函数设置一个标志来通知 main() 新的目标已被确认并在进行中。

回调函数 feedbackCb()（28 ~ 31 行）从动作服务器接收反馈消息。它将结果复制到全局变量，从而让 main() 可对其进行访问。根据这些更新，主函数可以确认动作服务器仍处于活跃状态并在进行中。操作 – 服务器反馈的一个有用示例是报告子目标的完成情况，例如从目标请求导航到空间中的一系列中间点或执行一系列操作的目标请求。

在实例化动作客户端时，相应的动作服务器被命名为 timer_action（49 行）。

53 ~ 60 行的实现试图每秒 1 次连接到指定的动作服务器，直到连接成功。这是一个有用的结构，因为启动代码可能会导致动作客户端在各自的动作服务器之前启动。重新尝试连接将允许此节点耐心等待，直到实现成功连接。客户端永远等待的另一种方法是利用以下函数：

```
action_client.waitForServer();
```

然而，此函数的限制是，不会有来自客户端的输出，客户端可能无限时地暂停且不会向操作员发出警告。

若要关联反馈函数与目标请求，在 sendGoal 命令中指定反馈函数（81 行）：

```
action_client.sendGoal(goal, &doneCb, &activeCb, &feedbackCb);
```

利用该结构，动作服务器将其结果传回此动作客户端节点。

此动作客户端的另一个重要特性是调用 action_client.waitForResult() 的缺失。客户端在动作服务器执行其请求目标时可以进行其他操作。例如，客户端可能是负责检查不断变化状态的协调器，诸如低电池电压检测、异常情况的检测、导航目标失败或编译状态错误检测。如果在等待动作服务器时协调器未被阻止，则它可以评估这些条件，并根据需要终止当前目标以及重新计划生成另一个目标。

在简单的计时器客户端示例中，客户端提示操作员输入计时器持续时间（整数秒数）。如果目标为 0，则解释（在本例中）为操作员希望取消当前目标。这是通过调用以下命令来完成（68 行）：

```
action_client.cancelGoal();
```

如果请求的目标是正值，则客户端将此值作为新目标发送。这个简单动作服务器的默认行为是接收新目标，抢占前一个目标如果其未完成。

与服务服务器和服务客户端一样，动作服务器可以无限时保持活跃状态，为可能来和去的各种客户端提供服务。

图 2.1 是一个屏幕截图，展示了定时器示例的客户端与服务器交互输出以及 rqt_console。在本例中，首先启动了客户端。控制台显示，节点 timer_client_node 试图连接到服务器。消息 2～消息 6 报告重新尝试连接不成功。消息 7 是由在客户端之后启动的计时器动作服务器报告的。此时，服务器正在等待目标，客户端正在等待用户输入。

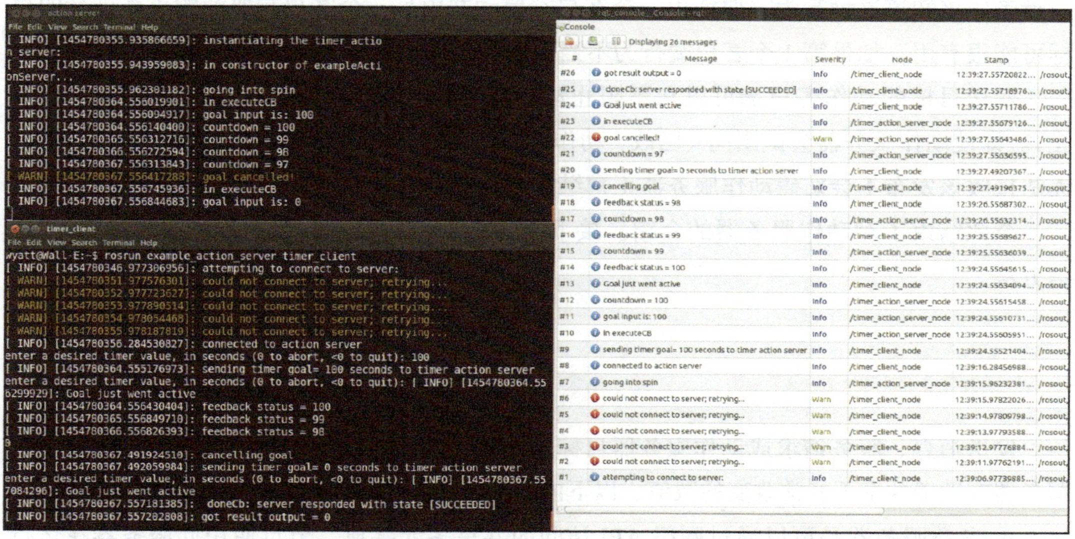

图 2.1　rqt_console 的输出以及带有定时器的动作客户端和动作服务器示例

大约 8 秒后（如消息 8 和消息 9 的时间戳所示），用户输入 100，客户端将数值 100 作为目标发送到动作服务器（控制台消息 9）。动作服务器报告其回调函数已激活（消息 10）。随着目标的接收，客户端节点的相应回调函数被激活（消息 13）。服务器和客户端都显示了倒计时状态（消息 12～消息 18）。这表明客户端已成功接收来自服务器的反馈消息（在本例中，尽管客户端的主函数忽略此信息）。

注意，在此倒计时期间，客户端的主程序被暂停，等待来自用户的新输入。但是，客户端的回调函数继续响应来自动作服务器的消息，尽管没有 ros::spin() 或 ros::spinOnce() 调用。这是因为，在实例化动作客户端时（timer_client.cpp 的 49 行）：

```
actionlib::SimpleActionClient<example_action_server::demoAction> action_client("←
    timer_action", true);
```

参数 true 指定，动作客户端应该作为单独的线程运行。因此，即使主程序被阻止，回调函数仍会继续响应消息，并且不需要 spin 调用。

当暂停客户端时，动作服务器继续倒计时，并且客户端的回调函数继续接收反馈。在倒计时几秒钟后，用户在客户端计时器提示符处输入"0"，控制台消息 19 和消息 20 显示客户端将其解释为取消当前目标的请求。消息 22 显示动作服务器确认取消请求。客户端和服务器均准备好接收新的目标。

当第 1 个客户端仍处于连接状态时，无论有没有未完成的目标都可能会启动第 2 个客户端。但是，当第 1 个客户端的目标仍在进行中时如果第 2 个客户端试图发送目标，则服务器取消第 1 个目标，并且第 1 个客户端的 doneCB() 回调函数接收通知并打印出来：

```
doneCb: server responded with state [ABORTED]
```

设计者应该知道这种行为。取消由一个客户端启动并由另一个客户端取消的正在进行的目标可能很有用。如果第 1 个客户端行为不当，这可以帮助去除死锁。

发送目标的动作客户端可以在不阻止动作服务器继续处理目标的情况下结束（或终止）。即使动作服务器会试图向（已故）动作客户端报告，此通信也仅仅是一个发布，并且无法接收该发布不会妨碍动作服务器正常继续。

至此结束了对动作服务器的介绍。接下来将介绍被称为参数服务器的第 4 种 ROS 通信方法。

2.6 参数服务器介绍

发送消息、服务请求或动作服务器目标通常都是非常快的事务。另一方面，ROS 参数服务器有助于共享不经常改变的数值。以下内容来自 http://wiki.ros.org/Parameter%20Server：

- 参数服务器是可以通过网络 API 访问的共享多元字典。节点使用此服务器在运行时存储和检索参数。由于它不是为高性能而设计的，因此最好用于静态的非二进制数据，诸如配置参数。

相当于发布器广播消息、服务以及动作服务器的通信方式是点对点的，参数服务器更像是一个共享内存。通过节点内的代码、终端命令或 launch 文件，任何进程都可以读取、写入或更改参数服务器上的参数值。这种通信机制可以非常方便，但是也必须适当且谨慎使用。

参数服务器通常用于设置配置参数或规范，包括：

- 关节伺服系统的控制器增益。
- 坐标转换参数，例如工具转换。
- 传感器内部和外部标定参数。
- 机器人模型。

在 YAML 文件中存储参数设置通常很方便，这些参数设置可以通过命令行或（通常）作为 launch 文件中的程序而加载到参数服务器中。利用这种方法，用户可以在不触及或重新编译源代码的情况下进行参数更改和重测系统。如果改变传感器安装，则通过编辑相应的配置文件并重启系统，修改后的坐标转换数据可以并入系统中。如果改变机器人的末端执行器，则通过改变相应的配置文件可以合并新的工具转换。用户也可以在不改变任何源代码的情况下进行机器人模型的参数更改。

另一方面，参数服务器不用于动态地更改数值。不同于订阅器、服务或动作服务，不会经常地检测传入的数据。相反，节点通常在启动时咨询参数服务器，并且以后并不关心参数服务器的更改。

rosparam 命令是一个使用 YAML 编码信息在参数服务器上获取和设置 ROS 参数的工具。(参见 http://wiki.ros.org/rosparam。) rosparam 的选项通过运行以下命令显示：

```
rosparam
```

这将产生如下显示内容：

```
rosparam is a command-line tool for getting, setting, and deleting parameters from
the ROS Parameter Server.

Commands:
rosparam set     set parameter
rosparam get     get parameter
rosparam load    load parameters from file
rosparam dump    dump parameters to file
rosparam delete  delete parameter
rosparam list    list parameter names
```

一个常见的示例是为伺服控制算法设置比例、微分和积分误差增益。用户可以手动将有意义的值放置于参数服务器中，例如，利用以下命令分别设置 p、i 和 d 值为 1、2 和 3：

```
 rosparam set /gains "p: 1.0
i: 2.0
d: 3.0"
```

通过输入以下命令可以看到此操作的结果：

```
rosparam list
```

它产生以下输出：

```
/gains/d
/gains/i
/gains/p
/rosdistro
/roslaunch/uris/host_wall_e__54538
/rosversion
/run_id
```

命令：

```
rosparam get /gains/d
```

显示了预期的结果 3.0。或者，通过以下命令可以看到所有的增益：

```
rosparam get /gains
```

它显示输出：

```
{d: 3.0, i: 2.0, p: 1.0}
```

通过将其转储到文件可以获得整组参数值，例如：

```
rosparam dump param_dump
```

param_dump 是一个在其中转储数据的可选文件名。此时，param_dump 的内容如下：

```
gains: {d: 3.0, i: 2.0, p: 1.0}
rosdistro: 'indigo
  '
roslaunch:
  uris: {host_wall_e__54538: 'http://Wall-E:54538/'}
rosversion: '1.11.13
  '
run_id: f8504ae0-b747-11e5-af4f-c48508582a82
```

或者，可以从文件中加载参数值。例如，文件 test_param.yaml 的内容：

```
joint1_gains: {p: 4.0, i: 5.0, d: 6.0}
```

可以利用以下命令加载到参数服务器上：

```
rosparam load jnt1_gains.yaml
```

在加载此数据后，可以利用以下命令确认所需的数值在参数服务器上：

```
rosparam get /joint1_gains
```

产生如下输出显示：

```
{d: 6.0, i: 5.0, p: 4.0}
```

若要自动加载配置文件，ROS launch 文件接收一个参数标记。例如，一个名为 load_gains.launch 的 launch 文件可以利用以下内容生成：

```
<launch>
<rosparam command="load" file="jnt1_gains.yaml" />
</launch>
```

并运行以下命令：

```
roslaunch load_gains.launch
```

该命令的效果等同于运行 rosparam load jnt1_gains.yaml。

如果能够很方便地通过 launch 文件自动将参数加载到参数服务器上，当节点能够访问数据时，就实现了参数服务器的数值。使用 C++ 代码访问参数数据的方法在 http://wiki.ros.org/roscpp/Overview/Parameter%20Server 中给予了描述。一个演示访问参数数据的示例包位于随书软件库的 example_parameter_server 下。启动目录包含 launch 文件 load_gains.launch。YAML 文件 jnt1_gains.yaml 也放在目录中。通过以下命令可以将所需的数据加载到参数服务器中：

```
roslaunch example_parameter_server load_gains.launch
```

在包 example_parameter_server 中，src 文件夹包含一个名为 read_param_from_node.cpp 的文件，内容如下：

代码清单 2.28　read_param_from_node.cpp：演示从参数服务器抽取参数的 C++ 代码

```
1  #include <ros/ros.h>#include <ros/ros.h>
2
3  int main(int argc, char **argv) {
4      ros::init(argc, argv, "param_reader"); // name of this node will be "↵
             minimal_publisher"
5      ros::NodeHandle nh; // two lines to create a publisher object that can talk to ROS
6      double P_gain,D_gain,I_gain;
7
8      if (nh.getParam("/joint1_gains/p", P_gain)) {
9          ROS_INFO("proportional gain set to %f",P_gain);
10     }
11     else
12     {
13         ROS_WARN("could not find parameter value /joint1_gains/p on parameter server");
14     }
15     if (nh.getParam("/joint1_gains/d", D_gain)) {
16         ROS_INFO("proportional gain set to %f",D_gain);
17     }
18     else
19     {
20         ROS_WARN("could not find parameter value /joint1_gains/d on parameter server");
21     }
22     if (nh.getParam("/joint1_gains/i", I_gain)) {
23         ROS_INFO("proportional gain set to %f",I_gain);
24     }
25     else
26     {
27         ROS_WARN("could not find parameter value /joint1_gains/i on parameter server");
28     }
29 }
```

该代码是利用 CMakeLists.txt 的命令行 cs_add_executable（read_param_from_nodesrc/read_param_from_node.cpp）进行编译的。若要测试生成的可执行文件，首先确保通过运行以下命令加载了参数：

```
roslaunch example_parameter_server load_gains.launch
```

然后，利用以下命令运行测试节点：

```
rosrun example_parameter_server read_param_from_node
```

生成的输出结果如下：

```
[ INFO] [1452404560.596815928]: proportional gain set to 7.000000
[ INFO] [1452404560.598031455]: proportional gain set to 9.000000
[ INFO] [1452404560.599246423]: proportional gain set to 8.000000
```

若要查看数据不在参数服务器上时发生的情况，利用以下命令删除增益值：

```
rosparam delete /joint1_gains
```

再次运行 rosrun example_parameter_server_read_param_from_node 产生如下输出：

```
[ WARN] [1452404731.031529362]: could not find parameter value /joint1_gains/p
on parameter server
[ WARN] [1452404731.032923909]: could not find parameter value /joint1_gains/d
on parameter server
[ WARN] [1452404731.034251408]: could not find parameter value /joint1_gains/i
on parameter server
```

函数 ROS_WARN() 以黄色显示输出并带有标签 WARN。此类消息也在 rqt_console 中突出显示。命令行：

```
    if (nh.getParam("/joint1_gains/p", P_gain))
```

测试参数服务器上是否存在参数 /joint1_gains/p。此功能有助于确保一致性启动且在操作中使用参数之前指定了所有必需的参数。

用户也可以通过编程方式设置参数，尽管这种用法不太常见。

虽然这里提供的示例（故意地）微不足道，但是参数服务器能够处理更大、更复杂的数据。在大多数 ROS 应用程序中使用的参数是 robot_description，它包含了一个机器人模型的完整描述。在 3.3 节中，将介绍一个统一的机器人模型描述格式。此类模型通常具有相应的 launch 文件。这类文件的示例包含以下命令行：

```
    <!-- send robot urdf to param server -->
<param name="robot_description"
textfile="$(find minimal_robot_description)/minimal_robot_w_sensor.urdf"/>
```

这将诱使 roslaunch 搜索包 minimal_robot_description，在该包中找到文件 minimal_robot_w_sensor.urdf，并结合相关的参数名 robot_description 将内容加载到参数服务器上。然后，机器人模型可用于控制算法和可视化显示。

2.7 小结

至此结束了对 ROS 基础的介绍。第一部分中介绍的内容描述了 ROS 的原理，包括包、节点、消息和服务。利用该框架，用户就可以协同工作和更容易地构建大型系统。系统可分解为包含消息、库和节点的包。通过在节点之间定义接口选项（发布–订阅、服务器–客户端、动作服务器–动作客户端或参数服务器），协作者可以使其工作与大型系统兼容，从而简化集成。即使在单人项目中，根据节点分解设计任务也能促进更快的设计，实现更简单的集成，并且支持发展、扩展、升级和软件复用。这些特性使得 ROS 对于机器人软件设计富有吸引力。

ROS 基础设施的标准化非常引人注目，足以使它成为机器人软件设计的首选方法。此外，ROS 具有广泛的建模、仿真和可视化功能，进一步增强了它的实用性。接下来第二部分将介绍 ROS 中的建模、仿真和可视化。

PART2

| 第二部分 |

ROS 中的仿真和可视化

ROS 的仿真和可视化是非常有价值的特性。当所开发的软件只能在特定硬件上（例如特定的机器人）运行时，生产力就会直线下降。物理机器人通常是开发的瓶颈，因为它可能是有限资源而只能由一个团队共用。此外，一些包括车辆和人形机这样的机器人，则需要团队进行实验。最常见的情况是，程序员在测试中寻找错误代码，而机器人和团队其他人却无所事事。

有了一个合适的机器人仿真器，用户就可以在仿真环境下开发代码，允许并行进行工作且不用专职人员负责实验。如果仿真器具有高保真度（为实际的机器人行为提供一个很好的近似），那么在物理系统上运行相同的代码可能需要很少改动，甚至不需要改动。

常见的障碍之一是，为仿真编写的代码可能需要较大修改才能在物理系统上运行。这是 ROS 可以解决的问题。通常，在 ROS 中为仿真编写的代码无须更改（甚至无须重新编译）就可以在目标物理系统上运行。在使用 ROS 的消息系统时，只要消息类型、主题名称和服务器名称一致，节点就不关心系统中其他节点放在何处。

使用了 ROS 的机器人将其传感器数据发布到定义了消息类型的命名主题上，相应的仿真器也应该在具有相同消息类型的主题上发布相同的（仿真）信息。如果实现了这一点，则将感知处理系统从仿真转换到物理系统就只需要从物理系统（而不是仿真器）发布信息即可。

在另一个方向上，用户通过发布主题（ROS 服务请求或 ROS 动作服务器目标请求）来控制机器人。根据主题名称、消息类型和服务器名称定义此接口。如果仿真器与物理系统以相同的方式响应这些发布或请求，则在仿真中运行的控制器代码将在实际机器人上以同样的效果运行。

同样地，用户可能要开发与机器人（和环境）仿真器相关的人机界面，并且开发的代码可以在物理系统上无改变地使用。虽然在目标系统上运行物理硬件时，仿真器会变得多余，但是在仿真中开发的人机界面可以从仿真到硬件重复使用而无须更改。

仿真软件开发的成败取决于仿真器的质量。幸运的是，ROS 在机器人动力学和虚拟世界中传感器模拟方面都具有强大的仿真能力。这些能力将在本节中介绍。

第3章

ROS 中的仿真

引言

本章介绍了 ROS 中的仿真，从一个简单的 2 维移动机器人仿真器开始，扩展到一个强大的动力学仿真器 Gazebo。采用统一的机器人描述格式（Unified Robot Description Format，URDF）对适合于 Gazebo 仿真的机器人进行了建模。以简化的示例说明了在 Gazebo 中控制机器人的轮子或关节。

3.1 简单的 2 维机器人仿真器

结合简单的 2 维机器人仿真器（Simple Two-Dimensional Robot simulator，STDR）开始介绍 ROS 中的仿真是一个好策略。网站 http://wiki.ros.org/stdr_simulator 描述了该程序包，附带的教程在网站 http://wiki.ros.org/stdr_simulator/Tutorials 中。如果 STDR 包尚未安装，则可以使用以下命令安装：

```
sudo apt-get install ros-$ROS_DISTRO-stdr-simulator
```

（若已使用本书附带的推荐安装脚本，STDR 应该已安装完毕）。用户可以使用以下命令启动 STDR：

```
roslaunch stdr_launchers server_with_map_and_gui_plus_robot.launch
```

图 3.1 给出了 STDR 启动的屏幕展示。迷宫左下角的一个小圆圈代表一个抽象的移动机器人。红线部分表示来自假想激光雷达传感器的仿真激光射线。（有关激光雷达传感器的说明参见 http://en.wikipedia.org/wiki/Lidar。）激光雷达射线从机器人延伸到环境中的第一个反射点受制于最大传感范围。绿色锥体代表仿真的声呐信号。声呐传感器报告的距离

对应于环境中声呐传感角度内的第一个声反射目标的范围（同样，受制于传感范围）。机器人仿真器的传感器值被发布到主题上。机器人订阅了一个命令主题，用户可以通过它控制仿真机器人的运动。实际上，运行：

```
rostopic list
```

显示了来自 STDR 启动的 30 多个不同主题的活动。此外，以下命令：

```
rosservice list
```

展示了 24 个正在运行的服务。

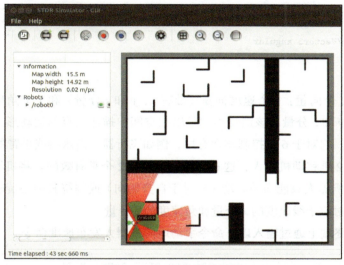

图 3.1　STDR 的启动展示

利用这个简单的仿真器，用户可以开发出能够解释传感器信号的代码，以避免碰撞并帮助识别机器人在空间中的位置。基于传感器的解释，用户可以命令机器人进行增量式运动来实现预期的行为，例如导航到地图上指定的坐标。我们将不考虑传感器处理，而专注于控制机器人的运动（开环，没有利用传感器信息）。控制机器人的主题是 /robot0/cmd_vel。名字 cmd_vel 是（根据惯例，虽然不要求）在速度命令模式中控制机器人的主题名称。该主题位于 /robot0 的命令空间中。cmd_vel 主题已经成为 robot0 的一个子集，允许在同一仿真中启动多个机器人。如果（典型的）ROS 系统专门用于控制单个机器人，则可以省略 /robot0 命名空间。

我们可以通过下面命令检查主题 /robot0/cmd_vel：

```
rostopic info /robot0/cmd_vel
```

显示：

```
Type: geometry_msgs/Twist

Publishers: None
```

```
Subscribers:
 * /robot_manager (http://Wall-E:58336/)
 * /stdr_gui_node_Wall_E_15095_8750187360825501198 (http://Wall-E:60301)
```

这表明 /robot_manager 节点正在侦听此主题，但目前没有此主题的发布器。此外，我们注意到这个主题的消息为类型 geometry_msgs/Twist。我们可以通过以下命令检查 Twist 消息：

```
rosmsg show geometry_msgs/Twist
```

显示：

```
geometry_msgs/Vector3 linear
  float64 x
  float64 y
  float64 z
geometry_msgs/Vector3 angular
  float64 x
  float64 y
  float64 z
```

Twist 消息包含 2 个向量：1 个速度向量（带有 x、y 和 z 分量）和 1 个角度向量（旋转速率），也具有 x、y 和 z 分量。该消息类型足以在空间中描述任意的运动形式，无论是平移还是旋转或翻滚。它对于 6 维控制非常有用，例如飞行器、潜水器或手臂的末端执行器。

对于我们的 2 维移动机器人，这 6 个分量中只有 2 个是有效的。将机器人的运动限制在一个平面上，机器人只能向前移动（相对于自身朝向）或围绕其中心旋转。这些线速度和旋转分量分别对应于线速度的 x 分量和角速度的 z 分量。

我们可以在终端上通过输入以下命令手动地向机器人发布速度命令：

```
rostopic pub -r 2 /robot0/cmd_vel geometry_msgs/Twist  '{linear: {x: 0.5,
    y: 0.0, z: 0.0}, angular: {x: 0.0,y: 0.0,z: 0.0}}'
```

上面的命令指示机器人在恒定航向上（零角速度）以 0.5m/s 的速度向前移动。（注意：默认情况下，ROS 消息中的所有单位均为国际标准，米–千克–秒或简写为 MKS。）该命令的结果是，机器人向前移动，直到遇到障碍物，如图 3.2 所示。注意，在机器人的虚拟世界里，激光雷达的射线和声呐锥已经根据与反射面的相对位置而改变。

通过选项 -r 2，以 2Hz 频率反复手动地输入 Twist 命令。然而，如果 rostopic pub 命令终止（利用 <control + C>），机器人将根据最后接收到的 Twist 命令继续尝试移动。我们可以将 Twist 命令归零：

```
rostopic pub -r 2 /robot0/cmd_vel geometry_msgs/Twist  '{linear:
    {x: 0.0, y: 0.0, z: 0.0}, angular: {x: 0.0,y: 0.0,z: 0.0}}'
```

为了让机器人不受束缚且允许它再次向前移动，可以发出一个纯粹的旋转命令，例如：

```
rostopic pub -r 2 /robot0/cmd_vel geometry_msgs/Twist  '{linear:
    {x: 0.0, y: 0.0, z: 0.0}, angular: {x: 0.0,y: 0.0,z: 0.1}}'
```

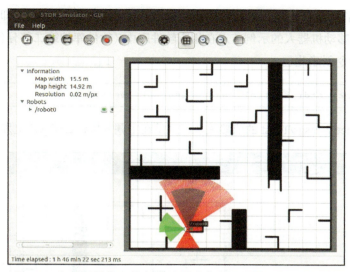

图 3.2　在从开始位置执行向前移动命令后 STDR 停在碰撞处

上述命令的唯一非零分量是角速度的 z 分量。机器人的 z 轴朝上（平面图之外），并且正角速度命令对应于逆时针旋转。指定的角速度为 0.1rad/s。该命令运行大约 15s 相当于 1.5rad 或大约 90 度的旋转。这样产生的机器人位姿如图 3.3 所示。机器人在这个命令之后没有平移，但它转动（从新的传感器可视化上一目了然）到近似指向地图的上部边界。如果命令：

```
rostopic pub -r 2 /robot0/cmd_vel geometry_msgs/Twist  '{linear: ↵
{x: 0.5, y: 0.0, z: 0.0}, angular: {x: 0.0,y: 0.0,z: 0.0}}'
```

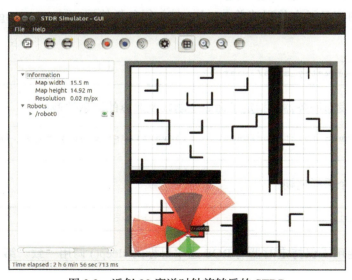

图 3.3　近似 90 度逆时针旋转后的 STDR

发出后，机器人将再次向前移动直到遇到新的障碍，如图 3.4 所示。虽然手动的命令行

Twist 发布说明了如何控制机器人，但是这类命令应该以编程方式发出（即从 ROS 节点）。一个控制 STDR 移动机器人的示例节点在相应软件库中（软件库的第二部分包 stdr_control）。通过使用以下命令创建此包：

```
cs_create_pkg stdr_control roscpp geometry_msgs/Twist
```

它指定了对 geometry_msgs/Twist 的依赖关系，这是在主题 robot0/cmd_vel 上发布消息所必需的。

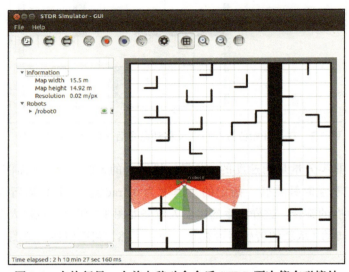

图 3.4　在执行另一个前向移动命令后 STDR 再次停在碰撞处

命令发布器节点 stdr_open_loop_commander.cpp 是从 minimal_publisher 的副本开始编写。该程序的内容显示在代码清单 3.1 中。第 2 行包括使用 geometry_msgs/Twist 消息所需的头文件：

```
#include <geometry_msgs/Twist.h>
```

第 7 行实例化了发布服务器，指定了命令主题以及兼容的消息类型：

```
ros::Publisher twist_commander = n.advertise<geometry_msgs::Twist>
    ("/robot0/cmd_vel", 1);
```

第 9 行定义了一个采样周期：

```
double sample_dt = 0.01; //specify a sample period of 10ms
```

而且该采样周期用于保持定时器与 ROS 速率目标的 sleep() 调用一致。第 15 行定义了一个 Twist 目标：

```
geometry_msgs::Twist twist_cmd; //this is the message type required to
    send twist commands to STDR
```

17～22 行显示了如何访问此消息目标的所有 6 个分量。

命令机器人向前移动 3m，逆时针旋转 90 度，然后再向前移动 3m。在第 32～36 行、第 39～44 行以及第 48～53 行中通过速度开环来计算持续时间，从而：

```
timer=0.0; //reset the timer
while(timer<time_3_sec) {
    twist_commander.publish(twist_cmd);
    timer+=sample_dt;
    loop_timer.sleep();
    }
```

因此，机器人按预期移动，终止在最后的位姿，如图 3.5 所示。

代码清单 3.1　stdr_open_loop_commander.cpp：控制 STDR 仿真器速度的 C++ 代码

```cpp
1   #include <ros/ros.h>
2   #include <geometry_msgs/Twist.h>
3   //node to send Twist commands to the Simple 2-Dimensional Robot Simulator via cmd_vel
4   int main(int argc, char **argv) {
5       ros::init(argc, argv, "stdr_commander");
6       ros::NodeHandle n; // two lines to create a publisher object that can talk to ROS
7       ros::Publisher twist_commander = n.advertise<geometry_msgs::Twist>("/robot0/←
            cmd_vel", 1);
8       //some "magic numbers"
9       double sample_dt = 0.01; //specify a sample period of 10ms
10      double speed = 1.0; // 1m/s speed command
11      double yaw_rate = 0.5; //0.5 rad/sec yaw rate command
12      double time_3_sec = 3.0; // should move 3 meters or 1.5 rad in 3 seconds
13
14
15      geometry_msgs::Twist twist_cmd; //this is the message type required to send twist ←
            commands to STDR
16      // start with all zeros in the command message; should be the case by default, but←
             just to be safe..
17      twist_cmd.linear.x=0.0;
18      twist_cmd.linear.y=0.0;
19      twist_cmd.linear.z=0.0;
20      twist_cmd.angular.x=0.0;
21      twist_cmd.angular.y=0.0;
22      twist_cmd.angular.z=0.0;
23
24      ros::Rate loop_timer(1/sample_dt); //create a ros object from the ros Rate class; ←
            set 100Hz rate
25      double timer=0.0;
26      //start sending some zero-velocity commands, just to warm up communications with ←
            STDR
27      for (int i=0;i<10;i++) {
28        twist_commander.publish(twist_cmd);
29        loop_timer.sleep();
30      }
31      twist_cmd.linear.x=speed; //command to move forward
32      while(timer<time_3_sec) {
33          twist_commander.publish(twist_cmd);
34          timer+=sample_dt;
35          loop_timer.sleep();
36          }
37      twist_cmd.linear.x=0.0; //stop moving forward
38      twist_cmd.angular.z=yaw_rate; //and start spinning in place
39      timer=0.0; //reset the timer
40      while(timer<time_3_sec) {
41          twist_commander.publish(twist_cmd);
42          timer+=sample_dt;
43          loop_timer.sleep();
44          }
45
46      twist_cmd.angular.z=0.0; //and stop spinning in place
47      twist_cmd.linear.x=speed; //and move forward again
48      timer=0.0; //reset the timer
```

```
49      while(timer<time_3_sec) {
50              twist_commander.publish(twist_cmd);
51              timer+=sample_dt;
52              loop_timer.sleep();
53              }
54      //halt the motion
55      twist_cmd.angular.z=0.0;
56      twist_cmd.linear.x=0.0;
57      for (int i=0;i<10;i++) {
58        twist_commander.publish(twist_cmd);
59        loop_timer.sleep();
60      }
61      //done commanding the robot; node runs to completion
62  }
```

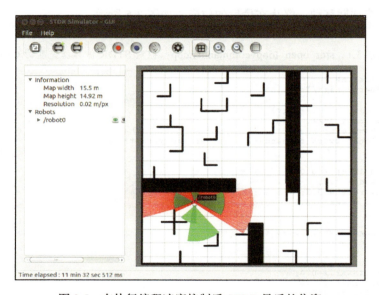

图 3.5　在执行编程速度控制后 STDR 最后的位姿

这个简单的 2 维机器人仿真器可以用来开发更智能的控制代码，这样就可以应用传感器的数据和控制计算转动实现高效的反馈行为。在引入感官处理技术之前，这类控制方法将会继续使用。

对于设计基于传感器的行为，这一级别的仿真抽象可能比较恰当，因为它易于操作、需要很少的计算量以及允许设计者聚焦于有限的环境。然而，该级别的抽象不包括各种实际效果，因而使用此仿真器开发的代码可能需要更多的工作以及更通用的仿真器，然后代码才适合在真正的机器人上进行测试。除了 2 维抽象之外，STDR 仿真器不考虑传感器噪声、力与扭矩干扰（包括车轮滑动）或实际的载体动力学。

利用 rqt_plot 可以查看 STDR 的动态响应。主题 /robot0/odom 可用于分析，因为这个主题（类型 nav_msgs/Odometry）上的消息包括仿真的机器人速度和角速度。（按照 ROS 中的惯例，移动机器人应以消息类型 nav_msgs/Odometry 向 odom 主题发布其状态，该状态源自传感器测量。/odom 主题的细节将在后面的移动机器人环境中讨论。）图 3.6 展示了命令和实际机器人速度和偏航速率的时间序列。

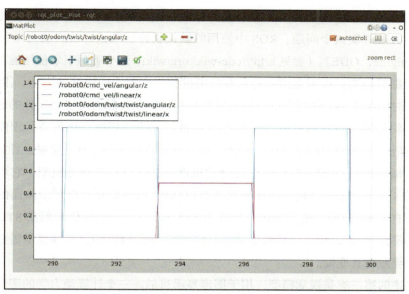

图 3.6 STDR 命令和实际速度、偏航速率的时间序列

速度和旋转都是以单步变化来控制，在 stdr_open_loop_commander.cpp 代码的每个控制块内持续 3s。命令发出后，实际机器人的线速度和偏航速率的响应非常迅速，但在发出命令和机器人响应之间的抖动会引起难以察觉的误差。实际中，惯性、角惯量、执行器饱和度、车轮摩擦力和伺服控制器响应等因素的影响将会导致大相径庭的行为。预期的非理想因素包括速度斜坡的限制、超调和车轮滑动。机器人甚至会因为瞬间刹车命令而摔倒。更实际的控制器都是遵守动力学规律发布斜坡加减速度指令。用户可以使用合适的斜坡来控制 STDR 仿真，但是这种斜坡的必要性既不会由 STDR 揭示，我们也不能奢求在 STDR 上调好的斜面就可以直接用于真正的机器人。

更复杂的机器人仿真需要一个足够详细的机器人模型，包括几何结构、质量特性、表面接触特性和执行器动力学。这些可以用下面介绍的统一机器人描述格式来指定。

3.2 动力学仿真建模

如要实现物理上逼真的动力学仿真，必须足够详细地描述对象。详细建模需要有三个类别：动力学模型、碰撞模型和视觉模型。（对于具有控制关节的机器人，还要指定运动学模型）

动力学对象必须包含惯性特性的描述，这构成了一个抽象物理模型的必要描述。单凭惯性模型，用户已经可以执行有价值的仿真。例如，用户可以计算重力和推力这些作用在卫星上的动力学，产生一个包括作用于任一惯性张量上的重力、离心力和 Coriolis 效应的影响的仿真。

若要计算相互作用物体（包括碰撞目标、机器人抓取或推动目标）的动力学，计算接触引起的力和力矩也是必要的。接触动力学的仿真是具有挑战性的，不同的物理引擎利用不同的方法解决这个问题。ROS 中使用的默认物理引擎是开放式动力学引擎（Open Dynamics Engine，ODE）。（参见 http://ode-wiki.org/wiki）这个物理引擎使用能量和动量守恒来推断碰撞的结果，而不是试图计算在撞击过程中力配置的快速动力学。（因此，该物理引擎在短时碰撞建模上做得很好，但是它在模拟持续的接触力时受到工件的影响，包括地面上的车轮和手指抓取的目标。）若要包含碰撞的动力学影响，仿真器必须能够推断出（在每个物体上）接触何时何地发生。因此，用户有必要以适合于有效接触点计算的方式来描述 3 维目标的包络（边界描述）。这部分的机器人描述是一个碰撞模型。它可以是一个简单的原始 3 维物体描述（例如矩形棱柱或圆柱体），也可以是一个复杂曲面的高保真模型，通常源自 CAD 模型。曲面描述被转换为多面近似（等价于立体光刻或 STL 模型，由三角形的小平面组成），便于计算模型边界之间的交叉点（碰撞）。碰撞模型需要注意大量的小平面会导致仿真变慢。

模型描述的第三类是视觉模型，用于图形显示目的。一个计算动力学的图形显示非常有助于解释结果和调试软件开发。视觉模型通常与碰撞模型相同，因为视觉模型也需要每个目标的边界描述。但是，视觉模型通常比碰撞模型具有更高保真度（例如包含更多的小平面）。显示一个高保真模型与使用具有大量小平面的模型来计算碰撞相比，要求要低。

在最简单的情况下，视觉模型可以与碰撞模型相同。但是，这两个类可以包含它们各自的选项。例如，碰撞模型可以包括摩擦力和弹力（与视觉外观无关）这些曲面特性的描述。视觉模型可能包括颜色、反射率和透明度（与碰撞模型无关）的描述。

一些简单的模型说明包含在相应软件库中的包（ROS 文件夹）exmpl_models 下。在 exmpl_models 包的子文件夹 rect_prism 中，代码清单 3.2 展示了文件 model-1_4.sdf。

代码清单 3.2　rect_prism/model-1_4.sdf：简单矩形棱柱的模型描述

```
1  <?xml version='1.0'?>
2  <sdf version='1.4'>
3    <model name="rect_prism">
4      <link name='link'>
5        <inertial>
6          <mass>2000</mass>
7          <inertia>
8            <ixx>3000</ixx>
9            <ixy>0</ixy>
10           <ixz>0</ixz>
11           <iyy>3000</iyy>
12           <iyz>0</iyz>
13           <izz>1000</izz>
14         </inertia>
15       </inertial>
16       <collision name='collision'>
17         <geometry>
18           <box>
19             <size> 2 2 4 </size>
20           </box>
21         </geometry>
22       </collision>
23
24       <visual name='visual'>
25         <geometry>
26           <box>
```

```
27            <size> 2 2 4 </size>
28          </box>
29        </geometry>
30      </visual>
31    </link>
32  </model>
33 </sdf>
```

该文件包含一个使用仿真描述格式（Simulation Description Format，SDF）的模型描述。（SDF 参见 http://sdformat.org。）模型描述采用 XML 格式，包含 3 个字段：惯性、碰撞和视觉。惯性特性包括质量（kg）和转动惯量（kg·m²）；惯性特性的解释将在本章后面详述。在这个简单的示例中，碰撞和视觉模型相同。它们都分别以 x、y 和 z（（2m、2m、4m））轴来指定一个简单的框（一个矩形棱柱）。矩形棱柱有一个相关的坐标系，定义为原点在框的中间，x、y 和 z 轴平行于各自指定的维度。

简单的矩形棱柱模型足以执行有趣的动力学仿真。利用关节控制器进行机器人建模需要更多的细节。

3.3 统一的机器人描述格式

一个机器人模型可以使用 SDF 指定。然而，老版的 URDF（参见 http://wiki.ros.org/urdf）依旧是可用的，并且多数现有的开源机器人模型都是用 URDF 表示。此外，SDF 模型结合 ROS 使用时最终要转化为 URDF。本节将以 URDF 描述机器人建模。

这里介绍一个简化的示例。更详细的好教程可以在网站 http://gazebosim.org/tutorials?tut = ros_urdf 中寻找 rrbot（一个 2 自由度的机械臂）。一个 URDF 模型可以用作动力学仿真的输入。结合 ROS 使用的动力学仿真器是 Gazebo（参见 http://gazebosim.org/），这样就多了一个物理引擎选项。

3.3.1 运动学模型

代码清单 3.3 以 URDF 形式给出了单自由度机器人的最小运动学模型，即我们附属软件库的 minimal_robot_description 包中的 links_and_joints.urdf 文件。

代码清单 3.3　links_and_joints.urdf：单自由度机器人运动学描述

```
1  <?xml version="1.0"?>
2  <robot   name="one_DOF_robot">
3
4    <!-- Base Link -->
5    <link name="link1" />
6    <!--distal link -->
7    <link name="link2" />
8
9    <joint name="joint1" type="continuous">
10       <parent link="link1"/>
11       <child link="link2"/>
12       <origin xyz="0 0 0.5" rpy="0 0 0"/>
13       <axis xyz="0 1 0"/>
14    </joint>
15 </robot>
```

在代码清单 3.3 中，定义了名为 one_DOF_robot 的机器人，由 2 个连杆和 1 个关节组成。连杆和关节的描述是机器人定义的最低要求。这些元素以 XML 语法描述，并且在 URDF 中可按任何顺序进行描述。只有结果是运动学一致的才是必要的。

用户不能描述闭环连杆是 URDF 文件的一个限制。一个 URDF 将有一个单一且唯一的基杆，其他所有的连杆相对于该基杆形成树。这可能是一个单一的、开放的杆（像一个传统的机械臂），或者树可能更加复杂（如一个具有腿、颈部和手臂的人形机器人，从躯干的基杆开始延伸）。通过让一些连杆运动上依赖和引入虚拟执行器，诸如四杆联动这样的闭环连杆在 URDF 中可以"凑合"。对可视化这已经足够了，但在动力学方面不准确。URDF 机器人的描述不适合支持闭环连杆机制的动力学仿真。

机器人模型的抽象只需要指定（实体）连杆之间的空间关系。在传统的 Denavit-Hartenberg 表示中，这只需要每个连杆的一个坐标系定义，相邻连杆坐标系之间的空间关系从父杆到子杆仅隐含 4 个值（3 个固定参数和 1 个关节变量）。URDF 格式从这个紧凑的描述出发，使用多达 10 个数值（9 个固定的参数和 1 个关节变量）而不是少量的 4 个数值。在线 ROS 教程对这些参数进行了描述，这里提供了 URDF 约定的另一种描述。

URDF 中的每个连杆（基杆除外）都有单一的父杆。然而，一个连杆可能有多个子杆，例如，从一只手的基座延伸出多个手指，或者从躯干延伸的手臂和腿。

每个连杆都有一个参考坐标系，其与连杆严格关联，并随着连杆在空间中移动而移动。（连杆坐标系可能在或不在连杆物理主体的某个部分中，但它在感觉上仍然随着连杆移动，好像严格附在连杆物理主体的某个部分。）除了连杆坐标系外，可能有一个或多个关节坐标系来帮助描述子杆如何与其运动学相关。（注：在 Denavit-Hartenberg 符号中，没有关节坐标系这样的东西；关节坐标系是一种 URDF 结构，在某些情况下可能很方便，但也引入了混淆的冗余。）

在代码清单 3.3 中，link1 是基础坐标系，link2 是 link1 的子级。基杆的基础坐标系是任意的——通常是在 CAD 系统中描述此连杆时，选择诸如此类参考的结果。然而，与所有其他（非基础）连杆相关的连杆坐标系在它们的配置中受到 URDF 约定的限制。

对于我们的基杆——关节坐标系由以下行定义：

```
<joint name="joint1" type="continuous">
  <parent link="link1"/>
  <child link="link2"/>
  <origin xyz="0 0 1" rpy="0 0 0"/>
  <axis xyz="0 1 0"/>
</joint>
```

关节坐标系命名为 joint1。该坐标系也与 link1（父杆）相关联，并严格与 link1 一起移动。通过描述相对于父（link1）参考坐标系的关节坐标系的位移和旋转，指定该坐标系的定位和位置。此空间关系由以下命令行指定：

```
<origin xyz="0 0 0.5" rpy="0 0 0"/>
```

该描述声明 joint1 坐标系的原点以向量 [0，0，1] 偏离 link1 坐标系，即与 link1 坐标系的 *x* 和 *y* 坐标对齐，但在 link1 的 *z* 方向上偏移 1m。（默认情况下，URDF 中的所有单位均为 MKS。）

我们还必须指定 joint1 坐标系的方向。在这种情况下，joint1 坐标系要定向对齐 link1 参考坐标系。（即这 2 个坐标系各自的 *x*、*y* 和 *z* 轴平行）。这是通过技术参数 rpy = "0 0 0" 予以声明，表明 joint1 坐标系的方向相对于 link1 参考坐标系是结合零滚动、俯仰和偏航角进行描述。

作为描述 link2 如何与 link1 相关的中间坐标系，joint1 坐标系是有用的。命令行：

```
<joint name="joint1" type="continuous">
```

声明 link2 的位姿通过一个旋转关节与 link1 相关。如果未指定，该旋转关节的关节轴与所定义关节坐标系的 *x* 轴共线。（注意：这与 Denavit-Hartenberg 约定相反，其关节轴始终定义为 *z* 轴）。在我们的示例中，命令行：

```
<axis xyz="0 1 0"/>
```

指定关节轴与关节坐标系的 *x* 轴不对齐，但是与关节坐标系的 y 轴共线。<axis xyz = "0 1 0"> 描述的 3 个分量允许定义相对于关节坐标系的任意关节轴方向（其中 3 个分量指定了空间中的单位向量方向）。虽然关节轴可以任意定向，但 URDF 约定要求关节轴要通过关节坐标系的原点。（注意：关节轴的方向在空间中指定不止一条线；作为方向向量，它也意味着关节轴与其共线时子杆相对于父杆的正向旋转。）

定义了一个关节后，子杆的参考坐标系将隐式跟随。这是一个重要的概念约束（类似于分配连杆坐标系的 Denavit-Hartenberg 约定）。在 URDF 约定中，子杆的参考坐标系原点必须与连接子级与父级的关节坐标系相重合。在提供的简单示例中，定义了 link2 坐标系的原点与指定的 joint1 坐标系的原点一致。

基于 joint1 坐标系和 joint1 主角的定义，link2 坐标系方向的定义也受到了惯例的约束。由于旋转关节将 link2 连到 link1 上，link2 只能通过旋转 joint1 坐标系内定义的关节轴来移动。当机器人以这种单自由度运动时，变角被称为 joint1 的关节角。joint1 的主角（零角度）是一种定义，通常从便选择（例如，相关旋转传感器的 0 读取，或易于可视化的方便对齐）。当选择主角时，子杆的参考坐标系紧随。它被定义为与父杆的关节坐标系重合。即，如果用户将 link2 放在相对于 link1 的已定义主位置中，则 joint1 角的数值在此位姿上将被定义为 0，且 link2 参考坐标系与 joint1 参考坐标系相同。在 joint1 角的其他（即非零、非周期）任何数值上，joint1 和 link2 坐标系将不会对齐（虽然它们各自的原点将保持重合）。

我们的示例 URDF 文件因此定义了每个连杆的连杆坐标系，以及如何约束这些连杆坐标系而实现彼此相对移动。通过运行下面命令，我们可以检查 URDF 文件是否一致：

```
check_urdf links_and_joints.urdf
```

我们可以从 minimal_robot_description 目录运行这个，或者为 check_urdf 提供一个路径作为文件名参数的一部分。产生的输出为：

```
robot name is: one_DOF_robot
---------- Successfully Parsed XML ---------------
root Link: link1 has 1 child(ren)
    child(1):  link2
```

这证实了我们的文件具有正确的 XML 语法，并且机器人定义在运动学上一致。

在这一点上，我们的 URDF 是一致的，但它只定义了 2 个坐标系之间受约束的空间关系。出于仿真目的，我们需要提供更多的信息：可视化模型、碰撞模型和动力学模型。

3.3.2 视觉模型

代码清单 3.4（在我们关联的代码软件库中，它是包 minimal_robot_description 中的文件 one_link_description.urdf）利用视觉信息扩展了我们最小的运动学模型。

代码清单 3.4 one_link_description.urdf：具有可视化描述的单连杆模型

```
1  <?xml version="1.0"?>
2  <robot name="static_robot">
3
4  <!-- Used for fixing robot to the simulator's world frame -->
5    <link name="world"/>
6
7    <joint name="glue_robot_to_world" type="fixed">
8      <parent link="world"/>
9      <child link="link1"/>
10   </joint>
11
12   <!-- Base Link -->
13   <link name="link1">
14     <visual>
15       <origin xyz="0 0 0.5" rpy="0 0 0"/>
16       <geometry>
17         <box size="0.2 0.2 1"/>
18       </geometry>
19     </visual>
20   </link>
21 </robot>
```

出于仿真的目的，将结合地平面定义一个世界坐标系，我们可以通过定义 7~10 行这样的静态关节来将 link1 固定在该体系中：

```
<joint name="glue_robot_to_world" type="fixed">
  <parent link="world"/>
  <child link="link1"/>
</joint>
```

在定义关节 glue_robot_to_world 时，关节类型被指定为 fixed，这意味着我们的 link1 将与世界坐标系有一个静态的关系。此外，由于我们没有指定关节坐标系的 x、y、z 或 r、p、y 坐标，采用了默认值（全部 0），因此我们的 link1 坐标系定义为与世界坐标系相同。

在 link1 定义内，在 <visual> 标签的小节中，16~18 行：

```
<geometry>
  <box size="0.2 0.2 1"/>
</geometry>
```

以尺寸 0.2m×0.2m×1m 定义了一个 3 维框实体。对于这个简单的 3 维基元（与我们早期的 rect_prism 模型基本相同），在框的中心围绕原点定义模型坐标系，x、y、z 轴沿着指定的维度 0.2、0.2、1。该实体可用于定义 link1 的可视外观。（通常会引用整个 CAD 文件来定义每个机器人元素，但诸如框这样的简单 3 维元对于快速模型和简单的概念说明非常有用。）

虽然我们已经定义了一个 link1 坐标系（与世界坐标系一致），我们也需要为 link1 定义一个虚拟坐标系，这样我们的视觉模型（框）就会出现在正确的位置。link1 坐标系在地平面上有其原点，而框实体在框的中心有其原点。我们希望将框的外观放置在一个（方形）面上（即与地平面共面），并且框的长维（可视坐标系的 z 轴）朝上（即垂直于地平面且平行于世界坐标系的 z 轴）。这是由 15 行命令完成：

```
<origin xyz="0 0 0.5" rpy="0 0 0"/>
```

它指定了框轴与各自的 link1 坐标系轴平行，但框的原点提高（link1 坐标系 z 方向上的偏移）0.5m。

目前，我们在仿真器中还不能测试可视化，直到利用更多的、动力学的信息对模型进行增强。

3.3.3 动力学模型

为了让模型与物理引擎一致，必须定义系统中每个连杆的质量属性。（虽然它在概念上不是必要的，对于打算严格固定到地平面的 link1，还是需要一个动力学模型。）代码清单 3.5 给出增加了质量属性信息的单杆模型。

代码清单 3.5　one_link_w_mass.urdf：带有视觉和惯性描述的单杆模型

```
1  <?xml version="1.0"?>
2  <robot   name="static_robot">
3
4  <!-- Used for fixing robot to the simulator's world frame -->
5    <link name="world"/>
6
7    <joint name="glue_robot_to_world" type="fixed">
8      <parent link="world"/>
9      <child link="link1"/>
10   </joint>
11
12  <!-- Base Link -->
13    <link name="link1">
14      <visual>
15        <origin xyz="0 0 0.5" rpy="0 0 0"/>
16        <geometry>
17          <box size="0.2 0.2 1"/>
18        </geometry>
19      </visual>
20      <inertial>
21        <origin xyz="0 0 0.5" rpy="0 0 0"/>
22        <mass value="1"/>
23        <inertia
24          ixx="1.0" ixy="0.0" ixz="0.0"
25          iyy="1.0" iyz="0.0"
```

```
26           izz="1.0"/>
27       </inertial>
28     </link>
29   </link>
30 </robot>
```

在 link1 描述的标记 \link 中,附加的 20 ~ 27 行描述了质量的属性:

```
<inertial>
  <origin xyz="0 0 0.5" rpy="0 0 0"/>
  <mass value="1"/>
  <inertia
    ixx="1.0"  ixy="0.0"  ixz="0.0"
    iyy="1.0"  iyz="0.0"
    izz="1.0"/>
</inertial>
```

在 <inertial> 字段中,指定了连杆的质量(这里设置为 1kg)和质心的坐标(这里 xyz = "0 0 0.5")。质心的坐标在 link1 坐标系中指定。对于我们的框示例,如果框具有均匀密度,质心将在框的中心,位于 link1 坐标系上方 0.5m。

指定转动惯性属性更为复杂。转动惯性的描述要求在计算惯性属性方面定义一个坐标系。关于这个惯性坐标系,3×3 矩阵惯性张量的分量可以计算为:

$$I = \int_V \rho(x,y,z) \begin{bmatrix} x^2+y^2 & -xy & -xz \\ -xy & z^2+x^2 & -yx \\ -xz & -yz & x^2+y^2 \end{bmatrix} dx\,dy\,dz \tag{3.1}$$

其中 $\rho(x, y, z)$ 是位置 (x, y, z) 处的物质密度,积分体积 V 定义为包含目标刚性连杆的所有物质的体积。矩阵 I 总是对称的,因此只有 6 个数值可以指定。对于简单的形状,惯性张量的力矩很容易计算。许多常见的形状已发布了表列值。对于复杂的连杆形状,惯性张量可能难以计算。如果在 CAD 程序中详细说明了该连杆,则 CAD 程序通常可以从数值上计算惯性张量。

注意,对于不同的位置和惯性参考坐标系的方向,矩阵 I 将有不同的数值分量。在 URDF 中,惯性坐标系的原点总是与质心重合(通常在动力学上很方便)。有时定义惯性坐标系的方向与某些对称轴一致很方便,从而简化了惯性分量的描述。在本例中,惯性坐标系被简单地选为与连杆坐标系平行(由 <origin xyz = "0 0 0.5" rpy = "0 0 0"/> 中的 rpy 值指定)。

关于定义的参考坐标系,转动惯性分量可以在 URDF 中指定,如 23 ~ 27 行所示。URDF 中标记了 I 的条件为 ixx = $I_{1,1}$, ixy = $I_{1,2} = I_{2,1}$, ixz = $I_{1,3} = I_{3,1}$, iyy = $I_{2,2}$, iyz = $I_{2,3} = I_{3,2}$, izz = $I_{3,3}$。

理想情况下,这些值将是实际连杆真实惯性分量的紧逼近。用户至少应该设法粗估这些数值。然而,重要的是惯性的质量和对角分量都不能赋值为 0。物理引擎在试图仿真无质量或无惯性物体动力学时将有"除以零"这个数值问题。

对于我们的单杆 URDF,质量属性被分配为单位 1(1kg 质量和关于每个 x、y 和 z 主

轴的 $1m^2kg$ 转动惯量）。对于一个均匀的矩形棱柱，惯性值是不现实的。然而，由于这一连杆将被固定在地平面上，准确的质量值将不会是一个问题。

在这一点上，我们的模型是枯燥的（一个静态的、长方形的棱柱）。尽管如此，它是一个可加载到仿真器中的可行 URDF。不过，这将被推迟，直到通过添加一个可移动的连杆才可以让模型变得更加有趣。代码清单 3.6 将视觉和惯性属性融合到初始的运动学模型。

代码清单 3.6　minimal_robot_description_wo_collision.urdf：单自由度机器人 URDF 描述

```xml
 1  <?xml version="1.0"?>
 2  <robot    name="one_DOF_robot">
 3
 4  <!-- Used for fixing robot to the simulator's world frame -->
 5    <link name="world"/>
 6
 7    <joint name="glue_robot_to_world" type="fixed">
 8      <parent link="world"/>
 9      <child link="link1"/>
10    </joint>
11
12  <!-- Base Link -->
13  <link name="link1">
14      <visual>
15        <origin xyz="0 0 0.5" rpy="0 0 0"/>
16        <geometry>
17          <box size="0.2 0.2 1"/>
18        </geometry>
19      </visual>
20
21      <inertial>
22        <origin xyz="0 0 0.5" rpy="0 0 0"/>
23        <mass value="1"/>
24        <inertia
25          ixx="1.0" ixy="0.0" ixz="0.0"
26          iyy="1.0" iyz="0.0"
27          izz="1.0"/>
28      </inertial>
29    </link>
30
31  <!-- Moveable Link -->
32  <link name="link2">
33      <visual>
34        <origin xyz="0 0 0.5" rpy="0 0 0"/>
35        <geometry>
36          <cylinder length="1" radius="0.1"/>
37        </geometry>
38      </visual>
39
40      <inertial>
41        <origin xyz="0 0 0.5" rpy="0 0 0"/>
42        <mass value="1"/>
43        <inertia
44          ixx="0.1" ixy="0.0" ixz="0.0"
45          iyy="0.1" iyz="0.0"
46          izz="0.005"/>
47      </inertial>
48    </link>
49
50    <joint name="joint1" type="continuous">
51      <parent link="link1"/>
52      <child link="link2"/>
53      <origin xyz="0 0 1" rpy="0 0 0"/>
54      <axis xyz="0 1 0"/>
55    </joint>
56  </robot>
```

在代码清单 3.6 中，为 2 个连杆定义了可视和动力学模型。这些连杆之间的关节

joint1 可以包括额外的属性，例如，建模黏性或库仑摩擦。此外，可以指定关节和执行器扭矩的范围。然而，我们拥有的最小模型足以仿真受指定关节（执行器）扭矩和重力影响的机器人动力学。

36 行：

```
<cylinder length="1" radius="0.1"/>
```

定义 link2 的视觉模型为长度 1m 和半径 0.1m 的圆筒。link2 的惯性属性指定为：mass = 1kg，ix = iyy = 0.1 和 izz = 0.005。这些值是合理的近似。对于均匀密度、质量 m 和长度 l 的细杆，其 x 或 y 轴的转动惯量为 $I_{xx} = I_{yy} = (1/12)ml^2$。四舍五入取值为 $0.1m^2 kg$。这个杆关于其圆柱轴旋转的转动惯量为 $I_{zz} = (1/12)mr^2$，其评估 izz = $0.005m^2 kg$。

正如框实体一样，圆柱体参考坐标系的原点在圆柱体的中间。该可视化坐标系的 z 轴指向圆柱体的主轴。

正如 3.3.1 节中所介绍，当 joint1 的角度在其主（$q = 0$）位置时，link2 坐标系被定义为与 joint1 坐标系重合。我们视觉模型的参考坐标系是相对于 34 行中的 link2 坐标系指定：<origin xyz = "0 0 0.5" rpy = "0 0 0"/>。即，可视坐标系与 link2 坐标系（rpy = "0 0 0"）对齐，但是 link2 可视坐标系的原点沿着 link2 的 z 轴偏离 link2 参考 0.5m（xyz = "0 0 0.5"）。正如我们的框视觉描述，这 0.5m 的偏移定位了几何（视觉）模型，使得模型的封头与关节的原点（在本例中为 joint1）重合。

在主位置中，link2 坐标系与 joint1 坐标系对齐。在我们的选择下，单自由度、双连杆机器人的主位置对应于指向直线朝上的 link2。

3.3.4 碰撞模型

迄今为止，我们最小的机器人描述包括运动学模型、惯性模型和视觉模型。我们的机器人运动将取决于施加在机器人上的力和力矩。我们仿真器的动力学引擎执行运动学约束（例如，link2 相对于 link1 可以如何移动），并计算 link2 关于 joint1 的角加速度。这些加速度起因于一些影响因素，包括重力、执行器（一旦我们定义了一个执行器）施加的关节扭矩以及可能与其他物体的碰撞。若要包括接触力的影响（例如由于碰撞），我们必须在 URDF 中包括一个碰撞模型。

<collision> 标记定义了在 URDF 中所定义碰撞模型的区域。代码清单 3.7 给出了具有碰撞属性的单自由度 URDF（作为我们相关代码软件库中的文件 minimal_robot_description.urdf，它也出现在包 minimal_robot_description 中）。

代码清单 3.7　minimal_robot_description.urdf：单自由度机器人 URDF 描述

```
1  <?xml version="1.0"?>
2  <robot   name="one_DOF_robot">
3
4  <!-- Used for fixing robot to the simulator's world frame -->
```

```
5      <link name="world"/>
6
7      <joint name="glue_robot_to_world" type="fixed">
8        <parent link="world"/>
9        <child link="link1"/>
10     </joint>
11
12   <!-- Base Link -->
13     <link name="link1">
14       <collision>
15         <origin xyz="0 0 0.5" rpy="0 0 0"/>
16         <geometry>
17           <box size="0.2 0.2 0.7"/>
18         </geometry>
19       </collision>
20
21       <visual>
22         <origin xyz="0 0 0.5" rpy="0 0 0"/>
23         <geometry>
24           <box size="0.2 0.2 1"/>
25         </geometry>
26       </visual>
27
28       <inertial>
29         <origin xyz="0 0 0.5" rpy="0 0 0"/>
30         <mass value="1"/>
31         <inertia
32           ixx="1.0" ixy="0.0" ixz="0.0"
33           iyy="1.0" iyz="0.0"
34           izz="1.0"/>
35       </inertial>
36     </link>
37
38   <!-- Moveable Link -->
39     <link name="link2">
40       <collision>
41         <origin xyz="0 0 0.5" rpy="0 0 0"/>
42         <geometry>
43           <cylinder length="1" radius="0.1"/>
44           <!--box size="0.15 0.15 0.8"-->
45         </geometry>
46       </collision>
47
48       <visual>
49         <origin xyz="0 0 0.5" rpy="0 0 0"/>
50         <geometry>
51           <cylinder length="1" radius="0.1"/>
52         </geometry>
53       </visual>
54
55       <inertial>
56         <origin xyz="0 0 0.5" rpy="0 0 0"/>
57         <mass value="1"/>
58         <inertia
59           ixx="0.1" ixy="0.0" ixz="0.0"
60           iyy="0.1" iyz="0.0"
61           izz="0.005"/>
62       </inertial>
63     </link>
64
65     <joint name="joint1" type="continuous">
66       <parent link="link1"/>
67       <child link="link2"/>
68       <origin xyz="0 0 1" rpy="0 0 0"/>
69       <axis xyz="0 1 0"/>
70     </joint>
71   </robot>
```

在代码清单 3.7 中，碰撞模型定义了与连杆上的 skin 对应的几何细节。碰撞模型用于计算世界模型内固体之间的交点，这种碰撞导致接触点上的作用力和力矩。

通常，碰撞模型与视觉模型相同（这就是代码清单 3.7 中的情形）。然而，碰撞检查可以是一个计算密集型的过程，因此碰撞模型应该尽可能地稀疏。这可以通过减少镶嵌曲面模型中的三角形数或通过创建基于几何实体的原始碰撞模型（例如矩形棱柱、圆柱体或球体）来完成。

另一个问题是，没有在连杆之间提供足够间隙的碰撞模型可能导致仿真不稳定，因为仿真器会不断地检测到连杆正相互碰撞。对于我们原始的模型，我们将设置 link2 的碰撞模型与 link2 的视觉模型（一个简单的圆柱体）相同。然而，我们将 link1 的碰撞模型设置为一个较短的框，从而为 link2 提供了间隙。

由于 link1 是静止的，其碰撞模型的保真度对于计算最小机器人的动力学不是一个关注点。然而，如果这个模型是手指的一部分，用户将会关心这个连杆如何接触要抓取的对象。或者，如果在虚拟世界中有额外的机器人，用户会关心这些机器人如何能与最小机器人的 link1 碰撞，因为这样的碰撞会影响其他机器人的动力学。

现在，单自由度最小机器人 URDF 包含运动学、惯性、视觉和碰撞信息。接下来，将介绍 Gazebo 仿真器，它可以基于 URDF 描述来执行机器人的动力学仿真。

3.4　Gazebo 介绍

Gazebo 是使用 ROS（参见 http://gazebosim.org/）的仿真器。Gazebo 可选择物理引擎，默认为 ODE（Open Dynamics Engine）。Gazebo 仿真器由 2 部分构成：一个服务器（作为进程 gzserver 运行）和一个客户端（作为进程 gzclient 运行）。客户端进程呈现了图形显示和人机界面。然而，如果不需要视觉显示，则 Gazebo 可以运行 "headless"。

Gazebo 的一个令人印象深刻和有价值的能力是它可以仿真传感器以及动力学，包括力传感器、加速度计、声呐、激光雷达、彩色相机以及 3 维点云传感器。相机仿真将在第三部分进行描述。

除了一个或多个机器人模型，Gazebo 仿真需要一个世界模型。世界模型可能包含地形、建筑物、屏障、桌子、可抓的物体以及其他活动实体（包括机器人群）的细节。然而，简单来说，我们认为最小的机器人处于最小的世界。

一个常见的默认世界模型仅包括垂直于重力方向的平坦地平面。若要结合这个空白世界模型启动 Gazebo，运行：

```
roslaunch gazebo_ros empty_world.launch
```

它启动了一个来自 ROS 包 gazebo_ros 且被称为 empty_world.launch 的启动文件。该命令的结果是启动 gzserver 和 gzclient，给出一个空白世界的 Gazebo 显示（除了一个地平面之外）。图 3.7 展示了 Gazebo 窗口。Gazebo 仿真器的底部栏是一些控制和显示。运行和暂停按钮允许用户根据意愿暂停和恢复仿真。实时因子显示表明了仿真的效率，Gazebo 将（默认情况下）尝试实时仿真虚拟世界中的机器人。如果主机在实时性上不能满足所需的计算，仿真器将减慢，导致明显的慢动作输出。如果实时因子为单位 1，仿真就等同于实时动力学；如果该因子为 0.5，仿真将需要 2 倍于实际的耗时。

图 3.7　空白世界的 Gazebo 显示（重力设置为 0）

如图 3.7 所示，Gazebo 显示的左侧是标示 World 和 Insert 的标签。World 标签包含选项 Physics。该元素已被展开并显示各种属性，包括重力项。重力项也已展开，显示其 x、y 和 z 分量的数值。在此示例中，z 分量从其初始值 −9.8 更改为 0（通过单击显示的数值并对其编辑来完成）。由于重力设置为 0，模型可以自由地漂浮在空间中，而当重力具有负的 z 分量时，模型将掉落在地平面上。

此外，Models 菜单位于 Gazebo 窗口的 World 标签内，它允许用户检查仿真中所有模型的空间和动力学属性。在这一点上，仿真中唯一的模型是一个地平面。我们可以通过多种方式向仿真添加模型。使用 Insert 标签，用户可以选择欲在仿真中插入且在模型代码清单中显示的任何预定义模型。可用模型的代码清单将包括 Gazebo 数据库中的在线模型，以及放置在（隐藏）目录 ~/.gazebo 内的本地定义模型。

另外，用户可以通过调用指向模型的 Gazebo 节点来手动地将模型加载到 Gazebo 中。例如，首先导航到目录 ~/ros_ws/src/learning_ros/exmpl_models/rect_prism，然后输入以下命令：

```
rosrun gazebo_ros spawn_model -file model-1_4.sdf -sdf -model rect_prism
```

我们简单的矩形棱柱模型将被加载到 Gazebo 中，显示效果如图 3.8 所示。我们可以通过，单击它，然后按下 delete 键，来删除此模型。

此外，棱柱可以利用指定的世界坐标系加载。例如，命令：

```
rosrun gazebo_ros spawn_model -file model-1_4.sdf -sdf -model rect_prism ←
    -x 0 -y 0 -z 4
```

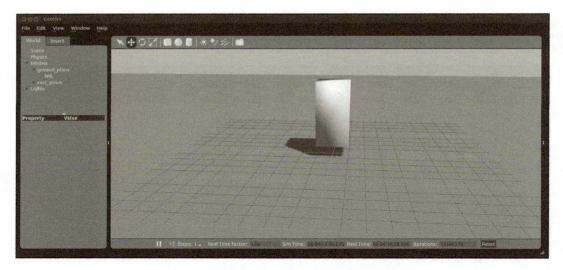

图 3.8　加载矩形棱柱模型后的 Gazebo 显示

利用高于地平面 4m 的坐标系加载棱柱。

　　用户可以选择指向模型位置的完整路径，而不是导航到模型目录来加载模型。在某种程度上，结合使用环境变量 ROS_WORKSPACE 来实现更为常见。下面的命令使用明确的路径来加载模型：

```
rosrun gazebo_ros spawn_model -file $ROS_WORKSPACE/src/learning_ros/↵
    exmpl_models/rect_prism/model-1_4.sdf -sdf -model rect_prism
```

它可以更加方便地要求 ROS 找到模型所在的包，这可以利用 $（rospack find package_name）来实现，例如，正如以下命令：

```
rosrun gazebo_ros spawn_model -file $(rospack find exmpl_models)/ ↵
    rect_prism/model-1_4.sdf -sdf -model rect_prism
```

由于直接的命令在键入时可能很烦琐，因此在启动文件中输入命令通常更方便，然后调用启动文件来加载模型。文件 exmpl_models/launch/add_rect_prism.launch 给出了一个示例。该文件内容为：

```
<launch>
<node name="spawn_sdf" pkg="gazebo_ros" type="spawn_model" args= ↵
    "-file $(find exmpl_models)/rect_prism/model-1_4.sdf -sdf -model↵
    rect_prism -x 0 -y 0 -z 5" />
</launch>
```

虽然有所变化，但语法类似于命令行。在一个启动文件中，用户可以使用 $（find package_name）而不是 $（rospack find package_name）来查找 ROS 包。该启动文件可以从任何目录中调用：

```
roslaunch exmpl_models add_rect_prism.launch
```

该命令查找包 exmpl_models，在子目录中隐式寻找，并调用启动文件 add_rect_prism.launch。此启动文件将矩形棱柱模型加载到初始坐标（x，y，z）=（0，0，5）的 Gazebo 中。随着失去重力，该模型保持静态，漂浮在地平面上。

利用类似启动文件可以添加第 2 个简单的模型（圆柱体）：

```
roslaunch exmpl_models add_cylinder.launch
```

这就产生了图 3.9 中的 Gazebo 显示。注意，Models 菜单现在包括 rect_prism 和 cylinder。

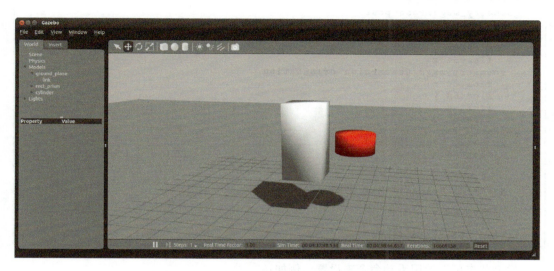

图 3.9　加载矩形棱柱和圆柱体后的 Gazebo 显示

在这一点上，我们已经确认我们的模型在语法上正确，呈现了预期的视觉显示，并包含了与 Gazebo 仿真兼容的最低要求。更有趣的是，通过给这些模型一个可导致碰撞的初始速度，我们就可观察到动力学仿真，并由此观察到物理引擎的行为。为了用非零的速度和角速度初始化我们的模型，我们可以使用 Gazebo 服务。运行：

```
rosservice list
```

显示 30 个运行的服务，其中之一是 /gazebo/set_model_state。检查此服务：

```
rosservice info gazebo/set_model_state
```

显示服务消息需要一个 gazebo_msgs/SetModel State 类型的参数 model_state。查看 gazebo_msgs/srv 目录，用户会发现服务消息描述 SetModelState.srv，其中的内容是：

```
gazebo_msgs/ModelState model_state
---
bool success                    # return true if setting state successful
string status_message           # comments if available
```

它确认此服务消息的 request 字段包含一个 gazebo_msgs/ModelState 类型的名为 model_state 的字段。

利用下面命令可以检查消息类型 gazebo_msgs/ModelState：

```
rosmsg show gazebo_msgs/ModelState
```

它显示此消息类型的详细信息为：

```
string model_name
geometry_msgs/Pose pose
  geometry_msgs/Point position
    float64 x
    float64 y
    float64 z
  geometry_msgs/Quaternion orientation
    float64 x
    float64 y
    float64 z
    float64 w
geometry_msgs/Twist twist
  geometry_msgs/Vector3 linear
    float64 x
    float64 y
    float64 z
  geometry_msgs/Vector3 angular
    float64 x
    float64 y
    float64 z
string reference_frame
```

模型状态可以使用手动命令来设置。例如：

```
rosservice call /gazebo/set_model_state '{model_state: {model_name: ←
    rect_prism, twist: {angular:{z: 1.0}}}}'
```

该命令为我们的矩形棱柱指定模型名称，并将角速度的 z 分量指定为 1.0rad/s。位置、方向、线性速度和角速度的所有分量则隐式设置为 0。指定消息类型分量的语法是 YAML。（有关在 ROS 命令行中使用 YAML 的详细信息，参见 http://wiki.ros.org/ROS/YAMLCommandLine。）

由于 YAML 语法可能变得单调乏味（而且直接键入时容易发生错误），因此以编程方式设置模型状态会更加方便。如何执行此操作的示例包含在源代码（节点）example_gazebo_set_prism_state 的包 example_gazebo_set_state 中。

该节点的关键行包括：

```
ros::ServiceClient set_model_state_client =
    nh.serviceClient<gazebo_msgs::SetModelState> ←
    ("/gazebo/set_model_state");
```

利用下面命令行实例化兼容的服务消息：

```
gazebo_msgs::SetModelState model_state_srv_msg;
```

该消息的分量填充为：

```
model_state_srv_msg.request.model_state.model_name = "rect_prism";
```

它指定了将要为其设置状态的模型，并且以下命令：

```
model_state_srv_msg.request.model_state.twist.angular.z= 1.0;
```

指定了角速度的 z 分量为 1.0rad/s。同样地，可以指定位置、方向、平移速度和角速度的所有分量。在填充服务消息后，将其发送到 Gazebo 服务以设置指定的模型状态：

```
set_model_state_client.call(model_state_srv_msg);
```

可以通过输入以下命令来运行该程序：

```
rosrun example_gazebo_set_state example_gazebo_set_prism_state
```

这使得棱柱围绕 z 轴旋转，同时在 x 方向上缓慢平移。在单个服务调用后，该程序结束。这些物体随后根据它们的转动向量在时间上进行演化。

通过使用启动文件中的初始条件来加载棱柱和圆柱体，然后调用 example_gazebo_set_prism_state，棱柱将开始旋转和平移，最终与圆柱体碰撞。碰撞导致了 2 个物体的动量（包括角动量）变化。模型的状态可以用下面命令来观察：

```
rostopic echo gazebo/model_states
```

在模型碰撞之前，它表明圆柱体具有零转动，但是棱柱围绕 z 轴有一个 1 rad/s 的角速度，以及在 x 方向上有一个 0.02m/s 的平移速度。在模型碰撞后，它们都改变了平移和旋转速度。但是，可以证明系统总的线速度动量和角动量是守恒的。（碰撞前的动量等于碰撞后的动量。）这表明物理引擎的表现和预期一样。虽然物体在碰撞后可能会以复杂的方式平移和翻滚，但是系统动量是守恒的。

虽然机器人模型及其激励较为复杂，但是可以采用相似方式插入模型或进行动力学建模。若要在单独的终端中导入我们最小的机器人模型，导航到 minimal_robot_description 包并输入：

```
rosrun gazebo_ros spawn_model -urdf -file minimal_robot_description.
    urdf -model one_DOF
```

它使用 3 个参数（输入文件为 URDF 格式的声明、要加载的 URDF 文件名的描述以及分配给 Gazebo 中加载文件的模型名称），从 gazebo_ros 包调用 spawn_model 节点。该节点将运行至完成，从而将命名的 URDF 文件插入到仿真器中。结果如图 3.10 所示。该图证明我们有一个直立的矩形棱柱 link1 和圆柱体 link2，也阐明了 link1 和 link2 的坐标系，其中红色轴为 x 轴，绿色轴为 y 轴。link2 y 轴的绿色圆圈表示此向量也是一个关节轴（joint1 轴）。该显示是通过启用 view → Joints，在 Gazebo 显示的顶部菜单栏中获得的。Gazebo 菜单提供了各种额外的选项，可以便于可视化仿真，包括质心和接触力。

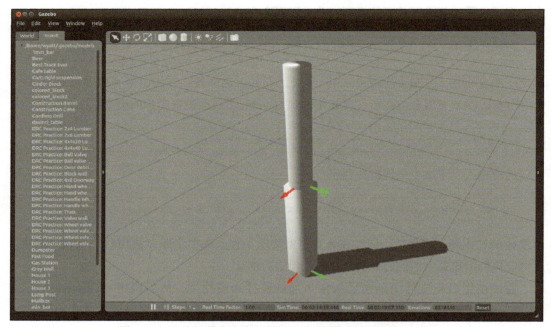

图 3.10　双连杆单自由度机器人 URDF 模型的 Gazebo 显示

命令 rosrun gazebo_ros spawn_model……也可以从 launch 文件中运行。为了未来与 ROS 节点和传感器显示的交互，首先将机器人模型加载到参数服务器上，然后将模型从参数服务器产生到 Gazebo。这将确保 ROS 节点和 Gazebo 引用了相同的机器人模型细节。它是通过包 minimal_robot_description 的示例启动文件 minimal_robot_description.launch 来完成，可用以下命令运行这些包：

```
roslaunch minimal_robot_description minimal_robot_description.launch
```

（如果机器人已经在 Gazebo 产生，这将出现一个错误，不能产生 2 个相同的模型。）该启动文件的内容如下：

```
<launch>
  <param name="robot_description"
    textfile="$(find minimal_robot_description)/minimal_robot_description.↵
    urdf"/>

  <!-- Spawn a robot into Gazebo -->
  <node name="spawn_urdf" pkg="gazebo_ros" type="spawn_model"
    args="-param robot_description -urdf -model one_DOF_robot" />
</launch>
```

此启动文件中的第一个子字段将机器人模型的副本放置在参数服务器上，第二个字段在

Gazebo 中产生来自参数服务器的模型。在运行此启动文件后，可以验证机器人模型是否在参数服务器上。运行 rosparam list，在参数服务器上显示了一个名为 robot_description 的项。运行 rosparam get /robot_description 显示此项的内容，其中包含来自 minimal_robot_description.urdf 的整个 URFD 规范。未来，也可以方便地将关节控制器的启动包含在相同的 launch 文件中，这可能也包括在参数服务器上放置的关节控制参数的描述。

模型也可以通过 Gazebo GUI 中的 Insert 选项卡交互地插入到 Gazebo 中，这可以方便在虚拟世界中构建对机器人实验的变化。多种模型可供在线导入。此外，Gazebo 将在名为 .gazebo 的（隐藏）用户目录中查找可用模型，.gazebo 目录通常放在用户的主目录中。机器人也可以以这种方式产生到 Gazebo，即便通过参数服务器更好地进行 ROS 集成更有用。

在 Gazebo 运行时，输入：

```
rostopic list
```

显示的活动主题包括：

```
/clock
/gazebo/link_states
/gazebo/model_states
/gazebo/parameter_descriptions
/gazebo/parameter_updates
/gazebo/set_link_state
/gazebo/set_model_state
```

输入：

```
rosservice list
```

显示下面的 Gazebo 服务是有效的：

```
/gazebo/apply_body_wrench
/gazebo/apply_joint_effort
/gazebo/clear_body_wrenches
/gazebo/clear_joint_forces
/gazebo/delete_model
/gazebo/get_joint_properties
/gazebo/get_link_properties
/gazebo/get_link_state
/gazebo/get_loggers
/gazebo/get_model_properties
/gazebo/get_model_state
/gazebo/get_physics_properties
/gazebo/get_world_properties
/gazebo/pause_physics
/gazebo/reset_simulation
/gazebo/reset_world
/gazebo/set_joint_properties
/gazebo/set_link_properties
/gazebo/set_link_state
/gazebo/set_logger_level
/gazebo/set_model_configuration
/gazebo/set_model_state
/gazebo/set_parameters
```

```
/gazebo/set_physics_properties
/gazebo/spawn_gazebo_model
/gazebo/spawn_sdf_model
/gazebo/spawn_urdf_model
/gazebo/unpause_physics
```

运行：

```
rostopic echo gazebo/link_states
```

显示了系统中每个连杆6维位姿和6维速度的更新。随着Gazebo中生成的最小机器人，echo显示的初始部分如下：

```
name: ['ground_plane::link', 'one_DOF::link1', 'one_DOF::link2']
pose:
  -
    position:
      x: 0.0
      y: 0.0
      z: 0.0
    orientation:
      x: 0.0
      y: 0.0
      z: 0.0
      w: 1.0
```

输出声明，系统中有3个连杆（包括地平面）。它给出了每个连杆的位置和方向、线性和角速度向量。对于目前的仿真，这些值很单调。所有的速度都是0，所有的连杆都与世界坐标系一致（除了link2被提升了1m）。

该场景中的初始位姿是主位姿，相对于link2直线向上。在图3.10中，link2在一个不稳定的平衡点上岌岌可危地保持平衡。末端关节控制器保持直立，它可能意外翻倒，向joint1轴倾斜。

为了使我们的机器人更加有趣，需要一个关节控制器。该关节控制器可以与Gazebo结合，来获得关节角、产生关节力矩、仿真一个伺服执行器。

3.5 最小关节控制器

Gazebo和ROS之间的一个重要连接是如何使用关节执行器命令和关节位移传感器来施加控制。为了说明这种相互作用，提出了最小关节控制器ROS节点。这里描述了源代码minimal_joint_controller.cpp（在minimal_joint_controller包中），其与Gazebo交互并创建了一个ROS界面（类似于构建与真实机器人交互所需的桥梁）。

请注意，此处描述的示例控制器通常不会被使用。对于一个物理机器人，比例微分（Proportional-plus-Derivative，PD）控制器将包含于专用的控制硬件。同样地，对于Gazebo，有预定义的Gazebo插件执行与当前关节控制器示例中等效的功能。(有关如何编写Gazebo插件的教程，请参见http://gazebosim.org/tutorials?tut = ros_plugins。) 因此，用户将不需要使用 minimal_joint_controller 包；这仅仅是为了使用所介绍的概念说明，Gazebo 控制器插件所执行的是等效的。使用当前控制器代码相对于 Gazebo 插件的缺点是，示例代码会引发序列化、反序列化以及消息传递中相应延迟的额外计算和带宽负载，这可能对于实现高性能控制是比较关键的。

代码清单 3.8（前导和帮助函数）和代码清单 3.9（主程序）给出了 minimal_joint_controller.cpp 的内容。

代码清单 3.8　minimal_joint_controller.cpp：通过 Gazebo 服务实现的最小关节控制器（前导和帮助函数）

```cpp
1  #include <ros/ros.h> //ALWAYS need to include this
2  #include <gazebo_msgs/GetModelState.h>
3  #include <gazebo_msgs/ApplyJointEffort.h>
4  #include <gazebo_msgs/GetJointProperties.h>
5  #include <sensor_msgs/JointState.h>
6  #include <string.h>
7  #include <stdio.h>
8  #include <std_msgs/Float64.h>
9  #include <math.h>
10
11 //some "magic number" global params:
12 const double Kp = 10.0; //controller gains
13 const double Kv = 3;
14 const double dt = 0.01;
15
16 //a simple saturation function; provide saturation threshold, sat_val, and arg to be ←
       saturated, val
17
18 double sat(double val, double sat_val) {
19     if (val > sat_val)
20         return (sat_val);
21     if (val< -sat_val)
22         return (-sat_val);
23     return val;
24
25 }
26
27 double min_periodicity(double theta_val) {
28     double periodic_val = theta_val;
29     while (periodic_val > M_PI) {
30         periodic_val -= 2 * M_PI;
31     }
32     while (periodic_val< -M_PI) {
33         periodic_val += 2 * M_PI;
34     }
35     return periodic_val;
36 }
37
38 double g_pos_cmd = 0.0; //position command input-- global var
39
40 void posCmdCB(const std_msgs::Float64& pos_cmd_msg) {
41     ROS_INFO("received value of pos_cmd is: %f", pos_cmd_msg.data);
42     g_pos_cmd = pos_cmd_msg.data;
43 }
44
45 bool test_services() {
46     bool service_ready = false;
47     if (!ros::service::exists("/gazebo/apply_joint_effort", true)) {
48         ROS_WARN("waiting for apply_joint_effort service");
49         return false;
50     }
51     if (!ros::service::exists("/gazebo/get_joint_properties", true)) {
52         ROS_WARN("waiting for /gazebo/get_joint_properties service");
53         return false;
54     }
55     ROS_INFO("services are ready");
56     return true;
```

代码清单 3.9 minimal_joint_controller.cpp：通过 Gazebo 服务实现的最小关节控制器（主程序）

```cpp
int main(int argc, char **argv) {
    //initializations:
    ros::init(argc, argv, "minimal_joint_controller");
    ros::NodeHandle nh;
    ros::Duration half_sec(0.5);

    // make sure services are available before attempting to proceed, else node will
    //    crash
    while (!test_services()) {
        ros::spinOnce();
        half_sec.sleep();
    }

    ros::ServiceClient set_trq_client =
            nh.serviceClient<gazebo_msgs::ApplyJointEffort>("/gazebo/
                apply_joint_effort");
    ros::ServiceClient get_jnt_state_client =
            nh.serviceClient<gazebo_msgs::GetJointProperties>("/gazebo/
                get_joint_properties");

    gazebo_msgs::ApplyJointEffort effort_cmd_srv_msg;
    gazebo_msgs::GetJointProperties get_joint_state_srv_msg;

    ros::Publisher trq_publisher = nh.advertise<std_msgs::Float64>("jnt_trq", 1);
    ros::Publisher vel_publisher = nh.advertise<std_msgs::Float64>("jnt_vel", 1);
    ros::Publisher pos_publisher = nh.advertise<std_msgs::Float64>("jnt_pos", 1);
    ros::Publisher joint_state_publisher = nh.advertise<sensor_msgs::JointState>("
        joint_states", 1);
    ros::Subscriber pos_cmd_subscriber = nh.subscribe("pos_cmd", 1, posCmdCB);

    std_msgs::Float64 trq_msg, q1_msg, q1dot_msg;
    double q1, q1dot, q1_err, trq_cmd;
    sensor_msgs::JointState joint_state_msg;
    ros::Duration duration(dt);
    ros::Rate rate_timer(1 / dt);

    effort_cmd_srv_msg.request.joint_name = "joint1";
    effort_cmd_srv_msg.request.effort = 0.0;
    effort_cmd_srv_msg.request.duration = duration;
    get_joint_state_srv_msg.request.joint_name = "joint1";

    // set up the joint_state_msg fields to define a single joint,
    // called joint1, and initial position and vel values of 0
    joint_state_msg.header.stamp = ros::Time::now();
    joint_state_msg.name.push_back("joint1");
    joint_state_msg.position.push_back(0.0);
    joint_state_msg.velocity.push_back(0.0);

    //here is the main controller loop:
    while (ros::ok()) {
        get_jnt_state_client.call(get_joint_state_srv_msg);
        q1 = get_joint_state_srv_msg.response.position[0];
        q1_msg.data = q1;
        pos_publisher.publish(q1_msg); //republish his val on topic jnt_pos

        q1dot = get_joint_state_srv_msg.response.rate[0];
        q1dot_msg.data = q1dot;
        vel_publisher.publish(q1dot_msg);

        joint_state_msg.header.stamp = ros::Time::now();
        joint_state_msg.position[0] = q1;
        joint_state_msg.velocity[0] = q1dot;
        joint_state_publisher.publish(joint_state_msg);

        q1_err = min_periodicity(g_pos_cmd - q1); //jnt angle err; watch for
                periodicity

        trq_cmd = Kp * (q1_err) - Kv*q1dot;
        trq_msg.data = trq_cmd;
        trq_publisher.publish(trq_msg);

        effort_cmd_srv_msg.request.effort = trq_cmd; // send torque command to Gazebo
        set_trq_client.call(effort_cmd_srv_msg);
```

```
127                //make sure service call was successful
128                bool result = effort_cmd_srv_msg.response.success;
129                if (!result)
130                    ROS_WARN("service call to apply_joint_effort failed!");
131                ros::spinOnce();
132                rate_timer.sleep();
133            }
134        }
```

minimal_joint_controller.cpp 中的示例控制器通过服务 /gazebo/get_joint_properties 和 /gazebo/apply_joint_effort 的服务客户端与 Gazebo 交互。在 36～41 行中，帮助函数 test_services()（45～57 行）用于确保 Gazebo 服务可用，然后将相应的服务客户端实例化（71～74 行）。兼容的服务消息在 76～77 行中实例化。我们可以手动检查各个 Gazebo 服务的操作。

若要检查 Gazebo 的服务，确保最小机器人运行，首先启动 Gazebo：

```
roslaunch gazebo_ros empty_world.launch
```

并加载机器人模型：

```
roslaunch minimal_robot_description minimal_robot_description.launch
```

Gazebo 服务 /gazebo/get_joint_properties 可以通过输入以下命令进行手动检查：

```
rosservice call /gazebo/get_joint_properties "joint1"
```

这将导致以下示例输出：

```
type: 0
damping: []
position: [0.0]
rate: [0.0]
success: True
status_message: GetJointProperties: got properties
```

从这项服务中，我们可以获得 joint1 的状态，包括关节位置和关节（角）速度。关节状态在控制循环中反复调用该项服务的服务客户端 get_jnt_state_client，以便从动力学仿真器获得关节位置和速度。

/gazebo/apply_joint_effort 的服务客户端 set_trq_client，在相应的服务消息中为 joint_name 设置字段 joint1 以及期望的关节力矩 effort，使得控制器节点能够在仿真机器人的 joint1 上施加关节力矩。

主题 pos_cmd 的订阅服务器也进行了设置（83 行），针对期望的 joint1 位置值准备通过回调函数 posCmdCB（40～43 行）接收用户输入。

控制器节点的主循环步骤如下：

- 从 Gazebo 获得当前的关节位置和速度，并且在主题 joint_states（104～117 行）发布它们。

- 对比（虚拟）关节传感器值与命令的关节角（从 pos_cmd 回调），周期性发布（119 行）。
- 计算 PD 力矩响应（121 行）。
- 通过 apply_joint_effort 服务（125 行和 126 行）向 Gazebo 发送此力。

最小控制器节点可以由以下命令启动：

```
rosrun minimal_joint_controller minimal_joint_controller
```

最初，由于启动期望角为 0 且机器人已经处于 0 角，因此对 Gazebo 没有明显的影响。然而，我们可以利用下面的命令从命令行（稍后在程序控制下）手动控制新的期望角：

```
rostopic pub pos_cmd std_msgs/Float64 1.0
```

它控制新的关节角为 1.0rad。然后，机器人移动到图 3.11 所示的位置。用户可以通过使用 rqt_plot 绘制关节力矩、速度和位置的发布值来记录输入命令的动态响应。输入命令：

```
rqt_plot
```

然后添加 /jnt_pos/data、/jnt_trq/data 和 /jnt_vel/data 这些主题。图 3.12 的绘制曲线展示了瞬态响应，始于位置命令 1.0，然后响应新的命令 2.0。正如图中所示，初始关节角大于控制的 1.0。这是由于低反馈比例增益和重力的影响，导致相对于期望角的下垂。在近似 $t = 52.8$ 处，输入的位置命令变为 2.0rad，在连杆加速冲向新目标的过程中，产生一个瞬态的关节扭矩。在目标 2.0 处产生过冲，又因为重力负载而下降。当连杆降落时，需要约 −3.5Nm 的持续力矩来维持连杆对抗重力。

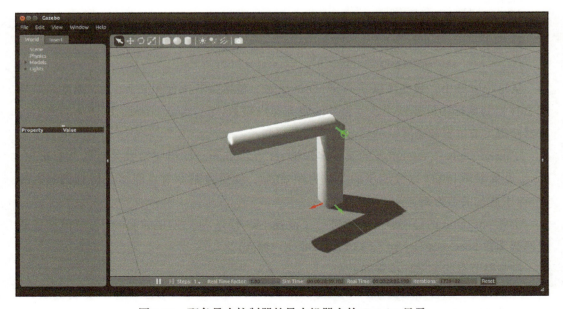

图 3.11　配备最小控制器的最小机器人的 Gazebo 显示

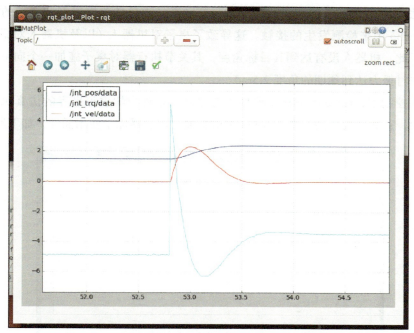

图 3.12 配备最小控制器的最小机器人的瞬态响应

为了说明接触动力学的影响,在 Gazebo 中添加了一个附加模型,如图 3.13 所示。这里,使用 Gazebo 的 Insert 菜单添加了一个咖啡桌(来自一系列预定义的模型)。Gazebo 为用户提供将桌子移动到期望位置的能力,我们把它放在机器人所能触及的范围。

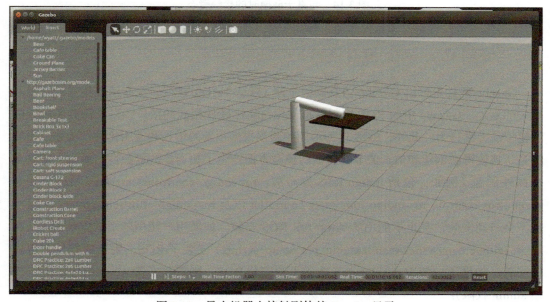

图 3.13 最小机器人接触刚体的 Gazebo 显示

接下来,机器人被命令移到位置 0(直上),然后被命令移到位置 2.5,由于路径上的桌子而无法完成。图 3.14 给出了此命令的瞬态动态。连杆的碰撞模型和桌子的碰撞模型都是由 Gazebo 用来检测发生的接触。这导致了桌子对机器人（以及机器人对桌子）的反作用力。因此，机器人没有达到其目标角度，其关节执行器对桌子施加一个向下的力来保持平衡，同时努力达到预期的角度 2.5rad。

在程序控制下，Gazebo 中移动模型的能力可以在动力学虚拟世界的仿真执行方面得到有效应用。正如所指出的，在 Gazebo 中仿真关节控制器优于使用插件，如下所述。

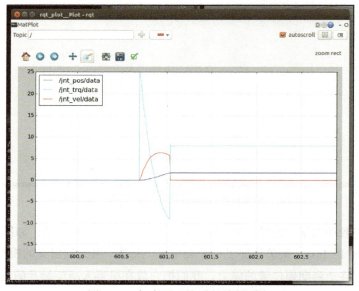

图 3.14　与桌子碰撞时的接触瞬态

3.6　使用 Gazebo 插件进行关节伺服控制

Gazebo 插件可以以 Gazebo 仿真器的全速（默认 1kHz）运行，没有消息传递的开销和相关的延迟。Gazebo 中的 ROS 控制器拟使用与实际硬件相同的接口，以及仿真实际硬件的模拟动力学行为。此外，ROS 包和示例控制器根据预期的增长和通用化进行构建。不幸的是，这使得在创建和仿真关节控制器的模型方面产生了相当多的复杂性。而且，需要多个额外的包（例如，包括 Indigo ROS 发布版：ros-indigo-controller-interface、ros-indigo-gazebo-ros-control、ros-indigo-joint-state-controller 以及 ros-indigo-effort-controllers）。这些包不会自动安装，甚至不能用 desktop-full ROS 安装。如果用户使用随书的安装脚本（在 https://github.com/wsnewman/learning_ros_setup_scripts）安装了 ROS，则这些控件包也将已安装。如果用户使用 desktop-full 选项手动安装 ROS，则需要安装 ros-controller 包（使用 admin 权限）：

```
sudo apt-get install ros-indigo-controller-interface ros-indigo-gazebo-
    ros-control ros-indigo-joint-state-controller ros-indigo-effort-controllers
```

关于 ROS 控制，一个很好的遵循示例为 rrbot 教程，可以在 http://gazebosim.org/tutorials/?tut=ros_control 上查找。

将 ROS 关节控制器作为 Gazebo 插件的过程需要以下步骤：
- 编辑 joint 字段以在 URDF 文件里指定力矩和关节限制。
- 向 URDF 添加一个 transmission 字段，每个要控制的关节一个。
- 在 URDF 中添加一个 gazebo 块，以引入 libgazebo_ros_control.so 控制器插件库。
- 创建一个声明控制器增益的控制器参数 YAML 文件。
- 修改启动文件以将控制参数放在参数服务器上，并启动控制器。

这里阐述的步骤重新审视了最小机器人描述。在包 minimal_robot_description 中，修改的 URDF 文件 minimal_robot_description_w_jnt_ctl.urdf 包含了 ROS 关节控制额外的需求。该模型文件与先前的最小机器人 URDF（代码清单 3.7）基本上是一样的，因此这里就不再完全重复了。minimal_robot_description_w_jnt_ctl.urdf 内的重要补充存在于 3 块内。

首先，先前的 joint1 块修改如下：

```
<joint name="joint1" type="revolute">
  <parent link="link1"/>
  <child link="link2"/>
  <origin xyz="0 0 1" rpy="0 0 0"/>
  <axis xyz="0 1 0"/>
  <limit effort="10.0" lower="0.0" upper="2.0" velocity="0.5"/>
  <dynamics damping="1.0"/>
</joint>
```

此块展示了一种新型的关节和附加参数。revolute 关节型比 continuous 型更适合机械臂，因为机器人关节通常具有有限的运动范围（相对于轮关节）。另一种常见的关节类型是 prismatic，用于关节延伸和缩回。（有关关节类型和描述的更多详细信息，参见 http://wiki.ros.org/urdf/XML/joint。）关节极限值以 limit 标签表示，包括运动限制的上下关节范围（本例限制在范围 0 至 2.0）。此外，用户可以表示执行器的动力学限制，包括速度限制（这里设置为 0.5rad/s）和力矩限制（设置为 10.0Nm）。"力"可用来代替"力矩"，因为力可以是一个力或力矩，取决于关节是棱柱还是旋转体。关节也可能具有固有的阻尼（线性摩擦）。这是以表达式 <dynamics damping="1.0"/> 包含在我们的示例中，施加的关节摩擦力为 1.0（Nm）/（rad/s）。

URDF 文件的第 2 个添加是 transmission 块（参见 http://wiki.ros.org/urdf/XML/Transmission）。在本例中，它声明了与 joint1 关联的传动：

```
<transmission name="tran1">
  <type>transmission_interface/SimpleTransmission</type>
  <joint name="joint1">
    <hardwareInterface>EffortJointInterface</hardwareInterface>
  </joint>
  <actuator name="motor1">
    <hardwareInterface>EffortJointInterface</hardwareInterface>
    <mechanicalReduction>1</mechanicalReduction>
  </actuator>
</transmission>
```

上述块是必需的,并且关节名字必须与 URDF 文件中相应的关节名字相关联——此种情况下为"joint"。(对于要控制多个关节,必须为每个受控的关节插入相应的传动块。)虽然可预期未来的选项,命令行

```
<type>transmission_interface/SimpleTransmission</type>
```

和

```
<hardwareInterface>EffortJointInterface</hardwareInterface>
```

在编写本书时是这些所需元素的唯一可用选项。

在示例 transmission 块中,传动率设为单位 1。对于实际的机器人动力学,100 至 1000 的传动率是常见的,电机的反射惯性会对连杆惯性产生重要影响。当前,在 Gazebo 模型中考虑这个因素,将会要求建模者加入相应连杆惯性的一个估计的电机反射惯性作为附加项。相应地,定义了速度饱和度、力矩饱和度和控制增益的执行器参数必须表示一致。如果使用默认的统一传动率,则增益必须以关节控制(传动输出)值表示,就好像电机是一个低速、大力矩、直接传动执行器。

在 URDF 文件中必须插入第 2 块,以便使用 Gazebo 插件控制器,如下:

```
<gazebo>
   <plugin name="gazebo_ros_control" filename="libgazebo_ros_control.so">
     <robotNamespace>/one_DOF_robot</robotNamespace>
   </plugin>
</gazebo>
```

该块是发给 Gazebo 仿真器的一个命令。它引入了插件库 libgazebo_ros_control.so。命令行:

```
<robotNamespace>/one_DOF_robot</robotNamespace>
```

为控制器设置了 namespace。因为仿真器可能有多个机器人,将它们的接口分离到单独的命名空间很有用。选择的名称 one_DOF_robot 必须与其他 2 个文件(控制参数 YAML 文件和下述的 launch 文件)中的命名一致。

结合 Gazebo 插件控制器,必须用 YAML 语法创建控制器参数文件。此类文件通常放在配置文件的子目录中。在包 minimal_robot_description 中,创建了一个子目录 control_config,其中包含文件 one_dof_ctl_params.yaml。此文件的内容见代码清单 3.10。

代码清单 3.10　one_dof_ctl_params.yaml:控制增益文件

```
%\begin{lstlisting}[numbers=none]
one_DOF_robot:
  # Publish all joint states -----------------------------------
  joint_state_controller:
    type: joint_state_controller/JointStateController
    publish_rate: 50

  # Position Controllers ---------------------------------------
```

```
joint1_position_controller:
  type: effort_controllers/JointPositionController
  joint: joint1
  pid: {p: 10.0, i: 10.0, d: 10.0, i_clamp_min: -10.0, i_clamp_max: 10.0}
```

控制参数文件以机器人名称开始,在本例中为 one_DOF_robot:。该名称必须与 URDF 文件中 gazebo 标签的命名空间名称一致。

控制参数文件将控制器名称与每个受控关节关联起来。在本例中,一个名为 joint1_position_controller 的控制器与 joint1 关联。对于其他受控关节,应该复制此块,在相应的 URDF 文件中为唯一控制器名称分配相关联的受控关节名称。

本例所指定的控制器类型为 PID 关节位置控制器,它是一种具有比例、微分和积分误差增益的伺服控制器。增益值由以下命令行指定:

```
pid: {p: 10.0, i: 10.0, d: 10.0, i_clamp_min: -10.0, i_clamp_max: 10.0}
```

它分配数值到比例增益(10.0(Nm)/rad)、微分增益(10.0(Nm)/(rad/s))和积分误差增益(10.0(Nm)/rads)。这些建议值并没有进行认真调参,但通常它们也是有效的。

为关节控制器寻找好的增益可能富有挑战性。这可以结合图形化帮助交互实现,并使用以下命令:

```
rosrun rqt_reconfigure rqt_reconfigure
```

关于使用此图形工具进行关节控制参数调整的描述参见 http://wiki.ros.org/rqt_reconfigure。

调整积分误差增益尤为具有挑战性,这个控制增益可能很容易导致不稳定。使用 0 增益是一个好的开始。如果该增益是非零,则应对积分误差计算施加抗积分饱和限制。它们是由 i_clamp_min 和 i_clamp_max 值指定。如果未使用积分误差反馈(即通过设置 i: 项为 0),则不必指定这些值。

为了将控制参数文件与相应的实时控制代码相关联,首先将 YAML 文件加载到参数服务器上。这在启动文件中是很容易完成的。

为我们的示例执行必要启动功能的启动文件是 minimal_robot_w_jnt_ctl.launch,在 minimal_robot_description 包中。代码清单 3.11 给出了此启动文件的内容。

代码清单 3.11 minimal_robot_w_jnt_ctl.launch:使用 ROS 控制插件的最小机器人的启动文件

```
1  <launch>
2    <!-- Load joint controller configurations from YAML file to parameter server -->
3    <rosparam file="$(find minimal_robot_description)/control_config/one_dof_ctl_params.
         yaml" command="load"/>
4    <param name="robot_description"
5      textfile="$(find minimal_robot_description)/minimal_robot_description_w_jnt_ctl.
         urdf"/>
6
7    <!-- Spawn a robot into Gazebo -->
8    <node name="spawn_urdf" pkg="gazebo_ros" type="spawn_model"
9      args="-param robot_description -urdf -model one_DOF_robot" />
10
```

```
11      <!--start up the controller plug-ins via the controller manager -->
12      <node name="controller_spawner" pkg="controller_manager" type="spawner" respawn="←
            false"
13        output="screen" ns="/one_DOF_robot" args="joint_state_controller ←
            joint1_position_controller"/>
14
15    </launch>
```

代码清单 3.11 第 3 行在参数服务器上加载了控制参数文件，在启动关节控制器时将访问该控件。4～5 行在参数服务器上加载了（修改的）机器人模型 URDF 文件。8～9 行将机器人模型加载到 Gazebo 仿真器。该任务先前是使用单独的终端命令完成的，但现在通过将其包含在启动文件中来自动执行此操作。此外，通过访问参数服务器而非文件，本实例中的机器人模型产生到 Gazebo 中。12～13 行使用产生节点从 controller_manager 包中引入 PID 控制器并启动它们。在此命令中，参数 joint1_position_controller 涉及控制参数 YAML 文件中指定的控制器名称。如果要使用更多的关节控制器，则应将每个控制器的名称包括在此命令的参数表中。

注意，控制器启动命令指定 ns = "/one_DOF_robot"。此命名空间的赋值必须与控制参数 YAML 文件中指定的名称以及 URDF 文件 gazebo 标签中指定的命名空间相同。

控制器启动命令中使用的 roslaunch 选项为 output = "screen"。利用此指定的选项，正在启动节点的打印输出将出现在调用 roslaunch 的终端中。即使在同一启动文件中启动多个节点，也会是这种情况。（以前，在启动 minimal_nodes 时我们使用 rqt_console 查看此类消息，因为从单个终端启动多个节点会抑制其在终端中的 ROS_INFO 显示。）

随着上述变化，我们的控制机器人可以启动如下。首先，利用下面的命令从终端调出空白世界的 Gazebo：

```
roslaunch gazebo_ros empty_world.launch
```

在第 2 个终端，启动我们的机器人模型，结合控制器完成：

```
roslaunch minimal_robot_description minimal_robot_w_jnt_ctl.launch
```

此启动的终端输出结束于：

```
Loading controller: joint_state_controller
Loading controller: joint1_position_controller
Controller Spawner: Loaded controllers: joint_state_controller,
    joint1_position_controller
Started controllers: joint_state_controller, joint1_position_controller
```

另外，启动 Gazebo 的终端上显示：

```
Loading gazebo_ros_control plugin
Starting gazebo_ros_control plugin in namespace: /one_DOF_robot
gazebo_ros_control plugin is waiting for model URDF in
    parameter [/robot_description] on the ROS param server.
Loaded gazebo_ros_control.
```

我们的单自由度机器人出现在 Gazebo 图形显示中，与 3.4 节呈现的最初情形相同。不过，我们现在有其他的主题。运行：

```
rostopic list
```

显示以下其他的主题：

```
/one_DOF_robot/joint1_position_controller/command
/one_DOF_robot/joint1_position_controller/pid/parameter_descriptions
/one_DOF_robot/joint1_position_controller/pid/parameter_updates
/one_DOF_robot/joint1_position_controller/state
/one_DOF_robot/joint_states
```

这些主题都显示在命名空间 one_DOF_robot 下。通过 Gazebo 发布主题 /one_DOF_robot/joint1_position_controller/command，消息类型为 std_msgs/Float64。该主题经由关节位置控制器用作期望的设定值，相当于先前的示例最小控制器中的 pos_command。我们可以使用该主题来手动控制机器人，例如，通过输入命令：

```
rostopic pub -r 10 /one_DOF_robot/joint1_position_controller/command ←
    std_msgs/Float64 1.0
```

它控制关节到一个 1.0rad 的期望角。图 3.15 给出了产生的响应。响应慢且有超调，需要调整控制参数。然而，随着积分误差项的作用，连杆最终在 1.0rad 命令设定点上几乎完全收敛。

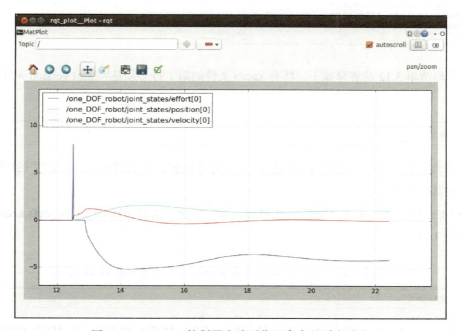

图 3.15　ROS PD 控制器中阶跃位置命令的瞬态响应

根据上述介绍材料，接下来我们在移动机器人环境下考虑一个稍微更复杂的模型。

3.7 构建移动机器人模型

为了扩展 3.3 节介绍的 URDF 模型，本节提出了一个简单的移动机器人模型，介绍了一些额外的建模和 Gazebo 功能。在 http://wiki.ros.org/urdf/Tutorials/Building%20a%20Visual%-20Robot%20Model%20with%20URDF%20from%20Scratch 可以找到构建移动机器人的在线教程。(有关使用 SDF 的移动机器人建模教程，参见 http://gazebosim.org/tutorials?tut=build_robot，这是一种类似但更丰富的建模格式，且越来越受用户欢迎)。

这里介绍的 URDF 建模扩展包括使用 xacro 帮助简化 URDF 模型和一个包含差分驱动控制器的 Gazebo 插件。

称为 mobot.xacro 的解释性移动机器人模型包含在相应软件库中的包 mobot_urdf。代码清单 3.12 给出了 mobot.xacro 的内容。一个 xacro 文件 (参见 http://wiki.ros.org/xacro) 可以转换为一个 URDF 文件，但使用 xacro 可以帮助简化模型描述。值得注意的是，mobot.xacro 利用 xacro 命令 <xacro:include/> 来导入 5 个其他 xacro 文件。在受限的情况下，这样可以在多个更小的文件中将模型的细节进行分别建模。

代码清单 3.12　mobot.xacro：简单的移动机器人 xacro 模型文件

```xml
<?xml version="1.0"?>
<robot
    xmlns:xacro="http://www.ros.org/wiki/xacro" name="mobot">
    <xacro:include filename="$(find mobot_urdf)/urdf/mobot_xacro_defs.xacro" />
    <xacro:include filename="$(find mobot_urdf)/urdf/mobot_static_links.xacro" />
    <xacro:include filename="$(find mobot_urdf)/urdf/mobot_wheels.xacro" />
    <xacro:include filename="$(find mobot_urdf)/urdf/casters.xacro" />
    <xacro:include filename="$(find mobot_urdf)/urdf/gazebo_tags.xacro" />
</robot>
```

对代码清单 3.12 的解释如下。所有 xacro 文件的第 1 行必须是 <?xml version = "1.0"?>。第 3 行：

```
xmlns:xacro="http://www.ros.org/wiki/xacro" name="mobot">
```

明确该文件将使用 xacro 包来定义和使用宏。后续行包括 5 个其他 xacro 文件 (这些文件可能包括其他文件)。

xacro 一个有用的功能是定义属性和宏。示例包含在文件 mobot_xacro_defs.xacro，如代码清单 3.13 所示。

代码清单 3.13　mobot_xacro_defs.xacro：包含参数值的 xacro 文件

```xml
<?xml version="1.0"?>
<robot
    xmlns:xacro="http://www.ros.org/wiki/xacro" >
    <!-- define the base-link origin to lie at floor level, between the drive wheels
        -->
    <!--main body is a simple box; origin is a center of box-->
    <xacro:property name="bodylen" value="0.5461" />
    <xacro:property name="bodywidth" value="0.4572" />
```

```
 8      <xacro:property name="bodyheight" value="0.2" />
 9      <xacro:property name="bodyclearance" value="0.4" />  <!--clearance from bottom of ↵
            box to ground-->
10      <!-- derived values -->
11      <xacro:property name="half_bodylen" value="${bodylen/2.0}" />
12      <xacro:property name="half_bodyheight" value="${bodyheight/2.0}" />
13      <!-- placement of main body relative to base link frame -->
14      <xacro:property name="bodyOX" value="${-half_bodylen}" />
15      <xacro:property name="bodyOY" value="0" />
16      <xacro:property name="bodyOZ" value="0.45" />
17
18      <!-- define the drive-wheel dimensions -->
19      <xacro:property name="tirediam" value="0.3302" />
20      <xacro:property name="tirerad" value="${tirediam/2.0}" />
21      <xacro:property name="tirewidth" value="0.06985" />
22      <!-- "track" is the distance between the drive wheels -->
23      <xacro:property name="track" value=".56515" />
24
25      <!-- battery box dimensions -->
26      <xacro:property name="batterylen" value="0.381" />
27      <xacro:property name="batterywidth" value="0.3556" />
28      <xacro:property name="batteryheight" value="0.254" />
29      <!-- placement of battery box relative to base frame -->
30      <xacro:property name="batOX" value="-0.05" />
31      <xacro:property name="batOY" value="0" />
32      <xacro:property name="batOZ" value="0.22" />
33
34
35      <xacro:property name="M_PI" value="3.1415926535897931" />
36      <xacro:property name="boschwidth" value="0.0381" />
37      <xacro:property name="casterdrop" value="0.125" />
38      <xacro:property name="bracketwidth" value="0.1175" />
39      <xacro:property name="bracketheight" value="0.16" />
40      <xacro:property name="bracketthick" value="0.0508" />
41      <xacro:property name="bracketangle" value="0.7854" />
42      <xacro:property name="casterwidth" value="0.0826" />
43      <xacro:property name="casterdiam" value="0.2286" />
44
45      <!--here is a default inertia matrix with small, but legal values; use this when ↵
            don't need accuracy for I -->
46      <!--model will assign inertia matrix dominated by main body box -->
47      <xacro:macro name="default_inertial" params="mass">
48          <inertial>
49              <mass value="${mass}" />
50              <inertia ixx="0.01" ixy="0.0" ixz="0.0"
51      iyy="0.01" iyz="0.0"
52      izz="0.01" />
53          </inertial>
54      </xacro:macro>
55  </robot>
```

6～43 行使用 xacro 属性来定义助记符名称以表示数字值。该技术允许用符号参数定义 URDF 元素。xacro 属性的使用有助于让数值在整个文件中保持一致（当在多个实例中使用这些数值时，这一点尤为重要）。它还使文件更易于修改，从而方便模型应用到物理系统中。

除了定义参数外，xacro 还允许定义宏。例如，47～54 行定义了宏 default_inertial：

```
<xacro:macro name="default_inertial" params="mass">
    <inertial>
        <mass value="${mass}" />
        <inertia ixx="0.01" ixy="0.0" ixz="0.0"
iyy="0.01" iyz="0.0"
izz="0.01" />
    </inertial>
</xacro:macro>
```

该宏在模型代码清单中使用了 6 次，例如，casters.xacro 的 19 行：

```
<xacro:default_inertial mass="0.2"/>
```

宏可以在其他宏的定义中使用。事实上，casters.xacro 的 19 行上宏 default_inertial 的使用就是这样一个实例，因为它嵌入在宏 caster 中。

接下来包含的 3 个文件使用框和圆柱形几何对象，从视觉表示和碰撞边界层面来定义这个系统中的 14 个连杆。系统中的每个连杆都定义了惯性分量。连杆和关节定义中的所有字段都与 minimal_robot URDF 中介绍的样式相同，除了使用命名参数代替数值。详细信息分布在多个文件中，其中第 1 个是 mobot_static_links.xacro。代码清单 3.14 展示了该文件。

代码清单 3.14　mobot_static_links.xacro：mobot 模型中静态连杆的描述

```
 1  <?xml version="1.0"?>
 2  <robot
 3      xmlns:xacro="http://www.ros.org/wiki/xacro" name="static_links">
 4      <link name="base_link">
 5          <visual>
 6              <geometry>
 7                  <box size="${bodylen} ${bodywidth} ${bodyheight}"/>
 8              </geometry>
 9              <origin xyz="${bodyOX} ${bodyOY} ${bodyOZ}" rpy="0 0 0"/>
10          </visual>
11          <collision>
12              <geometry>
13                  <box size="${bodylen} ${bodywidth} ${bodyheight}"/>
14              </geometry>
15              <origin xyz="${bodyOX} ${bodyOY} ${bodyOZ}" rpy="0 0 0"/>
16          </collision>
17          <inertial>
18              <!--assign almost all the mass to the main body box; set m= 100kg; treat I←
                    as approx m*r^2 -->
19              <mass value="100" />
20              <inertia ixx="10" ixy="0" ixz="0"
21                iyy="10" iyz="0"
22                izz="10" />
23          </inertial>
24      </link>
25
26      <link name="batterybox">
27          <visual>
28              <geometry>
29                  <box size="${batterylen} ${batterywidth} ${batteryheight}"/>
30              </geometry>
31              <origin xyz="0 0 0" rpy="0 0 0"/>
32          </visual>
33          <collision>
34              <geometry>
35                  <box size="${batterylen} ${batterywidth} ${batteryheight}"/>
36              </geometry>
37              <origin xyz="0 0 0" rpy="0 0 0"/>
38          </collision>
39          <xacro:default_inertial mass="1"/>
40      </link>
41      <joint name="batterytobase" type="fixed">
42          <parent link="base_link"/>
43          <child link="batterybox"/>
44          <origin xyz="${batOX} ${batOY} ${batOZ}" rpy="0 0 0"/>
45      </joint>
46  </robot>
```

mobot_static_links.xacro 文件包含 2 个连杆的视觉、碰撞和惯性属性：base_link 和 batterybox。每个机器人模型有一个根连杆，通常称为 base_link，它是机器人所有其他构架的转换树的根。任意多个附加连杆（包括传感器连杆）可能会加入到 base 连杆中。文件 mobot_ static_links.xacro 还描述了一个 batterybox 连杆,它通过定义的固定关节连接到 base_link。

第 3 个包含的文件是 mobot_wheels.xacro。代码清单 3.15 展示了该文件,描述了移动机器人的驱动轮。该描述包括轮子的视觉、碰撞和惯性属性,以及所命名的驱动轮关节的力和速度限制。

代码清单 3.15　mobot_wheels.xacro:驱动轮的描述

```
1  <?xml version="1.0"?>
2  <robot
3      xmlns:xacro="http://www.ros.org/wiki/xacro" name="wheels">
4
5      <xacro:macro name="wheel" params="prefix reflect">
6          <link name="${prefix}_wheel">
7              <visual>
8                  <geometry>
9                      <cylinder radius="${tirerad}" length="${tirewidth}"/>
10                 </geometry>
11             </visual>
12             <collision>
13                 <geometry>
14                     <cylinder radius="${tirerad}" length="${tirewidth}"/>
15                 </geometry>
16             </collision>
17             <inertial>
18             <!--assign inertial properties to drive wheels -->
19                 <mass value="1" />
20                 <inertia ixx="0.1" ixy="0" ixz="0"
21                     iyy="0.1" iyz="0"
22                     izz="0.1" />
23             </inertial>
24         </link>
25         <joint name="${prefix}_wheel_joint" type="continuous">
26             <axis xyz="0 0 1"/>
27             <parent link="base_link"/>
28             <child link="${prefix}_wheel"/>
29             <origin xyz="0 ${reflect*track/2} ${tirerad}" rpy="0 ${M_PI/2} ${M_PI/2}"↵
                    />
30             <limit effort="100" velocity="15" />
31             <joint_properties damping="0.0" friction="0.0" />
32         </joint>
33     </xacro:macro>
34     <xacro:wheel prefix="left" reflect="1"/>
35     <xacro:wheel prefix="right" reflect="-1"/>
36 </robot>
```

宏 wheel 在代码中使用了 2 次,通过使用前缀参数来定义对称的左右对称轮。这允许使用名称 right_wheel 和 left_wheel 以及关联的关节 right_wheel_joint 和 left_wheel_joint 来定义连杆。这些都在 34 ~ 35 行的模型文件中进行了声明:

```
<xacro:wheel prefix="left" reflect="1"/>
<xacro:wheel prefix="right" reflect="-1"/>
```

通过使用这个宏,可以确保左右轮是相同的,除了它们在模型中的布局。在此宏中所使用参数值的改变仍将产生相同的左右轮。

包括在 mobot.xacro 中的文件 casters.xacro,包含了附连到机器人上的一对被动脚轮的详细建模。每个脚轮有 2 个自由度:脚轮的旋转和脚轮轮子的转动。建模文件指定了脚轮组件的视觉、碰撞和惯性属性,以及(被动)关节属性。代码清单 3.16 展示了该文件。

代码清单 3.16　casters.xacro：被动脚轮的描述

```xml
<?xml version="1.0"?>
<robot
    xmlns:xacro="http://www.ros.org/wiki/xacro" name="casters">

    <xacro:macro name="caster" params="prefix reflect">
        <link name="castdrop_${prefix}">
            <visual>
                <geometry>
                    <box size="${boschwidth} ${boschwidth} ${casterdrop}"/>
                </geometry>
                <origin xyz="0 0 0" rpy="0 0 0"/>
            </visual>
            <collision>
                <geometry>
                    <box size="${boschwidth} ${boschwidth} ${casterdrop}"/>
                </geometry>
                <origin xyz="0 0 0" rpy="0 0 0"/>
            </collision>
            <xacro:default_inertial mass="0.2"/>
        </link>
        <joint name="cast2base_${prefix}" type="fixed">
            <parent link="base_link"/>
            <child link="castdrop_${prefix}"/>
            <origin xyz="${-bodylen/2+bodyOX+boschwidth/2} ${reflect*bodywidth/2-↵
                reflect*boschwidth/2} ${-casterdrop/2-bodyheight/2+bodyOZ}" />
        </joint>
        <link name="brackettop_${prefix}">
            <visual>
                <geometry>
                    <box size="${bracketwidth} ${bracketthick} .005"/>
                </geometry>
                <origin xyz="0 0 0" rpy="0 0 0"/>
            </visual>
            <collision>
                <geometry>
                    <box size="${bracketwidth} ${bracketthick} .005"/>
                </geometry>
                <origin xyz="0 0 0" rpy="0 0 0"/>
            </collision>
            <xacro:default_inertial mass="0.2"/>
        </link>
        <joint name="cast2bracket_${prefix}" type="continuous">
            <axis xyz="0 0 1"/>
            <parent link="castdrop_${prefix}"/>
            <child link="brackettop_${prefix}"/>
            <origin xyz="0 0 ${-casterdrop/2}" rpy="0 0 ${M_PI/2}"/>
            <joint_properties damping="0.0" friction="0.0" />
        </joint>
        <link name="bracketside1_${prefix}">
            <visual>
                <geometry>
                    <box size="${bracketthick} ${bracketheight} .005"/>
                </geometry>
                <origin xyz="0 0 0" rpy="${M_PI/2} ${-bracketangle} ${M_PI/2}"/>
            </visual>
            <collision>
                <geometry>
                    <box size="${bracketthick} ${bracketheight} .005"/>
                </geometry>
                <origin xyz="0 0 0" rpy="${M_PI/2} ${-bracketangle} ${M_PI/2}"/>
            </collision>
            <xacro:default_inertial mass="0.2"/>
        </link>
        <joint name="brack2top1_${prefix}" type="fixed">
            <parent link="brackettop_${prefix}"/>
            <child link="bracketside1_${prefix}"/>
            <origin xyz="${bracketwidth/2} .04 -${bracketheight/2-.02}" rpy="0 0 0" />
        </joint>
        <link name="bracketside2_${prefix}">
            <visual>
                <geometry>
                    <box size="${bracketthick} ${bracketheight} .005"/>
                </geometry>
```

```xml
                    <origin xyz="0 0 0" rpy="${M_PI/2} ${-bracketangle} ${M_PI/2}"/>
                </visual>
                <collision>
                    <geometry>
                        <box size="${bracketthick} ${bracketheight} .005"/>
                    </geometry>
                    <origin xyz="0 0 0" rpy="${M_PI/2} ${-bracketangle} ${M_PI/2}"/>
                </collision>
                <xacro:default_inertial mass="0.2"/>
            </link>
            <joint name="brack2top2_${prefix}" type="fixed">
                <parent link="brackettop_${prefix}"/>
                <child link="bracketside2_${prefix}"/>
                <origin xyz="${-bracketwidth/2} .04 -${bracketheight/2-.02}" rpy="0 0 0"
                    />
            </joint>
            <link name="${prefix}_casterwheel">
                <visual>
                    <geometry>
                        <cylinder radius="${casterdiam/2}" length="${casterwidth}"/>
                    </geometry>
                </visual>
                <collision>
                    <geometry>
                        <cylinder radius="${casterdiam/2}" length="${casterwidth}"/>
                    </geometry>
                </collision>
                <!-- accept default inertial properties for caster wheels-->
                <xacro:default_inertial mass="0.5"/>
            </link>
            <joint name="${prefix}_caster_joint" type="continuous">
                <axis xyz="0 0 1"/>
                <parent link="bracketside1_${prefix}"/>
                <child link="${prefix}_casterwheel"/>
                <origin xyz="${-casterwidth/2-.02} .053 -.053" rpy="0 ${M_PI/2} 0"/>
                <limit effort="100" velocity="15" />
                <joint_properties damping="0.0" friction="0.0" />
            </joint>
        </xacro:macro>
        <xacro:caster prefix="left" reflect="1"/>
        <xacro:caster prefix="right" reflect="-1"/>
</robot>
```

与驱动轮一样,定义了一个宏,它支持创建相同的、即使反射的脚轮模型。

最后,mobot.xacro 包括了文件 gazebo_tags.xacro,如代码清单 3.17 所示。正如最小机械臂的示例,包括一个关节控制的 Gazebo 插件是有用的。对于机器人模型,这是按照文件 gazebo_tags.xacro 中所示的方式完成的。

代码清单 3.17 gazebo_tags.xacro:包括差分驱动插件的 gazebo 块

```xml
<?xml version="1.0"?>
<robot
    xmlns:xacro="http://www.ros.org/wiki/xacro" name="gazebo_tags">

    <gazebo>
        <plugin name="differential_drive_controller" filename="libgazebo_ros_diff_drive.so">
            <alwaysOn>true</alwaysOn>
            <updateRate>100</updateRate>
            <leftJoint>right_wheel_joint</leftJoint>
            <rightJoint>left_wheel_joint</rightJoint>
            <wheelSeparation>${track}</wheelSeparation>
            <wheelDiameter>${tirediam}</wheelDiameter>
            <torque>200</torque>
            <commandTopic>cmd_vel</commandTopic>
            <odometryTopic>odom</odometryTopic>
            <odometryFrame>odom</odometryFrame>
            <robotBaseFrame>base_link</robotBaseFrame>
            <publishWheelTF>true</publishWheelTF>
```

```
19        <publishWheelJointState>true</publishWheelJointState>
20      </plugin>
21    </gazebo>
22  </robot>
```

<gazebo> 标签之间的 XML 代码引入了库 libgazebo_ros_diff_drive.so，它对于差分驱动控制非常有用，类似于先前的简单 2 维机器人仿真器。若要使用差分驱动插件，必须定义几个参数，包括

- 驱动轮关节名称，right_wheel_joint 和 left_wheel_joint
- 轮分离，track
- URDF 树的根名称，即 base_link
- 用于命令速度和旋转的主题名称，设（按照规定）为 cmd_vel

更多的细节可以参见 http://gazebosim.org/tutorials?tut = ros_gzplugins 和 http://www.theconstructsim.com/?p=3332。

若要使用 xacro 文件，用户可以使用 xacro 包中的 xacro 执行程序将其转换为 URDF 文件。例如，要将文件 mobot.xacro 转换为文件名为 mobot.urdf 的 URDF，运行以下命令：

```
rosrun xacro xacro mobot.xacro > mobot.urdf
```

该操作将创建一个 URDF 文件，包括由 xacro 宏定义的所有替换。利用下面命令可以在一致性上检查生成的 URDF 文件：

```
check_urdf mobot.urdf
```

其产生输出：

```
robot name is: mobot
---------- Successfully Parsed XML ---------------
root Link: base_link has 5 child(ren)
    child(1):  batterybox
    child(2):  castdrop_left
        child(1):  brackettop_left
            child(1):  bracketside1_left
                child(1):  left_casterwheel
            child(2):  bracketside2_left
    child(3):  castdrop_right
        child(1):  brackettop_right
            child(1):  bracketside1_right
                child(1):  right_casterwheel
            child(2):  bracketside2_right
    child(4):  left_wheel
    child(5):  right_wheel
```

该输出表明可以逻辑解析此 URDF 文件，并且展示了模型中的 14 个连杆。这些连杆之间的关系以概要形式呈现。连杆树还可以使用下面命令以图形方式进行可视化：

```
urdf_to_graphiz mobot.urdf
```

它生成了文件 mobot_graphiz.pdf，如图 3.16 所示。该图说明了连杆之间的连通性和空间关系。

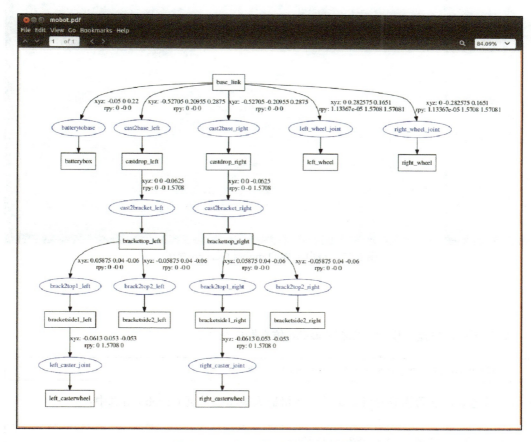

图 3.16　mobot URDF 树的图形展示

mobot 模型可以加载到 Gazebo 中进行可视化和仿真。与以前一样，这是通过首先将机器人描述文件加载到参数服务器上，然后执行 gazebo_ros 包中的 spawn_model 节点，引用参数服务器上的机器人模型来完成。它是通过包 mobot_urdf 的 urdf 子目录中的启动文件 mobot.launch 来实现。首先，利用以下命令启动 Gazebo：

```
roslaunch gazebo_ros empty_world.launch
```

然后，通过运行相应的启动文件，将机器人模型插入到 Gazebo 仿真中：

```
roslaunch mobot_urdf mobot.launch
```

图 3.17 给出了生成的 Gazebo 显示。Gazebo 选项 view->joints 已启用。注意，我们可以看到 6 个移动关节：2 个关节对应于 2 个大驱动轮，4 个关节与被动脚轮相关联。

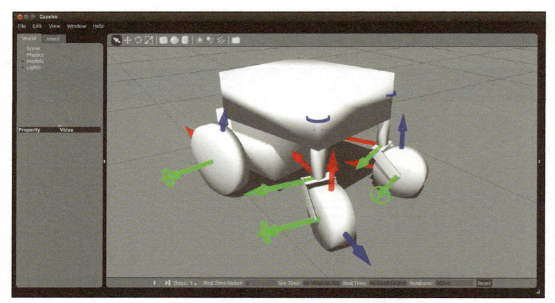

图 3.17 空白世界的 mobot Gazebo 视图

3.8 仿真移动机器人模型

如前所述，机器人模型可以在 Gazebo 仿真器中引入：

```
roslaunch gazebo_ros empty_world.launch
```

之后，通过运行下面相应的启动文件，将机器人模型插入到 Gazebo 仿真中：

```
roslaunch mobot_urdf mobot.launch
```

此时，移动机器人可以通过 cmd_vel 主题进行控制，这与简单的 2 维机器人仿真器所做的相同。例如，命令：

```
rostopic pub cmd_vel geometry_msgs/Twist  '{linear:   {x: 0.5, y:
 0.0, z: 0.0}, angular : {x: 0.0,y: 0.0,z: 0.3}}'
```

使机器人沿逆时针方向移动。

我们也可以在程序控制下命令机器人，就像先前使用 STDR 仿真器或遥操作程序说明的那样。通过 remapping 主题这一 ROS 特征，使得用这类命令节点控制不同机器人变得更加简单。这可以参见 3.1 节介绍的包 stdr_control 中的 stdr_open_loop_commander 节点的复用。注意，stdr_open_loop_commander.cpp 代码发布到主题 /robot0/cmd_vel 上，然而机器人模型的差分驱动控制器则需要主题 cmd_vel 上的命令。尽管如此，如果重新映射输出主题名称，我们可以复用 stdr_open_loop_commander 节点。在命令行，这可以通过输入以下命令而调用：

```
rosrun stdr_control stdr_open_loop_commander /robot0/cmd_vel:=cmd_vel
```

通过使用选项 /robot0/cmd_vel: = cmd_vel，当执行此命令时，stdr_open_loop_commander 的输出从 /robot0/cmd_vel 重新定向到 cmd_vel，并且我们的机器人将做出响应。

主题重新映射也可以在启动文件中执行，如包 mobot_urdf 的 launch 子目录中 open_loop_squarewave_commander.launch 所示，见代码清单 3.18。

代码清单 3.18　open_loop_squarewave_commander.launch

```
<launch>
<!-- original node publishes to /robot0/cmd_vel; direct this instead to topic /cmd_vel
    -->
<node pkg="stdr_control" type="stdr_open_loop_commander" name="commander">
 <remap from="/robot0/cmd_vel" to="cmd_vel" />
</node>
</launch>
```

运行此启动文件与先前主题重新映射命令行执行的效果相同。

另一种更方便的方法是通过运行键盘遥操作节点，以交互方式向机器人发送 Twist 命令，例如：

```
rosrun teleop_twist_keyboard teleop_twist_keyboard.py
```

（该包应该由提供的安装脚本安装，或者可以手动安装。参见 http://wiki.ros.org/teleop_twist_keyboard。）这个节点采用键盘输入线速度和角速度命令，并且这些命令是以 Twist 消息发布到 cmd_vel 主题，会使机器人运动。该接口同样适用于 STDR 仿真器或订阅到使用 Twist 消息类型（这在 ROS 中为事实上的标准）的速度命令接口的任何移动机器人。默认情况下，该节点发布 Twist 命令到主题 cmd_vel 上，尽管这也可以重新映射（例如控制 STDR 仿真器）。

Gazebo 中 URDF 模型与 STDR 仿真器的一个重要区别是 Gazebo 包括物理仿真。对惯性、摩擦、控制器动力学和执行器饱和度都予以了考虑。随着机器人 Gazebo 仿真的运行，调用启动文件：

```
roslaunch mobot_urdf open_loop_squarewave_commander.launch
```

命令机器人移动，由此产生的响应可以用 rqt_plot 绘制。Gazebo 中的 mobot 仿真将其状态发布到 odom 主题，由此我们可以绘制机器人响应阶跃速度命令的前进速度。如图 3.18 所示，机器人不会瞬时改变速度。

默认的物理仿真器（开放的动力引擎）的特性之一是它不擅长不同物体之间维持刚性接触的建模。这对于地面上的轮或脚，以及抓取物体的手指是显而易见的。这可以利用简单的移动机器人模型来观察，在启动 Gazebo 和插入机器人模型后，机器人将慢慢滑向其左侧。实际上，机器人的轮子正在地面上颤动。通过从顶部菜单栏启用 view–>contacts，用户可以在 Gazebo 查看器中看到这一点。图 3.19 给出了一个接触展示的屏幕截图示例。蓝色标记是接触点，绿线显示方向和接触力的大小（长度）。在这一瞬间，轮子上的接触力在其左侧强于右侧。然而，如果动态观察展示，由于刚性接触建模的数值不稳定性，切换开关和左右移位时可以看到接触力。因为机器人有 4 个轮子并且 4 点与平面同时接触时在数值计算上极具挑战性，所以这个问题变得更加困难。因此，机器人似乎在地面上不断地颤动。

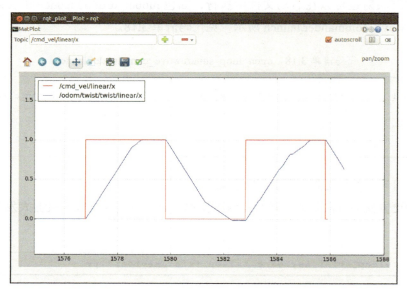

图 3.18　Gazebo 中机器人对阶跃速度命令的响应

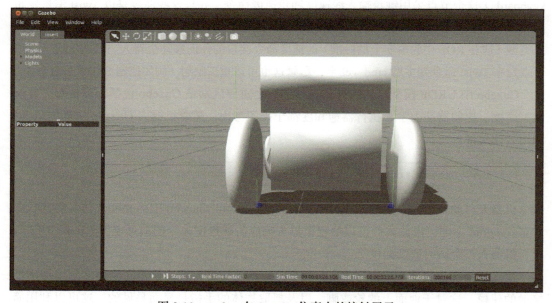

图 3.19　mobot 在 Gazebo 仿真中的接触展示

为了提高数值稳定性，可以进行一些调整。在 URDF（或 xacro 文件）中，插入以下代码行：

```
<gazebo reference="left_wheel">
  <mu1>100000.0</mu1>
  <mu2>100000.0</mu2>
  <material>Gazebo/Black</material>
</gazebo>
```

并且 right_wheel 块也如此重复。这个 Gazebo 标签将参数传递给物理引擎，声明一个自定义的摩擦属性。事实上，mu 系数不是实际的物理参数。它们确实影响了仿真，但这些值不能像真正的无量纲库仑摩擦分量那样处理。一些实验对于持续的接触仿真可能需要实现可接受的仿真结果，包括轮、脚和手指。

上面引入代码行 <material>Gazebo/Black</material> 是为了展示如何在 Gazebo 中设置连杆的颜色。该属性也必须包含在 <gazebo> 分隔符中。示例插入的结果（为左右轮重复）是模型以黑轮子出现。

另外一个可以引入的变体是告诉仿真器在每个时间步（默认情况下是 1ms）上运行更多的内部计算迭代。这可能产生更好的仿真保真度，包括持续刚性接触中较少的颤动。但是，这是以更苛刻的计算和可能导致较低的实时因子为代价。iterations 参数可以通过 URDF 中的 Gazebo 标签或交互式地从 Gazebo 窗口中更改。对于后者，在左窗格中，选择 World 选项卡，然后在 physics–>solver–>iterations 下，将数值从其默认值（50）编辑为较大的值（例如 200）。这种改变可以将机器人模型的侧滑减缓到不可察觉。

通过在世界模型中引入元素，可以使移动机器人仿真变得更加有趣。这可以通过手动插入现有的模型或插入自定义设计的模型来实现。一个可以从 Gazebo 插入标签插入的有趣世界模型是 Starting Pen。从插入标签选择该模型后，用户就有机会将仿真世界中的相应模型移动到所需的位置（通过鼠标），然后单击以完成模型放置。图 3.20 展示了包含 starting pen 模型的虚拟世界中的 mobot 模型。

图 3.20　starting pen 中 mobot 的 Gazebo 显示

3.9 组合机器人模型

由于机器人 URDF 文件可能会变得很长,能够将子系统包含于一个单一的模型文件非常有用。同样地,在启动文件中包含启动文件也很方便。

为了说明这一点,我们将在简单的移动基座上安装最小的机械臂模型。再次进入 minimal_robot_description 包中的最小手臂模型,我们对 URDF 进行了简单的更改而创建了文件 minimal_robot_description_unglued.urdf。重要的是,我们删除了关节 glue_robot_to_world,因此我们的手臂可以连接到移动基座。为了使手臂更漂亮,添加以下材料标签以着色连杆:

```
<gazebo reference="link1">
  <material>Gazebo/Blue</material>
</gazebo>
<gazebo reference="link2">
  <material>Gazebo/Red</material>
</gazebo>
```

如文件 mobot_w_arm.xacro 说明的那样,我们可以组合移动平台和最小手臂模型,内容如代码清单 3.19 所示。

代码清单 3.19 mobot_w_arm.xacro:组合机器人和最小手臂的模型文件

```
1  <?xml version="1.0"?>
2  <robot
3      xmlns:xacro="http://www.ros.org/wiki/xacro" name="mobot">
4    <xacro:include filename="$(find mobot_urdf)/urdf/mobot2.xacro" />
5    <xacro:include filename="$(find minimal_robot_description)/←
       minimal_robot_description_unglued.urdf" />
6
7    <!-- attach the simple arm to the mobile robot -->
8    <joint name="arm_base_joint" type="fixed">
9      <parent link="base_link" />
10     <child link="link1" />
11     <origin rpy="0 0 0 " xyz="${-bodylen/2} 0 ${bodyOZ+bodyheight/2}"/>
12   </joint>
13 </robot>
```

代码清单 3.19 的 xacro 文件包含在 mobot_urdf 包中。第 4 和 5 行:

```
<xacro:include filename="$(find mobot_urdf)/urdf/mobot2.xacro" />
<xacro:include filename="$(find minimal_robot_description)/←
    minimal_robot_description_unglued.urdf" />
```

使用 xacro 的包含功能逐字地引入 2 个文件。命名的文件路径开始于 $(find mobot_urdf)。该语法通知启动器按指定的包名称(在本例中为 mobot_urdf)搜索命名的文件。以这种方式指定目录简化了指定搜索路径的过程,而且还使启动器更加稳健。在不同系统中安装在不同目录下的软件包可以使用此语法找到。

在引入移动基座和单臂模型后,通过声明一个新的(固定的)关节 arm_base_joint 而将手臂连接到基座上:

```xml
<joint name="arm_base_joint" type="fixed">
  <parent link="base_link" />
  <child link="link1" />
  <origin rpy="0 0 0 " xyz="${-bodylen/2} 0 ${bodyOZ+bodyheight/2}"/>
</joint>
```

这个新关节指定说明了如何将 link1（手臂模型的第 1 个连杆）附连到其父杆 base_link（移动平台模型的基本连杆）。在 y 和 z 中，使用 xacro 参数将手臂模型偏移到移动机器人主连杆顶部的 link1 基座中心。

除了组合 URDF（或 xacro）模型，还可以方便地组合启动文件。机械臂启动文件 minimal_robot_w_jnt_ctl.launch 执行 3 个功能：它将手臂 URDF 加载到参数服务器上，将机器人模型从参数服务器引入到 Gazebo，启动 ROS 关节位置控制器。由于集成的移动手臂基座是一个新的模型，我们希望将手臂特定的启动命令从模型加载和生成中分开。为此，在 minimal_robot_description 包中创建了一个名为 minimal_robot_ctl.launch 的较小启动文件。代码清单 3.20 展示了该文件的内容。

代码清单 3.20　minimal_robot_ctl.launch：启动手臂控制器的启动文件

```xml
<launch>
  <!-- Load joint controller configurations from YAML file to parameter server -->
  <rosparam file="$(find minimal_robot_description)/control_config/one_dof_ctl_params.↵
      yaml" command="load"/>

  <!--start up the controller plug-ins via the controller manager -->
  <node name="controller_spawner" pkg="controller_manager" type="spawner" respawn="↵
      false"
      output="screen" ns="/one_DOF_robot" args="joint_state_controller ↵
          joint1_position_controller"/>
</launch>
```

集成机器人模型的启动文件包含于启动子目录的 mobot_urdf 包中，名为 mobot_w_arm.launch。代码清单 3.21 展示了该启动文件的内容。

代码清单 3.21　组合 mobot 和最小臂的启动文件

```xml
<launch>
<!-- Convert xacro model file and put on parameter server -->
<param name="robot_description" command="$(find xacro)/xacro.py '$(find mobot_urdf)/↵
    urdf/mobot_w_arm.xacro'" />

<!-- Spawn the robot from parameter server into Gazebo -->
<node name="spawn_urdf" pkg="gazebo_ros" type="spawn_model" args="-param ↵
    robot_description -urdf -model mobot" />

<!-- load the controller parameter yaml file and start the ROS controllers for the arm↵
    -->
<include file="$(find minimal_robot_description)/minimal_robot_ctl.launch"/>
</include>

</launch>
```

该启动文件将组合的 xacro 文件加载到参数服务器上，然后将该模型产生到 Gazebo 中。命令行：

```
<include file="$(find minimal_robot_description)/minimal_robot_ctl.launch">
```

搜索 minimal_robot_description 包中的文件 minimal_robot_ctl.launch，并将该启动文件逐字加入。

启动 Gazebo 后，用户可以利用以下命令调用集成的启动文件：

```
roslaunch mobot_urdf mobot_w_arm.launch
```

图 3.21 给出了生成的 Gazebo 显示。

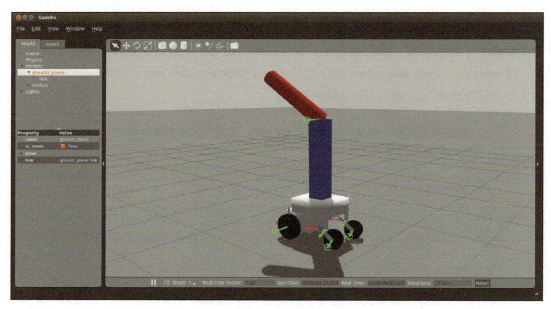

图 3.21　组合移动基座和最小臂模型的 Gazebo 显示

运行：

```
rostopic list
```

显示下列主题处于活动状态：

```
/joint_states
/odom
/cmd_vel
/one_DOF_robot/joint1_position_controller/command
/one_DOF_robot/joint1_position_controller/pid/parameter_descriptions
/one_DOF_robot/joint1_position_controller/pid/parameter_updates
/one_DOF_robot/joint1_position_controller/state
/one_DOF_robot/joint_states
```

因此，我们可以看到，移动平台和手臂都可以使用命令界面主题。同时也提供了手臂和移动基座关节状态的反馈值。

3.10 小结

到目前为止，机器人建模在仅使用初级的盒子和圆柱体方面显得相当简陋。尽管如此，我们已经了解了建模的基本要素，包括运动学、动力学、视觉和碰撞属性，以及物理实际控制器插件的使用。简单的示例说明了铰接机构和移动车辆的建模。

制作更复杂的模型涉及将相同的技术扩展到更多的关节，以及使用 CAD 文件描述来提供更详细、更逼真的视觉和碰撞属性建模。图 3.22～图 3.24 给出了几个更逼真的机器人模型示例。

图 3.22 中的 Baxter[9] 机器人模型包括控制 15 个关节（每个臂 7 个再加上 1 个颈盘运动）和夹具（可替代）。传感器输出包括每个关节的动力学状态、来自三色相机的流式图像、手腕上的距离传感器以及头部周围的声呐传感器。该模型在运动学（包括关节限制）、执行器行为（包括扭矩饱和）、视觉外观和碰撞特性方面都很逼真。该机器人具有高度的灵巧性和良好的仪器仪表。此外，该模型还可公开提供[37]。因此，该模型将在本书关于使用 ROS 进行感知和操作方面用于更多的示例。

图 3.23 中的模型是一个双臂 DaVinci 外科机器人[41]。该 CAD 描述由约翰霍普金斯大学发表[16, 18]。加入了惯性参数和 ROS 控制器插件而使该模型能够与 Gazebo 兼容。最终的系统能够用于测试计算机辅助的机器人手术，未来可用于外科训练系统。

图 3.24 展示了 Boston-Dynamics 公司的 Atlas 机器人[6]，该模型是由开源机器人基金会（Open Source Robotics Foundation, OSRF）[1]开发用于 DARPA⊖机器人挑战赛[30]。比赛团队使用该模型用于开发针对 DARPA 比赛任务的代码，包括 2 足运动控制和物体操纵（例如阀门转动）。考虑到使用 Atlas 进行物理实验所需的风险、难度和组员规模，该模型能帮助团队更快地开发代码，使得个人能够并行开发，并且在移植到物理系统进行试验前，能够在仿真中进行广泛的软件调试和测试。

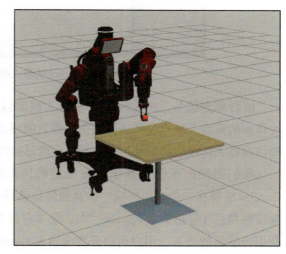

图 3.22　Baxter 机器人模型的 Gazebo 显示

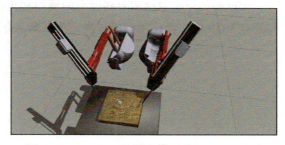

图 3.23　DaVinci 机器人模型的 Gazebo 显示

⊖ DARPA：美国国防部高级研究计划署（Defense Advanced Research Projects Agency of the U.S. Department of Defense）。

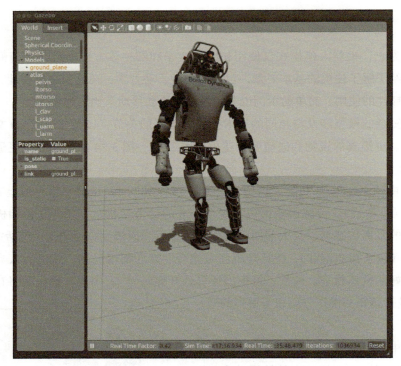

图 3.24 Atlas 机器人模型的 Gazebo 显示

值得称赞的是，Gazebo 中的机器人模型包括现实的物理交互，包括碰撞、重力和惯性作用的影响。没有这些属性的仿真器只能用于评估运动轨迹能否到达，但缺乏物理引擎的仿真器无法评估动态效果，包括步行或目标操纵。

我们更倾向于使用基于物理模型的仿真器，原因之一是可以集成传感器的仿真。Gazebo 能够在一个虚拟环境中仿真物理传感器。传感器的插件包括彩色相机、激光雷达、深度摄像机（包括微软 Kinect[38]）、立体声摄像机、加速度计、力传感器和声呐传感器。利用传感器的仿真，用户可以开发出可在 Gazebo 中测试的传感器行为。由于这样的开发可能会非常耗时，所以一个合适的仿真器将是一个有价值的生产工具。

集成多传感器数据需要将所有的模型和传感器信息协调到一个通用的参考坐标系，这需要在 ROS 中广泛使用坐标转换，接下来就介绍这一内容。

第4章

ROS 中的坐标变换

引言

无论在仿真还是在物理系统控制中,利用传感器驱动行为都需要进行坐标变换。通过坐标变换协调来自多个模型和传感器的数据。幸运的是,ROS 为坐标变换提供了广泛的支持。因为在 ROS 和机器人中,坐标变换是普遍存在的,所以理解 ROS 中如何处理坐标变换非常重要。

4.1 ROS 中的坐标变换简介

坐标系变换是机器人技术的基础。对于铰接式机械臂,需要完整的 6 自由度变换来计算夹持器的位姿,与关节角度存在函数关系。如果是多个关节,则一个接一个按顺序相乘。传感器数据,例如来自相机或激光雷达,是根据传感器自己的坐标系来获取的,而这些数据必须要在另一个坐标系(例如世界坐标系或机器人坐标系)中进行解释。

任何介绍机器人技术的教科书都将涉及坐标系设置和变换(例如参考文献[3,36])。这里简要介绍坐标系变换,从而引出 ROS 对坐标变换的处理。

坐标系由 3 维空间中的点 p(坐标系的原点)和三个向量 n、t 和 b(分别定义了局部的 x 轴、y 轴和 z 轴))所定义。轴向量归一化(具有单位长度),三者遵循右手法则,即 n 叉乘 t 等于 b:$b = n \times t$。

将这三个方向轴列向量构成一个 3×3 矩阵

$$R = [n \ t \ b] = \begin{bmatrix} n_x & t_x & b_x \\ n_y & n_y & b_y \\ n_z & n_z & b_z \end{bmatrix} \quad (4.1)$$

我们可以进一步加入原点向量,定义一个 3×4 矩阵为:

$$[\boldsymbol{n}\ \boldsymbol{t}\ \boldsymbol{b}\ \boldsymbol{p}] = \begin{bmatrix} n_x & t_x & b_x & p_x \\ n_y & t_y & b_y & p_y \\ n_z & t_z & b_z & p_z \end{bmatrix} \quad (4.2)$$

一个有用的简化数学运算的技巧是定义一个齐次变换矩阵，通过添加［0 0 0 1］组成第四行，将上述 3×4 矩阵转换为一个 4×4 矩阵。我们将这个增广矩阵称为 T 矩阵：

$$T = \begin{bmatrix} n_x & t_x & b_x & p_x \\ n_y & t_y & b_y & p_y \\ n_z & t_z & b_z & p_z \\ 0 & 0 & 0 & 1 \end{bmatrix} \quad (4.3)$$

上面构造的矩阵（与所定义的坐标系相对应）总是可逆的。此外，T 矩阵的逆运算总是有效的。

抽象地说，可以引用原点和一组方向轴（向量），而不必指定其数值。然而，为了执行计算，则需要数值。当给出数值时，则必须定义测量数值的坐标系。例如，为了描述坐标系 B 的原点（即点 p）相对于坐标系 A 的位置，我们可以从 A 坐标系原点到 B 坐标系原点沿着 A 坐标系的 x、y、z 三个轴进行测量。这些测量可以写为 $p_{x/A}$、$p_{y/A}$ 和 $p_{z/A}$。如果我们定义坐标系 B 的原点为其他点，那么 p 分量的值就会不同。

然后，我们可以测量 B 的 n 轴分量（同样地，t 和 b 轴）在坐标系 A 的 x、y 和 z 轴的分量。

同样，这种表示还可以通过以下操作来解释。首先，平移坐标系 B，使其原点与坐标系 A 重合，但不改变坐标系 B 的方向。坐标系 B 的每一个具有单位长度的轴尖都可以表示为一个 3 维点，它们定义了空间中的三个不同的点，等同坐标系 A 中测量得到的。同样，坐标系 B 的 n 轴的轴尖在 B 坐标系中的表示也可简单地写为 $[1\ 0\ 0]^T$。在 A 坐标系中的坐标为 $[n_{x/A}\ n_{y/A}\ n_{z/A}]^T$。

然后，我们可以将坐标系 B 相对于坐标系 A 的位置和方向描述为：

$$^A T_B = T_{B/A} = \begin{bmatrix} n_{x/A} & t_{x/A} & b_{x/A} & p_{x/A} \\ n_{y/A} & t_{y/A} & b_{y/A} & p_{y/A} \\ n_{z/A} & t_{z/A} & b_{z/A} & p_{z/A} \\ 0 & 0 & 0 & 1 \end{bmatrix} \quad (4.4)$$

我们可以把上面的矩阵称为"坐标系 B 相对于坐标系 A"。

则 $^A T_B$ 中的元素完全指定了坐标系 B 相对于坐标系 A 的位置和方向。

除了提供一种显式地声明坐标系的位置和方向（与坐标系的名称相关，例如坐标系 A 相对于坐标系 B）方法外，T 矩阵还可以解释为运算符。例如，如果我们知道坐标系 C 相对于坐标系 B 的位置和位姿，如 $^B T_C$；也知道坐标系 B 相对于坐标系 A 的位置和位姿，$^A T_B$。我们可以计算坐标系 C 相对于坐标系 A 的位置和位姿，如下：

$$^A T_C = {^A T_B}\, {^B T_C} \quad (4.5)$$

也就是说，一个简单的矩阵乘法中包含着所期望的变换。这个过程可以扩展，例如：

$$^A T_F = {^A T_B}{^B T_C}{^C T_D}{^D T_E}{^E T_F} \tag{4.6}$$

上面所列等式左侧的 4×4 矩阵，可以通过列进行解释。例如，第 4 列（第 1 行到第 3 行）包含了坐标系 **F** 的原点相对于坐标系 **A** 的坐标。

前缀上标和后缀下标的符号提供了一个可视化的助记方法来帮助理解之间的逻辑关系。上标和下标像 Lego™ 的积木块，这样前面的 **T** 矩阵的后下标必须与后面的 **T** 矩阵的前上标相匹配。遵循此约定有助于保证转换操作的一致性。

由于坐标变换在机器人技术中非常常见，ROS 为处理转换提供了强大的 tf 包。（参见 http://wiki.ros.org/tf）。因为 tf 执行了大量工作，初次使用这个包可能并不容易理解。

为了检验 tf 的主题，我们可以从 Gazebo 中打开一个空的世界进行查看：

```
roslaunch gazebo_ros empty_world.launch
```

然后加入我们的单自由度手臂移动机器人：

```
roslaunch mobot_urdf mobot_w_arm.launch
```

这会发表了 18 个主题，包括 tf 主题，运行如下命令：

```
rostopic info tf
```

显示主题 tf 包含 tf2_msgs/TFMessage 类型的消息。

运行：

```
rosmsg show tf2_msgs/TFMessage
```

显示 tf2_msgs/TFMessage 的组织方式如下：

```
geometry_msgs/TransformStamped[] transforms
  std_msgs/Header header
    uint32 seq
    time stamp
    string frame_id
  string child_frame_id
  geometry_msgs/Transform transform
    geometry_msgs/Vector3 translation
      float64 x
      float64 y
      float64 z
    geometry_msgs/Quaternion rotation
      float64 x
      float64 y
      float64 z
      float64 w
```

也就是说，该消息包含一个类型为 geometry_msgs/TransformStamped 的向量（变长度数组）。ROS 变换数据类型不是一个 4×4 齐次变换矩阵，但它包含了相同的信息（甚至更多)。ROS 变换数据类型包含一个 3 维向量(相当于一个 4×4 变换中的第 4 列)和四元数(另一种方向表示)。此外,变换消息还有时间戳,它们显式地命名子坐标系和父坐标系(使用文本字符串)。

tf 主题可以有(通常有)许多发布器。每个发布器表示一个转换关系,描述一个与命名父坐标系相对的命名子坐标系。在本例中,Gazebo 向 tf 发布,因为在差分驱动插件中,publishWheelTF 选项请求发布:

```
<gazebo>
    <plugin name="differential_drive_controller" filename="libgazebo_ros_diff_drive.so">
        <publishWheelTF>true</publishWheelTF>
        <publishWheelJointState>true</publishWheelJointState>
```

(注意,这个插件还启用了 publishWheelJointState。)

运行:

```
rostopic hz tf
```

显示 tf 主题的更新速率为 300Hz。使用以下命令检查 tf 输出:

```
rostopic echo tf
```

显示此消息的 transforms 组件(变长数组),它包含了多个独立的转换关系。tf 的 echo 输出部分摘录如下:

```
frame_id: base_link
child_frame_id: left_wheel
transform:
  translation:
    x: -9.1739781936e-08
    y: 0.282574370084
    z: 0.165117569901
  rotation:
    x: -0.497142106739
    y: 0.502848355739
    z: 0.502843417149
    w: 0.497133538064

frame_id: base_link
child_frame_id: right_wheel
transform:
  ...
```

与 base_link 一样,left_wheel 连杆也有一个已定义的参考坐标系。从 tf 的输出可以看到,其中有从 base_link 坐标系和 left_wheel 坐标系之间的转换(以及 base_link 坐标系和 right_wheel 坐标系之间的转换)。从 base_link 坐标系到 left t_wheel 坐标系的转换包括平移部分和旋转部分。

从基坐标系原点到左轮坐标系原点的平移约为 [0,0.283,0.165]。这些数值可以通过我们的机器人模型进行解释,基坐标系的 x 轴是向前的,y 轴是向左的,z 轴是向上的。基坐标系的起点在地面,就在两个轮子之间的点的下面。因此,左轮原点的 x 值为 0(既不在基坐标系原点的前面也不在其后面）。左轮原点的 y 值为正的 0.283(车的轮距的一半)。左车轮原点的 z 值等于车轮半径（即，车轴比地面高出一个车轮半径）。

left_wheel 坐标系还相对于 base_link 坐标系进行了旋转，它的 z 轴指向基坐标系的左边，平行于基坐标系的 y 轴。但是，车轮的 x 轴和 y 轴会随着车轮的旋转而改变它们的方向（也就是说，它们是 left_wheel_joint 旋转值的函数）。

在 ROS 中，通常使用单位四元数来表示方向。四元数是旋转矩阵的另一种表示方向的替代方法，四元数可以转换为 3×3 旋转矩阵（包含在 4×4 坐标变换矩阵中），也可以直接使用数学上定义的四元数操作进行坐标变换。四元数比 3×3 旋转矩阵更紧凑并具有一些很好的数学性质，缺点是不像 3×3 旋转矩阵可以直观地显示 n、t 和 b 轴的方向。

关于四元数表示和数学运算的细节不在此讨论，但可以在许多机器人教科书和出版物（如参考文献 [11, 25]）中找到。在这一点上，只要知道四元数和旋转矩阵之间存在对应关系就足够了（稍后将介绍用于执行这种转换的 ROS 函数），并且对于四元数的坐标变换有相应的数学运算。

Gazebo 发布的另一个主题是 joint_states，它包含 sensor_msgs/JointState 类型的消息。运行：

```
rostopic echo joint_states
```

显示如下输出（缩写）：

```
name: ['left_wheel_joint', 'right_wheel_joint']
position: [0.005513943571622271, 0.007790399443280194]
```

这些消息列出了关节的名称（例如 left_wheel_joint），然后按照与关节名称清单相同的顺序列出这些关节的状态（包括位置）（例如，在示例消息中左轮辐角为 0.0055 rad）。这些信息是转换计算的一部分。例如，当不知道轮的旋转值时，将无法计算 left_wheel 坐标系相对于基础坐标系的转换。

车轮旋转值在 joint_states 上发布，因为 URDF 模型包含 Gazebo 选项：<publishWheelJointState>true</publishWheelJointState>。但是，此 joint_states 主题不包含其他角度，包括脚轮角度和手臂关节角度（joint1）。

Gazebo 知道脚轮角度，这些关节角度可以通过在模型中包含另一个 Gazebo 插件发布到 ROS 主题。除了添加以下几行外，此模型文件 mobot_w_jnt_pub.xacro（在 mobot_urdf 包中）与 mobot2.xacro 相同：

```
<gazebo>
    <plugin name="joint_state_publisher" filename="←
        libgazebo_ros_joint_state_publisher.so">
      <jointName>cast2bracket_right, cast2bracket_left, right_caster_ ←
          joint, left_caster_joint </jointName>
    </plugin>
</gazebo>
```

这个 Gazebo 插件访问内部的 Gazebo 动态模型，获取命名关节的关节值，并将这些值发布到 joint_states 主题。

类似地，除了添加以下几行外，minimal_robot_description 包中的模型文件 minimal_robot_w_jnt_pub.urdf 与 minimal_robot_descriptor.urdf 相同：

```xml
<gazebo>
    <plugin name="joint_state_publisher" filename="←
        libgazebo_ros_joint_state_publisher.so">
      <jointName>joint1</jointName>
    </plugin>
</gazebo>
```

这将调用 Gazebo 插件 libgazebo_ros_joint_state_publisher .so 将 joint1 角度的值发布到 joint_states 主题。

这两个修改后的文件包含在一个公共模型文件 mobot_w_arm_and_jnt_pub.xacro 中（在 mobot_urdf 包中），如代码清单 4.1 所示。

代码清单 4.1　mobot_w_arm_and_jnt_pub.xacro

```xml
<?xml version="1.0"?>
<robot
    xmlns:xacro="http://www.ros.org/wiki/xacro" name="mobot">
 <xacro:include filename="$(find mobot_urdf)/urdf/mobot_w_jnt_pub.xacro" />
 <xacro:include filename="$(find minimal_robot_description)/minimal_robot_w_jnt_pub.←
     urdf" />

<!-- attach the simple arm to the mobile robot -->
<joint name="arm_base_joint" type="fixed">
    <parent link="base_link" />
    <child link="link1" />
    <origin rpy="0 0 0 " xyz="${-bodylen/2} 0 ${bodyOZ+bodyheight/2}"/>
</joint>
</robot>
```

除了包含修改后的 mobot 和手臂模型文件之外，mobot_w_arm_and_jnt_pub.xacro 模型文件与 mobot_w_arm.xacro 相同。mobot_w_arm_and_jnt_pub.xacro 模型文件在一个启动文件 mobot_w_arm_and_jnt_pub.launch 中会被引用，如代码清单 4.2 所示。

代码清单 4.2　mobot_w_arm_and_jnt_pub.launch

```xml
<launch>
<!-- Convert xacro model file and put on parameter server -->
<param name="robot_description" command="$(find xacro)/xacro.py '$(find mobot_urdf)/←
    urdf/mobot_w_arm_and_jnt_pub.xacro'" />

<!-- Spawn the robot from parameter server into Gazebo -->
<node name="spawn_urdf" pkg="gazebo_ros" type="spawn_model" args="-param ←
    robot_description -urdf -model mobot" />

<!-- load the controller parameter yaml file and start the ROS controllers for the arm←
    -->
<include file="$(find minimal_robot_description)/minimal_robot_ctl.launch">
</include>

</launch>
```

要观察关节状态发布器 Gazebo 插件的效果，请关闭并重新启动 Gazebo：

```
roslaunch gazebo_ros empty_world.launch
```

然后运行新的启动文件：

```
roslaunch mobot_urdf mobot_w_arm_and_jnt_pub.launch
```

这将调出带有单自由度手臂的移动机器人。然而，现在的 joint_states 主题更加丰富了。代码：

```
rostopic echo joint_states
```

的示例输出（摘录）为：

```
name: ['left_wheel_joint', 'right_wheel_joint']
position: [-0.0010584164794300577, -0.0007484677653710747]

name: ['cast2bracket_right', 'cast2bracket_left', 'right_caster_joint',
       'left_caster_joint']
position: [0.12480710950733798, 0.090932225345286, 0.21368044937114838,
           0.2107250800969398]

name: ['joint1']
position: [0.17308318317281302]
```

我们看到现在发布有 7 个关节值，需要这些值来计算连杆位姿的转换。该模型描述了相连的连杆如何通过关节位移相互联系，因此可以计算成对连接的连杆的所有独立转换。这也可以从已有的信息手工计算完成。然而，这是一种非常普遍的需求，因此 ROS 设计了一个包来实现这点：robot_state_publisher（参见 http://wiki.ros.org/robot_state_publisher）。

仿真运行时，调用：

```
rosrun robot_state_publisher robot_state_publisher
```

结果使 tf 主题也更加丰富，以下是输出摘录：

```
rostopic echo tf
```

运行：

```
  frame_id: base_link
child_frame_id: castdrop_right
  ...(static)

  frame_id: castdrop_right
child_frame_id: brackettop_right
    transform:
   translation:
    x: 0.0
    y: 0.0
    z: -0.0625
   rotation:
```

```
    x: 0.0
    y: 0.0
    z: 0.947030895892
    w: 0.321142464065
  frame_id: brackettop_right
child_frame_id: bracketside1_right
 ...(static)

  frame_id: bracketside1_right
child_frame_id: right_casterwheel
transform:
  translation:
    x: -0.0613
    y: 0.053
    z: -0.053
  rotation:
    x: 0.673542175535
    y: -0.215269453877
    z: 0.673542175539
    w: -0.215269453878

 frame_id: base_link
child_frame_id: link1
transform:
  translation:
    x: -0.27305
    y: 0.0
    z: 0.55
  rotation:
    x: 0.0
    y: 0.0
    z: 0.0
    w: 1.0

   frame_id: link1
child_frame_id: link2
transform:
  translation:
    x: 0.0
    y: 0.0
    z: 1.0
  rotation:
    x: 0.0
    y: 0.0864419753897
    z: 0.0
    w: 0.996256886998
```

从 tf 输出，可以跟踪转换链。这个运动学分支从 base_link 开始，通过连续的父-子连接，由 castdrop_right（静态转换）到 brackettop_right（围绕 z 轴旋转，这可以从四元数值中看出），再到 bracketside1_right（静态转换），最后到 right_casterwheel（绕轴旋转）。单个变换可以一起相乘（转换类中定义的一个运算，相当于乘 T 矩阵），以找到任一个连杆坐标系相对于任一个期望参考坐标系的位姿（只要两个坐标系之间有一个完整的链）。

还要注意 base_frame 和 link1 之间的转换（静态转换）及 link1 和 link2 之间的转换（取决于 joint1 的角度）。通过这些转换，我们可以得到单自由度机器人的连杆 2 相对于基连杆的坐标系。ROS 还提供了使用 transform_listener 在用户程序中的任意两个（连接的）坐标系之间计算转换的工具，具体细节将在 4.2 节中介绍。

4.2 变换侦听器

在 ROS 中可以通过 tf 库实现从一个坐标系到另一个坐标系的转换（参见 http://wiki.ros.org/tf/Tutorials）。tf 库中一个非常有用的功能是 tf_listener。我们已经看到转换被发布到主题 tf，其中每个这样的消息都包含子坐标系与父坐标系在空间上如何关联的详细描述。在 ROS 中，一个父进程可以有多个子进程，但子进程必须有唯一的父进程，这样才能保证树状的几何关系。tf_listener 通常作为独立的线程启动，因此不依赖于主程序的 spin() 或 spinOnce() 调用。这个线程订阅 tf 主题并从单个父 – 子转换消息中组装一个运动学树。由于 tf_listener 包含了所有转换发布，因此它能够处理特定的查询，例如"我的右手掌心坐标系相对于我的左相机光学坐标系在哪里？"对这样一个查询的响应是产生一个转换消息，可以用来协调不同的坐标系（例如手眼协调）。只要发布了一个完整的连接坐标系，变换侦听器就可以将所有传感器数据转换为一个公共参考坐标系，从而允许在一个公共视图中显示来自多个源的传感数据。

使用 tf 侦听器的示例代码在随书附带代码软件库的 example_tf_listener 包中。这个演示包特别假设引用我们的移动机器人模型，特别是关于坐标系 base_link、link1 和 link2。示例代码由三个文件组成：example_tf_listener.h，它定义了一个 DemoTfListener 类 example_tf_listener_fncs.cpp，其中包含 DemoTfListener 类方法的实现；和 example_tf_listener.cpp，它包含一个 main() 程序，演示如何使用变换侦听器进行操作。主程序的内容如代码清单 4.3 所示。

代码清单 4.3　example_tf_listener.cpp：变换侦听器的示例代码

```
1   //example_tf_listener.cpp:
2   //wsn, March 2016
3   //illustrative node to show use of tf listener, with reference to the simple mobile-↵
        robot model
4   // specifically, frames: odom, base_frame, link1 and link2
5
6   // this header incorporates all the necessary #include files and defines the class "↵
        DemoTfListener"
7   #include "example_tf_listener.h"
8   using namespace std;
9
10  //main pgm to illustrate transform operations
11
12  int main(int argc, char** argv) {
13      // ROS set-ups:
14      ros::init(argc, argv, "demoTfListener"); //node name
15      ros::NodeHandle nh; // create a node handle; need to pass this to the class ↵
            constructor
16      ROS_INFO("main: instantiating an object of type DemoTfListener");
17      DemoTfListener demoTfListener(&nh); //instantiate an ExampleRosClass object and ↵
            pass in pointer to nodehandle for constructor to use
18
19      tf::StampedTransform stfBaseToLink2, stfBaseToLink1, stfLink1ToLink2;
20      tf::StampedTransform testStfBaseToLink2;
21
22      tf::Transform tfBaseToLink1, tfLink1ToLink2, tfBaseToLink2, altTfBaseToLink2;
23
24      demoTfListener.tfListener_->lookupTransform("base_link", "link1", ros::Time(0), ↵
            stfBaseToLink1);
25      cout << endl << "base to link1: " << endl;
26      demoTfListener.printStampedTf(stfBaseToLink1);
```

```
27      tfBaseToLink1 = demoTfListener.get_tf_from_stamped_tf(stfBaseToLink1);
28
29      demoTfListener.tfListener_->lookupTransform("link1", "link2", ros::Time(0), ←
            stfLink1ToLink2);
30      cout << endl << "link1 to link2: " << endl;
31      demoTfListener.printStampedTf(stfLink1ToLink2);
32      tfLink1ToLink2 = demoTfListener.get_tf_from_stamped_tf(stfLink1ToLink2);
33
34      demoTfListener.tfListener_->lookupTransform("base_link", "link2", ros::Time(0), ←
            stfBaseToLink2);
35      cout << endl << "base to link2: " << endl;
36      demoTfListener.printStampedTf(stfBaseToLink2);
37      tfBaseToLink2 = demoTfListener.get_tf_from_stamped_tf(stfBaseToLink2);
38      cout << endl << "extracted tf: " << endl;
39      demoTfListener.printTf(tfBaseToLink2);
40
41      altTfBaseToLink1 = tfBaseToLink1*tfLink1ToLink2;
42      cout << endl << "result of multiply tfBaseToLink1*tfLink1ToLink2: " << endl;
43      demoTfListener.printTf(altTfBaseToLink2);
44
45      if (demoTfListener.multiply_stamped_tfs(stfBaseToLink1, stfLink1ToLink2, ←
            testStfBaseToLink2)) {
46          cout << endl << "testStfBaseToLink2:" << endl;
47          demoTfListener.printStampedTf(testStfBaseToLink2);
48      }
49      cout << endl << "attempt multiply of stamped transforms in wrong order:" << endl;
50      demoTfListener.multiply_stamped_tfs(stfLink1ToLink2, stfBaseToLink1, ←
            testStfBaseToLink2);
51
52      geometry_msgs::PoseStamped stPose, stPose_wrt_base;
53      stPose = demoTfListener.get_pose_from_transform(stfLink1ToLink2);
54      cout << endl << "pose link2 w/rt link1, from stfLink1ToLink2" << endl;
55      demoTfListener.printStampedPose(stPose);
56
57      demoTfListener.tfListener_->transformPose("base_link", stPose, stPose_wrt_base);
58      cout << endl << "pose of link2 transformed to base frame:" << endl;
59      demoTfListener.printStampedPose(stPose_wrt_base);
60
61      return 0;
62  }
```

在代码清单 4.3 中，实例化了 DemoTfListener 类的一个对象（17 行）。此对象有一个变换侦听器，指向它的指针是 tf::TransformListener*tfListener_。变换侦听器用于主程序中的 4 个位置：24、29、34 行和 57 行。

第一个实例（24 行）为：

```
demoTfListener.tfListener_->lookupTransform("base_link", "link1", ←
    ros::Time(0), stfBaseToLink1);
```

变换侦听器订阅 tf 主题，并不断尝试从所有已发布的父 – 子空间关系中装配尽可能最新的转换链。一旦实例化了变换侦听器并给予一个短暂的时间开始收集已发布的转换信息，它就会提供各种有用的方法。在上面的例子中，类函数 lookupTransform 在指定的坐标系（base_link 和 link1）之间寻找一个转换。同样地，这个转换告诉我们与 base_link 坐标系相关的 link1 坐标系在哪里。lookupTransform 类函数填充 stfBaseToLink1 这个 tf::StampedTransform 类型的对象。stamped 转换包含一个原点（3 维向量）和一个方向（3×3 矩阵）。示例代码使用转换对象的访问器函数来打印此转换的分量。

调用带参数的 lookupTransform() 函数来定义坐标系（link1）和所需的参考坐标系（base_link）。参数 ros::Time(0) 指定了当前所需的转换。（另外，用户可以请求一个相对于过去某个指定时间的历史变换。）

stfBaseToLink1 对象有一个 timestamp 和一个 tf::Transform 对象，前者为参考坐标系（frame_id）和子坐标系（child_frame_id）建立标签。tf::Transform 类型对象具有各种成员类函数和定义的运算符。从 tf::StampedTransform 对象提取 tf::Transform 不像预期的那样简单，需要在类 DemoTfListener 中定义函数 get_tf_from_stamped_tf() 来辅助。在 27 行：

```
tfBaseToLink1 = demoTfListener.get_tf_from_stamped_tf(stfBaseToLink1);
```

tfBaseToLink1 变换是从 stfBaseToLink1 中提取，它描述了坐标系 link1 相对于坐标系 base_frame 的位置和方向。

在第 29 行中，使用变换侦听器获得了 stamped-transform stfLink1ToLink2，但是利用了相对于坐标系 link1 的指定坐标系 link2。从 stamped 转换提取转换至 tfLink1ToLink2 对象。

34～37 行再次执行此操作，此时将生成 tfBaseToLink2 这个相对于 base_frame 的 link2 转换。

运算符 * 是为 tf:Transform 对象而定义。因此，对象 tfBaseToLink1 和 tfLink1ToLink2 可以相乘，如 41 行所示：

```
altTfBaseToLink2 = tfBaseToLink1*tfLink1ToLink2;
```

此操作的意义在于级联这些转换，相当于 4×4 相乘转换：

$$^A T_C = {}^A T_B {}^B T_C \tag{4.7}$$

altTfBaseToLink2 中的结果与下面的结果相同：

```
demoTfListener.tfListener_->lookupTransform("base_link", "link2", ←
    ros::Time(0), stfBaseToLink2);
```

并且从 stfBaseToLink2 中提取转换。

示例代码使用 DemoTfListener 类的成员函数 printTf() 和 printStampedTf() 来显示各种转换。

57 行显示了变换侦听器所使用的另一个成员类函数：

```
demoTfListener.tfListener_->transformPose("base_link", stPose, ←
    stPose_wrt_base);
```

利用该函数，用户可以转换一个 geometry_msgs::PoseStamped 类型的对象。这个位姿的位置和方向是由指定的 frame_id 表示。利用 transformPose() 函数，输入的 PoseStamped 对象 stPose 重新表示为一个输出位姿 stPose_wrt_base，它是由指定的期望坐标系（本例中为 base_link）表示的。

若要查看示例代码的结果，启动 Gazebo：

```
roslaunch gazebo_ros empty_world.launch
```

并调用 mobot 启动文件：

```
roslaunch mobot_urdf mobot_w_arm_and_jnt_pub.launch
```

运行：

```
rostopic echo tf
```

用户可以看到发布的转换，包括 odom、base_link、left_wheel 和 right_wheel 之间的关系，它们是差速驱动 Gazebo 插件的发布规则。若要获得更多的转换，包括最小机械臂，运行：

```
rosrun robot_state_publisher robot_state_publisher
```

然后，tf 主题携带许多额外的转换消息，包括 link2 到 link1（最小的机械臂）和 link1 到 base_link。

运行这些节点后，启动变换侦听器示例：

```
rosrun example_tf_listener example_tf_listener
```

变换侦听器示例的输出以下面内容开头：

```
[ INFO] [1457913167.079553126]: main: instantiating an object of type DemoTfListener
[ INFO] [1457913167.079639652]: in class constructor of DemoTfListener
[ INFO] [1457913167.097079718]: waiting for tf between link2 and base_link...
[ WARN] [1457913167.097393435]: "base_link" passed to lookupTransform argument
    target_frame does not exist. ; retrying...
[ WARN] [1457913167.843127914, 414.927000000]: Lookup would require extrapolation into ←
    the past.
        Requested time 414.914000000 but the earliest data is at time 414.934000000,
        when looking up transform from frame [link2] to frame [base_link]; retrying...
[ INFO] [1457913168.344223832, 415.427000000]: tf is good
```

最初，变换侦听器不了解运动学树的所有增量转换。因此，变换侦听器调用失败。捕获到此失败并重新尝试调用。在下次尝试之前，连接转换都是已知的并且已成功调用的。通常，连续尝试在任意两个指定的坐标系之间寻找转换都将成功。然而，未来在丢失转换的情况下使用"try 和 catch"仍然是一个很好的实践。

第一个结果显示的是：

```
base to link1:
frame_id: base_link
child_frame_id: link1
vector from reference frame to to child frame: -0.27305,0,0.55
orientation of child frame w/rt reference frame:
1,0,0
0,1,0
0,0,1
quaternion: 0, 0, 0, 1
```

这说明在坐标系 base_link 和坐标系 link1 之间的转换相对简单。方向是个单位矩阵，表明 link1 坐标系与 base_link 坐标系对齐。从 base_link 坐标系原点到 link1 坐标系原点有一个

负 x 分量、一个为 0 的 y 分量和一个正 z 分量。这很直观，因为 link1 坐标系的原点位于 base_link 原点之上（因此是正 z 分量）以及 base_link 坐标系原点之后（因此是负 x 分量）。单位矩阵方向对应的四元数是（0，0，0，1）。

第二部分显示的输出是：

```
link1 to link2:
frame_id: link1
child_frame_id: link2
vector from reference frame to to child frame: 0,0,1
orientation of child frame w/rt reference frame:
 0.978314, 0, 0.207128
 0,        1, 0
-0.207128, 0, 0.978314
quaternion: 0, 0.10413, 0, 0.994564
```

从 link1 坐标系原点到 link2 坐标系原点的向量（0，0，1）只是 z 方向上的 1m 位移。link2 坐标系几乎与 link1 坐标系对齐。y 轴（旋转矩阵的第 2 列）是（0，1，0），这意味着 link2 的 y 轴与 link1 的 y 轴平行。但是，link2 坐标系的 x 和 z 轴与相应的 link1 轴不同。因为 link2 微向前倾，link2 的 z 轴（0.207，0，0.078）具有较小的正向 x 分量（相对于 link1 坐标系），link2 的 x 轴（0.978，0，−0.207）指向微向下，因此有一个负的 z 分量（相对于 link1 坐标系）。接下来显示的输出对应于 link2 和 base link 之间的转换：

```
base to link2:
frame_id: base_link
child_frame_id: link2
vector from reference frame to to child frame: -0.27305,0,1.55
orientation of child frame w/rt reference frame:
0.978314,0,0.207128
0,1,0
-0.207128,0,0.978314
quaternion: 0, 0.10413, 0, 0.994564
```

相比之下，tfBaseToLink1 和 tfLink1ToLink2 乘积的输出是：

```
result of multiply tfBaseToLink1*tfLink1ToLink2:
vector from reference frame to to child frame: -0.27305,0,1.55
orientation of child frame w/rt reference frame:
0.978314,0,0.207128
0,1,0
-0.207128,0,0.978314
quaternion: 0, 0.10413, 0, 0.994564
```

此结果的分量与那些直接从基杆到 link2 的转换查找相同，这表明转换的乘积等同于 4×4 矩阵转换乘法运算（尽管 tf::Transform 乘法运算的结果是 tf::Transform 类型对象，而不只是矩阵）。

虽然没有定义 tf::StampedTransform 对象的乘法运算，但 DemoTfListener 类的成员函数执行了等效的运算，第 45 行：

```
if (demoTfListener.multiply_stamped_tfs(stfBaseToLink1, stfLink1ToLink2, ←
    testStfBaseToLink2))
```

实现了预期的运算。提取 stamped 转换的转换分量，相乘，用于生成 stamped 转换的 testStfBaseToLink2 转换分量。示例函数获得了指定的第 1 个 stamped 转换的 frame_id 和第 2 个 stamped 转换的 child_id。然而，为了使乘法运算有意义，第 1 个 stamped 转换的 child_id 须与第 2 个 stamped 转换的 frame_id 相同。如果不满足此条件，则乘法运算函数返回 false 以示逻辑错误。（参见 50 行。）

最后，52 ~ 59 行说明了如何将一个位姿转换到一个新坐标系。输出显示为：

```
pose link2 w/rt link1, from stfLink1ToLink2
frame id = link1
origin: 0, 0, 1
quaternion: 0, 0.10413, 0, 0.994564

pose of link2 transformed to base frame:
frame id = base_link
origin: -0.27305, 0, 1.55
quaternion: 0, 0.10413, 0, 0.994564
```

注意，转换后的 link2 位姿与使用 tfListener_->lookupTransform 而获得的 stamped 转换 stfBaseToLink2 的相应分量具有相同的平移和旋转。

通过使用 tf 包中的命令行工具，可以获得这种转换的另一个检查。运行：

```
rosrun tf tf_echo base_link link2
```

会使屏幕显示指定坐标系之间转换的输出。命名的顺序很重要，上面的命令显示了相对于 base_link 坐标系的 link2 坐标系。此命令的示例输出为：

```
At time 23.585
- Translation: [-0.273, 0.000, 1.550]
- Rotation: in Quaternion [0.000, 0.103, 0.000, 0.995]
            in RPY (radian) [0.000, 0.207, 0.000]
            in RPY (degree) [0.000, 11.850, 0.000]
```

这与变换侦听器的结果一致。

geometry_msgs 类型和 tf 类型之间的转换可能很烦琐。代码清单 4.4 中的代码是从 example_tf_listener_fncs.cpp 中提取的，说明了如何从 tf::StampedTransform 中提取 geometry_msgs::PoseStamped。

代码清单 4.4　从类型 tf 到 geometry_msgs 类型的转换示例

```
1  geometry_msgs::PoseStamped DemoTfListener::get_pose_from_transform(tf::↵
       StampedTransform tf) {
2    //clumsy conversions--points, vectors and quaternions are different data types in tf↵
         vs geometry_msgs
3    geometry_msgs::PoseStamped stPose;
4    geometry_msgs::Quaternion quat;  //geometry_msgs object for quaternion
5    tf::Quaternion tfQuat; // tf library object for quaternion
6    tfQuat = tf.getRotation(); // member fnc to extract the quaternion from a transform
7    quat.x = tfQuat.x(); // copy the data from tf-style quaternion to geometry_msgs-↵
         style quaternion
8    quat.y = tfQuat.y();
9    quat.z = tfQuat.z();
10   quat.w = tfQuat.w();
11   stPose.pose.orientation = quat; //set the orientation of our PoseStamped object from↵
         result
12
13   // now do the same for the origin--equivalently, vector from parent to child frame
14   tf::Vector3 tfVec;  //tf-library type
15   geometry_msgs::Point pt; //equivalent geometry_msgs type
```

```
16      tfVec = tf.getOrigin(); // extract the vector from parent to child from transform
17      pt.x = tfVec.getX(); //copy the components into geometry_msgs type
18      pt.y = tfVec.getY();
19      pt.z = tfVec.getZ();
20      stPose.pose.position= pt; //and use this compatible type to set the position of the ←
            PoseStamped
21      stPose.header.frame_id = tf.frame_id_; //the pose is expressed w/rt this reference ←
            frame
22      stPose.header.stamp = tf.stamp_; // preserve the time stamp of the original ←
            transform
23      return stPose;
24  }
```

虽然在 geometry_msgs 和 tf 中定义了向量和四元数，但这些类型不兼容。代码清单 4.4 中的代码展示了如何进行转换。

在实例化变换侦听器时，注意针对返回错误而测试查找函数。这是在 DemoTfListener（提取自 example_tf_listener_fncs.cpp）的构造函数中完成的，如代码清单 4.5 所示。

代码清单 4.5　tfListener 的 DemoTfListener 构造函数演示

```
1   DemoTfListener::DemoTfListener(ros::NodeHandle* nodehandle):nh_(*nodehandle)
2   {
3       ROS_INFO("in class constructor of DemoTfListener");
4       tfListener_ = new tf::TransformListener;  //create a transform listener and assign←
            its pointer
5       //here, the tfListener_ is a pointer to this object, so must use -> instead of "."←
            operator
6       //somewhat more complex than creating a tf_listener in "main()", but illustrates ←
            how
7       // to instantiate a tf_listener within a class
8
9       // wait to start receiving valid tf transforms between base_link and link2:
10      // this example is specific to our mobot, which has a base_link and a link2
11      // lookupTransform will through errors until a valid chain has been found from ←
            target to source frames
12      bool tferr=true;
13      ROS_INFO("waiting for tf between link2 and base_link...");
14      tf::StampedTransform tfLink2WrtBaseLink;
15      while (tferr) {
16          tferr=false;
17          try {
18                  //try to lookup transform, link2-frame w/rt base_link frame; this will←
                        test if
19              // a valid transform chain has been published from base_frame to link2
20                  tfListener_->lookupTransform("base_link", "link2", ros::Time(0), ←
                        tfLink2WrtBaseLink);
21              } catch(tf::TransformException &exception) {
22                  ROS_WARN("%s; retrying...", exception.what());
23                  tferr=true;
24                  ros::Duration(0.5).sleep(); // sleep for half a second
25                  ros::spinOnce();
26              }
27      }
28      ROS_INFO("tf is good");
29      // from now on, tfListener will keep track of transforms; do NOT need ros::spin(),←
            since
30      // tf_listener gets spawned as a separate thread
31  }
```

try 和 catch 结构用于从变换侦听器的 lookupTransform() 函数中捕获错误。当使用变换侦听器 lookup 函数时，最好始终进行一次 try 和 catch 测试。否则，如果 lookup 函数失败，主程序将崩溃。

变换侦听器的另一个问题是在一个通用的 ROS 系统中运行节点的多台计算机的时钟

同步。ROS 支持分布式处理。但是，对于计算机网络，每台计算机都有自己的时钟。这可能导致已发布转换中的时间戳不同步。变换侦听器可能会提示有些转换似乎在后面会发布多次。解决此问题可能需要使用 chrony（参见 http://chrony.tuxfamily.org/）或某个网络时间协议使时钟同步。

example_tf_listener_fncs.cpp 中的附加功能包括 multiply_stamped_tfs()、get_tf_from_stamped_tf()、get_pose_from_transform()、printTf()、printStampedTf() 和 printStampedPose()。这里不详细介绍这些内容，但查看源代码有助于了解如何访问或生成转换类型的分量。这里介绍的转换包含在一个名为 XformUtils 的库中，下一节将对此进行描述。除了 tf 操作，另一个名为 Eigen 的库可以更方便地执行线性代数运算，下面将对此进行介绍。

4.3 使用 Eigen 库

ROS 消息是为网络通信的高效序列化而设计的。当用户希望对数据执行运算时，这些消息可能不便于使用。执行线性代数运算是一个常见需求。对于线性代数来说，Eigen 库是一个有价值的 C++ 库（参见 http://eigen.tuxfamily.org）。Eigen 开源项目独立于 ROS。然而，用户仍然可以在 ROS 中使用 Eigen。

若要在 ROS 中使用 Eigen，用户必须在 *.cpp 源代码中包含相关的头文件，并向 CMakeLists.txt 中添加命令行。我们自定义的 cs_create_pkg 脚本已经在 CMakeLists.txt 中包含了必要的命令行，它们只需要取消注释。具体来说，在 CMakeLists.txt 文件中取消注释以下命令行：

```
#uncomment the following 4 lines to use the Eigen library
find_package(cmake_modules REQUIRED)
find_package(Eigen3 REQUIRED)
include_directories(${EIGEN3_INCLUDE_DIR})
add_definitions(${EIGEN_DEFINITIONS})
```

（有关 ROS 中 cmake_modules 的解释，参见 http://github.com/ros/cmake_modules/blob/0.3-devel/README.md#usage。）在源代码中，包含所需功能的头文件。下面的步骤包含了许多功能：

```
#include <Eigen/Eigen> //for the Eigen library
#include <Eigen/Dense>
#include <Eigen/Geometry>
#include <Eigen/Eigenvalues>
```

若要访问 Eigen 中的其他功能，可以包含更多的头文件，参见：http://eigen.tuxfamily.org/dox/group__QuickRefPage.html#QuickRef_Headers。

包 example_eigen 中的 example_eigen_plane_fit.cpp 举例说明了一些有 Eigen 功能的程序。下面解释此程序的代码行。

示例向量可以定义如下：

```
Eigen::Vector3d normal_vec(1,2,3); // here is an arbitrary 3x1 vector,
    initialized to (1,2,3) upon instantiation
```

这将实例化一个 Eigen 对象，它是一个由 3 个双精度值组成的列向量。该对象命名为 normal_vec，初始化数值为（1，2，3）。

Eigen::Vector3d 的一个成员函数是 norm()，它计算了向量的欧几里得长度（各分量平方和的均方根）。用户可以将该向量强制为以下单位长度（如果它是一个非零向量！）：

```
normal_vec/=normal_vec.norm(); // make this vector unit length
```

注意，尽管 normal_vec 是一个对象，但是需要定义运算符 * 和 / 以按预期缩放向量的分量。因此，向量 – 时间 – 标量运算的行为与预期一致（其中 normal_vec.norm() 返回标量值）。

下面是一个实例化 3×3 矩阵对象（由双精度值组成）的示例：

```
Eigen::Matrix3d Rot_z;
```

利用以下符号，用户可以一次一行地用数据生成矩阵：

```
Rot_z.row(0)<<0,1,0;   // populate the first row--shorthand method
Rot_z.row(1)<<1,0,0;   //second row
Rot_z.row(2)<<0,0,1;   // third row
```

还有很多其他方法可用于初始化或生成矩阵和向量。例如，用户可以用零来生成一个向量或矩阵：

```
Eigen::Vector3d centroid;
// here's a convenient way to initialize data to all zeros; more
    variants exist
centroid = Eigen::MatrixXd::Zero(3,1); // http://eigen.tuxfamily.org/dox/
    AsciiQuickReference.txt
```

参数（3，1）指定了 3 行 1 列。（向量只是一个矩阵的特例，它不是 1 行就是 1 列。）

另外，用户可以在实例化时将初始值指定为构造函数的参数。将向量初始化为 1：

```
Eigen::VectorXd   ones_vec= Eigen::MatrixXd::Ones(npts,1);
```

在演示的示例代码中，生成了一组位于（或接近）预定平面上的点。只使用数据点，用户调用 Eigen 类函数便可知原始平面是什么。此运算在点云处理中很有价值，我们可能希望从中找到感兴趣的平面，例如桌子、墙、地板、门等。

在示例代码中，我们将感兴趣的平面定义为一个称为 normal_vec 的曲面法线，并且该平面以距离 dist 偏离原点。平面具有一个与原点的距离的独特定义。如果用户关心平面的正负面，那么从原点到平面的距离可以是一个有符号的数字，其中偏移量是在平面法线方向上从原点到平面的距离（因此可能产生负偏移）。

为了生成样本数据，我们构造了垂直于平面法线向量的一对向量。我们可以从与平面法线不共线的向量 v1 开始。在示例代码中，这个向量是通过围绕 z 轴将 normal_vec 旋转 90 度生成的，这是通过下面的矩阵 * 向量乘法来实现：

```
v1 = Rot_z*normal_vec; //here is how to multiply a matrix times a vector
```

（注意，如果 normal_vec 与 z 轴平行，则 v1 将等同于 normal_vec，后续操作将不起作用。）

为了便于显示，Eigen 类型很好地为 cout 进行了格式化，矩阵的每行输出到新行，例如使用：

```
cout<<Rot_z<<endl;
```

与其使用 cout，不如使用 ROS_INFO_STREAM()，后者比 ROS_INFO() 更通用。此函数通过网络通信输出数据，因此可以通过 rqt_console 和 loggable 查看数据。若要使用 ROS_INFO_STREAM() 将 Rot_z 显示为格式化的矩阵，用户可以使用：

```
ROS_INFO_STREAM(endl<<Rot_z); // start w/ endl, so get a clean first ←
    line of data display
```

对于短列向量，在一行中显示数值更方便。为此，用户可以输出向量的转置，如下所示：

```
ROS_INFO_STREAM("v1: "<<v1.transpose()<<endl);
```

两个常见的向量运算是点积和叉乘。下面是来自示例代码的一些摘录：

```
double dotprod = v1.dot(normal_vec); //using the "dot()" member function
double dotprod2 = v1.transpose()*normal_vec;// alt: turn v1 into a row ←
    vector, then multiply times normal_vec
```

对于叉乘，v1 交叉于 normal_vec：

```
v2 = v1.cross(normal_vec);
```

注意，v1 × normal_vec 的结果均必须与 v1 和 normal_vec 相互正交。因为结果 v2 垂直于 normal_vec，所以它平行于正在构建的平面。

平面中的第 2 个向量可以计算为：

```
v1 = v2.cross(normal_vec); // re-use v1; make it the cross product ←
    of v2 into normal_vec
```

利用向量 v1、v2 和 normal_vec，用户可以将所需平面中的任何点定义为：

```
p = a*v1 + b*v2 + c*normal_vec
```

约束 c = dist，但 a 和 b 可以是任意标量值。

在 3×N 矩阵中，随机点在平面上生成并储存为列向量。利用以下代码行实例化矩阵：

```
Eigen::MatrixXd points_mat(3,npts); //create a matrix, double-precision ←
    values, 3 rows and npts cols
```

该示例在所需平面内生成随机点，如下所示：

```
Eigen::Vector2d rand_vec; //a 2x1 vector
//generate random points that all lie on plane defined by distance ←
    and normal_vec
for (int ipt = 0;ipt<npts;ipt++) {
    // MatrixXd::Random returns uniform random numbers in the range (-1, 1).
    rand_vec.setRandom(2,1); // populate 2x1 vector with random values
    //cout<<"rand_vec: "<<rand_vec.transpose()<<endl; //optionally, look ←
        at these random values
    //construct a random point ON the plane normal to normal_vec ←
        at distance "dist" from origin:
    // a point on the plane is a*x_vec + b*y_vec + c*z_vec, where ←
        we may choose
    // x_vec = v1, y_vec = v2 (both of which are parallel to our ←
        plane) and z_vec is the plane normal
    // choose coefficients a and b to be random numbers, but ←
        "c" must be the plane's distance from the origin, "dist"
    point = rand_vec(0)*v1 + rand_vec(1)*v2 + dist*normal_vec;
    //save this point as the i'th column in the matrix "points_mat"
    points_mat.col(ipt) = point;
}
```

使用以下代码可以在平面上将随机噪声加入到（理想）数据上：

```
// add random noise to these points in range [-0.1,0.1]
Eigen::MatrixXd Noise = Eigen::MatrixXd::Random(3,npts);
// add two matrices, term by term.  Also, scale all points ←
    in a matrix by a scalar: Noise*g_noise_gain
points_mat = points_mat + Noise*g_noise_gain;
```

矩阵 points_mat 现在包含了一列一列的点，这些点在平面上距离原点约为一个 dist，平面法向量为 normal_vec。该数据集可以用来说明平面拟合运算。第 1 步是计算所有点的质心，计算方法如下：

```
// first compute the centroid of the data:
// here's a handy way to initialize data to all zeros; more variants exist
// see http://eigen.tuxfamily.org/dox/AsciiQuickReference.txt
Eigen::Vector3d centroid = Eigen::MatrixXd::Zero(3,1);

//add all the points together:
npts = points_mat.cols(); // number of points = number of columns in matrix;←
    check the size
cout<<"matrix has ncols = "<<npts<<endl;
for (int ipt =0;ipt<npts;ipt++) {
centroid+= points_mat.col(ipt); //add all the column vectors together
}
centroid/=npts; //divide by the number of points to get the centroid
```

然后，（近似）平面点通过从每个点减去质心而偏移：

```
// subtract this centroid from all points in points_mat:
Eigen::MatrixXd points_offset_mat = points_mat;
for (int ipt =0;ipt<npts;ipt++) {
    points_offset_mat.col(ipt)  = points_offset_mat.col(ipt)-centroid;
}
```

由此产生的矩阵（3 行 npts 列）可以用来计算协方差矩阵，这个矩阵乘以其转置，生成一个 3×3 矩阵：

```
Eigen::Matrix3d CoVar;
CoVar = points_offset_mat*(points_offset_mat.transpose()); ←
    //3xN matrix times Nx3 matrix is 3x3
```

一个更高级的 Eigen 选项是特征向量和相关特征值的计算，可以通过以下命令调用：

```
// here is a more complex object: a solver for eigenvalues/eigenvectors;
// we will initialize it with our covariance matrix, which will induce ←
    computing eval/evec pairs
Eigen::EigenSolver<Eigen::Matrix3d> es3d(CoVar);
Eigen::VectorXd evals; //we'll extract the eigenvalues to here
// in general, the eigenvalues/eigenvectors can be complex numbers
//however, since our matrix is self-adjoint (symmetric, positive ←
    semi-definite), we expect
// real-valued evals/evecs;  we'll need to strip off the real parts ←
    of the solution
evals= es3d.eigenvalues().real(); // grab just the real parts
```

这 3 个特征值均为非负。最小的特征值对应于最接近平面法线的特征向量。（最小方差的方向垂直于最佳拟合平面。）如果最小特征值对应于指数 ivec，则相应的特征向量为：

```
est_plane_normal = es3d.eigenvectors().col(ivec).real();
```

原点到平面的距离可以计算为从原点到平面法线质心的向量投影（点积）：

```
double est_dist = est_plane_normal.dot(centroid);
```

程序 example_eigen_plane_fit.cpp 解释了各种 Eigen 功能，所阐述的具体算法对于数据拟合平面是一种有效的和鲁棒的技术。

另外一个有用的 Eigen 对象是 Eigen::Affine3d，它具有坐标变换运算符的等效功能。ROS tf 变换可以转换为 Eigen 仿射对象，如下所示：

```
Eigen::Affine3d transformTFToEigen(const tf::Transform &t) {
    Eigen::Affine3d e;
    // treat the Eigen::Affine as a 4x4 matrix:
    for (int i = 0; i < 3; i++) {
        e.matrix()(i, 3) = t.getOrigin()[i]; //copy the origin from tf ←
            to Eigen
        for (int j = 0; j < 3; j++) {
            e.matrix()(i, j) = t.getBasis()[i][j]; //and copy 3x3 rotation ←
                matrix
        }
    }
```

```cpp
    // Fill in (0,0,0,1) in the last row
    for (int col = 0; col < 3; col++)
        e.matrix()(3, col) = 0;
    e.matrix()(3, 3) = 1;
    return e;
}
```

随后，可以将 Eigen 仿射对象相乘，或者用 Eigen Vector3d 对象前乘而将这些点转换到新的坐标系，如下面的示例代码片段所示：

```cpp
//let's say we have a point, "p", as detected in the sensor frame;
// arbitrarily, initialize this to [1;2;3]
Eigen::Vector3d p_wrt_sensor(1,2,3);
//create an affine object that defines the transform between the sensor
    frame and the world frame:
Eigen::Affine3d affine_sensor_wrt_world;
//assume "tfTransform" has been filled in by a transform listener for
    sensor frame w/rt world frame
affine_sensor_wrt_world =transformTFToEigen(tfTransform); //convert tf to
    Eigen::Affine
// here's how to convert a sensor point to the world frame:
Eigen::Vector3d p_wrt_world;
p_wrt_world = affine_sensor_wrt_world*p_wrt_sensor; //point is now
    expressed in world-frame coordinates

//we can transform in the opposite direction with the transform inverse:
Eigen::Vector3d p_back_in_sensor_frame;
p_back_in_sensor_frame = affine_sensor_wrt_world.inverse()*p_wrt_world;
```

在计算运动学链的位姿以及将传感器数据转换到有用的参考坐标系时，本征式仿射变换非常有用，例如机器人的基础坐标系。

4.4 转换 ROS 数据类型

正如我们所见，ROS 节点通过定义的消息类型相互通信。ROS 发布器解构消息对象的数据组件，序列化数据并通过主题传输数据。一个互补的订阅器接收串行数据并重构相应消息对象的组件。这个过程便于通信，但是消息类型对于执行数据运算可能会很麻烦。例如，用户可以根据 geometry_msgs::Pose 对象的单个元素来检查它，但是它不能直接用于线性代数运算。

软件包 xfrom_utils 包含了一个便捷的转换函数库。例如，transformPoseToEigenAffine3d() 接收一个 geometry_msgs::Pose 并返回一个等效的 Eigen::Affine3d，如下所示：

```cpp
Eigen::Affine3d XformUtils::transformPoseToEigenAffine3d
    (geometry_msgs::Pose pose) {
    Eigen::Affine3d affine;
    Eigen::Vector3d Oe;
    Oe(0) = pose.position.x;
    Oe(1) = pose.position.y;
    Oe(2) = pose.position.z;
    affine.translation() = Oe;
```

```cpp
        Eigen::Quaterniond q;
        q.x() = pose.orientation.x;
        q.y() = pose.orientation.y;
        q.z() = pose.orientation.z;
        q.w() = pose.orientation.w;
        Eigen::Matrix3d Re(q);
        affine.linear() = Re;

        return affine;
    }
```

若要在自己的包中使用这些实用的函数，此包应该包含 package.xml 中的 xform_utils 依赖关系，并且该包的源代码应该包含头文件 #include<xform_utils/xform_utils.h>。在源代码中，可以实例化 XformUtils 类型的对象，然后再使用成员函数。

在 xform_utils 包的源代码 example_xform_utils.cpp 中阐明了示例用法。该示例预计需要从一个对象位姿转换为一个夹具位姿。在这个实例中，利用名为 object_pose 的 geometry_msgs::Pose 对象的位置和方向分量，硬编码对象位姿。在夹具坐标系的原点与目标坐标系的原点相同，夹具坐标系的 x 轴与目标坐标系的 x 轴一致，夹具坐标系的 z 轴与目标坐标系的 z 轴反向的情形下，派生了夹具接近位姿。构造如下，给定了生成的目标坐标系，我们使用 XformUtils 将其转换为等效的 Eigen::Affine3d 对象，仿射的分量显示为：

```cpp
Eigen::Affine3d object_affine, gripper_affine;
//use XformUtils to convert from pose to affine:
object_affine = xformUtils.transformPoseToEigenAffine3d(object_pose);
cout << "object_affine origin: " << object_affine.translation().
    transpose() << endl;
cout << "object_affine R matrix: " << endl;
cout << object_affine.linear() << endl;
```

Affine3d 对象的旋转矩阵是用 x、y 和 z 的方向轴来解释的。这些方向轴用于构建夹具坐标系的相应轴。夹具坐标系的 x 轴和目标坐标系的 x 轴相同，夹具坐标系的 z 轴与目标坐标系的 z 轴反向，y 轴构建为 x 与 z 的叉乘，从而形成一个右手法则：

```cpp
Eigen::Vector3d x_axis, y_axis, z_axis;
Eigen::Matrix3d R_object, R_gripper;
R_object = object_affine.linear(); //get 3x3 matrix from affine
x_axis = R_object.col(0); //extract the x axis
z_axis = -R_object.col(2); //define gripper z axis anti-parallel to
    object z-axis
y_axis = z_axis.cross(x_axis); // construct a right-hand coordinate frame
```

从目标的原点和构建的方向出发，生成夹具仿射：

```cpp
R_gripper.col(0) = x_axis; //populate orientation matrix from axis directions
R_gripper.col(1) = y_axis;
R_gripper.col(2) = z_axis;
gripper_affine.linear() = R_gripper; //populate affine w/ orientation
gripper_affine.translation() = object_affine.translation(); //and origin
cout << "gripper_affine origin: " << gripper_affine.translation().
    transpose() << endl;
cout << "gripper_affine R matrix: " << endl;
cout << gripper_affine.linear() << endl;
```

最终的 Affine3d 对象转换为一个位姿（采用 XformUtils 的函数），并且该位姿用于生成 PoseStamped 对象，结果显示为（采用另一个 XformUtils 的函数）：

```
//use XformUtils fnc to convert from Affine to a pose
gripper_pose = xformUtils.transformEigenAffine3dToPose(gripper_affine);
gripper_pose_stamped.pose = gripper_pose;
gripper_pose_stamped.header.stamp = ros::Time::now();
gripper_pose_stamped.header.frame_id = "torso";
ROS_INFO("desired gripper pose: ");
xformUtils.printStampedPose(gripper_pose_stamped); //display the output
```

这说明了如何将 ROS 中的对象类型转换为与其他库（特别是 Eigen 库）兼容的对象类型，从而利用其他的库函数。这里使用的具体示例将有助于计算操作位姿，如后续的 15.4 节所述。

4.5 小结

坐标变换在机器人学中无处不在，相应地，ROS 有大量的工具来处理坐标变换。但是，由于存在多种表示形式，它们可能会有些混乱。tf 库提供了一个 tf 侦听器，可以在节点内方便地用来侦听所有的转换发布，并将它们组装成连贯的链。tf 侦听器可以查询任意两个连接坐标系之间的空间关系。侦听器结合了最新的可用转换信息进行响应。相比之下，规划者会考虑假设的关系。因此，tf 对于规划而言用处不大，用户可能需要针对规划独立地计算运动学转换。此外，虽然 tf 是动态更新的，但一个潜在的限制是，组装的转换链可能会稍微延迟。因此，tf 结果不应该用于时延敏感的反馈回路（例如，对于力控制，可能需要计算自身的运动学转换）。

用户可以在 ROS 节点中集成独立于 ROS 的 Eigen 库，从而实现快速而复杂的线性代数运算。Eigen 转换可以使用 4×4 矩阵或 Eigen 的数据类型 Eigen::Affine3。与其他独立库一样，用户需要在 ROS 消息类型和（本例中）Eigen 对象之间进行转换。这类转换需要一些额外的内存开销，但这样做的好处是值得的。

随着对 ROS 中转换的了解，我们准备介绍有价值的 ROS 可视化工具 rviz。

第5章

ROS 中的感知与可视化

引言

ROS 中可视化的主要工具是 rviz（参见 http://wiki.ros.org/rviz）。使用此工具，可以显示真实或模拟的传感器值，以及机器人位姿（从机器人模型和已发布的机器人关节值推断）。还可以叠加图形（例如，显示来自感知处理节点的结果）并提供操作员输入（例如，鼠标）。

图 5.1 显示了 Atlas 机器人 rviz 显示的一个示例。彩色点对应于卡内基机器人传感器头上旋转的 Hokuyo 激光雷达[22]的仿真数据[35]。为了表示每个点的 z 高度，激光雷达数据在 rviz 显示中已经着色。从 rviz 显示，可以解释地板上的点（红色）、桌子上的点（黄色）和桌子上的多个圆柱。机器人模型本身也有彩色点，说明仿真的传感器也感知到机器人模型，合理地显示传感器如何观察机器人的手臂。

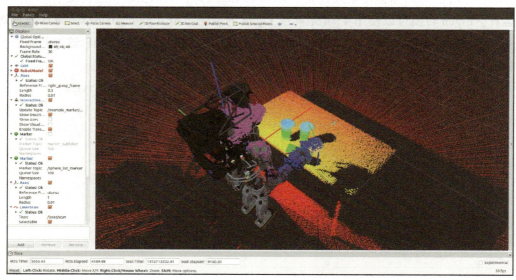

图 5.1　使用激光雷达传感器显示 Atlas 机器人模型的 rviz 视图

图 5.2 是显示来自香港大学实验室的真实（物理）波士顿动力 Atlas 机器人的数据的 rviz 界面。在该显示中，激光雷达数据点已经分类成特定实体，并且显示不同颜色表示类之间的关系，包括地面、机器人前面的墙壁、机器人左侧的墙壁和门。未着色的点是未被分类到已经定义好的类别中，包括靠近墙壁的杂物、龙门架和天花板。来自真实物理机器人的激光雷达显示是对来自 Gazebo 机器人的模型的仿真激光雷达的一种很好的近似。支持在仿真中开发感知处理软件，然后可用于真实物理系统。

图 5.2　实验室中的 Atlas 机器人使用实际的激光雷达数据显示的 rviz 视图

另一个例子如图 5.3 所示。左侧场景是 Case Western Reserve 大学实验室中的一个实际 Baxter™机器人，装配了 Microsoft Kinect™和 Yale OpenHand[31]。右边的场景具有相似的布局（机器人前面的桌子上有个圆柱体）。这是一个包含 Baxter 机器人模型以及安装在机器人上的仿真 Kinect 传感器采集到的彩色点的 rviz 视图。这些点颜色根据高度 z 进行上色。

在 rviz 显示中，机器人模型的位姿与机器人当前的关节角度一致。可以从发布的坐标得到机器人每个关节的位置和方向。如果坐标由真实机器人发布，则 rviz 显示将同步呈现机器人模型，以模拟真实的机器人。或者，坐标源可以是 Gazebo 模型，或者仅仅是先前记录位姿的 rosbag 回放。

类似地，传感器值的显示（例如，来自深度传感器的 3 维点）可以来自真实物理传感器的实时数据流、来自 Gazebo 模型内的仿真传感器或来自预先记录的数据的回放。

如图 5.1 和图 5.3 所示，来自真实或仿真传感器的数据可包括对机器人自身的感知。图 5.1 和图 5.3 显示了机器人模型上的感知数据与各个表面进行适当的组合。为了在仿真中利用传感器驱动行为，坐标的协调是必要的。通过坐标转换协调来自多个模型和传感器的数据。

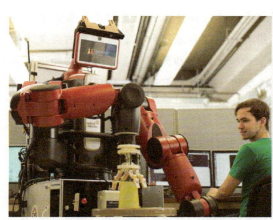
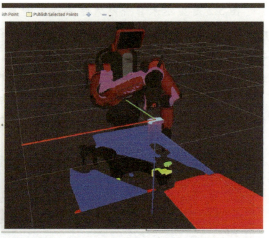

a）Baxter 机器人正在接近一个物体（Russell Lee 拍摄）　　b）使用 Kinect 传感器的 Baxter 机器人模型的 rviz 视图

图 5.3　物理和仿真 Baxter 机器人。rviz 视图（图 b）显示来自仿真 Kinect 传感器的点，其中点根据 z 高度着色

通过参数服务器（其中包含机器人的名称为 robot_description 的运动学和可视化模型），以及在 tf 上发布的变换，我们的系统感知了所有连杆的所有视觉模型，以及计算任何连杆的相对其他连杆的位姿所需的所有变换。有了这么多信息，独立节点就可以访问参数服务器，订阅 tf 主题并在参考的一致坐标系中呈现所有连杆。在 ROS 中使用 rviz 执行变换和渲染。通过运行：

```
rosrun rviz rviz
```

并进行一些交互式配置之后可以看到机器人模型的界面，如图 5.4 所示。

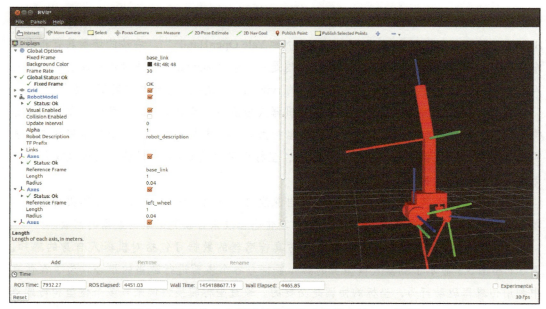

图 5.4　具有单自由度臂的简单移动机器人的 rviz 视图

事实上，rviz 的视图不如 Gazebo 的视图那么酷炫。在 rviz 中一个可视化连杆位姿的问题是为 Gazebo 显示指定的材料颜色信息与为 rviz 指定的颜色不兼容（因此默认情况下所有连杆都显示为红色）。这可以通过扩充模型文件以包括指定 rviz 使用的颜色来纠正。rviz 视图也没有显示可能带入虚拟世界的地平面、阴影或其他模型。在引入其他功能（特别是显示传感器值）之前，rviz 的独特价值不是很明显。

尽管如此，原始的 rviz 视图已经说明了多个重点。首先，机器人配置的显示通常不需要 Gazebo。只要机器人模型已加载到参数服务器并且所有连杆变换都已发布，rviz 就可以用与其关节角度一致的位姿显示机器人的渲染。完成连杆变换的发布，例如，回放录制的 rosbag，无须运行 Gazebo。

更重要的是，可以使用来自真实机器人的数据来渲染相同的机器人模型。这种渲染需要满足一些要求。第一，必须有一个足够的物理机器人视觉模型（如本章引言中的示例），并且必须将此模型加载到参数服务器上。第二，真实机器人必须在 joint_states 主题上发布其关节位移。第三，必须运行 robot_state_publisher 节点，该节点将来自参数服务器的 URDF 信息与来自机器人的关节状态信息相结合，在 tf 主题上计算和发布变换信息。满足了这些条件，rviz 就可以显示机器人的渲染，模仿实际的机器人位姿，随着机器人的移动不断更新。例如，该显示可用于帮助调试硬件问题。真实机器人电机关闭的情况下，可以手动移动关节并观察 rviz 模型是否跟随。如果跟随，该测试将确认相应的关节传感器正常工作并报告正确的关节位移值。

rviz 的第二个有价值的调试功能是可视化被 rosbags 记录的在真实机器人上执行的测试的回放。这种回放对于识别调试线索是有用的，例如，机器人由于失去平衡而摔倒了还是绊倒了？在不同位姿下机器人控制器出现振荡吗？关节限制或惯性效应会导致不良运动吗？

rviz 显示在理解机器人模型时也很有用。在图 5.4 中，显示项目包括机器人模型，以及四个轴坐标：base_link、left_wheel、link2 和 left_casterwheel。坐标系显示为彩色编码：红色表示 x，绿色表示 y，蓝色表示 z。这些显示应符合我们的期望。基础坐标 x 轴向前，y 轴向左，z 轴向上。它的原点位于地面，紧靠两个驱动轮之间的点。左轮坐标的 z 轴指向左侧，与轮轴重合。y 轴和 x 轴与 z 轴正交，并且它们绕车轮 z 轴旋转。

左车轮坐标的 z 轴也与车轮轴重合，尽管车轮在此场景中旋转，因此轮轴不平行于基础坐标 y 轴。link2 坐标显示了 joint1 轴与 link2 坐标的 y 轴重合。

这个显示展示出 rviz 具有机器人所有连杆的所有位姿的完整信息。

通过引入传感器显示、图形叠加和操作员交互，rviz 的真正价值将变得明显。

在深入研究 rviz 之前，有一点值得一提。要使 rviz 显示所有连杆，它必须能够访问所有变换。由于 Gazebo 进行物理仿真，所以 Gazebo 知道所有关节角度。示例模型包括一个关节状态发布器，Gazebo 在 joint_states 主题上为 ROS 提供所有关节角度。在与机器人模型相对应的真实机器人上，车轮的运动与 Gazebo 仿真的运动相似。然而，在被动关节上使用关节传感器是不寻常的。因此，真正的机器人将无法发布脚轮支架和车轮的关节值。

因此，机器人状态发布器无法计算相应的变换，并且 rviz 将无法渲染脚轮和车轮。解决这种差异的方法是运行一个节点，为所有四个车轮关节发布 0。在 rviz 中，脚轮和车轮似乎是静态的，但至少在展示模型时，rviz 不会再报错。

rviz 的第二个微妙问题涉及世界坐标系中机器人的位姿。在 Gazebo 中，定义了一个世界坐标系，并且所有模型（以及模型内的连杆）在 Gazebo 中具有相对于世界坐标系已知的位姿（在惯性坐标系中执行动力学计算的必要要求）。然而，机器人相对于世界坐标系的位姿没有发布到 ROS。结果，在世界坐标系中 rviz 不知道机器人在哪里。为了产生一致的渲染，必须声明（非世界）参考坐标系。在 rviz 中（在 displays 面板中，globaloptions 项），可以设置 FixedFrame。当它设置为 base_link 时，所有渲染都将是相对于机器人的基础坐标系的。因此，当传感器值在 rviz 中显示时，看起来机器人是静止的并且世界向机器人移动——就像观察者骑在机器人上一样。

在世界坐标系中渲染机器人需要额外的步骤，包括定义世界地图和运行定位程序，以帮助建立相对于地图的机器人位置和方向。移动机器人的定位将在 9.2 节中介绍。

5.1 rviz 中的标记物和交互式标记物

在场景中显示计算的图形叠加层通常很有用。例如，这些可以用于帮助突出感兴趣的对象，显示机器人的注意点，显示相对于感官的数据的对象模型的位姿，或者指示运动学可达区域。在 rviz 中提供图形叠加的功能是标记物的发布。更复杂的类型是交互式标记物，它允许操作员使用鼠标（或其他输入设备）在 rviz 中移动标记，并在 ROS 中发布生成的坐标。

5.1.1 rviz 中的标记物

通过发布到合适的主题可以在 rviz 视图中显示标记物。一个示例位于 example_rviz_marker 包中的随书软件库中。源代码 example_rviz_marker.cpp 显示在代码清单 5.1（前导和辅助函数）和代码清单 5.2（主程序）中。

代码清单 5.1　example_rviz_marker.cpp：用于发布 rviz 显示的标记物网格的 C++ 代码，前导和辅助函数

```
1  #include <ros/ros.h>
2  #include <visualization_msgs/Marker.h> // need this for publishing markers
3  #include <geometry_msgs/Point.h> //data type used for markers
4  #include <string.h>
5  #include <stdio.h>
6  #include <example_rviz_marker/SimpleFloatSrvMsg.h> //a custom message type defined in ←
       this package
7  using namespace std;
8
9  //set these two values by service callback, make available to "main"
10 double g_z_height = 0.0;
11 bool g_trigger = true;
12
13 //a service to prompt a new display computation.
14 // E.g., to construct a plane at height z=1.0, trigger with:
15 // rosservice call rviz_marker_svc 1.0
16
```

```
17  bool displaySvcCB(example_rviz_marker::SimpleFloatSrvMsgRequest& request,
18          example_rviz_marker::SimpleFloatSrvMsgResponse& response) {
19      g_z_height = request.request_float32;
20      ROS_INFO("example_rviz_marker: received request for height %f", g_z_height);
21      g_trigger = true; // inform "main" a new computation is desired
22      response.resp = true;
23      return true;
24  }
25
26  void init_marker_vals(visualization_msgs::Marker &marker) {
27      marker.header.frame_id = "/world"; // reference frame for marker coords
28      marker.header.stamp = ros::Time();
29      marker.ns = "my_namespace";
30      marker.id = 0;
31      // use SPHERE if you only want a single marker
32      // use SPHERE_LIST for a group of markers
33      marker.type = visualization_msgs::Marker::SPHERE_LIST; //SPHERE;
34      marker.action = visualization_msgs::Marker::ADD;
35      // if just using a single marker, specify the coordinates here, like this:
36
37      //marker.pose.position.x = 0.4;
38      //marker.pose.position.y = -0.4;
39      //marker.pose.position.z = 0;
40      //ROS_INFO("x,y,z = %f %f, %f",marker.pose.position.x,marker.pose.position.y,
41      //          marker.pose.position.z);
42      // otherwise, for a list of markers, put their coordinates in the "points" array, ←
            as below
43
44      //whether a single marker or list of markers, need to specify marker properties
45      // these will all be the same for SPHERE_LIST
46      marker.pose.orientation.x = 0.0;
47      marker.pose.orientation.y = 0.0;
48      marker.pose.orientation.z = 0.0;
49      marker.pose.orientation.w = 1.0;
50      marker.scale.x = 0.02;
51      marker.scale.y = 0.02;
52      marker.scale.z = 0.02;
53      marker.color.a = 1.0;
54      marker.color.r = 1.0;
55      marker.color.g = 0.0;
56      marker.color.b = 0.0;
57  }
```

代码清单 5.2　example_rviz_marker.cpp：用于发布 rviz 显示标记物网格的 C++ 代码，主程序

```
59  int main(int argc, char **argv) {
60      ros::init(argc, argv, "example_rviz_marker");
61      ros::NodeHandle nh;
62      ros::Publisher vis_pub = nh.advertise<visualization_msgs::Marker>("←
            example_marker_topic", 0);
63      visualization_msgs::Marker marker; // instantiate a marker object
64      geometry_msgs::Point point; // points will be used to specify where the markers go
65
66      //set up a service to compute marker locations on request
67      ros::ServiceServer service = nh.advertiseService("rviz_marker_svc", displaySvcCB);
68
69      init_marker_vals(marker);
70
71      double z_des;
72
73      // build a wall of markers; set range and resolution
74      double x_min = -1.0;
75      double x_max = 1.0;
76      double y_min = -1.0;
77      double y_max = 1.0;
78      double dx_des = 0.1;
79      double dy_des = 0.1;
80
81      while (ros::ok()) {
82          if (g_trigger) { // did service get request for a new computation?
83              g_trigger = false; //reset the trigger from service
84              z_des = g_z_height; //use z-value from service callback
85              ROS_INFO("constructing plane of markers at height %f", z_des);
```

```
86                marker.header.stamp = ros::Time();
87                marker.points.clear(); // clear out this vector
88
89                for (double x_des = x_min; x_des < x_max; x_des += dx_des) {
90                    for (double y_des = y_min; y_des < y_max; y_des += dy_des) {
91                        point.x = x_des;
92                        point.y = y_des;
93                        point.z = z_des;
94                        marker.points.push_back(point);
95                    }
96                }
97            }
98            ros::Duration(0.1).sleep();
99            //ROS_INFO("publishing...");
100           vis_pub.publish(marker);
101           ros::spinOnce();
102       }
103       return 0;
104   }
```

该节点的源代码定义了一个名为 rviz_marker_svc 的服务。此服务使用 example_rviz_marker 包中定义的服务消息 SimpleFloatSrvMsg，并期望客户端提供单个浮点值。可以手动调用该服务，例如，使用终端命令：

```
rosservice call rviz_marker_svc 1.0
```

调用此服务时，example_rviz_marker 节点将计算高度为 1.0 的水平平面内的点网格（如以上示例中所指定）。

该软件包在 package.xml 文件中列出了对 visualization_msgs 和 geometry_msgs 的依赖。相应地，源代码包括头文件：

```
#include <visualization_msgs/Marker.h>
```

和

```
#include <geometry_msgs/Point.h>
```

在 example_rviz_marker.cpp 的 main() 内（62 行），使用消息类型实例化发布器对象：

```
ros::Publisher vis_pub = nh.advertise<visualization_msgs::Marker>("↵
    example_marker_topic", 0);
```

它发布到所选主题 example_marker_topic。

消息类型 visualization_msgs::Marker 相当复杂，可以通过输入以下内容看到：

```
rosmsg show visualization_msgs/Marker
```

这种消息类型包含 15 个字段，其中许多包含子字段。有关此消息类型的定义和使用等其他详细信息，请访问 http://wiki.ros.org/visualization_msgs 和 http://wiki.ros.org/rviz/Display Types/Marker。示例代码中的辅助函数 init_marker_vals() 填充字段：头（包括 frame_id 和时间戳）、类型、动作、位姿、尺度、颜色和点向量（带有 x, y, z 坐标）。

在该示例节点的主程序的主循环中，填充点列表的 x, y, z 坐标（89～96 行），并持续地发布选中的形状、颜色和大小。

要运行示例节点，首先启动 roscore，然后输入：

```
rosrun example_rviz_mark example_rviz_marker
```

运行：

```
rostopic list
```

显示 example_marker_topic，运行：

```
rostopic info example_marker_topic
```

显示节点 example_rviz_marker 向该主题发布了 visualization_msgs/Marker 类型的消息。

启动时，此节点将填充要在零高度显示的点（标记物）。在添加显示类型和主题名称后，rviz 将能够以图形方式显示这些标记物。为此，启动 rviz：

```
rosrun rviz rviz
```

注意，没有必要让 Gazebo 运行。

在 rviz 显示中，选择一个固定的世界坐标系。

要查看计算的标记物，必须将显示项 Marker 添加到 rviz 显示列表，如图 5.5 所示，单

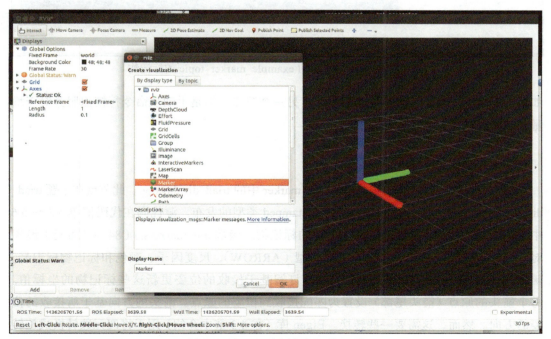

图 5.5　在 rviz 中添加标记物显示

击 Add 并从弹出选项中选择 Marker。单击 OK 后，显示列表将包含 Marker 项。单击此项展开，可以选择编辑这个显示准备订阅的主题。如图 5.6 所示，通过输入文本 example_marker_topic（或从下拉列表选项中选择）编辑主题，这是在 example_rviz_marker 的源代码中选择的主题名称。这时，rviz 开始接收 example_rviz_marker 节点的消息，在原点上高度为零的平面块内显示红色球体。如果 example_rviz_marker 节点响应以下服务请求，则标记物将出现在高度 1.0：

```
rosservice call rviz_marker_svc 1.0
```

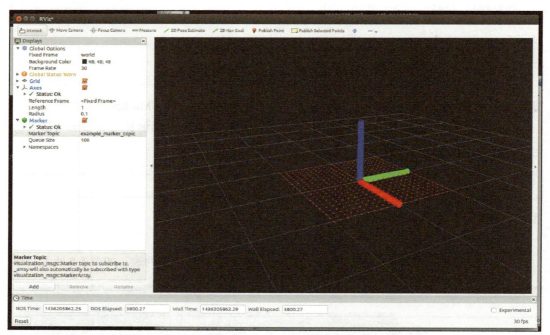

图 5.6　在 rviz 中显示的 example_marker_topic 的标记物

如图 5.7 所示。通常，服务客户端将来自另一个节点，但是手动从命令行模拟服务对于增量测试很有用。

5.1.2　三轴显示示例

第二个说明性示例是包 example_rviz_marker 中的 triad_display.cpp。此节点在主题 triad_display_pose 上监听 geometry_msgs::PoseStamped 类型的发布。源代码在代码清单 5.3～5.6 中给出。29～31 行实例化 x、y 和 z 轴的标记物。函数 init_markers()（84～128 行）设置对标记物不改变的参数，包括标记物类型（ARROW）、尺度因子、颜色和标记物标识号。函数 update_arrows()（35～80 行）通过订阅基于接收的位姿更新这些标记物的坐标值。每个箭头的原点（箭头尾部）设置为匹配接收到位姿的原点。箭头的方向基于所接收的位姿的方向。然而，这需要一些转换。Eigen 库（在 4.3 节中介绍）用于将四元数转换成旋转矩阵，其中的列是三个所需的轴方向（37～48 行）。箭头标记物需要指定尾部（例如，57

行，分配尾部给位姿原点）和头部（例如，58 行，veclen 在 x_vec 方向上的偏移）的点。

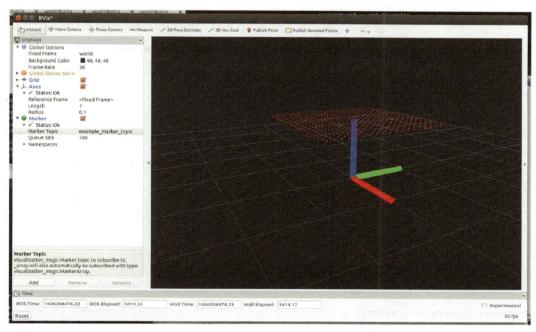

图 5.7　调用 rosservice 后，高度为 1.0 的标记物

代码清单 5.3　triad_display.cpp：用于在 rviz 显示中发布三轴的 C++ 代码，前导和实例化类代码

```
1   // triad_display.cpp
2   // Wyatt Newman, 8/16
3   // node to assist display of triads (axes) in rviz
4   // this node subscribes to topic "triad_display_pose", from which it receives ←
        geometry_msgs/PoseStamped poses
5   // it uses this info to populate and publish axes, using whatever frame_id is in the ←
        pose header
6   // To see the result, add a "Marker" display in rviz and subscribe to the marker topic←
         "/triad_display"
7   // Can test this display node with the test node: "triad_display_test_node", which ←
        generates moving poses
8   // corresponding to a marker origin spiralling up in z
9
10  #include <ros/ros.h>
11  #include <visualization_msgs/Marker.h>
12  //#include <visualization_msgs/InteractiveMarkerFeedback.h>
13  #include <geometry_msgs/Point.h>
14  #include <geometry_msgs/PointStamped.h>
15  #include <geometry_msgs/PoseStamped.h>
16  #include <math.h>
17  #include <Eigen/Eigen>
18  #include <Eigen/Core>
19  #include <Eigen/Geometry>
20  #include <Eigen/Dense>
21  #include <tf_conversions/tf_eigen.h>
22
23  //some globals...
24  geometry_msgs::Point vertex1;
25  geometry_msgs::PoseStamped g_stamped_pose;
26  Eigen::Affine3d g_affine_marker_pose;
27
28  // create arrow markers; do this 3 times to create a triad (frame)
29  visualization_msgs::Marker arrow_marker_x; //this one for the x axis
30  visualization_msgs::Marker arrow_marker_y; //this one for the y axis
31  visualization_msgs::Marker arrow_marker_z; //this one for the y axis
```

代码清单 5.4　triad_display.cpp：用于在 rviz 显示中发布三轴的 C++ 代码，用于更新箭头的辅助函数

```cpp
//udpdate_arrows() set the frame and
void update_arrows() {
    geometry_msgs::Point origin, arrow_x_tip, arrow_y_tip, arrow_z_tip;
    Eigen::Matrix3d R;
    Eigen::Quaterniond quat;
    quat.x() = g_stamped_pose.pose.orientation.x;
    quat.y() = g_stamped_pose.pose.orientation.y;
    quat.z() = g_stamped_pose.pose.orientation.z;
    quat.w() = g_stamped_pose.pose.orientation.w;
    R = quat.toRotationMatrix();
    Eigen::Vector3d x_vec, y_vec, z_vec;
    double veclen = 0.2; //make the arrows this long
    x_vec = R.col(0) * veclen;
    y_vec = R.col(1) * veclen;
    z_vec = R.col(2) * veclen;

    //update the arrow markers w/ new pose:
    origin = g_stamped_pose.pose.position;
    arrow_x_tip = origin;
    arrow_x_tip.x += x_vec(0);
    arrow_x_tip.y += x_vec(1);
    arrow_x_tip.z += x_vec(2);
    arrow_marker_x.points.clear();
    arrow_marker_x.points.push_back(origin);
    arrow_marker_x.points.push_back(arrow_x_tip);
    arrow_marker_x.header = g_stamped_pose.header;

    arrow_y_tip = origin;
    arrow_y_tip.x += y_vec(0);
    arrow_y_tip.y += y_vec(1);
    arrow_y_tip.z += y_vec(2);

    arrow_marker_y.points.clear();
    arrow_marker_y.points.push_back(origin);
    arrow_marker_y.points.push_back(arrow_y_tip);
    arrow_marker_y.header = g_stamped_pose.header;

    arrow_z_tip = origin;
    arrow_z_tip.x += z_vec(0);
    arrow_z_tip.y += z_vec(1);
    arrow_z_tip.z += z_vec(2);

    arrow_marker_z.points.clear();
    arrow_marker_z.points.push_back(origin);
    arrow_marker_z.points.push_back(arrow_z_tip);
    arrow_marker_z.header = g_stamped_pose.header;
}
```

代码清单 5.5　triad_display.cpp：用于在 rviz 显示中发布三轴的 C++ 代码，用于初始化标记物的辅助函数

```cpp
//init persistent params of markers, then variable coords

void init_markers() {
    //initialize stamped pose for at a legal (if boring) pose
    g_stamped_pose.header.stamp = ros::Time::now();
    g_stamped_pose.header.frame_id = "world";
    g_stamped_pose.pose.position.x = 0;
    g_stamped_pose.pose.position.y = 0;
    g_stamped_pose.pose.position.z = 0;
    g_stamped_pose.pose.orientation.x = 0;
    g_stamped_pose.pose.orientation.y = 0;
    g_stamped_pose.pose.orientation.z = 0;
    g_stamped_pose.pose.orientation.w = 1;

    //the following parameters only need to get set once
    arrow_marker_x.type = visualization_msgs::Marker::ARROW;
    arrow_marker_x.action = visualization_msgs::Marker::ADD; //create or modify marker
    arrow_marker_x.ns = "triad_namespace";
    arrow_marker_x.lifetime = ros::Duration(); //never delete
```

```
101        // make the arrow thin
102        arrow_marker_x.scale.x = 0.01;
103        arrow_marker_x.scale.y = 0.01;
104        arrow_marker_x.scale.z = 0.01;
105        arrow_marker_x.color.r = 1.0; // red, for the x axis
106        arrow_marker_x.color.g = 0.0;
107        arrow_marker_x.color.b = 0.0;
108        arrow_marker_x.color.a = 1.0;
109        arrow_marker_x.id = 0;
110        arrow_marker_x.header = g_stamped_pose.header;
111
112        //y and z arrow params are the same, except for colors
113        arrow_marker_y = arrow_marker_x;
114        arrow_marker_y.color.r = 0.0;
115        arrow_marker_y.color.g = 1.0; //green for y axis
116        arrow_marker_y.color.b = 0.0;
117        arrow_marker_y.color.a = 1.0;
118        arrow_marker_y.id = 1;
119
120        arrow_marker_z = arrow_marker_x;
121        arrow_marker_z.id = 2;
122        arrow_marker_z.color.r = 0.0;
123        arrow_marker_z.color.g = 0.0;
124        arrow_marker_z.color.b = 1.0; //blue for z axis
125        arrow_marker_z.color.a = 1.0;
126        //set the poses of the arrows based on g_stamped_pose
127        update_arrows();
128    }
```

代码清单 5.6　triad_display.cpp：在 rviz 显示中发布三轴的 C++ 代码，回调函数和主程序

```
130    void poseCB(const geometry_msgs::PoseStamped &pose_msg) {
131        ROS_DEBUG("got pose message");
132
133        g_stamped_pose.header = pose_msg.header;
134        g_stamped_pose.pose = pose_msg.pose;
135
136    }
137
138    int main(int argc, char** argv) {
139        ros::init(argc, argv, "triad_display"); // this will be the node name;
140        ros::NodeHandle nh;
141
142        // subscribe to stamped-pose publications
143        ros::Subscriber pose_sub = nh.subscribe("triad_display_pose", 1, poseCB);
144        ros::Publisher vis_pub = nh.advertise<visualization_msgs::Marker>("triad_display",←
              1);
145        init_markers();
146
147        ros::Rate timer(20); //timer to run at 20 Hz
148
149
150
151        while (ros::ok()) {
152            update_arrows();
153            vis_pub.publish(arrow_marker_x); //publish the marker
154            ros::Duration(0.01).sleep();
155            vis_pub.publish(arrow_marker_y); //publish the marker
156            ros::Duration(0.01).sleep();
157            vis_pub.publish(arrow_marker_z); //publish the marker
158            ros::spinOnce(); //let callbacks perform an update
159            timer.sleep();
160        }
161    }
```

在启动时设置不变的参数（145 行）。在主循环（151 ~ 160 行）中，根据所需位姿的最新值分配箭头坐标（152 行），并发布标记物消息（153 行、155 行、157 行），使得这些标记物规格可用 rviz 进行展示。

回调函数（130 ～ 136 行）接收主题 triad_display_pose 上所需位姿的更新。

节点 triad_display_test_node 说明了 triad_display 的使用。该节点生成并发布与螺旋向上的原点相对应的位姿，z 轴向上的方向，以及 x 轴与螺旋相切。要运行此测试，首先启动 roscore 并启动 rviz。在 rviz 中，将固定坐标系设置为 world，并添加 Marker 显示项，主题设置为 triad_display。在终端中，运行：

```
rosrun example_rviz_marker triad_display
```

并在另一个终端运行：

```
rosrun example_rviz_marker triad_display_test_node
```

在 rviz 中，一个三轴将会出现，向上旋转并螺旋。截图如图 5.8 所示。这种能力可以方便地可视化计算坐标系，例如，测试图像处理或点云处理的结果。

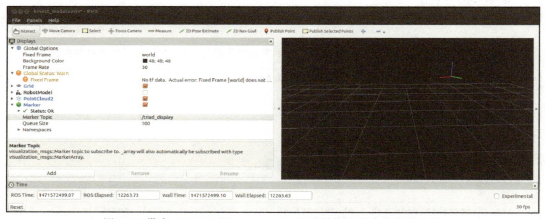

图 5.8　带有 triad_display_test_node 的三轴显示节点的屏幕截图

5.1.3　rviz 中的交互式标记物

更复杂的标记物类型是交互式标记物（请参阅 http://wiki.ros.org/rviz/Tutorials/InteractiveMarkers:GettingStarted）。使用交互式标记物的示例代码位于随附的软件库的 example_interactive_marker 包中。节点 example_interactive_marker 是从源代码 IM_6DOF.cpp 中编译的可执行文件名。冗长的源代码显示在代码清单 5.7 ～ 5.11 中。大多数代码只是将参数值分配给箭头的可视化，并实例化三个方向平移和三个角度旋转的控件。

代码清单 5.7　IM_6DOF.cpp：六自由度交互式标记物，前导和回调函数的 C++ 代码

```
1  // IM_6DOF.cpp
2  // Wyatt Newman, based on ROS tutorial 4.2 on Interactive Markers
3  #include <ros/ros.h>
4  #include <iostream>
5  #include <interactive_markers/interactive_marker_server.h>
6  #include <geometry_msgs/Point.h>
```

```cpp
#include <example_interactive_marker/ImNodeSvcMsg.h>

const int IM_GET_CURRENT_MARKER_POSE=0;
const int IM_SET_NEW_MARKER_POSE= 1;

geometry_msgs::Point g_current_point;
geometry_msgs::Quaternion g_current_quaternion;
ros::Time g_marker_time;

interactive_markers::InteractiveMarkerServer *g_IM_server; //("rt_hand_marker");
visualization_msgs::InteractiveMarkerFeedback *g_IM_feedback;

//service:  return pose of marker from above globals;
// depending on mode, move IM programmatically,
bool IM6DofSvcCB(example_interactive_marker::ImNodeSvcMsgRequest& request, ←
      example_interactive_marker::ImNodeSvcMsgResponse& response) {
    //if busy, refuse new requests;

    // for a simple status query, handle it now;
    if (request.cmd_mode == IM_GET_CURRENT_MARKER_POSE) {
        ROS_INFO("IM6DofSvcCB: rcvd request for query--GET_CURRENT_MARKER_POSE");
        response.poseStamped_IM_current.header.stamp = g_marker_time;
        response.poseStamped_IM_current.header.frame_id = "world";
        response.poseStamped_IM_current.pose.position = g_current_point;
        response.poseStamped_IM_current.pose.orientation = g_current_quaternion;
        return true;
    }

    //command to move the marker to specified pose:
    if (request.cmd_mode == IM_SET_NEW_MARKER_POSE) {
        geometry_msgs::PoseStamped poseStamped_IM_desired;
        ROS_INFO("IM6DofSvcCB: rcvd request for action--SET_NEW_MARKER_POSE");
        g_current_point =  request.poseStamped_IM_desired.pose.position;
        g_current_quaternion = request.poseStamped_IM_desired.pose.orientation;
        g_marker_time = ros::Time::now();
        poseStamped_IM_desired = request.poseStamped_IM_desired;
        poseStamped_IM_desired.header.stamp = g_marker_time;
        response.poseStamped_IM_current = poseStamped_IM_desired;
        //g_IM_feedback->pose = poseStamped_IM_desired.pose;

        response.poseStamped_IM_current.header.stamp = g_marker_time;
        response.poseStamped_IM_current.header.frame_id = "torso";
        response.poseStamped_IM_current.pose.position = g_current_point;
        response.poseStamped_IM_current.pose.orientation = g_current_quaternion;
        g_IM_server->setPose("des_hand_pose",poseStamped_IM_desired.pose); //←
              g_IM_feedback->marker_name,poseStamped_IM_desired.pose);
        g_IM_server->applyChanges();
        return true;
    }
    ROS_WARN("IM6DofSvcCB: case not recognized");
    return false;
}

void processFeedback(
        const visualization_msgs::InteractiveMarkerFeedbackConstPtr &feedback) {
    ROS_INFO_STREAM(feedback->marker_name << " is now at "
            << feedback->pose.position.x << ", " << feedback->pose.position.y
            << ", " << feedback->pose.position.z);
    g_current_quaternion = feedback->pose.orientation;
    g_current_point = feedback->pose.position;
    g_marker_time = ros::Time::now();
}
```

代码清单 5.8　IM_6DOF.cpp：六自由度交互式标记物的 C++ 代码，标记物可视化参数初始化函数

```cpp
void init_arrow_marker_x(visualization_msgs::Marker &arrow_marker_x) {
    geometry_msgs::Point temp_point;

    arrow_marker_x.type = visualization_msgs::Marker::ARROW; //ROS example was a CUBE;←
          changed to ARROW
    // specify/push-in the origin point for the arrow
    temp_point.x = temp_point.y = temp_point.z = 0;
    arrow_marker_x.points.push_back(temp_point);
```

```cpp
 76         // Specify and push in the end point for the arrow
 77         temp_point = g_current_point;
 78         temp_point.x = 0.2; // arrow is this long in x direction
 79         temp_point.y = 0.0;
 80         temp_point.z = 0.0;
 81         arrow_marker_x.points.push_back(temp_point);
 82
 83         // make the arrow very thin
 84         arrow_marker_x.scale.x = 0.01;
 85         arrow_marker_x.scale.y = 0.01;
 86         arrow_marker_x.scale.z = 0.01;
 87
 88         arrow_marker_x.color.r = 1.0; // red, for the x axis
 89         arrow_marker_x.color.g = 0.0;
 90         arrow_marker_x.color.b = 0.0;
 91         arrow_marker_x.color.a = 1.0;
 92     }
 93
 94     void init_arrow_marker_y(visualization_msgs::Marker &arrow_marker_y) {
 95         geometry_msgs::Point temp_point;
 96         arrow_marker_y.type = visualization_msgs::Marker::ARROW;
 97         // Push in the origin point for the arrow
 98         temp_point.x = temp_point.y = temp_point.z = 0;
 99         arrow_marker_y.points.push_back(temp_point);
100         // Push in the end point for the arrow
101         temp_point.x = 0.0;
102         temp_point.y = 0.2; // points in the y direction
103         temp_point.z = 0.0;
104         arrow_marker_y.points.push_back(temp_point);
105
106         arrow_marker_y.scale.x = 0.01;
107         arrow_marker_y.scale.y = 0.01;
108         arrow_marker_y.scale.z = 0.01;
109
110         arrow_marker_y.color.r = 0.0;
111         arrow_marker_y.color.g = 1.0; // color it green, for y axis
112         arrow_marker_y.color.b = 0.0;
113         arrow_marker_y.color.a = 1.0;
114     }
115
116     void init_arrow_marker_z(visualization_msgs::Marker &arrow_marker_z) {
117         geometry_msgs::Point temp_point;
118
119         arrow_marker_z.type = visualization_msgs::Marker::ARROW; //CUBE;
120         // Push in the origin point for the arrow
121         temp_point.x = temp_point.y = temp_point.z = 0;
122         arrow_marker_z.points.push_back(temp_point);
123         // Push in the end point for the arrow
124         temp_point.x = 0.0;
125         temp_point.y = 0.0;
126         temp_point.z = 0.2;
127         arrow_marker_z.points.push_back(temp_point);
128
129         arrow_marker_z.scale.x = 0.01;
130         arrow_marker_z.scale.y = 0.01;
131         arrow_marker_z.scale.z = 0.01;
132
133         arrow_marker_z.color.r = 0.0;
134         arrow_marker_z.color.g = 0.0;
135         arrow_marker_z.color.b = 1.0;
136         arrow_marker_z.color.a = 1.0;
137     }
```

代码清单5.9 IM_6DOF.cpp：六自由度交互式标记物，标记物平移和旋转控制初始化函数的C++代码

```cpp
139     void init_translate_control_x(visualization_msgs::InteractiveMarkerControl &↵
            translate_control_x) {
140         translate_control_x.name = "move_x";
141         translate_control_x.interaction_mode =
142             visualization_msgs::InteractiveMarkerControl::MOVE_AXIS;
143     }
```

```cpp
void init_translate_control_y(visualization_msgs::InteractiveMarkerControl &↩
        translate_control_y) {
    translate_control_y.name = "move_y";
    translate_control_y.interaction_mode =
            visualization_msgs::InteractiveMarkerControl::MOVE_AXIS;
    translate_control_y.orientation.x = 0; //point this in the y direction
    translate_control_y.orientation.y = 0;
    translate_control_y.orientation.z = 1;
    translate_control_y.orientation.w = 1;
}

void init_translate_control_z(visualization_msgs::InteractiveMarkerControl &↩
        translate_control_z) {
    translate_control_z.name = "move_z";
    translate_control_z.interaction_mode =
            visualization_msgs::InteractiveMarkerControl::MOVE_AXIS;
    translate_control_z.orientation.x = 0; //point this in the y direction
    translate_control_z.orientation.y = 1;
    translate_control_z.orientation.z = 0;
    translate_control_z.orientation.w = 1;
}

void init_rotx_control(visualization_msgs::InteractiveMarkerControl &rotx_control) {
    rotx_control.always_visible = true;
    rotx_control.interaction_mode = visualization_msgs::InteractiveMarkerControl::↩
        ROTATE_AXIS;
    rotx_control.orientation.x = 1;
    rotx_control.orientation.y = 0;
    rotx_control.orientation.z = 0;
    rotx_control.orientation.w = 1;
    rotx_control.name = "rot_x";
}

void init_roty_control(visualization_msgs::InteractiveMarkerControl &roty_control) {
    roty_control.always_visible = true;
    roty_control.interaction_mode = visualization_msgs::InteractiveMarkerControl::↩
        ROTATE_AXIS;
    roty_control.orientation.x = 0;
    roty_control.orientation.y = 0;
    roty_control.orientation.z = 1;
    roty_control.orientation.w = 1;
    roty_control.name = "rot_y";
}

void init_rotz_control(visualization_msgs::InteractiveMarkerControl &rotz_control) {
    rotz_control.always_visible = true;
    rotz_control.interaction_mode = visualization_msgs::InteractiveMarkerControl::↩
        ROTATE_AXIS;
    rotz_control.orientation.x = 0;
    rotz_control.orientation.y = 1;
    rotz_control.orientation.z = 0;
    rotz_control.orientation.w = 1;
    rotz_control.name = "rot_z";
}
```

代码清单 5.10　IM_6DOF.cpp：六自由度交互式标记物的 C++ 代码，标记物控制初始化函数

```cpp
void init_IM_control(visualization_msgs::InteractiveMarkerControl &IM_control,
        visualization_msgs::Marker &arrow_marker_x,
        visualization_msgs::Marker &arrow_marker_y, visualization_msgs::Marker &↩
        arrow_marker_z) {
    init_arrow_marker_x(arrow_marker_x); //set up arrow params for x
    init_arrow_marker_y(arrow_marker_y); //set up arrow params for y
    init_arrow_marker_z(arrow_marker_z); //set up arrow params for z
    IM_control.always_visible = true;

    IM_control.markers.push_back(arrow_marker_x);
    IM_control.markers.push_back(arrow_marker_y);
    IM_control.markers.push_back(arrow_marker_z);
}

void init_int_marker(visualization_msgs::InteractiveMarker &int_marker) {
```

```cpp
209        int_marker.header.frame_id = "world"; //base_link"; ///world"; // the reference ↵
               frame for pose coordinates
210        int_marker.name = "des_hand_pose"; //name the marker
211        int_marker.description = "Interactive Marker";
212
213        /** Scale Down: this makes all of the arrows/disks for the user controls smaller ↵
               than the default size */
214        int_marker.scale = 0.2;
215
216        /** specify/push-in the origin for this marker */
217        //let's pre-position the marker, else it will show up at the frame origin by ↵
               default
218        int_marker.pose.position.x = g_current_point.x;
219        int_marker.pose.position.y = g_current_point.y;
220        int_marker.pose.position.z = g_current_point.z;
221    }
```

代码清单 5.11 IM_6DOF.cpp：六自由度交互式标记物的 C++ 代码，主程序

```cpp
223    int main(int argc, char** argv) {
224        ros::init(argc, argv, "simple_marker"); // this will be the node name;
225        ros::NodeHandle nh; //standard ros node handle
226        // create an interactive marker server on the topic namespace simple_marker
227        interactive_markers::InteractiveMarkerServer server("rt_hand_marker");
228        g_IM_server = &server;
229        ros::ServiceServer IM_6dof_interface_service = nh.advertiseService("IM6DofSvc", &↵
               IM6DofSvcCB);
230        // look for resulting pose messages on the topic: /rt_hand_marker/feedback,
231        // which publishes a message of type visualization_msgs/InteractiveMarkerFeedback,↵
                which
232        // includes a full "pose" of the marker.
233        // Coordinates of the pose are with respect to the named frame
234        g_current_point.x = 0.5; //init these global values
235        g_current_point.y = -0.5; //will be used in subsequent init fncs
236        g_current_point.z = 0.2;
237
238        // create an interactive marker for our server
239        visualization_msgs::InteractiveMarker int_marker;
240        init_int_marker(int_marker);
241
242        // arrow markers; 3 to create a triad (frame)
243        visualization_msgs::Marker arrow_marker_x, arrow_marker_y, arrow_marker_z;
244        // create a control that contains the markers
245        visualization_msgs::InteractiveMarkerControl IM_control;
246        //initialize values for this control
247        init_IM_control(IM_control, arrow_marker_x, arrow_marker_y, arrow_marker_z);
248        // add the control to the interactive marker
249        int_marker.controls.push_back(IM_control);
250
251        // create a control that will move the marker
252        // this control does not contain any markers,
253        // which will cause RViz to insert two arrows
254        visualization_msgs::InteractiveMarkerControl translate_control_x,
255            translate_control_y, translate_control_z;
256        init_translate_control_x(translate_control_x);
257        init_translate_control_y(translate_control_y);
258        init_translate_control_z(translate_control_z);
259
260        // add x,y,and z-rotation controls
261        visualization_msgs::InteractiveMarkerControl rotx_control, roty_control,
262            rotz_control;
263        init_rotx_control(rotx_control);
264        init_roty_control(roty_control);
265        init_rotz_control(rotz_control);
266
267        // add the controls to the interactive marker
268        int_marker.controls.push_back(translate_control_x);
269        int_marker.controls.push_back(translate_control_y);
270        int_marker.controls.push_back(translate_control_z);
271        int_marker.controls.push_back(rotx_control);
272        int_marker.controls.push_back(rotz_control);
273        int_marker.controls.push_back(roty_control);
274
```

```
275        // add the interactive marker to our collection &
276        // tell the server to call processFeedback() when feedback arrives for it
277        //server.insert(int_marker, &processFeedback);
278        g_IM_server->insert(int_marker, &processFeedback);
279        // 'commit' changes and send to all clients
280        //server.applyChanges();
281        g_IM_server->applyChanges();
282
283        // start the ROS main loop
284        ROS_INFO("going into spin...");
285        ros::spin();
286    }
```

交互标记物代码依赖于 interactive_markers 包，因此它包括（5 行）：

```
#include <interactive_markers/interactive_marker_server.h>
```

在 example_interactive_marker 包中定义了一个自定义服务消息 ImNodeSvcMsg。此消息包括请求和响应的 geometry_msgs/PoseStamped。服务消息由服务 IM6DofSvc 使用，在回调函数 IM6DofSvcCB 中实现（21 ～ 57 行）。回调函数具有不同的行为，具体取决于服务消息中的命令模式。如果命令模式为 IM_GET_CURRENT_MARKER_POSE，则在服务响应中返回当前标记物位姿（26 ～ 33 行）。如果命令模式是 IM_SET_NEW_MARKER_POSE，则使用来自服务请求 poseStamped_IM_desired 字段的数据填充类型为 geometry_msgs::PoseStamped 的对象 poseStamped_IM_desired（37 行）。然后通过 51 ～ 52 行以编程方式移动交互式标记物：

```
g_IM_server->setPose("des_hand_pose",poseStamped_IM_desired.pose);
g_IM_server->applyChanges();
```

使用交互式标记物服务器调用交互式标记物的动作，在主程序 227 ～ 228 行定义：

```
interactive_markers::InteractiveMarkerServer server("rt_hand_marker");
g_IM_server = &server;
```

定义了一个指向交互式标记物服务器的（全局）指针，以便回调函数可以访问服务器（如 51 ～ 52 行）。服务器与 main() 中 278 行的回调函数 processFeedback 相关联：

```
g_IM_server->insert(int_marker, &processFeedback);
```

交互式标记物的限制是无法查询它们当前的位姿。相反，当标记物移动时必须监控发布，然后记住这些值以备将来使用。通过回调函数 processFeedback 实现（59 ～ 67 行）标记物位姿的存储。当标记物通过图形手柄移动时，此函数将收到新的位姿，并将这些值保存到全局变量中。随后，可以随时发送对服务 IM6DofSvc 的请求获得交互式标记物最新接收的位姿。

大部分 IM_6DOF.cpp 代码（69 ～ 137 行）描述了交互式标记物的 6 个组件的类型、大小和颜色，并关联 6 个交互式运动控件的类型和方向（139 ～ 193 行）。在这些初始化之后，主程序进入循环（285 行），并且由服务和回调函数处理更进一步的所有交互。

要运行交互式标记物示例，在 roscore 和 rviz 运行时（可选，其他节点，例如 example_rviz_marker，显示机器人模型等），使用下面的指令启动此节点：

```
rosrun example_interactive_marker example_interactive_marker_node
```

在 rviz 中，必须添加一个显示并输入相应的主题名称以显示交互式标记物。为此，在 rviz 中单击 Add，然后选择 InteractiveMarkers 项，如图 5.9 所示。

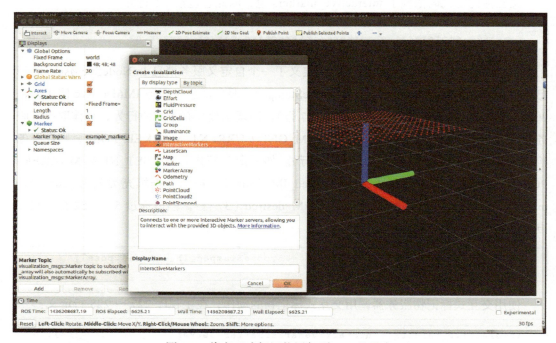

图 5.9　将交互式标记物添加到 rviz 显示中

展开新的 InteractiveMarker 项，并从下拉菜单中选择主题 rt_hand_marker/update。然后出现交互式标记物，如图 5.10 所示。

该显示具有 9 个交互式手柄，用于 +/− 移动标记物 x、y、z，以及绕着 x、y、z+/− 旋转。在 rviz 中，如果将鼠标悬停在其中一个控件上，则手柄的颜色会变为粗体，通过单击并拖动，标记物将改变其位移或方向。当标记以交互方式移动时，其在空间中的位姿（6 自由度的位置和方向）会发生变化。发布新值，从 processFeedback 函数调用回调响应。

交互式标记物可用于输入感兴趣的完整 6-D 位姿。可以使用这样的输入，例如，指定所需的手部位姿或将注意力指向感兴趣的物体。在程序控制下移动标记物可用于说明计算或提出的位姿，实现或表明对感兴趣对象位姿的解释。

当 rviz 中的标记物放置在与感官数据相关的位置时会特别有用。接下来我们将考虑如何在 rviz 中显示传感器数据。

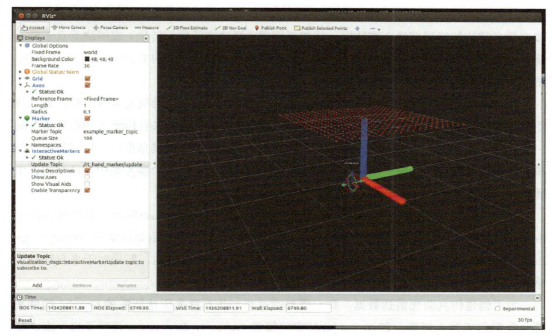

图 5.10　rviz 中交互式标记物的显示

5.2　在 rviz 中显示传感器值

Gazebo（与 rviz 一起）最有价值的方面之一是，能够对常见传感器进行高质量的仿真。在虚拟世界中，仿真传感器提供相应的数据，可用于传感器驱动行为的离线程序开发。本节将展示如何将一些常见传感器纳入 Gazebo 并在 rviz 中进行解释。应该注意的是，模拟传感器在 rviz 中显示与真实传感器在 rviz 中显示的执行方式相同。rviz 显示不知道传感器信号的来源，无论是物理信息、回放的 rosbag 日志还是仿真传感器。

5.2.1　仿真和显示激光雷达

机器人（包括自动驾驶车辆）中最常用的传感器之一是激光雷达（光探测和测距）。激光雷达传感器发出非常短暂的激光脉冲并测量反射光的飞行时间以推断距离。最常见的是，激光雷达使用旋转镜，从而在单个平面中生成环境样本。主流的制造商包括 Sick[23] 和 Hokuyo[22]。这些设备的数据以规则的角度间隔（通常在 1 度和 0.25 度之间）获得。输出流的格式包括一个半径列表，每转一个激光雷达的反射镜就有一个列表。例如，Sick LMS200 激光雷达可以在 180 度半圆上提供 181 个径向距离，在 75Hz 下重复 1 度采样分辨率。利用已知的起始角度、结束角度和角度分辨率，仅需要发送半径列表，并且可以关联对应的角度推断这些距离，因此提供极坐标中的采样。激光雷达传感器还用于获得 3 维全景数据。在 DARPA 城市挑战赛[5] 和随后的谷歌汽车[14] 中，使用了 3 维 Velodyne 传感器[42],基本上相当于 64 个激光雷达并行。低成本激光雷达已被用于通过添加一种机制改变激光雷达的视野获得 3 维数据,添加摇摆器(摆动镜子的旋转轴)或围绕垂直于镜子旋转轴的轴旋转激光雷达,如用于 DARPA 机器人挑战赛[30]中的 Boston-Dynamics Atlas 机器人的传感器头[35]。

3.1 节中介绍的简单 2 维机器人仿真器(STDR)用抽象的移动机器人发出的红色光线图解说明了激光雷达的概念。如图 3.1 所示,每条激光雷达线都来自传感器和在环境中的一个点的 ping 信号。知道了该线的长度(根据飞行时间推断)及其角度,可以对环境中的单个点进行采样。仔细留意变换,该脉冲的视线的 3 维向量在某个参考系中是已知的,由此可以计算相对于该参考系的环境中的点的相应 3 维坐标。

来自激光雷达的消息可以使用 ROS 消息类型 sensor_msgs/LaserScan。附带软件库中 lidar_alarm 包中的示例代码包含 lidar_alarm.cpp 文件。此代码显示如何解释 sensor_msgs/LaserScan 类型的消息。虽然这些激光雷达消息是由 STDR 生成的,但是对于来自物理传感器或来自激光雷达的 Gazebo 模拟的激光雷达源,格式是相同的。

为了创建仿真激光雷达数据,我们需要通过添加仿真激光雷达所需的 Gazebo 插件来扩充我们的机器人模型。包 mobot_urdf 中的模型 mobot_w_lidar.xacro 说明了这一点。此模型与 4.1 节中描述的模型 mobot_w_jnt_pub.xacro 相同(此处不再重复),除了下面两个插入块之外。首先,激光雷达(简单框)的视觉、碰撞和动态模型被定义为新连杆,并且此连杆使用静态关节附加到机器人,如代码清单 5.12 所示。

代码清单 5.12 为将激光雷达添加到 mobot 模型对连杆和关节建模

```
1   <!-- add a simulated lidar, including visual, collision and inertial properties, and ←
2       physics simulation-->
    <link name="lidar_link">
3       <collision>
4           <origin xyz="0 0 0" rpy="0 0 0"/>
5           <geometry>
6               <!-- coarse LIDAR model; a simple box -->
7               <box size="0.2 0.2 0.2"/>
8           </geometry>
9       </collision>
10
11      <visual>
12          <origin xyz="0 0 0" rpy="0 0 0" />
13          <geometry>
14              <box size="0.2 0.2 0.2" />
15          </geometry>
16          <material name="sick_box">
17              <color rgba="0.7 0.5 0.3 1.0"/>
18          </material>
19      </visual>
20
21      <inertial>
22          <mass value="4.0" />
23          <origin xyz="0 0 0" rpy="0 0 0"/>
24          <inertia ixx="0.01" ixy="0" ixz="0" iyy="0.01" iyz="0" izz="0.01" />
25      </inertial>
26  </link>
27  <!--the above displays a box meant to imply Lidar-->
28
29  <joint name="lidar_joint" type="fixed">
30      <axis xyz="0 1 0" />
```

```
31          <origin xyz="0.1 0 0.56" rpy="0 0 0"/>
32          <parent link="base_link"/>
33          <child link="lidar_link"/>
34      </joint>
```

在代码清单 5.12 中，11～19 行描述了一个用于表示激光雷达传感器的简单盒子的视觉外观。在这个块中，16～18 行显示了如何为 rviz 显示设置颜色。回想一下，rviz 和 Gazebo 使用不同的颜色表示。也可以添加一个额外的 <gazebo> 字段描述 Gazebo 的颜色，但是少了这个，Gazebo 外观将默认为浅灰色。

实际上，为传感器定义视觉、碰撞和惯性属性似乎没必要，因为我们主要关心的是模拟传感器感知属性。然而，为了一致地计算变换，我们必须将传感器与模型中的连杆相关联，并且必须通过关节将连杆附加到模型。Gazebo 的物理引擎还坚持每个连杆都有惯性属性。虽然可以忽略碰撞和视觉块，但是包含它们会让模型更加真实。

为了包括等效激光雷达的计算，需要使用 Gazebo 插件。按照 http://gazebosim.org/tutorials?tut=ros_gzplugins#GPULaser 上的教程，轻轻修改值就能应用 Sick LMS200 激光雷达，通过包含代码清单 5.13 中的代码块（从 mobot_w_lidar.xacro 中提取的）来启用仿真。

代码清单 5.13 Gazebo 块用于包含机器人模型的激光雷达仿真插件

```
1   <!-- here is the gazebo plug-in to simulate a lidar sensor -->
2   <gazebo reference="lidar_link">
3       <sensor type="gpu_ray" name="sick_lidar_sensor">
4           <pose>0 0 0 0 0 0</pose>
5           <visualize>false</visualize>
6           <update_rate>40</update_rate>
7           <ray>
8               <scan>
9                   <horizontal>
10                      <samples>181</samples>
11                      <resolution>1</resolution>
12                      <min_angle>-1.570796</min_angle>
13                      <max_angle>1.570796</max_angle>
14                  </horizontal>
15              </scan>
16              <range>
17                  <min>0.10</min>
18                  <max>80.0</max>
19                  <resolution>0.01</resolution>
20              </range>
21              <noise>
22                  <type>gaussian</type>
23                  <mean>0.0</mean>
24                  <stddev>0.01</stddev>
25              </noise>
26          </ray>
27          <plugin name="gazebo_ros_lidar_controller" filename="libgazebo_ros_gpu_laser.so">
28              <topicName>/scan</topicName>
29              <frameName>lidar_link</frameName>
30          </plugin>
31      </sensor>
32  </gazebo>
```

代码清单 5.13 的 2～4 行声明传感器位置应与 lidar_link 坐标系一致。也就是说，相对于 lidar_link 坐标系，传感器坐标系变换是 $(x,y,z)=(0,0,0)$，并且 $(R,P,Y)=(0,0,0)$，即等同于 lidar_link 坐标系。

6～26 行设置仿真激光雷达的各种参数，包括扫描重复率、起始角度、结束角度、角度分辨率（样本之间的角度增量）、最小和最大范围，以及为计算结果添加噪声的选项（更真实地仿真真正的激光雷达）。

27 行：

```
<plugin name="gazebo_ros_lidar_controller" filename=
    "libgazebo_ros_gpu_laser.so">
```

引用 Gazebo 库，其中包含用于仿真激光雷达传感器的代码。重要的是，该库假定在主机上使用图形处理单元（GPU）。使用 GPU 可以使计算速度更快。但是，它也对硬件施加了限制。如果 GPU 不存在，虽然激光雷达仿真器依旧试着运行，但它将输出无意义的范围值；所有范围值都将设置为最小激光雷达范围。（如果遇到这个问题，安装 bumblebee 并使用 optirun 启动 Gazebo 来指导基于 GPU 的代码在可用的图形芯片上适当地运行，这可能有用。如果需要的话，可以搜索这些关键字以寻找可能的解决方案。）

随着激光雷达添加到我们的移动机器人模型，通过启动 Gazebo 可以看到它的行为，加载机器人模型到参数服务器，在 Gazebo 里生成模型，在 Gazebo 中引入有趣的虚拟世界（激光雷达感知的东西），启动 robot_state_publisher，启动 rviz，并配置 rviz 以显示激光雷达传感器主题。整个过程可能会比较乏味。幸运的是，可以通过启动文件实现自动化。但是现在，为了说明这些步骤，我们将使用以下命令分别启动它们。首先，启动 Gazebo（可选，使用 optirun）：

```
(optirun) roslaunch gazebo_ros empty_world.launch
```

引入已修改机器人中的启动文件在 mobot_urdf 包中（在 launch 子目录中），文件名是 mobot_w_lidar.launch。内容如代码清单 5.14 所示。

代码清单 5.14　使用激光雷达的 mobot 的启动文件

```
1  <launch>
2  <!-- Convert xacro model file and put on parameter server -->
3  <param name="robot_description" command="$(find xacro)/xacro.py '$(find mobot_urdf)/
       urdf/mobot_w_lidar.xacro'" />
4
5  <!-- Spawn the robot from parameter server into Gazebo -->
6  <node name="spawn_urdf" pkg="gazebo_ros" type="spawn_model" args="-param
       robot_description -urdf -model mobot" />
7
8  <!-- start a robot_state_publisher -->
9  <node name="robot_state_publisher" pkg="robot_state_publisher" type="
       robot_state_publisher" />
10 </launch>
```

此启动文件找到已修改装配激光雷达的机器人模型，将其放在参数服务器上，并在 Gazebo 中生成它。此外，此启动文件启动机器人状态发布器节点。

还可以使用更有趣的 Gazebo 环境。在 Gazebo 显示中，在 Insert 选项卡下，可以选择 Starting Pen。整个启动笔模型将在 Gazebo 场景中移动，点击鼠标后在世界中建立模型位置。执行此操作时，请注意不要将模型放置在墙上，否则物理场景仿真会崩溃。

在启动笔中已修改机器人的 Gazebo 显示界面如图 5.11 所示。此时，Gazebo 正在计算仿真激光雷达。rostopic echo scan 命令将显示如下（截断）的输出：

```
frame_id: lidar_link

angle_min: -1.57079994678
angle_max: 1.57079994678
angle_increment: 0.0174533333629
time_increment: 0.0
scan_time: 0.0
range_min: 0.10000000149
range_max: 80.0
ranges: [1.4379777908325195, 1.458155632019043, 1.430367350578308, ...
```

图 5.11　虚拟世界中带有激光雷达传感器的简易移动机器人的 Gazebo 视图

帧 id、最大角度、最小角度、角度增量、范围最小值和范围最大值对应于激光雷达 Gazebo 块中 URDF 模型中的值。范围值向量包含对应于各个激光雷达光束的 181 个半径（以米为单位）。另请注意，scan 是 Gazebo 插件中设置的 topicName 值。

接下来，启动 rviz：

```
rosrun rviz rviz
```

在 rviz 显示中，添加名为 LaserScan 的显示项。在显示窗口中展开该项。在 Topic 字段旁边，单击显示下拉菜单的选项，然后选择 /scan，这是我们模拟的激光雷达工具发布其数据的主题。

使用这些设置，rviz 显示如图 5.12 所示。rviz 界面仍然没有 Gazebo 视图那么有趣。然而，在 rviz 视图中我们可以看到机器人感知其环境的信息。由于缺乏其他视觉传感器，机器人无法知道关于其外界的细节（与 Gazebo 相比）。

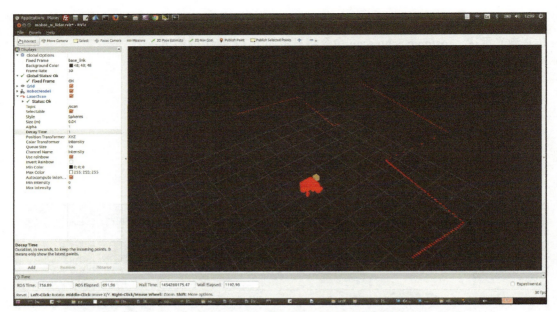

图 5.12　装配激光雷达传感器的简单移动机器人显示数据的 rviz 视图

软件开发人员可以解释 rviz 显示，确定哪种信号处理适合机器人在空间中执行有用的功能。编写代码，例如制作环境地图（至少在激光雷达切片平面的高度），并将传感器数据与这些地图进行协调，估计机器人在空间中的位姿。或者，激光雷达数据可用于在没有地图的情况下尝试路径规划，例如，通过跟随墙壁或寻找合适间隙的走廊。

rviz 视图可以自定义十几种显示选项，使传感器显示更易于理解。一旦根据需要进行设置（包括显示项、主题、着色等），就可以保存 rviz 设置以备将来使用。在 rviz 中，在顶部菜单上，在 file → save config as 下，用户可以选择使用所选的目录和名称保存当前的 rviz 设置。在本例中，rviz 设置被保存到包 mobot_urdf 的子目录 rviz_config 中名为 mobot_w_lidar.rviz 的文件中。

rviz 显示可以从启动文件自动启动，并指定使用所需的配置文件。包 mobot_urdf 的 launch 子目录中的启动文件 robot_w_lidar_and_rviz.launch 与 mobot_w_lidar.launch 相同，只是增加了一行：

```
<node pkg="rviz" type="rviz" name="rviz" args="-d ←
    $(find mobot_urdf)/rviz_config/ mobot_w_lidar.rviz"/>
```

这一行开始 rviz 运行，专门指定启动时所用的配置文件。

虽然图 5.12 中的 rviz 视图相对简约，但它是真实的。如果具有激光雷达传感器的真实机器人发布其激光雷达数据，其结果可以在 rviz 中可视化，那么它看起来与图 5.12 基本相同，除了个别点对应于真实环境中的样本。

当机器人四处移动时，在 rviz 中可以看到激光雷达数据动态变化。通过从命令行输入以下命令，可以命令机器人以圆圈方式移动（开环）：

```
rostopic pub -r 2 cmd_vel geometry_msgs/Twist    '{linear: ↩
    {x: 0.5, y: 0.0, z: 0.0}, angular: {x: 0.0,y: 0.0,z: 0.2}}'
```

生成的 rviz 视图将在机器人更改其视角时显示激光雷达点刷新。rviz 视图，其固定坐标系设置为 base_link，显示了一个静止机器人，其传感器数据相对于机器人平移和旋转，即从机器人的角度来看。相比之下，Gazebo 视图显示机器人在静止（虚拟）世界中移动。虽然 rviz 传感器数据是相对于机器人显示的，但是可以平移和旋转视点，这可以帮助观察者更好地感知 3 维。

当显示更丰富的 3 维数据集（例如来自相机）时，旋转 rviz 视点以获得 3 维感觉的价值更加引人注目。

5.2.2 仿真和显示彩色相机数据

Gazebo 令人印象深刻的功能是仿真彩色相机。与激光雷达一样，我们可以使用 Gazebo 插件来仿真彩色相机。这样做的形式类似。

一种选择是编辑 mobot_w_lidar.xacro 文件以添加包括相机仿真的细节。然而，单独建模相机更方便，然后将相机模型包含在整体的机器人模型中。mobot_urdf 包中包含一个相机模型 example_camera.xacro。该模型文件的内容如代码清单 5.15 所示。

代码清单 5.15　example_camera.xacro：相机的示例模型文件

```
1  <?xml version="1.0"?>
2  <robot
3      xmlns:xacro="http://www.ros.org/wiki/xacro" name="mobot_camera">
4
5    <!-- add a simulated camera, including visual, collision and inertial properties, ↩
         and physics simulation-->
6    <link name="camera_link">
7        <!-- here is the physical body (case) of the camera-->
8        <collision>
9            <origin xyz="0 0 0" rpy="0 0 0"/>
10           <geometry>
11               <box size="0.1 0.02 0.02"/>
12           </geometry>
13       </collision>
14
15       <visual>
16           <origin xyz="0 0 0" rpy="0 0 0" />
17           <geometry>
18               <box size="0.1 0.02 0.02"/>
19           </geometry>
20           <material name="camera_case">
21               <color rgba="0.7 0.0 0.0 1.0"/>
22           </material>
23       </visual>
24
25       <inertial>
26           <mass value="0.1" />
27           <origin xyz="0 0 0" rpy="0 0 0"/>
28           <inertia ixx="0.0001" ixy="0" ixz="0" iyy="0.0001" iyz="0" izz="0.0001" />
29       </inertial>
30   </link>
31
32   <!-- here is the gazebo plug-in to simulate a color camera -->
33   <!--must refer to the above-defined link to place the camera in space-->
34   <gazebo reference="camera_link">
35     <!--optionally, displace/rotate the optical frame relative to the enclosure-->
36     <pose>0.1 00 0.0 0 0 0</pose>
37     <sensor type="camera" name="example_camera">
```

```xml
38          <update_rate>30.0</update_rate>
39          <camera name="example_camera">
40            <!--describe some optical properties of the camera-->
41            <!--field of view is expressed as an angle, in radians-->
42            <horizontal_fov>1.0</horizontal_fov>
43            <!--set resolution of pixels of image sensor, e.g. 640x480-->
44            <image>
45              <width>640</width>
46              <height>480</height>
47              <format>R8G8B8</format>
48            </image>
49            <clip>
50              <!--min and max range of camera-->
51              <near>0.01</near>
52              <far>100.0</far>
53            </clip>
54            <!--optionally, add noise, to make images more realistic-->
55            <noise>
56              <type>gaussian</type>
57              <mean>0.0</mean>
58              <stddev>0.007</stddev>
59            </noise>
60          </camera>
61          <!--here is the plug-in that does the work of camera emulation-->
62          <plugin name="camera_controller" filename="libgazebo_ros_camera.so">
63            <alwaysOn>true</alwaysOn>
64            <updateRate>10.0</updateRate> <!--can set the publication rate-->
65            <cameraName>example_camera</cameraName> <!--topics will be example_camera/... ←
                -->
66            <!--listen to the following topic name to get streaming images-->
67            <imageTopicName>image_raw</imageTopicName>
68            <!--the following topic carries info about the camera, e.g. 640x480, etc-->
69            <cameraInfoTopicName>camera_info</cameraInfoTopicName>
70            <!--frameName must match gazebo reference name...seems redundant-->
71            <!-- this name will be the frame_id name in header of published frames-->
72            <frameName>camera_link</frameName>
73            <!-- optionally, add some lens distortion -->
74            <distortionK1>0.0</distortionK1>
75            <distortionK2>0.0</distortionK2>
76            <distortionK3>0.0</distortionK3>
77            <distortionT1>0.0</distortionT1>
78            <distortionT2>0.0</distortionT2>
79          </plugin>
80        </sensor>
81      </gazebo>
82
83    </robot>
```

在代码清单 5.15 中，定义了一个机器人模型，尽管这个伪机器人只包含一个连杆。通常，连杆被定义为具有视觉、碰撞和惯性属性。此连杆被定义为一个简单的盒子，意思是相机的外壳。

从 32 行开始，代码清单更有趣。Gazebo 标签引入了传感器，特别是相机，发布器的帧率设置为 30Hz（38 行）。相机参数在 39 ~ 60 行定义，包括阵列尺寸（640 × 480）和光学器件（相应地，针孔摄像机以 1.0rad 的视场角投影到 640 像素宽的图像平面上）。当图像广播时，它们将被编码为 8 位值，分别为红色、绿色、蓝色（按此顺序），在 47 行指定。

设置摄像机的最小和最大范围（49 ~ 53 行）。最大范围是计算实用主义的而非物理学的。因为合成图像是从仿真环境中的光线跟踪计算出来的，所以必须在光线延伸的范围内设置上限以使该计算变得切实可行。

55 ~ 59 行为图像添加了噪声（详见 http://gazebosim.org/tutorials?tut=sensor_noise）。引入噪声有助于使合成图像更加真实。使用这些图像开发的图像处理将避免对图像质量不切实际的假设陷阱而变得更加鲁棒。

62～79 行引入了用于相机模拟的 Gazebo 插件。相机软件库计算仿真世界中的光线跟踪，评估相机图像平面中每个像素的颜色灰度，以指定频率更新（如果可以在目标仿真计算机上实现此更新速率）。在 ROS 中选择传统名字 image_raw（67 行）用于发送相机图像。主题包含 sensor_msgs/Image 类型的消息。主题 camera_info 是一个传统名称，通过消息类型 sensor_msgs/CameraInfo 来描述相机参数的消息主题。如 65 行指定，相机参数摄像机主题名称在命名空间 example_camera 预置，产生主题 /examples_camera/image_raw 和 /example_camera/camera_info。

Gazebo 插件计算合成图像并将它们发布到 image_raw 主题。这些消息将有一个设置为 camera_link 的 frame_id 标头，如 72 行指定的那样。请注意，72 行的坐标系名称必须与 34 行的 Gazebo 引用名称一致，并且命名的坐标系必须与模型文件相应的连杆相关联（在这个例子中为 camera_link）。

除噪声外，还可以引入镜头失真效果（74～78 行）(详见 http://gazebosim.org/tutorials?tut= camera_distortion)。通常，执行相机标定以找到这些参数。给定标定系数，额外的节点运行，订阅原始图像、修正图像，并将它们重新发布为对象。然而该过程不是 Gazebo 仿真的一部分。相反，Gazebo 仿真尝试创建和发布具有真实性的图像流，包括噪声和失真，试图模拟真实相机。

我们在 example_camera.xacro 中的相机模型可以添加到移动机器人模型中，就像在移动基座上添加手臂时一样。为此，必须指定将相机连杆连接到基础连杆的关节。组合基础和相机的 xacro 文件是 mobot_w_lidar_and_camera.xacro，如代码清单 5.16 所示。

代码清单 5.16　mobot_w_lidar_and_camera.xacro：组合基础和相机的模型文件

```
1  <?xml version="1.0"?>
2  <robot
3       xmlns:xacro="http://www.ros.org/wiki/xacro" name="mobot">
4    <xacro:include filename="$(find mobot_urdf)/urdf/mobot_w_lidar.xacro" />
5    <xacro:include filename="$(find mobot_urdf)/urdf/example_camera.xacro" />
6
7    <!-- attach the camera to the mobile robot -->
8    <joint name="camera_joint" type="fixed">
9      <parent link="base_link" />
10     <child link="camera_link" />
11     <origin rpy="0 0 0 " xyz="0.1 0 0.7"/>
12   </joint>
13 </robot>
```

代码清单 5.16 包括先前的移动机器人模型（包括其激光雷达和关节发布），还包括相机模型示例。这两个模型通过声明 camera_joint 连接在一起，以建立 camera_link（相机模型的基础）作为 base_link（移动平台的基础）的子节点。父连杆不必是基础连杆。移动机器人上的任何已定义连杆都可以工作（如果需要，可以在附加机械臂上包含一个坐标系）。

可以使用代码清单 5.17 中给出的 mobot_w_lidar_and_camera.launch 启动组合模型。

代码清单 5.17 mobot_w_lidar_and_camera.launch：组合基础和相机的启动文件

```xml
<launch>
<!-- Convert xacro model file and put on parameter server -->
<param name="robot_description" command="$(find xacro)/xacro.py '$(find mobot_urdf)/↵
    urdf/mobot_w_lidar_and_camera.xacro'" />

<!-- Spawn the robot from parameter server into Gazebo -->
<node name="spawn_urdf" pkg="gazebo_ros" type="spawn_model" args="-param ↵
    robot_description -urdf -model mobot" />

<!-- start a robot_state_publisher -->
<node name="robot_state_publisher" pkg="robot_state_publisher" type="↵
    robot_state_publisher" />

<!-- launch rviz using a specific config file -->
 <node pkg="rviz" type="rviz" name="rviz" args="-d $(find mobot_urdf)/rviz_config/↵
    mobot_w_lidar.rviz"/>

</launch>
```

要启动新的组合模型，首先启动 Gazebo：

```
roslaunch gazebo_ros empty_world.launch
```

然后将机器人模型加载到参数服务器上，将机器人模型生成到 Gazebo 中，启动机器人状态发布器并启动 rviz：

```
roslaunch mobot_urdf mobot_w_lidar_and_camera.launch
```

可以通过添加相机项在 rviz 中显示相机视图。但是，可以使用单独的节点实现上述目的（它更方便稳定）。通过运行：

```
rosrun image_view image_view image:=example_camera/image_raw
```

我们从包 image_view 启动节点 image_view（参见 http://wiki.ros.org/image_view）。正如命令行参数指定，这将订阅 example_camera/image_raw 主题并显示发布在此主题上的图像。最初，输出是乏味的，因为机器人处于空的世界。可以在 Gazebo 中插入现有的世界模型，例如 Starting Pen。得到的 Gazebo 和 image_view 的显示如图 5.13 所示。图 5.13 显示了启动笔世界中的机器人模型，以及仿真相机的显示。可以看出，相机视图对世界上的机器人的位姿是有意义的。方向、颜色和透视适合此位姿。当机器人在世界各地行驶时，传输的图像将继续更新以反映机器人的视野。可以编写图像处理代码，订阅该传感器主题并解释数据。可以在仿真中开发和测试这样的代码，然后几乎不需要修改就可以应用于真实系统。在实践中，需要标定真实相机的内部参数（焦距、中心像素和失真系数）及其外部参数（camera_joint 变换的真实值，精确指定相机如何安装到机器人）。Gazebo 模型与相应的真实系统应该是协调的，确保所有相机参数一致。然后，尽管图像处理代码可能需要在真实系统上进行额外调整，但是在仿真中开发的代码应该在真实系统上表现良好，这取决于代表真实设置的虚拟世界模型的保真度。

图 5.13　虚拟世界中简单移动机器人的 Gazebo 视图和仿真相机的显示

5.2.3　仿真和显示深度相机数据

另一个有价值的传感器类型是深度相机。各种传感器,包括立体视觉系统、Kinect™ 相机和一些激光雷达,能够感知环境中点的 3 维坐标。一些传感器,包括 Kinect,也将颜色与每个 3 维点相关联,构成 RGBD(红 – 绿 – 蓝 – 深度)相机。与激光雷达类似,线瞄准三角法可以应用于与图像平面像素相关联的向量(并且穿过焦点),因此使用 3 维深度信息使得像素坐标增强(并且每个这样的像素可以关联到 RGB 颜色值)。执行这种计算,可以将结果表示为点云(请参阅 http://pointclouds.org/)。

为了仿真 Kinect 相机,我们可以构建一个类似的模型文件,在包 mobot_urdf 中的 example_kinect.xacro 中提供。该文件的内容如代码清单 5.18 所示。

代码清单 5.18　example_kinect.xacro:Kinect 传感器的示例模型文件

```
1  <?xml version="1.0"?>
2  <robot
3      xmlns:xacro="http://www.ros.org/wiki/xacro" name="example_kinect">
4
5    <!-- add a simulated Kinecct camera, including visual, collision and inertial
         properties, and physics simulation-->
6    <link name="kinect_link">
7      <!-- here is the physical body (case) of the camera-->
8      <collision>
9        <origin xyz="0 0 0" rpy="0 0 0"/>
10       <geometry>
11         <box size="0.02 0.1 0.02"/>
12       </geometry>
13     </collision>
14
15     <visual>
16       <origin xyz="0 0 0" rpy="0 0 0" />
17       <geometry>
```

```xml
18                <box size="0.02 0.1 0.02"/>
19            </geometry>
20            <material name="camera_case">
21                <color rgba="0.0 0.0 0.7 1.0"/>
22            </material>
23        </visual>
24
25        <inertial>
26            <mass value="0.1" />
27            <origin xyz="0 0 0" rpy="0 0 0"/>
28            <inertia ixx="0.0001" ixy="0" ixz="0" iyy="0.0001" iyz="0" izz="0.0001" />
29        </inertial>
30    </link>
31
32    <!-- here is the gazebo plug-in to simulate a color camera -->
33    <!--must refer to the above-defined link to place the camera in space-->
34    <gazebo reference="kinect_link">
35        <sensor type="depth" name="openni_camera_camera">
36            <always_on>1</always_on>
37            <visualize>true</visualize>
38            <camera>
39                <horizontal_fov>1.047</horizontal_fov>
40                <image>
41                    <width>640</width>
42                    <height>480</height>
43                    <format>R8G8B8</format>
44                </image>
45                <depth_camera>
46
47                </depth_camera>
48                <clip>
49                    <near>0.1</near>
50                    <far>100</far>
51                </clip>
52            </camera>
53            <!--here is the plug-in that does the work of kinect emulation-->
54            <plugin name="camera_controller" filename="libgazebo_ros_openni_kinect.so">
55                <alwaysOn>true</alwaysOn>
56                <updateRate>10.0</updateRate>
57                <cameraName>kinect</cameraName>
58                <frameName>kinect_depth_frame</frameName>
59                <imageTopicName>rgb/image_raw</imageTopicName>
60                <depthImageTopicName>depth/image_raw</depthImageTopicName>
61                <pointCloudTopicName>depth/points</pointCloudTopicName>
62                <cameraInfoTopicName>rgb/camera_info</cameraInfoTopicName>
63                <depthImageCameraInfoTopicName>depth/camera_info</←
                    depthImageCameraInfoTopicName>
64                <pointCloudCutoff>0.4</pointCloudCutoff>
65                <hackBaseline>0.07</hackBaseline>
66                <distortionK1>0.0</distortionK1>
67                <distortionK2>0.0</distortionK2>
68                <distortionK3>0.0</distortionK3>
69                <distortionT1>0.0</distortionT1>
70                <distortionT2>0.0</distortionT2>
71                <CxPrime>0.0</CxPrime>
72                <Cx>0.0</Cx>
73                <Cy>0.0</Cy>
74                <focalLength>0.0</focalLength>
75            </plugin>
76        </sensor>
77    </gazebo>
78
79 </robot>
```

与示例相机一样，此模型文件称为robot，即使它没有自由度。定义连杆以表示Kinect传感器的外壳（6～30行）。Gazebo标签引用此连杆（34行）。Kinect包括深度信息（来自红外相机）和颜色信息（来自RGB相机）。Kinect相机的许多规格与前面的示例相机模型类似，包括视野、图像阵列的尺寸（以像素为单位）、范围限幅、可选的噪声和失真系数以及更新率。

用于模拟 Kinect 的插件库在 54 行引用（libgazebo_ros_openni_kinect.so）。

标签 cameraName 的值设置为 kinect，因此 Gazebo 插件发布的所有主题都将位于命名空间 kinect 中。RGB 相机的主题 imageTopicName 在 59 行设置为 rgb/image_raw。要显示来自 RGB 相机的图像，相应的主题是 kinect/rgb/image_raw。

Kinect 主题的参考帧、标签 frameName，在 58 行设置为 kinect_depth_frame。请注意，这与前一个相机示例不同，后者的帧与 Gazebo 参考相同。不方便的是，Kinect 模型需要一个额外的变换，来相对于其安装连杆正确地对准传感器。此问题在启动文件中得到解决，稍后将对此进行介绍。

Kinect 模型通过使用与以前相同的技术与机器人合并，将其分层次地包含在另一个 xacro 文件中。代码清单 5.19 中显示了 mobot_w_lidar_and_kinect.xacro 文件。

代码清单 5.19　mobot_w_lidar_and_kinect.xacro：组合机器人和 kinect 传感器的模型文件

```xml
<?xml version="1.0"?>
<robot
    xmlns:xacro="http://www.ros.org/wiki/xacro" name="mobot">
  <xacro:include filename="$(find mobot_urdf)/urdf/mobot_w_lidar.xacro" />
  <xacro:include filename="$(find mobot_urdf)/urdf/example_camera.xacro" />
  <xacro:include filename="$(find mobot_urdf)/urdf/example_kinect.xacro" />
  <!-- attach the camera to the mobile robot -->
  <joint name="camera_joint" type="fixed">
    <parent link="base_link" />
    <child link="camera_link" />
    <origin rpy="0 0 0 " xyz="0.1 0 0.7"/>
  </joint>
  <!-- attach the kinect to the mobile robot -->
  <joint name="kinect_joint" type="fixed">
    <parent link="base_link" />
    <child link="kinect_link" />
    <origin rpy="0 0 0 " xyz="0.1 0 0.72"/>
  </joint>
  <!-- kinect depth frame has a different viewpoint; publish it separately-->
</robot>
```

Kinect 模型代码清单 5.19 的大部分与我们之前的相机模型相同（代码清单 5.16）。6 行引入了示例 Kinect xacro 文件。14～18 行定义了一个静态关节，它将 Kinect 模型中的 kinect_depth_frame 连杆连接到移动机器人模型的基础连杆。

通过代码清单 5.20 中的启动文件 mobot_w_lidar_and_kinect.launch 实现组合模型的启动。

代码清单 5.20　mobot_w_lidar_and_kinect.launch：用于组合机器人和 kinect 传感器的启动文件

```xml
<launch>
<!-- Convert xacro model file and put on parameter server -->
<param name="robot_description" command="$(find xacro)/xacro.py '$(find mobot_urdf)/↲
    urdf/mobot_w_lidar_and_kinect.xacro'" />

<!-- Spawn the robot from parameter server into Gazebo -->
<node name="spawn_urdf" pkg="gazebo_ros" type="spawn_model" args="-param ↲
    robot_description -urdf -model mobot" />

<node pkg="tf" type="static_transform_publisher" name="kinect_broadcaster" args="0 0 0↲
    -0.500 0.500 -0.500 0.500 kinect_link kinect_depth_frame 100" />

<!-- start a robot_state_publisher -->
<node name="robot_state_publisher" pkg="robot_state_publisher" type="↲
```

```
            robot_state_publisher" />
    <!-- launch rviz using a specific config file -->
    <node pkg="rviz" type="rviz" name="rviz" args="-d $(find mobot_urdf)/rviz_config/↵
        mobot_w_lidar_and_kinect.rviz"/>

    <!-- launch image_view as well -->
    <node pkg="image_view" type="image_view" name="image_view">
        <remap from="image" to="/kinect/rgb/image_raw" />
    </node>

</launch>
```

此启动文件说明了两个新功能。第一，8 行：

```
<node pkg="tf" type="static_transform_publisher" name="kinect_broadcaster"↵
    args="0 0 -0.500 0.500 -0.500 0.500 kinect_link kinect_depth_frame↵
    100" />
```

从 tf 包中启动一个名为 static_transform_publisher 的节点。此节点在 tf 主题上发布指定坐标系之间的转换关系。我们的 Kinect 模型文件为图像数据定义了一个坐标系，称为 kinect_depth_frame，但我们的 URDF 不包含有关此坐标系如何与模型中任何其他坐标系相关的信息。kinect_depth_frame 不与任何物理连杆相关联，并且仅与相对于传感器本身定义的参考坐标系连接。向静态变换发布器节点提供子帧的名称 kinect_depth_frame、父坐标系 kinect_link 以及它们之间的变换参数。参数（0，0，0）表示深度坐标系原点与 Kinect 连杆坐标系原点重合。参数（-0.5，0.5，-0.5，0.5）描述了四元数方向变换，涉及分别围绕 x、y 和 z 轴的 90 度旋转。通过启动此静态转换发布器，rviz 能够从 Kinect 深度坐标系到移动机器人的基础坐标系完全连接坐标系。（有关静态转换发布器的更多详细信息，请参见 http://wiki.ros.org/tf#static_transform_publisher。）

代码清单 5.20 中的启动文件的第二个新功能显示在 17 ~ 19 行：

```
<node pkg="image_view" type="image_view" name="image_view">
    <remap from="image" to="/kinect/rgb/image_raw" />
</node>
```

该指令自动启动 image_view 节点并指示它订阅 /kinect/rgb/image_raw 主题。请注意，这是通过以下命令行完成的：

```
rosrun image_view image_view image:=example_camera/image_raw
```

但从启动文件启动时，主题分配的语法使用 <remap> 标签。

要尝试新增强的机器人模型，请使用以下命令启动 Gazebo：

```
roslaunch gazebo_ros empty_world.launch
```

然后运行启动脚本，将机器人模型加载到参数服务器上，将机器人模型生成到 Gazebo，启动机器人状态发布器，启动静态转换发布器，并启动 rviz（使用新的配置文件）：

```
roslaunch mobot_urdf mobot_w_lidar_and_kinect.launch
```

通过引入加油站的世界模型，Gazebo 模型变得更加有趣。图 5.14 显示了 3 个显示（在屏幕上重叠）。Gazebo 视图显示了加油站虚拟世界中的机器人模型。回想一下，Gazebo 是现实的替身。它对于在仿真中开发代码很有用，但它最终会被真实的机器人、真实传感器和真实环境所取代。

image_view 视图显示 Gazebo 计算的合成图像，相当于观看油泵的 Kinect 彩色相机的视点。图像显示看起来与 Gazebo 显示几乎完全相同，但应该记住，Gazebo 显示具有 3 维信息，可以通过相对于虚拟世界移动观察者来检查。相反，相机显示仅包含 2 维信息，相当于实际相机图像传感器的值。

图 5.14 中最有趣的补充是 rviz 视图里。其中添加了一个新的显示项：PointCloud2。在此显示项中，主题设置为 kinect/depth/points。本主题包含 Kinect3 维点。它们在具有一致性变换的 rviz 中渲染，使点显示在距机器人适当的距离处。此外，这些点几乎完美地与红色标记物对齐，表示来自机器人激光雷达的脉冲。与 image_view 场景不同，rviz 场景完全是 3 维的。观察者可以旋转此视图以观察来自备选视点的数据。即使 Gazebo 被现实取代，仍然可以显示 rviz 视图，如图 5.14 所示。这种能力可以让操作员感知机器人的周围环境，从而为遥控操作或监督控制提供可能性。

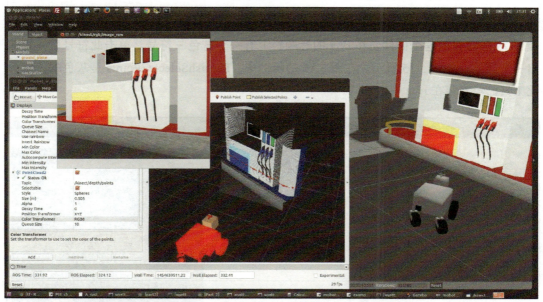

图 5.14　虚拟世界中带有激光雷达、相机和 Kinect 传感器的简单移动机器人的 Gazebo、rviz 和图像视图显示

令人讨厌的是 rviz 显示器中的颜色与 Gazebo 显示器中的颜色不同。这是因为 rviz 和 Gazebo 是使用不同颜色表示的独立开发。在实践中，这不是问题。来自真实相机（包括 Kinect）的 rviz 显示可以正确显示颜色。此外，许多 3 维传感器没有相关的颜色，这使得即使对于 Gazebo 仿真也没有问题。

rviz 中点云显示的一个非常有用的功能是可以交互地选择点（或点集合）并发布以供节点使用。接下来描述此功能。

5.2.4 rviz 中点的选择

我们已经看到 rviz 是用于可视化传感器数据的有用工具，允许操作员查看关于机器人模型的值的显示。如 5.1 节所述，还可以覆盖图形（标记物）以引起对特定显示区域的注意。

除了将 rviz 用于传感器可视化之外，rviz 还可以用作远程操作员界面，用于机器人的远程操作或监督控制。我们已经看到可以通过交互式标记物与 rviz 进行交互（5.1.3 节）。一个有价值的附加输入选项是能够在 rviz 显示中选择兴趣点，并发布这些点坐标以供感知处理节点使用。PublishSelectedPoints 工具是 rviz 的一个插件，它提供了这种功能。

rviz 插件 selected_points_publisher（来自柏林科技大学，机器人和生物学实验室[33]；另见参考文献［32］）包含在包 rviz_plugin_selected_points_topic 中的随附软件库 learning_ros_external_packages 中。初始安装 rviz 时，此工具尚不存在。在 selected_points_publisher 包的 README 文件中有安装说明。可能需要运行：

```
catkin_make install
```

让 ROS 能够找到这个插件。在 rviz 的标题栏上有一个蓝色 + 符号。单击此符号后，将弹出一个菜单，如图 5.15 所示。在图 5.15 的示例中，PublishSelectedPoints 是灰色的，因为此工具已经安装在 rviz 中。

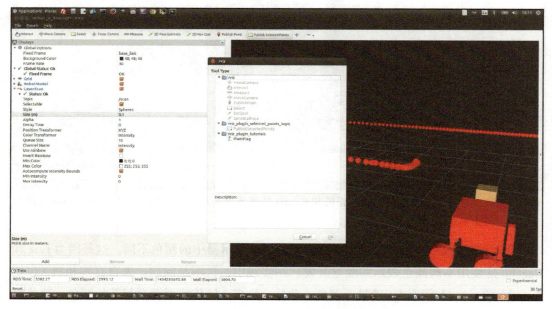

图 5.15　添加插件工具时的 rviz 视图

可以通过单击 rviz 标题栏上的图标来启用 Publish Selected Points 工具。然后可以在 rviz 场景内点击并拖动以选择和发布感兴趣的点。

图 5.16 显示了移动机器人靠近启动笔的出口的激光雷达显示。使用相对较大的红色球体作为标记物显示各个激光雷达点（可在 rviz 中的 LaserScan 显示项中选择）。在 LaserScan 显示项中，选项 selectable 被选中（启用）。因此，当单击并拖动以框选这些点中的一个或多个时，相应的坐标将发布。图 5.16 显示了选择单个激光雷达点（由浅蓝色线框括起来表示）。

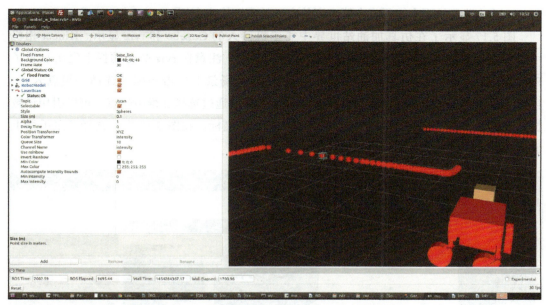

图 5.16　rviz 视图显示要发布的选择的单个激光雷达点

PublishSelectedPoints 工具将有关用户选定点的信息发布到 selected_points 主题。该主题包含 sensor_msgs/PointCloud2 类型的消息。使用 rostopic echo selected_points 命令，我们可以看到选定点发布器的结果。选择图 5.16 所示的激光雷达点后，选择点主题回显显示：

```
fields:
  -
    name: x
    offset: 0
    datatype: 7
    count: 1
  -
    name: y
    offset: 4
    datatype: 7
    count: 1
  -
    name: z
    offset: 8
    datatype: 7
```

```
            count: 1
    is_bigendian: False
    point_step: 12
    row_step: 12
    data: [230, 233, 118, 63, 26, 249, 52, 64, 41, 92, 15, 63]
```

此格式不像以前的传感器消息那样明显。简而言之，它在标头中声明这些点将由 x、y 和 z 坐标表示，每个坐标用 4 个字节表示（即单精度浮点）。消息的数据成分可能携带大量的字节，但在此示例中，只有 12 个字节（有 3 个 4 字节的坐标）。PointCloud 消息的格式不如大多数 ROS 消息方便，因为它必须设计为携带大量数据以便高效处理。有关 PointCloud 消息的更多解释将在第 8 章的点云处理环境中介绍。

图 5.17 显示了在仿真加油站世界中简单机器人的 Gazebo 和 rviz 显示。Kinect 相机可以看到油泵。rviz 显示放大了泵，以强调泵手柄。注意在 rviz 的标题栏上突出显示了 PublishSelectedPoints。选择此工具后，可以在 rviz 场景上单击并拖动选择一组点云点。虽然 rviz 视图是 2 维显示，但显示由 3 维数据生成。通过选择 2 维中的点，可以引用该数据底层的 3 维源，因此可以发布所选点对应的 3 维坐标。在图 5.17 中，选择了泵手柄上的一小块点，以浅蓝色突出显示。

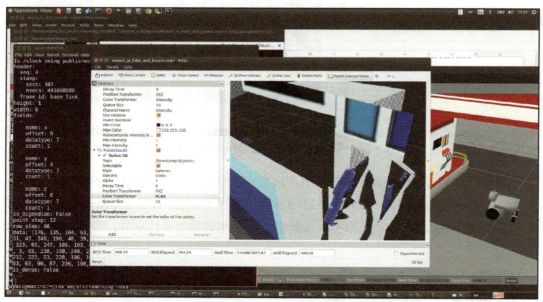

图 5.17　仿真加油站中机器人的 Gazebo 视图及仿真 Kinect 数据的 rviz 显示。泵手柄上的一小块淡蓝色点显示用户选择的点

在 rviz 中选择点后，将在 selected_points 主题上发布消息（PointCloud2 类型）。每个点用 x、y 和 z 坐标描述，每个坐标编码为 4 个字节（对应于数据类型 7，其在 sensor_msgs/PointCloud2 中定义为 FLOAT32）。通过该主题，可以获得与 rviz 中显示的传感器值交互对应的 3 维数据。ROS 节点可以接收和解释生成的发布。有关点云消息和解释的更多细节将在第 8 章中介绍。

5.3　小结

本章介绍了 ROS 中的感知和可视化。理解 Gazebo 仿真需要将界面设计成与对应的真实机器人系统相同。注意这种共性，可以在仿真中执行大量的软件设计和调试，然后将结果有效地应用于对应的真实机器人。虽然不可避免地需要进行一些调整来弥补建模缺陷，但绝大多数编程都可以在仿真中完成。

rviz 接口对于解释来自机器人（无论是真实的还是仿真的）的数据非常有用。如果仿真机器人的设计与真实机器人一致，则 rviz 显示在仿真中应该是非常接近真实的。通过在 rviz 中添加用户设计的标记物，可以帮助可视化感知处理和路径规划的结果，这对于开发和调试非常有用。此外，相同的显示器可用作操作员界面，显示来自远程机器人的感知数据，包括激光雷达，点云和相机数据的融合，以及任何可用的先验模型的显示。

通过添加交互式标记物和选定点的发布，rviz 显示还可以作为直观的操作员界面用于机器人的监督控制。

完成了对 ROS 基础的介绍，我们已准备好将 ROS 用于机器人编程，包括复用现有软件包和设计新功能。

PART3

| 第三部分

ROS 中的感知处理

智能机器人的行为取决于在其环境中恰当地执行动作。例如，一个移动机器人应该避免碰撞，并避免在无法通行或危险的地形上行进。机械臂应该感知和解释感兴趣的物体（包括物体识别和定位），以及规划用于部件获取和操纵的无碰撞轨迹。通过感知和解释环境，机器人可以定位感兴趣的物体或推断出合适的动作（例如将餐具放入洗碗机或从仓库中取出指定的物品），以及产生可行的抓取和操纵规划。实现基于传感器的行为需要对传感数据进行感知处理。

一般而言，基于传感数据理解机器人的所处环境是一个包含多个领域的巨大挑战。尽管如此，当前一些有用的基于传感驱动的行为是实用的，并且有一些 ROS 工具辅助这种设计。感知处理（例如计算机视觉）具有比 ROS 更长的历史，但重要的是 ROS 可与现有的开源库兼容。值得注意的是，OpenCV 和点云库提供了强大的工具来解释来自相机、立体相机、3 维激光雷达和深度相机的传感数据。

接下来的 3 章将会介绍如何在 ROS、深度成像、点云和点云处理中使用相机。应该注意的是，此介绍一般不能替代学习图像处理，特别是 OpenCV 或 PCL。学习 OpenCV 的推荐指南见参考文献［4］。在撰写本书时，使用点云库并不是以教科书形式呈现的。但是，http://pointclouds.org/ 上有在线教程。

第6章 在 ROS 中使用相机

引言

相机是机器人上常用的设备。为了解释用于导航或路径规划的相机数据，用户需要解释像素值的模式（强度和颜色）以及与这些解释相关的标签与坐标。本章将介绍 OpenCV 在 ROS、相机标定和低级别图像处理操作中常用的相机坐标系。3 维成像扩展部分的介绍放在了第 7 章。

6.1 相机坐标系下的投影变换

相机标定是将图像与空间坐标相关联的一个必要步骤，这包括内在属性和外在属性。相机的内在属性保持不变，与相机的安装方式或在空间中的移动方式无关。内在属性包括：图像传感器尺寸（像素行数和列数）；图像平面的中心像素（这取决于图像平面相对于理想化的焦点是如何安装的）；从图像平面到焦距的距离和镜头畸变模型的系数。外在属性描述如何安装相机，具体来说，是相机相关坐标系和世界坐标系（例如，机器人的基础坐标系）之间的变换。在标定外在属性之前，应该识别出相机的内在属性。

标定相机需要定义与之相关的坐标系。图 6.1 显示了相机的标准坐标系。

图 6.1 中的点 C 对应针孔相机模型的焦点（即 C 是针孔的位置。这个点被

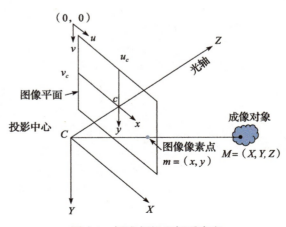

图 6.1 标准相机坐标系定义

称为投影中心，它将构成我们的相机坐标系的原点。

相机有一个传感器平面（通常是一个 CCD 阵列）在焦点的（在传感器平面和环境中被传感器观察到的物体之间）后面。这个传感器平面有一个表面的方向向量。我们将相机模型的光轴定义为通过点 C 垂直于传感器平面的唯一向量。光轴定义了相机坐标系的 z 轴。传感器平面也有行和列的像素。我们定义相机坐标系 x 轴与传感器行平行，y 轴与传感器列平行，同时与右手坐标系 (X, Y, Z) 一致。X 的正方向由传感器如何定义增长像素列数决定。

光线从环境到传感器平面的投影会产生倒影。为了避免对图像反转的考虑，通过数学手段假设一个虚拟的图像平面位于焦点的前面（在焦点和物体之间）。该图像平面，或主平面，被定义为与物理传感器设备平行，但在投影中心前的偏移距离为 f（焦距）。主平面有两个局部坐标系：(x, y) 和 (u, v)。x 轴和 u 轴方向平行，同理 y 轴和 v 轴也是平行的。(u, v) 坐标原点是图像上的一个角，而 (x, y) 坐标原点靠近图像平面的中心位置。准确地说，(x, y) 坐标原点在图 6.1 的点 C，与图像平面光轴一致。另外，坐标 (x, y) 和坐标 (u, v) 的单位不同。(x, y) 维度是米制的，而 (u, v) 坐标是以像素度量的。u 坐标范围从 0 到 NCOLS-1，其中 NCOLS 是传感器的列数；v 范围从 0 到 NROWS-1，其中 NROWS 是行数（一种常见的传感器尺寸是 640×480 = NCOLS×NROWS）。相机的数据可以从按 (u, v) 查找的光强度中得到（彩色相机是有三个平面的光强度）。

点 c 的位置最好在 u = NCOLS/2 和 v = NROWS/2 之间。在实际操作中，图像平面上点 c 的实际位置将取决于装配误差。点 c 的真正坐标是 (u_c, v_c)，它定义了一个称为光学中心的中心像素。光学中心的中心像素坐标是由两个内在参数确定的。

从 (x, y) 坐标系转换到 (u, v) 坐标系需要知道检测器中像素传感器元件的物理尺寸。一般来说，这些元素都不是方形的。从 (x, y) 转换到 (u, v) 可以表示为：$u = u_c + x/w_{\text{pix}}$ 和 $v = v_c + y/h_{\text{pix}}$，其中 w_{pix} 是一个像素的宽度，h_{pix} 是一个像素的高度。

在图 6.1 中显示了环境中的一个点 M，从这个点发出的光（可能是反射物体的背景光）被我们的探测器接收。沿着点 M 的射线，穿过焦点（投影中心），与图像平面相交于点 m。点 M 在环境中相对于我们定义的相机坐标系，坐标为 $M(X, Y, Z)$。投影点 m 在图像坐标系中有 $m(x, y)$ 坐标。如果 M 的坐标在相机坐标系中是已知的，那么 m 的坐标可以基于投影原理计算出来。给定焦距 f，投影可以计算为 $x = fX/Z$ 和 $y = fY/Z$（其中 x、f、X、Y 和 Z 均为相同单位，如米）。另外，在已知光轴中心在图像平面的像素坐标 (u_c, v_c) 和像素尺寸 w_{pix} 和 h_{pix} 的基础上，我们可以计算出该光束投影到我们的相机传感器上的坐标 (u, v)。这个投影计算需要知道 5 个参数：f、u_c、v_c、w_{pix} 和 h_{pix}。通过定义 $f_x = f/h_{\text{pix}}$ 和 $f_y = f/w_{\text{pix}}$，可以进一步减少这组参数，其中 f_x 和 f_y 被视为以像素单位度量的单独焦距。只使用 4 个参数，f_x、f_y、u_c 和 v_c，就可以计算从环境到相机平面 (u, v) 坐标的投影。这 4 个参数属于内参，因为它们不随着相机在空间中移动而改变。获得这些参数是相机标定的第一步。

除了线性相机模型之外，还可以解释镜头失真。通常，这是通过寻找参数近似分析径向和切向畸变来实现的。有了 $M(X, Y, Z)$，可以计算出投影 $m(x, y)$。(x, y) 的值可以通过焦距归一化：$(x', y') = (x/f, y/f)$。在这些无量纲单位中，失真可以被模拟为将 (x', y') 线性投影映射到受到畸变的 (x'', y'') 投影上，并且随后可以将所得到的光撞击预测转换为 (u, v) 像素坐标。将 (x', y') 映射到 (x'', y'') 上的失真模型是（见 http://docs.opencv.org/2.4/modules/calib3d/doc/camera_calibration_and_3d_reconstruction.html）：

$$x'' = x' \frac{1 + k_1 r^2 + k_2 r^4 + k_3 r^6}{1 + k_4 r^2 + k_5 r^4 + k_6 r^6} + 2 p_1 x' y' + p_2 (r^2 + 2 x'^2) \quad (6.1)$$

$$y'' = y' \frac{1 + k_1 r^2 + k_2 r^4 + k_3 r^6}{1 + k_4 r^2 + k_5 r^4 + k_6 r^6} + 2 p_2 x' y' + p_1 (r^2 + 2 y'^2) \quad (6.2)$$

其中 $r^2 = x'^2 + y'^2$。注意，当所有系数是零，畸变公式可以简化为和 $x'' = x'$ 和 $y'' = y'$。同样，对于接近光中心 c 的像素，r 的（无量纲）值将会很小，因此，公式 6.1 和公式 6.2 中的高阶项可以忽略不计。畸变模型通常包括 k_1、k_2、p_1、p_2，并忽略高阶项。畸变模型系数也是内参标定过程的一部分，将在下一步进行描述。

6.2 内置相机标定

ROS 通过 camera_calibration 包提供了对相机内参标定的支持（由一个 ROS 封装的 openCV 相机标定代码组成）。过程的理论和细节可以在 OpenCV 文档中找到（参见 http://docs.opencv.org/2.4/doc/tutorials/calib3d/camera_calibration/camera_calibration.html）。

常用的标定假定使用一个带有已知行数、列数和已知尺寸的棋盘格。标定过程只需要运行标定程序，然后在棋盘格前挥舞摆动相机即可。该过程将获取棋盘格的图像，当有足够数量的良好图像进行标定时通知用户，然后从获得的图像中计算内部参数。

给定一个相机的 Gazebo 仿真器、一个用于棋盘格的模型以及在相机前移动棋盘格的方法，这一过程可以在仿真中得到解释。

在 5.2.2 节介绍了 Gazebo 中相机的仿真。在 simple_camera_model 包（在第三部分相关的软件库）中，在 Gazebo 中模拟一个相机，指定一个静态的机器人作为一个相机支架。xacro 文件出现在代码清单 6.3 中。

代码清单 6.1　simple_camera_model.xacro：简单的相机模型

```
1  <?xml version="1.0" ?>
2  <robot name="simple_camera" xmlns:xacro="http://www.ros.org/wiki/xacro">
3
4    <link name="world">
5        <origin xyz="0.0 0.0 0.0"/>
6    </link>
7
8    <joint name="camera_joint" type="fixed">
9        <parent link="world"/>
10       <child link="camera_link"/>
11       <origin rpy="0.0 1.5708 1.5708" xyz="0 0 0.5"/>
12   </joint>
13
14   <link name="camera_link">
```

```xml
15      <visual>
16        <origin xyz="0 0 0.0" rpy="0 0 0"/>
17        <geometry>
18          <box size="0.03 0.01 0.01"/>
19        </geometry>
20      </visual>
21
22      <inertial>
23        <mass value="1e-5" />
24        <origin xyz="0 0 0" rpy="0 0 0"/>
25        <inertia ixx="1e-6" ixy="0" ixz="0" iyy="1e-6" iyz="0" izz="1e-6" />
26      </inertial>
27    </link>
28
29    <!-- camera simulator plug-in -->
30    <gazebo reference="camera_link">
31      <sensor type="camera" name="camera">
32        <update_rate>30.0</update_rate>
33        <camera name="camera">
34          <horizontal_fov>0.6</horizontal_fov>
35          <image>
36            <width>640</width>
37            <height>480</height>
38            <format>R8G8B8</format>
39          </image>
40          <clip>
41            <near>0.005</near>
42            <far>0.9</far>
43          </clip>
44          <noise>
45            <type>gaussian</type>
46            <mean>0.0</mean>
47            <stddev>0.000</stddev>
48          </noise>
49        </camera>
50        <plugin name="camera_controller" filename="libgazebo_ros_camera.so">
51          <alwaysOn>true</alwaysOn>
52          <updateRate>0.0</updateRate>
53          <cameraName>simple_camera</cameraName>
54          <imageTopicName>image_raw</imageTopicName>
55          <cameraInfoTopicName>camera_info</cameraInfoTopicName>
56          <frameName>camera_link</frameName>
57          <distortionK1>0.0</distortionK1>
58          <distortionK2>0.0</distortionK2>
59          <distortionK3>0.0</distortionK3>
60          <distortionT1>0.0</distortionT1>
61          <distortionT2>0.0</distortionT2>
62        </plugin>
63      </sensor>
64    </gazebo>
65
66  </robot>
```

这个模型文件详细描述了一个位于地面上 0.5m 处的相机，方向向下（看地面）。模型相机有 640×480 像素并发布以红色、绿色和蓝色通道各 8 位编码的图像。虽然噪声可以进行建模，但是在这个简单的模型中它已经被设置为零。在模型中也可以指定径向和切向畸变系数，在目前的情况下，这些都已经被设置为零来模拟一个理想的（线性）照相机。焦距通过指定 0.6rad 的视场角来间接指定。模拟图像将被发布到主题 /simple_camera/image_raw。

我们的机器人可以通过如下命令进入 Gazebo：

```
roslaunch simple_camera_model simple_camera_simu_w_checkerboard.launch
```

这个命令调用包 simple_camera_model 子目录 launch 中的 simple_camera_simu_w_checkerboard.

launch 文件。该启动文件执行多个步骤，包括启动 Gazebo，将重力设置为 0，将简单的相机模型加载到参数服务器上，并将其生成到 Gazebo，同时查找并加载一个名为 small_checkerboard 的模型。

随着 Gazebo 的运行和相机模型的生成，rostopic list 显示了 /simple_camera 下的 13 个主题。运行：

```
rostopic hz /simple_camera/image_raw
```

显示了图像的发布周期为 30Hz，与 Gazebo 模型中指定的更新频率一致。运行：

```
rostopic info /simple_camera/image_raw
```

显示了这个主题的消息类型是 sensor_msgs/Image。运行：

```
rosmsg show sensor_msgs/Image
```

显示了该消息类型包括头、成像规格尺寸（以像素为单位的高度和宽度是 640×480，在当前实例中），描述了图像编码的字符串（rgb8，在当前实例中），一个 step 参数（每行的字节数，1 920 = 3×640，在当前实例中）和一个 8 位无符号整数编码的图像向量。

另一个感兴趣的主题是 /simple_camera/camera_info。这个主题包含了 sensor_msgs/CameraInfo 类型的消息，其中包含了相机的内参信息，包括像素的行数和列数、失真模型的系数以及一个包含 f_x、f_y、u_c 和 v_c 值的投影矩阵。运行：

```
rostopic echo /simple_camera/camera_info
```

显示（部分）：

```
header:
  seq: 119
  stamp:
    secs: 1779
    nsecs: 333000000
  frame_id: camera_link
height: 480
width: 640
distortion_model: plumb_bob
D: [0.0, 0.0, 0.0, 0.0, 0.0]
K: [1034.4730060050647, 0.0, 320.5, 0.0, 1034.4730060050647, 240.5, 0.0, 0.0, 1.0]
R: [1.0, 0.0, 0.0, 0.0, 1.0, 0.0, 0.0, 0.0, 1.0]
P: [1034.4730060050647, 0.0, 320.5, -0.0, 0.0, 1034.4730060050647, 240.5, 0.0, 0.0,
    0.0, 1.0, 0.0]
```

这款相机的数据包括传感器的宽度和高度（640×480）和失真系数（都是零），以及一个投影矩阵集，它设置 $f_x = f_y = 1\,034.473$（方形像素传感器的以像素为单位的焦距）。焦距和水平宽度与指定的水平视场一致（在模型中设置为 0.6rad）。可以通过以下方式加以确认：

$$\tan(\theta_{hfov}/2) = \tan(0.3) = 0.309\,336 = (\text{NCOLS}/2)/f_x = 320/1\,034.473 \qquad (6.3)$$

投影矩阵 P，也指定 $(u_c, v_c) = (320.5, 240.5)$，它接近图像阵列的一半宽度和一半高度。（很奇怪这些值不是（319.5，239.5），这可能是一个 Gazebo 插件错误。）主题 /simple_camera/camera_info 的 camera_info 值与我们的仿真相机模型的规格一致。虽然这些值是已知的（自定义的），但仍然可以对相机进行虚拟标定，过程与真实相机相同。标定使用棋盘格模型作为视觉目标。

small_checkerboard 模型位于子目录 small_checkerboard 下的包 exmpl_models 中。棋盘格模型包括 7 行和 8 列 1cm 的交替的黑白正方形。这些正方形产生了 6 行和 7 列内部的四角交叉口，在标定过程中用作精确的参考点。启动 simple_camera_simu_w_checkerboard.luanch 后，可以通过运行下面的指令来查看仿真的相机图像：

```
rosrun image_view image_view image:=/simple_camera/image_raw
```

image_view 包中的节点 image_view 订阅主题 image 上的图像消息，并在其自己的显示窗口中显示接收到的图像。为了让这个节点订阅主题 /simple_camera/image_raw 的图像，图像主题重新映射的命令行选项为 image:=/simple_camera/image_raw。

随着这些进程的运行，屏幕显示如图 6.2 所示。这个图显示了代表相机机身的矩形棱柱，光轴指向地面。棋盘在地面上空 0.2 米左右，近似以相机视野为中心。在 Gazebo 的仿真中，相机机身和棋盘的阴影被光源投射到地面上。image_view 中显示相机看到了棋盘，近似以相机视野为中心。棋盘的阴影部分在虚拟相机的合成图像中也是可见的。

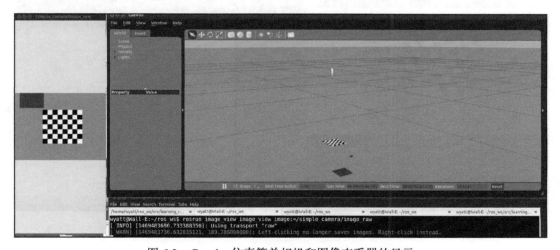

图 6.2　Gazebo 仿真简单相机和图像查看器的显示

为了仿真在相机前（下）的视觉目标（棋盘），启动一个节点来命令 Gazebo 移动这个棋盘格模型。移动棋盘格使用了与 3.4 节介绍的相同的 Gazebo 接口。移动棋盘的代码在 example_camera_calibration 包的 src 目录，源文件名为 move_calibration_checkerboard.cpp。这个例程为棋盘生成随机的位姿，几乎都是限制在相机的视野内。棋盘垂直、水平移动，以任意倾斜角度倾斜。棋盘摆的位姿各保持 0.5 秒。棋盘使用下面的指令产生随机运动。

```
rosrun example_camera_calibration move_calibration_checkerboard
```

ROS 相机标定工具可以用下面的指令启动：

```
rosrun camera_calibration cameracalibrator.py --size 7x6 --square 0.01 image:=/ ←
        simple_camera/image_raw camera:=/simple_camera
```

由此产生的交互式界面如图 6.3 所示。相机标定节点的选项要求图像目标中应有 7×6 个内部角点，每个角点格子都是 $1cm \times 1cm$，相机发布的图像主题是 /simple_camera/image_raw，相机名字是 simple_camera。当这个例程运行时，它获取不同位姿下视觉目标的快照。对每个快照应用图像处理识别 42 个内部角点。它通过图形覆盖显示获取的图像，说明内部角点的标识（如在彩色线条和圆圈中看到的）。当标定节点运行时，它连续获取样本数据，并告知操作者其标定集的状态。标定查看器中的 X、Y、尺寸和倾斜下的水平条表示视觉目标样本的贡献范围。当这些条都是绿色的（如图 6.3 所示）时，表明目前已获得足够的数据，可以进行标定。当这种情况发生时，圆标"CALIBRATE"会有从灰色到绿色的变化，激活成一个可以点击的控制按钮。一旦这个按钮可以被点击，操作者可以点击这个按钮来启动参数识别。然后就内置的相机坐标而言，调用一个搜索算法来求解所有需要的数据（与关联的内部角点）。（同时，该算法还能计算出每一种外部位姿估计。）一旦识别算法完成，标定结果就会显示，同时 Save 和 Commit 按钮也会被启用。

图 6.3　使用 Gazebo 模型交互相机标定工具

单击 Save，然后单击 Commit，相机参数的结果会被写到 .ros 目录（主目录下的一个隐藏目录）。在 .ros 目录里，一个子目录 camera_info 会被创建，它将包含一个新的文件，名为 simple_camera.yaml。上述标定流程的输出 yaml 文件包含以下内容：

```
image_width: 640
image_height: 480
camera_name: simple_camera
camera_matrix:
  rows: 3
```

```
      cols: 3
      data: [1035.427409570579, 0, 318.7566943335525, 0, 1035.332814088328,
             239.6921230165294, 0, 0, 1]
    distortion_model: plumb_bob
    distortion_coefficients:
      rows: 1
      cols: 5
      data: [-0.001604963198916835, -0.001878984799695939, 0.0001358780069028084,
             -0.0002804393593034872, 0]
    rectification_matrix:
      rows: 3
      cols: 3
      data: [1, 0, 0, 0, 1, 0, 0, 0, 1]
    projection_matrix:
      rows: 3
      cols: 4
      data: [1033.642944335938, 0, 318.1732831388726, 0, 0, 1033.126708984375,
             239.2189583120708, 0, 0, 0, 1, 0]
```

这时，运行 rostopic echo/simple_camera/camera_info 显示新的相机参数正在发布。相机仍有相同的 640×480 像素（必要的），但现在有非零（虽然小）畸变参数。这些值实际上是不正确的（因为仿真相机的失真是零）。然而，这些是标定算法发现的值。这表明标定算法只是近似的。在启动参数搜索之前，获得更多的图像可能能够获得更好的值。

同样地，f_x、f_y、u_c 和 v_c 的值也略有偏差，焦距值表示接近于正方像素（1 033.64 与 1 033.13），这些值接近真实的模型值（1 034.47）。中心坐标 $(u_c, v_c) = (318.17, 239.22)$ 也比较接近模型值（320.5，240.5）。这些值也可以通过获取和处理更多的标定数据而得到改善。

这就总结了如何使用 ROS 相机标定工具，并对相机参数的含义以及在提高精度方面提供了一些思路。

如前所述，标定单目相机本身无法从图像中派生出 3 维数据。必须通过附加的条件或额外的传感器，才能从图像数据中推断出 3 维坐标。立体视觉是实现这一目标的常用手段。接下来将对立体视觉系统进行标定。

6.3 标定立体相机内参

立体相机标定为立体相机提供了从多个图像中推断 3 维的可能。一个前提条件是，立体相机被标定。通常，立体相机将被安装在这种环境，光轴之间的变换是恒定的（即，静态变换）。在这种情况下，从左光轴到右光轴的坐标变换被认为是内在的，因为这种关系不随着双摄像头系统在空间中的移动而改变。就立体处理的效率来说，这个变换由 3×3 整数矩阵和一个基线维度来描述。每个相机除了单目内参，这些内容也要定义。

将简单的相机模型扩展到双（立体）相机的模型文件 multi_camera_model xacro 在包 simple_camera_model 中。这个模型文件包括两个相机，离地都是 0.5m。为了可视化效果，在 Gazebo 中这个模型文件指定左边的相机主体被涂成红色。（遗憾的是，rviz 的颜色定义与 Gazebo 的颜色定义不一致。）在这个模型中，左边的相机的光学轴指向的是与世界 z 轴平行的（且共线），而图像平面 x 轴的方向与世界 y 轴平行。右边的相机相对于左边的相机偏移了 0.02m。这个偏移量是沿着 y 轴正方向的,也就是沿左侧相机图像平面正 x 轴的 0.02m。这些坐标系如图 6.4 所示,它显示了左侧相机的光轴坐标、世界坐标,以及左右相机的位置。模型文件包括如下所示的 Gazebo 元素:

```xml
<!-- start of stereo camera plug-in -->
  <gazebo reference="left_camera_ref_frame">
  <!--gazebo reference="left_camera_optical_frame"-->
    <sensor type="multicamera" name="stereo_camera">
      <update_rate>30.0</update_rate>
      <camera name="left">
        <horizontal_fov>0.6</horizontal_fov>
        <image>
          <width>640</width>
          <height>480</height>
          <format>R8G8B8</format>
        </image>
        <clip>
          <near>0.005</near>
          <far>0.9</far>
        </clip>
        <noise>
          <type>gaussian</type>
          <mean>0.0</mean>
          <stddev>0.0</stddev>
        </noise>
      </camera>
      <camera name="right">
        <pose>0 -0.02  0 0 0 0</pose>
        <horizontal_fov>0.6</horizontal_fov>
        <image>
          <width>640</width>
          <height>480</height>
          <format>R8G8B8</format>
        </image>
        <clip>
          <near>0.005</near>
          <far>0.9</far>
        </clip>
        <noise>
          <type>gaussian</type>
          <mean>0.0</mean>
          <stddev>0.0</stddev>
        </noise>
      </camera>
      <plugin name="stereo_camera_controller" filename="libgazebo_ros_multicamera.so">
        <alwaysOn>true</alwaysOn>
        <updateRate>0.0</updateRate>
        <cameraName>stereo_camera</cameraName>
        <imageTopicName>image_raw</imageTopicName>
            <cameraInfoTopicName>camera_info</cameraInfoTopicName>
            <frameName>left_camera_optical_frame</frameName>
            <!--<rightFrameName>right_camera_optical_frame</rightFrameName>-->
            <hackBaseline>0.02</hackBaseline>
            <distortionK1>0.0</distortionK1>
            <distortionK2>0.0</distortionK2>
            <distortionK3>0.0</distortionK3>
            <distortionT1>0.0</distortionT1>
            <distortionT2>0.0</distortionT2>
        </plugin>
    </sensor>
```

```
            </gazebo>
            <!--  end of stereo plug-in -->
```

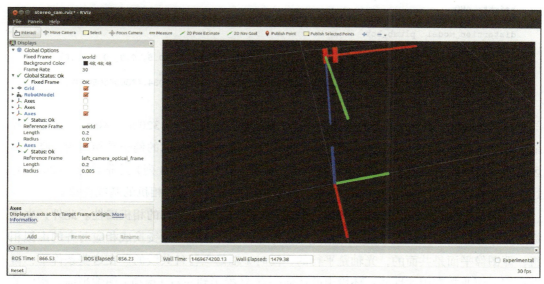

图 6.4　简单立体相机模型中世界坐标系和左相机光轴坐标系的 rviz 视图。

左右两边的相机规格与之前简单的相机模型相同，零失真、零噪音、640×480 像素、0.6rad 的水平视野。重要的是，替代下面的定义：

```
    <plugin name="camera_controller" filename="libgazebo_ros_camera.so">
```

立体模型定义为：

```
    <plugin name="stereo_camera_controller" filename= "libgazebo_ros_multicamera.so">
```

系统的参考坐标系是 left_camera_optical_frame。基线定义为 0.02m，这意味着右边的相机沿着左边相机光学坐标系的 x 轴的正方向偏移了 0.02m 的距离⊖。

立体相机模型可以使用如下指令启动：

```
    roslaunch simple_camera_model multicam_simu.launch
```

这个启动文件还打开了 robot_state_publisher 节点，该节点发布模型变换，从而使 rviz 能够显示感兴趣的坐标。

这个模型在 Gazebo 中运行，有两个相机主题（左右相机）。运行：

```
    rostopic echo /stereo_camera/right/camera_info
```

⊖　结合"多功能相机"插件所使用的坐标系规范，在该插件中可能是一个非直观的程序错误。用户需要一些中间坐标系的转换来实现期望的相机位姿和图像平面的方向。

显示（部分）：

```
    frame_id: left_camera_optical_frame
  height: 480
  width: 640
  distortion_model: plumb_bob
  D: [0.0, 0.0, 0.0, 0.0, 0.0]
  K: [1034.4730060050647, 0.0, 320.5, 0.0, 1034.4730060050647, 240.5, 0.0, 0.0, 1.0]
  R: [1.0, 0.0, 0.0, 0.0, 1.0, 0.0, 0.0, 0.0, 1.0]
  P: [1034.4730060050647, 0.0, 320.5, -20.689460120101295, 0.0, 1034.4730060050647,
      240.5, 0.0, 0.0, 0.0, 1.0, 0.0]
```

与单目相机一样，焦距（以像素为单位）为 1 034.47，(u_c, v_c) = (320.5, 240.5)。K 矩阵和 R 矩阵对于左边和右边的相机是相同的，这些与之前的单目相机的例子是相同的。唯一的区别是右相机的投影矩阵（P 矩阵）有一个平移项（第 1 行，第 3 列）是非零的（−20.69）。这个平移部分是 $f_x b$ = 1 034.473 × 0.02，其中 b 是右相机相对左相机的基线位移。

执行立体相机标定考虑了单目相机标定的要素，以确定固有的相机属性。此外，立体标定也是针对两个相机进行矫正变换。矫正的意图是将左右图像变换成相应对齐的虚拟相机，即图像平面是共面的，光轴是平行的，同时 x 轴是平行且共线的。在这些条件下，可以得到下面非常有用的性质：环境中的任何一点 M 投影到左右（虚拟）图像平面，相应的左右两边投影点的 y 值（和 v 值）在左边和右边的图像中是相同的。这个性质极大地简化了一致性问题，在这个问题中，需要识别左边图像中的哪个像素对应于右边图像中的哪个像素，这是通过三角测量推断 3 维坐标的基础。

为执行立体相机标定，可以使用 ROS 节点 cameracalibration.py，但需要指定更多的参数。这个过程详见 http://wiki.ros.org/camera_calibration 和 http://wiki.ros.org/camera_calibration/Tutorials/StereoCalibration.。对于仿真立体相机，我们也可以使用模型棋盘和随机的位姿产生，如下所示。首先，启动多相机仿真：

```
roslaunch simple_camera_model multicam_simu.launch
```

接下来，使用命令插入棋盘模板：

```
roslaunch simple_camera_model add_checkerboard.launch
```

在 Gazebo 中将棋盘移动到（受约束的）随机位姿：

```
rosrun example_camera_calibration move_calibration_checkerboard
```

启动标定工具：

```
rosrun camera_calibration cameracalibrator.py --size 7x6 --square 0.010 ←
    right:=/stereo_camera/right/image_raw left:=/stereo_camera/left/image_ ←
    raw right_camera:=/stereo_camera/right left_camera:=/stereo_camera/left ←
    --fix-principal-point --fix-aspect-ratio --zero-tangent-dist
```

在这种情况下，有相当多的附加选项和规范。棋盘再次被描述为有 7×6 的 0.01m 正方形的内部交叉点。图像主题 right 和 left 被重新映射，以匹配我们仿真系统的右边和左边的相机对应的主题名称。选项 fix-aspect-ratio 强制左右相机必须有 $f_x = f_y$，使得像素是正方形的。这个约束减少了参数搜索中未知的数量，这可以提高结果的精度（如果已知像素实际上是正方形）。选项 zero-tangent-dist 强制相机模型必须假定为零切向失真，即 p_1 和 p_2 系数被强制为等于零。这意味着从标定参数搜索中移除这些自由度。选项 fix-principal-point 强制 (u_c, v_c) 的值位于图像平面的中间（虽然这适用于我们的简单相机模型，但在实际操作中并不通用）。通过这些简化，标定过程（参数优化）更快、更可靠（前提是假设是有效的）。

图 6.5 显示了标定过程中的屏幕截图。在 Gazebo 中相机的机身是并排的，镜头朝下，观看可移动棋盘。标定工具显示功能显示了左右图像，以及在两个图像上的内部角的识别。与单目标定一样，图形显示了当采集到足够数据时进行有效标定的效果。一旦采集数据的足以进行标定，calibrate 按钮变为绿色。单击这个按钮启动算法寻找最优的标定参数。这可能需要几分钟（尽管在本例中使用了参数约束，这样要快得多）。完成后，save 和 commit 按钮会被激活，并且单击这些按钮将在 ~/.ros/camera_info/stereo_camera 目录的 left.yaml 和 right.yaml 文件存储的结果。立体相机标定文件结果示例如下：

```
width
640

height
480

[narrow_stereo/left]

camera matrix
1033.946820 0.000000 319.500000
0.000000 1033.946820 239.500000
0.000000 0.000000 1.000000

distortion
-0.000383 -0.006071 0.000000 0.000000 0.000000

rectification
0.999983 -0.000133 -0.005796
0.000133 1.000000 -0.000004
0.005796 0.000004 0.999983

projection
1036.332810 0.000000 326.076416 0.000000
0.000000 1036.332810 239.500460 0.000000
0.000000 0.000000 1.000000 0.000000

# oST version 5.0 parameters


[image]

width
640
```

```
height
480

[narrow_stereo/right]

camera matrix
1034.376433 0.000000 319.500000
0.000000 1034.376433 239.500000
0.000000 0.000000 1.000000

distortion
-0.001635 0.006670 0.000000 0.000000 0.000000

rectification
0.999983 -0.000136 -0.005817
0.000136 1.000000 0.000004
0.005817 -0.000005 0.999983

projection
1036.332810 0.000000 326.076416 -20.733354
0.000000 1036.332810 239.500460 0.000000
0.000000 0.000000 1.000000 0.000000
```

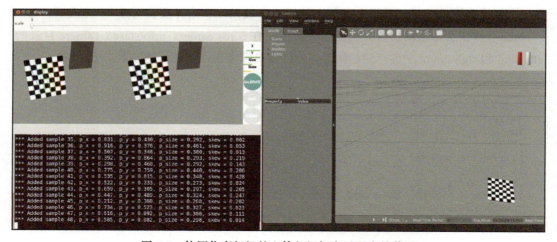

图 6.5　使用仿真相机的立体相机标定过程中的截图

左侧相机的校正本质上是一个 3×3 的单位矩阵，这意味着该相机在极坐标系中已经几乎完美地对齐了。在极坐标系下，右侧相机的校正旋转矩阵也是单位矩阵，因为 Gazebo 模型明确了右侧相机与左侧相机平行（因此没有必要旋转修正）。相机矩阵包含每个相机的内参。请注意，对于两个相机，$(u_c, v_c) = (319.5, 239.5)$，这是传感器平面的中间部分（fix-principal-point 选项要求）。同时，对于左侧和右侧相机，$f_x = f_y$，这是强制执行选项。但是，左边相机 $f_x = 1\,033.95$，右边相机 $f_x = 1\,036.33$。它们在 $f_x = 1\,034.47$ 时应该是相同的。这表明，标定算法（在参数空间中执行非线性搜索）并不完美（尽管识别值可能足够精确）。

左侧相机的投影矩阵的第 4 列全部为 0。右边的投影矩阵有 $P(1, 4) = -20.733\,354$。这个值接近理想模型值 $f_x * b = 20.69$。

在目前（仿真）的情况下，相机标定参数实际上是相同的，因为这些参数是在 Gazebo

模型中指定的。当 Gazebo 仿真重启时，仿真相机将使用模型指定的参数。更一般地说，标定物理相机是一个必要的步骤。在执行标定后（如使用所述的棋盘方法），所确定的标定参数将存储在 .ros 目录，随后当相机驱动程序启动时，这些存储的标定值将从磁盘中读取并发布到对应的 camera_info 主题。

multicamera 插件的另一种选择是包 simple_camera_model 里的 stereo_cam.xacro 模型。在这个模型文件中，定义了两个独立的相机，每个相机都像我们的单目相机示例一样被指定。启动另一个模型：

```
roslaunch simple_camera_model stereo_cam_simu.launch
```

这将导致单独的相机发布（左和右）。该模型文件有比 multicamera 插件更直观的坐标系规范。然而，对单目相机进行建模的一个难题是，图像发布有不同的时间戳。在进行立体视觉分析时，左右图像必须有足够的时间对应来解释动态数据。如果相机在移动，或者环境中物体在移动，三角测量只能在左右图像同步捕获时有效。（对于静态场景使用静态相机来说，同步不是一个问题。）

在模型文件中定义独立的相机驱动程序会导致异步图像发布。结果，相机标定节点和后续的立体图像处理节点将不接受异步图像。如果知道图像分析将在观察静止的物体的固定相机上执行（例如在机器人接近该区域后解释桌上物体），那么将图像主题修改为假同步是合理的。这可以做到，例如，通过运行：

```
roslaunch simple_camera_model stereo_cam_simu.launch
```

这个节点订阅原始的左右图像主题，/unsynced/left/image_raw 和 /unsynced/right/image_raw，在各自的消息头中重新分配时间戳：

```
ros::Time tnow= ros::Time::now();
img_left_.header.stamp = tnow; // reset the time stamps to be identical
img_right_.header.stamp = tnow;
```

然后在新主题（/stereo_sync/left/image_raw 和 /stereo_sync/right/image_raw 上重新发布图像）。在运行时，输入和输出主题可以重新映射，以匹配实际相机的主题名称和后续处理所需的主题名称。随着 stereo_sync 节点的运行，最近接收到的左右图像将产生相同时间戳的输出图像主题。这将促使立体标定和立体处理节点可用。

6.4 在 ROS 中使用 OpenCV

OpenCV（参见 http://opencv.org/）是一个开源的计算机视觉函数库。它是由英特尔在 1999 年发起的，已经成为一个全球流行的计算机视觉编程资源。为了利用 OpenCV 的功能，ROS 包括了在 ROS 格式消息和 OpenCV 格式对象之间转换的桥梁功能。详见 http://

wiki.ros.org/vision_opencv。

除了适应 OpenCV 类，ROS 还为处理图像定制了发布和订阅功能。ROS 的 image_transport 框架包括管理图像传输的类和节点（详见 http://wiki.ros.org/image_transport）。由于图像可能让 image_transport 通信带宽不堪重负，所以尽可能地限制网络负担很重要。在 image_transport 中有发布和订阅类，它们与 ROS-library 发布和订阅基本相同。image_transport 版本的行为在几个方面是不同的。首先，如果一个 image_transport 发布没有激活的订阅，这个主题上的图像将不会被发布。通过发布大量不用的消息，可以自动节省带宽。其次，image_transport 发布和订阅可以自动执行编码和解码（以各种格式）来限制带宽消耗。调用这种编码只需要订阅需要编码的类型对应的发布主题，因此这个过程对用户来说非常简单。

在这一节中，将说明 ROS 中 OpenCV 的简单使用。这些信息不是用来代替学习 OpenCV 的；这只是一个演示，说明 OpenCV 如何在 ROS 中使用。

6.4.1 OpenCV 示例：寻找彩色像素

附带软件库的 example_opencv 包中的 find_red_pixels.cpp 文件试图在图像中找到红色像素。用下面的指令创建 example_opencv 包：

```
catkin_simple example_opencv roscpp image_transport cv_bridge sensor_msgs
```

在这个包中，image_transport 用于图像定制的高效发布和订阅功能。cv_bridge 库支持 OpenCV 数据类型和 ROS 消息之间的转换。sensor_msgs 包描述了在 ROS 主题上发布的图像格式。

使用 cs_create_pkg 自动生成的 cmakeLists.txt 文件包含一个描述如何启用与 OpenCV 的链接的注释：

```
#uncomment next line to use OpenCV library
find_package(OpenCV REQUIRED)
```

通过未注释的 find_package（OpenCV REQUIRED）（如上面所示），这个包中的源代码编译将与 OpenCV2 库链接（支持 ROS Indigo 和 Jade 版本）。

示例源代码 find_red_pixels.cpp（在 /src 子目录中）计算两个输出图像。其中一个是黑白图像，所有像素都是黑色的，除了输入图像比较红的像素位置（这些像素在输出图像中被设置为白色）。虽然第二个输出图像是彩色输入图像的拷贝，但是在红色像素的质心显示叠加图形对应的小蓝块。代码见代码清单 6.2 ~ 6.4。

代码清单 6.2 find_red_pixels.cpp：寻找红色像素的质心的 C++ 代码，定义类

```
1  //get images from topic "simple_camera/image_raw"; remap, as desired;
2  //search for red pixels;
3  // convert (sufficiently) red pixels to white, all other pixels black
4  // compute centroid of red pixels and display as a blue square
5  // publish result of processed image on topic "/image_converter/output_video"
```

```cpp
6  #include <ros/ros.h>
7  #include <image_transport/image_transport.h>
8  #include <cv_bridge/cv_bridge.h>
9  #include <sensor_msgs/image_encodings.h>
10 #include <opencv2/imgproc/imgproc.hpp>
11 #include <opencv2/highgui/highgui.hpp>
12
13 static const std::string OPENCV_WINDOW = "Open-CV display window";
14 using namespace std;
15
16 int g_redratio; //threshold to decide if a pixel qualifies as dominantly "red"
17
18 class ImageConverter {
19     ros::NodeHandle nh_;
20     image_transport::ImageTransport it_;
21     image_transport::Subscriber image_sub_;
22     image_transport::Publisher image_pub_;
23
24 public:
25
26     ImageConverter(ros::NodeHandle &nodehandle)
27     : it_(nh_) {
28         // Subscribe to input video feed and publish output video feed
29         image_sub_ = it_.subscribe("simple_camera/image_raw", 1,
30             &ImageConverter::imageCb, this);
31         image_pub_ = it_.advertise("/image_converter/output_video", 1);
32
33         cv::namedWindow(OPENCV_WINDOW);
34     }
35
36     ~ImageConverter() {
37         cv::destroyWindow(OPENCV_WINDOW);
38     }
39
40     //image comes in as a ROS message, but gets converted to an OpenCV type
41     void imageCb(const sensor_msgs::ImageConstPtr& msg);
42
43 }; //end of class definition
```

代码清单 6.3   find_red_pixels.cpp：寻找红色像素的质心的 C++ 代码，方法实现

```cpp
45 void ImageConverter::imageCb(const sensor_msgs::ImageConstPtr& msg){
46     cv_bridge::CvImagePtr cv_ptr; //OpenCV data type
47     try {
48         cv_ptr = cv_bridge::toCvCopy(msg, sensor_msgs::image_encodings::BGR8);
49     } catch (cv_bridge::Exception& e) {
50         ROS_ERROR("cv_bridge exception: %s", e.what());
51         return;
52     }
53     // look for red pixels; turn all other pixels black, and turn red pixels white
54     int npix = 0; //count the red pixels
55     int isum = 0; //accumulate the column values of red pixels
56     int jsum = 0; //accumulate the row values of red pixels
57     int redval, blueval, greenval, testval;
58     cv::Vec3b rgbpix; // OpenCV representation of an RGB pixel
59     //comb through all pixels (j,i)= (row,col)
60     for (int i = 0; i < cv_ptr->image.cols; i++) {
61         for (int j = 0; j < cv_ptr->image.rows; j++) {
62             rgbpix = cv_ptr->image.at<cv::Vec3b>(j, i); //extract an RGB pixel
63             //examine intensity of R, G and B components (0 to 255)
64             redval = rgbpix[2] + 1; //add 1, to avoid divide by zero
65             blueval = rgbpix[0] + 1;
66             greenval = rgbpix[1] + 1;
67             //look for red values that are large compared to blue+green
68             testval = redval / (blueval + greenval);
69             //if red (enough), paint this white:
70             if (testval > g_redratio) {
71                 cv_ptr->image.at<cv::Vec3b>(j, i)[0] = 255;
72                 cv_ptr->image.at<cv::Vec3b>(j, i)[1] = 255;
73                 cv_ptr->image.at<cv::Vec3b>(j, i)[2] = 255;
74                 npix++; //note that found another red pixel
75                 isum += i; //accumulate row and col index vals
76                 jsum += j;
```

```cpp
                } else { //else paint it black
                    cv_ptr->image.at<cv::Vec3b>(j, i)[0] = 0;
                    cv_ptr->image.at<cv::Vec3b>(j, i)[1] = 0;
                    cv_ptr->image.at<cv::Vec3b>(j, i)[2] = 0;
                }
            }
        }
        //cout << "npix: " << npix << endl;
        //paint in a blue square at the centroid:
        int half_box = 5; // choose size of box to paint
        int i_centroid, j_centroid;
        double x_centroid, y_centroid;
        if (npix > 0) {
            i_centroid = isum / npix; // average value of u component of red pixels
            j_centroid = jsum / npix; // avg v component
            x_centroid = ((double) isum)/((double) npix); //floating-pt version
            y_centroid = ((double) jsum)/((double) npix);
            ROS_INFO("u_avg: %f; v_avg: %f",x_centroid,y_centroid);
            //cout << "i_avg: " << i_centroid << endl; //i,j centroid of red pixels
            //cout << "j_avg: " << j_centroid << endl;
            for (int i_box = i_centroid - half_box; i_box <= i_centroid + half_box;
                    i_box++) {
                for (int j_box = j_centroid - half_box; j_box <= j_centroid + half_box
                        ; j_box++) {
                    //make sure indices fit within the image
                    if ((i_box >= 0)&&(j_box >= 0)&&(i_box < cv_ptr->image.cols)&&(
                            j_box < cv_ptr->image.rows)) {
                        cv_ptr->image.at<cv::Vec3b>(j_box, i_box)[0] = 255; //
                                (255,0,0) is pure blue
                        cv_ptr->image.at<cv::Vec3b>(j_box, i_box)[1] = 0;
                        cv_ptr->image.at<cv::Vec3b>(j_box, i_box)[2] = 0;
                    }
                }
            }

        }
        // Update GUI Window; this will display processed images on the open-cv viewer
        cv::imshow(OPENCV_WINDOW, cv_ptr->image);
        cv::waitKey(3); //need waitKey call to update OpenCV image window

        // Also, publish the processed image as a ROS message on a ROS topic
        // can view this stream in ROS with:
        //rosrun image_view image_view image:=/image_converter/output_video
        image_pub_.publish(cv_ptr->toImageMsg());
    }
```

代码清单 6.4 find_red_pixels.cpp：寻找红色像素的质心的 C++ 代码，主程序

```cpp
int main(int argc, char** argv) {
    ros::init(argc, argv, "red_pixel_finder");
    ros::NodeHandle n; //
    ImageConverter ic(n); // instantiate object of class ImageConverter
    //cout << "enter red ratio threshold: (e.g. 10) ";
    //cin >> g_redratio;
    g_redratio= 10; //choose a threshold to define what is "red" enough
    ros::Duration timer(0.1);
    double x, y, z;
    while (ros::ok()) {
        ros::spinOnce();
        timer.sleep();
    }
    return 0;
}
```

在 find_red_pixels.cpp 的 6～11 行引入了 ROS、OpenCV、传感器消息和 ROS-OpenCV 转换的必要标头。主程序（119～133 行）仅仅实例化了一个类 ImageConverter 的对象，设置了一个全局阈值参数，然后使用自旋进入一个定时循环。这个节点中的所有计算都是

由 ImageConverter 类中定义的回调函数完成的。

类 ImageConverter 是在 18～43 行定义的。这个类有成员变量（20～22 行），其中包括 image_transport 库中定义的发布服务器和订阅服务器，以及一个 ImageTransport 对象的实例化。在构造函数（26～34 行）中，设置图像发布服务器发布到主题 image_converter/output_video，在收到主题 simple_camera/image_raw 消息后，设置订阅服务器调用回调函数 imageCb。

实际的工作在回调函数的主体（44～117 行）中执行，46 行：

```
cv_bridge::CvImagePtr cv_ptr; //OpenCV data type
```

定义了与 OpenCV 兼容的指向图像的指针。输入 ROS 消息 msg 转化成兼容 OpenCV 的图像矩阵（RGB 图像格式）并填充该指针的数据，每个颜色编码为 8 位，使用代码：

```
cv_ptr = cv_bridge::toCvCopy(msg, sensor_msgs::image_encodings::BGR8);
```

60～83 行对应于一个嵌套循环，该循环遍历图像的所有行和列，检查表格行中每个像素的 RGB 内容：

```
rgbpix = cv_ptr->image.at<cv::Vec3b>(j, i); //extract an RGB pixel
```

根据 64～66 行的计算，相对于绿色和蓝色值，选择一个计算的红色像素：

```
testval = redval / (blueval + greenval);
            //if red (enough), paint this white:
            if (testval > g_redratio) {
```

如果红色成分强度至少是绿色和蓝色成分的 10 倍，那么像素就会被判定为相当红。（这是一个任意的度量和阈值，可以使用其他度量标准。）

71～73 行显示如何将一个像素的 RGB 成分设置为饱和，对应于最大亮白像素。相反，78～80 行将所有 RGB 成分设置为 0，指定为黑色像素。在对复制的输入图像的所有像素进行检索时，74～76 行保持跟踪所有被判断为足够红的像素，同时将各自的行和列索引相加。对图像中的所有像素进行评估后，计算红色像素的质心（89～93 行）。

97～106 行改变 B/W 图像，在计算的红像素质心处显示一个蓝色像素块。使用 110～111 行，在本地 OpenCV 图像显示窗口中显示处理的图像。116 行在 ROS 主题上发布同样的图像：

```
image_pub_.publish(cv_ptr->toImageMsg());
```

已发布的 ROS 图像可以通过运行下面的指令查看：

```
rosrun image_view image_view image:=/image_converter/output_video
```

示例代码可以用于任意图像流。为了便于说明，我们可以通过运行下面的指令来重新使用立体相机模型：

```
roslaunch simple_camera_model multicam_simu.launch
```

接下来，为相机添加一个红色小块来观察：

```
roslaunch exmpl_models add_small_red_block.launch
```

在相对于左侧立体相机坐标系（0，0，0.1）处放置一个小红块。现在可以使用下面的启动文件运行 find_red_pixels 代码示例：

```
roslaunch example_opencv find_red_pixels_left_cam.launch
```

这个启动文件启动 image_view 节点，重新映射输入主题到左侧相机主题 /stereo_camera/left/image_raw。打开一个显示窗口，显示来自左侧立体相机的原始图像。另外，这个启动文件从 example_opencv 包中启动我们的示例节点 find_red_pixels，并从 simple_camera/image_raw 到 /stereo_camera/left/image_raw 重新映射输入主题。图 6.6 所示的结果显示了在 Gazebo 视图上可以看到立体相机和左侧相机中间的小红块。image_view 节点显示了来自左侧相机的原始视频，它显示了一个以视图为中心的红色矩形。OpenCV 显示窗口展示图像处理的结果。在黑色背景中间有个白色矩形，如预期的那样，这个白色矩形的质心用蓝色正方形进行标记。终端打印这个质心的坐标为（319.5，239.5），这是 640×480 虚拟图像传感器的视图中间。

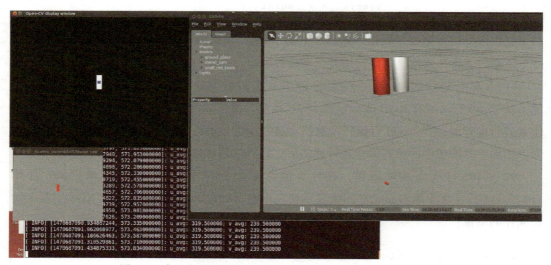

图 6.6 在左相机视图的红块上运行 find_red_pixels 的结果

显示在 OpenCV 显示窗口的图像也在 ROS 主题 /image_converter/output_video 上发布。通过运行另一个 image_view 及输入主题重映射到 /image_converter/output_video 可以

验证它。发布图像处理的中间步骤对于可视化图像流程行为（帮助调优和调试）有用。

在示例代码中，ros::spinOnce() 是由主程序以 10Hz 频率执行的。然而，输入视频的帧率是 30Hz。结果，示例代码只对每三帧中的一帧进行操作。这是减少计算需求的简便方法。减少带宽和 CPU 负担的更简单、更有效的方法是节流，可以使用 rqt_reconfigure 来调用。在这个 GUI 下，在图像节流主题 stereo_camera/left 下，GUI 显示了一个用于 imager_rate 的滑块。如果将值降低到 1.0，那么 imager_rate 帧将仅以 1.0Hz 频率发布。使用这种 GUI 控制图像速率可以方便地交互评估图像速率的折中方案。

6.4.2　OpenCV 示例：查找边缘

之前的例子对独立像素进行操作。在 OpenCV 中，更常见的是使用现有的高级功能。例如，考虑源代码 find_features.cpp，用一个 Canny 滤波查找图像边缘。此示例代码根据 find_red_pixels 代码，并将以下代码行插入到 find_red_pixels 的函数 imageCb() 中：

```cpp
cv::Mat gray_image,contours;    //two new image holders
//convert the color image to grayscale:
cv::cvtColor(cv_ptr->image, gray_image, CV_BGR2GRAY);
//use Canny filter to find edges in grayscale image;
//put result in "contours"; low and high thresh are tunable params
cv::Canny(gray_image,// gray-level image
        contours, // output contours
        125,// low threshold
        350);// high threshold
cv::imshow(OPENCV_WINDOW, contours); //display the contours
cv::waitKey(3); //need waitKey call to update OpenCV image window
```

该代码实例化了两个 OpenCV 图像矩阵、gray_image 和 contours。代码行：

```cpp
cv::cvtColor(cv_ptr->image, gray_image, CV_BGR2GRAY);
```

将接收的 RGB 图像转换为灰度图像。这是必要的，因为彩色图像的边缘检测没有很好地定义。然后灰度图像使用函数 cv::Canny() 来计算一个名为 contours 的输出图像。该函数有两个调优参数，一个低阈值和一个高阈值，可以在拒绝噪声的情况下进行调整，找到鲁棒的线。对于示例图像（黑白图像），Canny 滤波不会对这些值敏感，尽管这些值在更现实的场景中很重要，比如在高速公路上查找线。轮廓图像显示在 OpenCV 显示窗口中。（原来的 110 行，显示了带有蓝块质心的处理过的图像，现在已经注释掉了。）这个例子可使用下面的指令像以前一样运行：

```
roslaunch simple_camera_model multicam_simu.launch
```

接下来，为相机添加一个小红块观察：

```
roslaunch exmpl_models add_small_red_block.launch
```

不启动 find_red_pixels_left_cam.launch，而是使用：

```
roslaunch example_opencv find_features_left_cam.launch
```

这将启动 find_features 节点，执行必要的主题重新映射并启动 image_view。通过这些步骤，输出如图 6.7 所示。根据需要，OpenCV 图像显示检测到的边缘，对应于块的边缘。

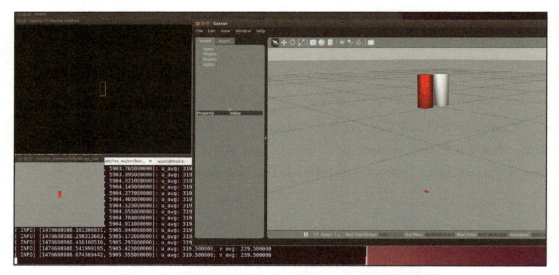

图 6.7　在左侧相机视图的红块上运行 Canny 边缘检测的结果

虽然这只是 OpenCV 功能的一个简单示例，但它演示了如何使用低级和高级功能处理图像，以及 OpenCV 如何集成到 ROS。许多先进的、开源的 ROS 软件包都在使用 OpenCV，比如相机标定、视觉里程计、车道检测、人脸识别和物体识别。现有的非 ROS OpenCV 解决方案可以使用 cv_bridge 相对轻松地移植到 ROS 上，因此可以利用 ROS 进行大量的前期工作。

6.5　小结

本章介绍了在 ROS 中使用相机的几个基础概念。提出为相机分配坐标系，并使它们与传感器平面像素坐标一致。从相机图像获取物理坐标的第一步是标定相机内参。ROS 使用 OpenCV 的方法来进行相机内参标定。ROS 包支持执行相机标定，例如使用棋盘式标定模板。内参标定结果在 ROS 主题 camera_info 上发布。

在 ROS 中，相机标定也扩展到了立体相机。结果包括独立的相机内参、校正参数和在变形（纠正）图像之间的基线识别。标定立体相机的意义在于可以使用多个相机视图推断出感兴趣点的 3 维坐标。

本章简要介绍了 OpenCV 在低级图像处理中的应用。OpenCV 有一个庞大的图像处理函数库，通过遵循本章中介绍的集成步骤，可以在 ROS 节点中使用它们。对于 ROS 中 OpenCV 函数的使用将在第 8 章的立体图像计算深度图有关内容中进一步介绍。

第7章

深度图像与点云信息

引言

总的来说，机器人需要理解传感器的 3 维信息。这对于计算导航（如悬崖、沟渠、门、障碍）和操作（如如何接近和抓住感兴趣的目标）来说都是必不可少的。如果可以使用一些先验假设，我们可以从 2 维相机中推断出一些深度信息。而最好的情况是：传感器能提供准确的 3 维数据。3 维数据采集方式有多种，本章将介绍其中的三种：倾斜 LIDAR、立体视觉和深度相机。

7.1 从扫描 LIDAR 中获取深度信息

最常见的 LIDAR 传感器是沿着一个切片平面在极坐标中进行测量的。而一些昂贵的 LIDAR 则包含了多个不同角度倾斜的激光源，从而可以在球坐标系中进行 3 维数据扫描。一种相对低成本的从 LIDAR 扫描到 3 维数据的方法是，将 LIDAR 安装在可移动的关节上，并对垂直于 LIDAR 的旋转镜轴的轴进行机械扫描。还有一种方法是，使用滑环将电源和信号连接，从而保持 LIDAR 的旋转，就像在 DARPA 机器人挑战赛⊖中 Boston Dynamics Atlas 机器人上使用的 Carnegie Robotics Multisense-SL 传感器头⊜一样。该设备的 Gazebo 模型是开源的⊝。另一种方法是在转动关节（有限的关节）上安装单平面的 LIDAR 并来回摆动 LIDAR。Willow Garage PR2 机器人⊝使用了这种倾斜 LIDAR 的设计。

一个最小模型是包 lidar_wobbler 的 model 目录中的 lidar_wobbler.urdf（在相关软件库的第三部分）。该模型结合了 5.2.1 节 LIDAR 在 Gazebo 中的仿真部分和 3.6 节 ROS 关节

⊖ http://www.darpa.mil/program/darpa-robotics-challenge
⊜ http://carnegierobotics.com/multisense-sl/
⊝ http://gazebosim.org/tutorials?tut=drcsim_multisense&cat=
⊝ http://www.willowgarage.com/pages/pr2/specs

位置控制部分。代码清单 7.1 提供了 URDF。

代码清单 7.1　lidar_wobbler.urdf：LIDAR 摇摆器 URDF 模型

```xml
<?xml version="1.0"?>
<robot    name="lidar_wobbler">

<!-- Used for fixing robot to Gazebo 'base_link' -->
  <link name="world"/>

  <joint name="glue_frame_to_world" type="fixed">
    <parent link="world"/>
    <child link="link1"/>
  </joint>

<!-- Base Link; no visual or collision, thus invisible in simulation -->
  <link name="link1">

    <inertial>
      <origin xyz="0 0 0.5" rpy="0 0 0"/>
      <mass value="1"/>
      <inertia
        ixx="1.0" ixy="0.0" ixz="0.0"
        iyy="1.0" iyz="0.0"
        izz="1.0"/>
    </inertial>
  </link>

<!-- Moveable Link -->
<!-- add a simulated lidar, including visual, collision and inertial properties, and ↩
    physics simulation-->
  <link name="lidar_link">
      <collision>
          <origin xyz="0.5 0 0.5" rpy="0 0 0"/>
          <geometry>
              <!-- coarse LIDAR model; a simple box -->
              <box size="0.2 0.2 0.2"/>
          </geometry>
      </collision>

      <visual>
          <origin xyz="0 0 0" rpy="0 0 0" />
          <geometry>
              <box size="0.2 0.2 0.2" />
          </geometry>
          <material name="sick_grey">
              <color rgba="0.7 0.5 0.3 1.0"/>
          </material>
      </visual>

      <inertial>
          <mass value="4.0" />
          <origin xyz="0 0 0" rpy="0 0 0"/>
          <inertia ixx="0.01" ixy="0" ixz="0" iyy="0.01" iyz="0" izz="0.01" />
      </inertial>
  </link>
<!--the above displays a box meant to imply Lidar-->

  <joint name="joint1" type="revolute">
    <parent link="link1"/>
    <child link="lidar_link"/>
    <origin xyz="0 0 1" rpy="0 0 0"/>
    <axis xyz="0 1 0"/>
    <limit effort="10.0" lower="0.0" upper="6.28" velocity="0.5"/>
    <dynamics damping="1.0"/>
  </joint>

  <transmission name="tran1">
    <type>transmission_interface/SimpleTransmission</type>
    <joint name="joint1">
      <hardwareInterface>EffortJointInterface</hardwareInterface>
    </joint>
    <actuator name="motor1">
      <hardwareInterface>EffortJointInterface</hardwareInterface>
```

```xml
70              <mechanicalReduction>1</mechanicalReduction>
71           </actuator>
72       </transmission>
73       <gazebo>
74           <plugin name="gazebo_ros_control" filename="libgazebo_ros_control.so">
75               <robotNamespace>/lidar_wobbler</robotNamespace>
76           </plugin>
77       </gazebo>
78
79       <!-- here is the gazebo plug-in to simulate a lidar sensor -->
80       <gazebo reference="lidar_link">
81           <sensor type="gpu_ray" name="sick_lidar_sensor">
82               <pose>0 0 0 0 0 0</pose>
83               <visualize>false</visualize>
84               <update_rate>40</update_rate>
85               <ray>
86                   <scan>
87                       <horizontal>
88                           <samples>181</samples>
89                           <resolution>1</resolution>
90                           <min_angle>-1.570796</min_angle>
91                           <max_angle>1.570796</max_angle>
92                       </horizontal>
93                   </scan>
94                   <range>
95                       <min>0.10</min>
96                       <max>80.0</max>
97                       <resolution>0.01</resolution>
98                   </range>
99                   <noise>
100                      <type>gaussian</type>
101                      <mean>0.0</mean>
102                      <stddev>0.01</stddev>
103                  </noise>
104              </ray>
105              <plugin name="gazebo_ros_lidar_controller" filename="libgazebo_ros_gpu_laser.so"
106                  <topicName>/scan</topicName>
107                  <frameName>lidar_link</frameName>
108              </plugin>
109          </sensor>
110      </gazebo>
111
112  </robot>
```

在 lidar_wobbler 模型中,被选中的模型名字是 lidar_wobbler,它也是选中的 namespace。该 namespace 适用于摇摆器的关节状态、模型状态和关节指令。

定义一个可移动(转动)关节,该关节能够使 LIDAR 围绕垂直于 LIDAR 旋转反射镜轴的轴线倾斜(即倾斜轴位于 LIDAR 的切片平面内)。该关节可由一个 ROS 位置控制器控制。

为了控制单个关节,在 lidar_wobbler 包的子目录 config 中创建一个与 3.6 节中几乎相同的 YAML 文件。内容如下所示。注意,lidar_wobbler 名称必须与 URDF 模型文件中的名称对应。

```
lidar_wobbler:
  # Publish all joint states ----------------------------------
  joint_state_controller:
    type: joint_state_controller/JointStateController
    publish_rate: 50

  # Position Controllers --------------------------------------
  joint1_position_controller:
    type: effort_controllers/JointPositionController
    joint: joint1
    pid: {p: 10.0, i: 0.0, d: 10.0, i_clamp_min: -10.0, i_clamp_max: 10.0}
```

源文件 wobbler_sine_commander.cpp 在 lidar_wobbler 包的 /src 子目录中,令关节值到

主题 /lidar_wobbler/joint1_position_controller/command。关节指令以 100Hz 更新，用户在启动时以特定的振幅和频率计算正弦运动。

要运行 wobbler 示例，首先启动 Gazebo。由于 LIDAR 插件库假定使用 GPU，因此可能需要使用 optirun（取决于硬件）。

```
(optirun) roslaunch gazebo_ros empty_world.launch
```

接下来，运行：

```
roslaunch lidar_wobbler lidar_wobbler.launch
```

该启动文件的内容如代码清单 7.2 所示。

代码清单 7.2　lidar_wobbler.launch：LIDAR 摆动器启动文件

```xml
 1  <launch>
 2    <!-- Load joint controller configurations from YAML file to parameter server -->
 3    <rosparam file="$(find lidar_wobbler)/config/one_dof_ctl_params.yaml" command="load"
           />
 4    <param name="robot_description"
 5      textfile="$(find lidar_wobbler)/model/lidar_wobbler.urdf"/>
 6
 7    <!-- Spawn a robot into Gazebo -->
 8    <node name="spawn_urdf" pkg="gazebo_ros" type="spawn_model"
 9      args="-param robot_description -urdf -model lidar_wobbler" />
10
11    <!--start up the controller plug-ins via the controller manager -->
12    <node name="controller_spawner" pkg="controller_manager" type="spawner" respawn="
           false"
13      output="screen" ns="/lidar_wobbler" args="joint_state_controller
           joint1_position_controller"/>
14
15    <!-- start a robot_state_publisher -->
16    <node name="robot_state_publisher" pkg="robot_state_publisher" type="
           robot_state_publisher" >
17      <remap from="joint_states" to="/lidar_wobbler/joint_states" />
18    </node>
19
20    <!-- start a joint_state_publisher -->
21    <node name="joint_state_publisher" pkg="joint_state_publisher" type="
           joint_state_publisher" >
22      <remap from="joint_states" to="/lidar_wobbler/joint_states" />
23    </node>
24  </launch>
```

该启动文件执行六项任务。它将控制器参数加载到参数服务器上，然后将机器人模型加载到参数服务器上。在参数服务器的 Gazebo 中生成机器人模型。然后加载 joint1 的 ROS 关节控制器。为了让 rviz 获得机器人状态，启动 joint_state_publisher 和 robot_state_publisher。在这种情况下，两个主题都使用选中的名称空间 lidar_wobbler 重新映射。

随着这些节点的运行，Gazebo 机器人模型中的 LIDAR 仿真器将从环境中获取范围数据。在空的世界里，没有感兴趣的点可以采样。在 Gazebo 可以插入待扫描的模型。在本示例中，插入启动笔和 Beer 模型（并可任意、交互地定位）。

Beer 是在 http://gazebosim.org/models 上的模型之一。该模型（每个配置文件都是 Maurice Fallon 编写）的可视化模型指定为：

```
<visual name='visual'>
  <geometry>
    <cylinder>
      <radius>0.055000</radius>
      <length>0.230000</length>
    </cylinder>
  </geometry>

  <material>
    <script>
      <uri>model://beer/materials/scripts</uri>
      <uri>model://beer/materials/textures</uri>
      <name>Beer/Diffuse</name>
    </script>
  </material>
</visual>
</material>
```

请注意，罐圆筒模型指定半径为 0.055m。在所示的例子中，罐放置在其侧面，给 wobbler 呈现了一个曲面。因此罐的最顶部表面高度为 0.11m。

若要启动 LIDAR 摆动，正弦指令如下：

```
rosrun lidar_wobbler wobbler_sine_commander
```

对于目前的例子，对用户提示的响应频率为 0.1Hz，幅度为 1.57rad。

最后，打开 rviz：

```
rosrun rviz rviz
```

在 rviz 中，将固定坐标系设置为 world，添加主题设置为 /scan 的 LaserScan 显示。将 LaserScan 项目中的 Decay Time 参数设置为大于 0 的某个值（例如，对于这个实例是 10s）。这些操作的结果如图 7.1 所示。图 7.1 显示了倾斜 LIDAR 能检测地平面和启动笔的墙（至少这些部分可以从 LIDAR 上看到视距）。

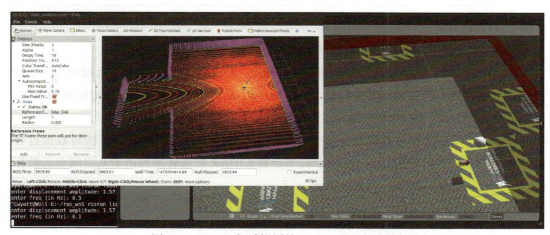

图 7.1　LIDAR 摆动视图的 Gazebo 和 rviz 视图

图 7.2 显示了罐侧面模型的放大 LIDAR 数据视图。罐表面的采样分辨率相对粗糙。

不过罐的一侧还是可以看到的。

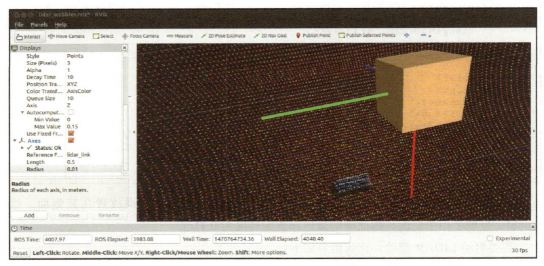

图 7.2　LIDAR 摆动的 Gazebo 和 rviz 视图：地平面上罐的侧视图

使用 rviz，可以使用 PublishSelectedPoints 工具选择一个点块并发布它们的 3 维坐标。在 rviz 中单击并拖动块的结果是在主题 selected_points 上发布 sensor_msgs/PointCloud2 类型的点。运行一个单独节点可以更好地理解这些点：

```
rosrun pcl_utils compute_selected_points_centroid
```

虽然第 8 章将介绍节点（发布选定点）细节，但是这个节点的结果是计算发布在主题 selected_points 上的点的质心。在该节点运行的情况下，选择点块（靠近罐侧面的最上表面）结果在 compute_selected_points_centroid 显示：

```
centroid of selected points is: (0.018509, 0.152455, 0.115234)
```

由该节点计算出的 z 高度与地面以上 0.110m 的预期值一致。

在这个例子中，rviz 被用来转换和累加采样点。LIDAR 点源自相对于运动切片平面的极坐标，被转换为世界坐标系中的笛卡儿坐标，表示为点云。通过在 rviz 中设置持续值，可以显示许多 LIDAR 扫描获取的点。结果产生全景 3 维扫描。

rviz 对于可视化和与数据的直接交互很有用。然而，使用感知处理算法对数据进行操作更为常见。可以使用 laser_assembler 节点将 LIDAR 数据转换为笛卡儿空间点云数据（详见 http://wiki.ros.org/laser_assembler）。

7.2　立体相机的深度信息

虽然摄像机并不提供深度信息，但可以通过三角测量已知的标定属性和假设的多相机

（通常为左侧和右侧）中的像素对应关系推断出深度。

立体相机标定内参结果是一对 camera_info 发布，包括左边和右边。这些主题的消息包括去除图像扭曲的参数、针对简单的左右图像比较而校正图像的旋转矩阵和关键的内参属性（包括校正图像之间的焦距、光学中心和基线）。利用这些信息，传入的原始图像（左侧和右侧）可以去扭曲、纠正和分析，以对左侧和右侧图像中的已识别对应关系执行三角测量，从中可以计算出 3 维坐标。

6.4.1 节介绍了用于识别红色像素并计算它们质心的 OpenCV 代码。此代码可用于说明三角测量。首先，在 Gazebo 中启动多相机模型：

```
roslaunch simple_camera_model multicam_simu.launch
```

使用以下命令添加红块目标：

```
roslaunch exmpl_models add_small_red_block.launch
```

左侧和右侧相机分别运行查找红块的代码：

```
roslaunch example_opencv find_red_pixels_left_cam.launch
```

和：

```
roslaunch example_opencv find_red_pixels_right_cam.launch
```

这些节点显示左侧相机的结果：

```
u_avg: 319.500000; v_avg: 239.500000
```

右侧相机的结果：

```
u_avg: 112.481611; v_avg: 239.500000
```

请注意，左侧和右侧相机中的 v 坐标相同。接下来就是纠正相机（这些相机通过多相机模型中的结构进行纠正）。u 坐标相差约 207 个像素。u 值的差异称为视差。

如 6.3 节所示，每个仿真立体相机的焦距为 1 034.47 像素，相机之间的基线（平行光轴之间的距离）为 0.02m。从各自的投影矩阵中，我们可以得出目标质心沿光轴的距离 z 为：$z = fx*b/(\Delta u) = 1\,034.47*0.02/207 = 0.100$。从 Gazebo，我们可以看到，块模型位于地平面以上 0.4m 的高度。由于摄像机位于地平面以上 0.5m 处，因此摄像机坐标系到块之间的距离为 0.1m，这与计算结果一致。

给定深度坐标 z 后，相应的 x 和 y 的值也会给定，因此可以从双相机三角测量中产生 3 维笛卡儿坐标。本例中，$(u_{left}, v_{left}) = (319.5, 239.5)$，以左相机图像为中心，因此相对于左相机光学坐标的质心坐标为 $(x, y, z) = (0, 0, 0.1)$。

这个例子说明了如何从双目相机视角推断 3 维笛卡儿坐标。在这个例子中，基于独特的红色像素的质心，在左侧和右侧图像中的 (u, v) 值是明确的。相同的三角测量计算可用于更复杂的情况，能够解决右图像中的像素与左图像中的像素的对应问题。

用于此目的的 ROS 节点是 stereo_image_proc。这是一个复杂的节点，执行各种各样的功能，详见 http://wiki.ros.org/stereo_image_proc。为了说明这个节点的使用，我们可以使用我们的多相机 Gazebo 模型，使用下面命令启动：

```
roslaunch simple_camera_model multicam_simu.launch
```

此时，rostopic list 显示了 26 个 stereo_camera 主题。我们将关注子主题 /left/camera_info，/left/image_raw，/right/camera_info 和 /right/image_raw。

然后我们可以用以下命令启动 stereo_image_proc 节点：

```
ROS_NAMESPACE=stereo_camera rosrun stereo_image_proc stereo_image_proc
```

在上述命令中，指定命名空间 stereo_camera 简化了主题重映射。该节点的输入是在命名空间 stereo_camera 下的左右 image_raw 和 camera_info 主题。stereo_image_proc 执行去扭曲，纠正和差异计算以输出点云。实际上，在运行 stereo_image_proc 的情况下，命名空间 stereo_image_proc 中有超过 100 个主题。在由 stereo_image_proc 发布的主题中，我们只关注其中的 4 个（全部在命名空间 stereo_camera 内）：/left/image_rect_color，/right/image_rect_color，/disparity 和 points2。

节点 stereo_image_proc 展现大量的 stereo_camera 主题，并且图像主题可能消耗大量的通信带宽。由于这是一个常见问题，底层传输机制 image_transport（请参阅 http://wiki.ros.org/image_transport）通过只发布到拥有活跃订阅的主题来管理带宽。由于我们只使用 stereo_image_proc 中的 4 个主题，所以只有这些主题才能得到有效的发布。相似地，在 Gazebo 仿真的立体相机中 26 个图像主题可用，只有 image_transport 订阅的 4 个主题才会生效。所有未使用的主题将保持空闲状态，不会占用带宽。

通过在 Gazebo 中运行多相机仿真并运行 stereo_image_proc 节点，我们可以引入立体系统的模型进行查看。然而，立体视觉的限制之一是要观看的物体必须具有足够的纹理来推断深度。推断左右相机视图中对应像素可以通过识别左右视图中明显对应的图案来执行。然而，如果观看的物体是平淡的（例如平坦灰色的平面），这就不可能识别右左视图中的对应像素。如果物体有足够的纹理，立体效果会很好。

对于具有足够纹理的物体，我们可以再次使用 Beer 模型，使用 <uri>model://beer/materials/textures</uri> 引入一个纹理文件，其中包含一个包裹到圆柱体表面的图像（PNG 格式），从而创建适合立体成像的有趣和有用的高分辨率纹理。

插入模型后，旋转平移它以呈现曲面的视图，Gazebo 视图如图 7.3 所示。（注意：为了确保罐子能够平放在地平面上，施加了一些 $-z$ 重力。）

图 7.3　在 Gazebo 中立体相机模型观测罐子

若要查看节点 stereo_image_proc 的效果，我们可以使用以下命令启动节点 stereo_view：

```
rosrun image_view stereo_view stereo:=/stereo_camera image:=image_rect_color
```

它会打开三个图像显示窗口，标记为左，右和视差，如图 7.4 所示。左侧和右侧（已纠正的）图像显示被排列起来，以显示它们之间的视差。左侧图像显示的大部分像素已经有识别出的右侧图像显示的对应像素。尽管右图像素相对于左图向左移动（负 u 偏移），但右图对应的像素与左图有相同的行（v）值。对于任何一对对应的左右像素，u-shift 是视差，其与深度成反比。

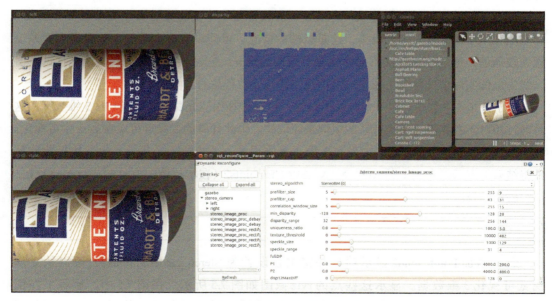

图 7.4　罐子图像的显示：右，左和视差

视差图像显示像素（以左相机为参考）的彩色化，stereo_image_proc 决定了与右图像素的可信对应关系。着色范围值从最小视差到最大视差是可调参数。

图 7.4 的右下区域显示了一个通过运行以下行而出现的显示：

```
rosrun rqt_reconfigure rqt_reconfigure
```

该接口允许用户交互地调整立体块匹配算法的参数。为了找到像素对应关系，块匹配算法试图在相对于右图的左图中小像素块（correlation_window_size）之间找到好匹配。由于这些图像被纠正了，所以只需要在右图像中的 $x(u)$ 方向上搜索识别左图对应块的匹配。寻找块匹配的良好参数可能是具有挑战性的。详情请参阅 http://wiki.ros.org/stereo_image_proc/Tutorials/ChoosingGoodStereoParameters。对于我们的情况，我们可以计算一些预期。

已知相机距离地平面 0.5m，因此在更远的地方不应该有可见物体。相机之间的距离为 0.02m，有 640 个水平像素，每个焦距为 1034 像素。对于相对于左相机光学坐标系的点 $M(x, y, z) = (X, Y, Z)$，该点投影的对应像素是 $(u, v)_{\text{left}} = (u_c + f_x X/Z, v_c + f_y Y/Z)$。来自右相机光学坐标系的相同点在 $M = (X - b, Y, Z)$ 处，其中 $b = 0.02$ 是左侧和右侧相机之间的基线（或眼间距离）。相应地，示例点将投影到 $(u, v)_{\text{right}} = (u_c + f_x (X - b)/Z, v_c + f_y Y/Z)$。这两个投影之间的差异是 $(\Delta u, \Delta v) = (f_x b/Z, 0)$。我们可以看到，$v_{\text{left}} = v_{\text{right}}$，这是纠正的目标。对于左侧和右侧图像中的对应点，视差为 $\Delta u = f_x b/Z$，因此如果我们知道到兴趣点的距离，则可以计算相应的视差。相反，如果我们知道左图和右图中点的视差，我们可以计算到该点的距离：$Z = bf_x/(\Delta u)$，即距离（在左相机光学坐标系中兴趣点的 z 坐标）与视差成反比。

由于我们的立体相机在距地平面 0.5m 的距离处凝视，兴趣点的最大距离为 0.5m，对应的视差 $\Delta u = f_x b/Z = (1034)(0.02)/(0.5) = 41.4$ 像素。因此，我们可以设置最小视差为该值。

最大可能的视差是 480 像素——其中一种情况是一个点将投影到左侧相机中的最大 u 和右侧相机中的最小的 u。但是，这是极端的情况，可能没有多大用处。如果最大视差设置为较低值，则块匹配算法不必评估尽可能多的情况，它可以运行得更快。因此将这个值设置为最低实际值（对应于预期的最小观测距离）是有益的。

对于每个点（假定）有一个有效视差值，可以计算相应光源（兴趣点）的 3 维坐标，这是通过相对于左相机光学坐标系的惯例来完成的。因此计算的 3 维点可以在 rviz 中可视化。这是通过在 pointCloud2 消息中发布 3 维点来完成的。节点 stereo_image_proc 执行此计算并将结果的点云发布到主题 ROS_NAMESPACE/points2（在本示例中为 stereo_camera）上。

启动 rviz：

```
rosrun rviz rviz
```

通过添加 PointCloud2 显示项目并将主题设置为 /stereo_camera/points2，可以从立体视觉可视化 3 维数据。显示这些点的 rviz 截图如图 7.5 所示。在图 7.5 中，显示了左侧相机光学坐标轴，显示的参考坐标系设置为左侧相机光学坐标系。使用 rviz，可以使用

PublishSelectedPoints 工具选择一个点块并发布它们的 3 维坐标。图 7.6 展示了一个例子，近似沿着左侧相机的光轴对图像进行缩放。在 rviz 中单击并拖动块的结果是在主题 selected_points 上发布 sensor_msgs/PointCloud2 类型的点。为了解释这些点，我们可以再次运行：

```
rosrun pcl_utils compute_selected_points_centroid
```

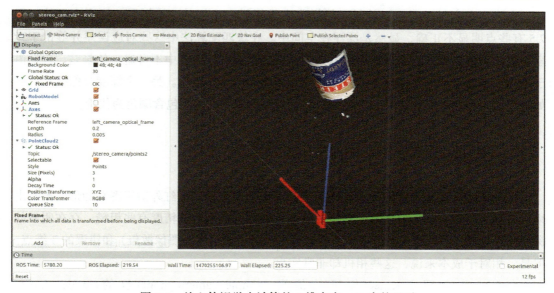

图 7.5　从立体视觉中计算的 3 维点在 rviz 中的显示

在运行该节点的情况下，选择如图 7.6 所示的块将产生输出：

```
centroid of selected points is: (0.020989, -0.001343, 0.389879)
```

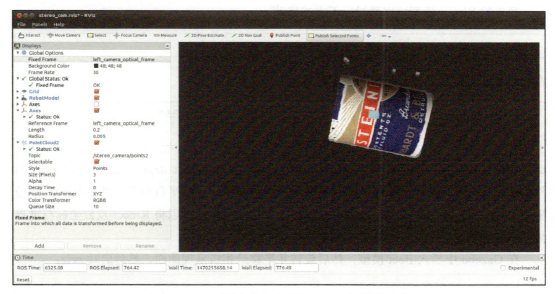

图 7.6　rviz（浅色块）点的选择：立体视觉视图

z 分量是 0.390。由于罐的半径为 0.055m，并且它位于地平面上，所以我们认为在世界坐标系中上表面位于 $z = 0.11$m 处。由于左相机坐标系原点定义为高于地平面 0.5m，因此我们认为离相机最近的罐表面距相机原点距离为 $z = 0.5 - 0.11 = 0.39$m。从这个简单的实验中，我们看到计算距离是一致的。(请注意，因为在相机光轴与罐相交处选择了一个块，所以 x 值和 y 值都很小。)

在 rviz 中点云视图可以旋转，给操作人员提供一个好的 3 维场景。注意，虽然，图 7.5 有些点明显不正确，显然是漂浮在空间中。在块匹配算法中这些对应误差并等价于光学错觉。虽然立体相机非常有用，但必须警惕在推断对应像素中不可避免的误差，包括由于纹理不足而导致的不匹配，以及导致 3 维错误点的错误匹配。另一个深度成像技术，例如使用结构光，可能更加可靠，但是常常以牺牲分辨率或不能包含颜色为代价。

7.3 深度相机

微软 Kinect 相机提供深度和颜色信息。深度值是从投影的红外散斑图案的形变推断出来的。尽管存在限制，但是深度图像效果是比较好的。深度值精度有些粗糙，存在明显的深度噪声以及投射光的反射和吸收，进而导致丢失(无法解释图像散斑)和错误的 3 维点。但是，相对于成本来说，这些相机却非常实惠。

在 5.2.3 节介绍了 Kinect 相机的仿真。simple_camera_model 包的 simple_kinect_model.xacro 文件构建了一个类似的模型。Kinect 相机被定义为从地平面以上 0.5m 的高度向下看。在这个模型中，参数 \<pointCloudCutoff\>0.3\</pointCloudCutoff\> 设置为 0.3，而不是原来的 0.4m，因为我们的例子，啤酒罐可能会过于靠近相机而不能被 Kinect 感知。

简单的 Kinect 模型可以通过以下方式启动：

```
roslaunch simple_camera_model kinect_simu.launch
```

在这个启动文件中，另一个转换发布启动如下：

```
<node pkg="tf" type="static_transform_publisher" name="rcamera_frame_
    bdcst" args="0 0 0 -1.5708 0 -1.5708    camera_link kinect_depth_
    frame 50"/>
```

此发布器节点使用机器人模型 camera_link 坐标发布关于 kinect_depth_frame (与 Kinect 插件关联) 的变换。选择变换使 Kinect 光轴与世界坐标系 z 轴反平行对齐，并将 Kinect 图像平面 x 轴与世界坐标系 x 轴平行对齐。通过发布这种变换，可以将 Kinect 点云坐标与世界坐标系相关联。

在 Gazebo 中插入 Beet 模型，然后旋转并平移给相机呈现曲面，然后启动 rviz：

```
rosrun rviz rviz
```

并将 pointCloud2 项目主题设置为 kinect/depth/points。Kinect 仿真还输出一个 2 维图像，可以通过运行以下指令来查看：

```
rosrun image_view image_view image:=/kinect/rgb/image_raw
```

随着 Gazebo 仿真的 kinect 模型沿着静态变换发布节点、rviz 和 image_view 节点运行，屏幕显示如图 7.7 所示。点云视图与 rviz 中的立体相机显示类似。但是，Kinect 相机的视野比立体相机更宽。此外，Kinect 相机能够计算地平面的点云点，因为它不依赖于纹理来推断 3 维坐标（使用它自己的光投影图案代替）。

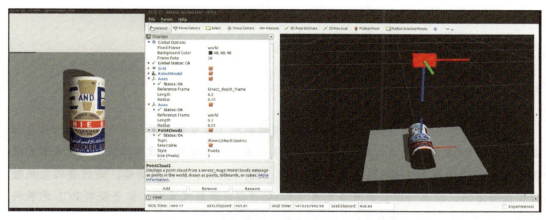

图 7.7　rviz 点选择（浅色块）：Kinect 视图

Gazebo 插件模拟的 Kinect 视图比立体相机视图整体更优，具有更大的视野，可以成像平淡物体同时不存在光学错觉。然而，使用物理 Kinect 相机时，图像数据会包含伪影，包括丢失、光学错觉、噪声以及深度点和相关颜色之间的误标定。尽管如此，只要部署到 ROS 上，Kinect 相机数据可以像其他所有 3 维数据源一样处理，使感知处理适用于多种传感器类型。

7.4　小结

本章介绍了三种获取 3 维非接触传感数据的常用方法：倾斜 LIDAR，立体视觉和深度相机（尤其是 Kinect 传感器）。深度图像在 ROS 中被视为点云，使用点云消息类型进行发布。点云数据必须在上下文中解释，例如，识别适合导航的区域、识别地标或基准点、识别和定位操作感兴趣的目标。使用后文介绍的点云库辅助解释点云数据。

第8章

点云数据处理

引言

使用点云库（见 http://pointclouds.org/）能够解释 3 维感知数据。这个开源的工作是独立的，但与 ROS 兼容。点云库（PCL）提供了一系列用于解释 3 维数据的功能。本书当前并不打算全面讲解 PCL 教程。相反，这里只介绍一些简单有用的功能。通过查阅在线教程和代码示例，读者可以获得更多的专业知识。（在写这篇文章时，似乎没有 PCL 的教科书。）希望这里讨论的增量例子有助于更容易访问在线资源。

8.1 简单的点云显示节点

包 pcl_utils 包含源程序 display_ellipse.cpp 和相关模块 make_clouds.cpp。这个程序介绍了一些基本的 PCL 数据类型和转换为 ROS 兼容消息的使用方法。该软件包是使用 cs_create_pkg 创建的，其中包含 roscpp，sensor_msgs，pcl_ros 和 pcl_conversions 选项。（在后面的示例中使用了 stdmsgs 和 tf 的其他依赖项。）

使用 display_ellipse 节点时，会使用计算值填充点云对象，这些值描述了在 z 方向挤压的椭圆，在 z 方向也有变化颜色。

填充点云的函数源代码如代码清单 8.1 所示。

代码清单 8.1　make_clouds.cpp：说明填充点云的 C++ 代码

```
1  //make_clouds.cpp
2  //a function to populate two point clouds with computed points
3  // modified from: from: http://docs.ros.org/hydro/api/pcl/html/↵
       pcl__visualizer__demo_8cpp_source.html
4  #include <ros/ros.h>
5  #include <stdlib.h>
6  #include <math.h>
```

```cpp
#include <sensor_msgs/PointCloud2.h> //ROS message type to publish a pointCloud
#include <pcl_ros/point_cloud.h> //use these to convert between PCL and ROS datatypes
#include <pcl/ros/conversions.h>

#include <pcl-1.7/pcl/point_cloud.h>
#include <pcl-1.7/pcl/PCLHeader.h>


using namespace std;

//a function to populate a pointCloud and a colored pointCloud;
// provide pointers to these, and this function will fill them with data
void make_clouds(pcl::PointCloud<pcl::PointXYZ>::Ptr basic_cloud_ptr,
        pcl::PointCloud<pcl::PointXYZRGB>::Ptr point_cloud_ptr) {
    // make an ellipse extruded along the z-axis. The color for
    // the XYZRGB cloud will gradually go from red to green to blue.

    uint8_t r(255), g(15), b(15); //declare and initialize red, green, blue component
        values

    //here are "point" objects that are compatible as building-blocks of point clouds
    pcl::PointXYZ basic_point; // simple points have x,y,z, but no color
    pcl::PointXYZRGB point; //colored point clouds also have RGB values

    for (float z = -1.0; z <= 1.0; z += 0.05) //build cloud in z direction
    {
        // color is encoded strangely, but efficiently.  Stored as a 4-byte "float",
            but
        // interpreted as individual byte values for 3 colors
        // bits 0-7 are blue value, bits 8-15 are green, bits 16-23 are red;
        // Can build the rgb encoding with bit-level operations:
        uint32_t rgb = (static_cast<uint32_t> (r) << 16 |
                static_cast<uint32_t> (g) << 8 | static_cast<uint32_t> (b));

        // and encode these bits as a single-precision (4-byte) float:
        float rgb_float = *reinterpret_cast<float*> (&rgb);

        //using fixed color and fixed z, compute coords of an ellipse in x-y plane
        for (float ang = 0.0; ang <= 2.0 * M_PI; ang += 2.0 * M_PI / 72.0) {
            //choose minor axis length= 0.5, major axis length = 1.0
            // compute and fill in components of point
            basic_point.x = 0.5 * cosf(ang); //cosf is cosine, operates on and returns
                single-precision floats
            basic_point.y = sinf(ang);
            basic_point.z = z;
            basic_cloud_ptr->points.push_back(basic_point); //append this point to the
                vector of points

            //use the same point coordinates for our colored pointcloud
            point.x = basic_point.x;
            point.y = basic_point.y;
            point.z = basic_point.z;
            //but also add rgb information
            point.rgb = rgb_float; //*reinterpret_cast<float*> (&rgb);
            point_cloud_ptr->points.push_back(point);
        }
        if (z < 0.0) //alter the color smoothly in the z direction
        {
            r -= 12; //less red
            g += 12; //more green
        } else {
            g -= 12; // for positive z, lower the green
            b += 12; // and increase the blue
        }
    }
}
```

```
70          //these will be unordered point clouds, i.e. a random bucket of points
71          basic_cloud_ptr->width = (int) basic_cloud_ptr->points.size();
72          basic_cloud_ptr->height = 1; //height=1 implies this is not an "ordered" point ←
                 cloud
73          basic_cloud_ptr->header.frame_id = "camera"; // need to assign a frame id
74
75          point_cloud_ptr->width = (int) point_cloud_ptr->points.size();
76          point_cloud_ptr->height = 1;
77          point_cloud_ptr->header.frame_id = "camera";
78
79      }
```

函数 makeclouds() 接受指向 PCL PointCloud 对象的指针，并用计算数据填充这些对象。对象 pcl::PointCloud<pcl::PointXYZ> 被模板化，以适应不同类型的点云。我们特别考虑了基础的点云（pcl::PointXYZ 类型），它们拥有没有关联颜色的独立点以及彩色点云（pcl::PointXYZRGB 类型）。

PCL 点云对象包含头字段，其中包含 frame_id 字段以及定义点云数据高度和宽度的部分。点云可能是无序的或有序的。在前一种情况下，点云宽度将是点的数量，而点云高度将为 1。无序点云是一个"桶点"（bucket of points），没有特定的顺序。

这个函数的第一个参数是一个指向简单点云的指针，由点（x，y，z）组成，没有相应的灰度或颜色。第二个参数是指向 pcl::PointXYZRGB 类型的对象指针，该对象将填充具有颜色以及 3 维坐标的点。

28 行和 29 行的实例变量类型为 pcl::PointXYZ 和 pcl::PointXYZRGB，他们与相应的点云元素一致，从 31 行开始的外部循环遍历 z 坐标的值。在 z 的移动变化中，计算对应于一个椭圆的 x 坐标和 y 坐标。47～49 行计算了这些点并将它们分配给对象 basic_point 的元素：

```
basic_point.x = 0.5*cosf(ang);
basic_point.y = sinf(ang);
basic_point.z = z;
```

在 50 行，这一点被附加到无颜色点云的点向量上：

```
basic_cloud_ptr->points.push_back(basic_point);
```

在 53～55 行，这些相同的坐标被分配给有颜色的点对象。57 行添加了关联颜色：

```
point.rgb = rgb_float;
```

接着将彩色点添加到彩色点云中（58 行）：

```
point_cloud_ptr->points.push_back(point);
```

颜色编码有点复杂。红色、绿色和蓝色的强度用无符号短整型（8 位）0～255 的值表示（25 行）。有些尴尬的是，它们在一个 4 字节的单精度浮点数中被编码为 3 个字节（37～41 行）。

每增加 z 值时，改变 R、G 和 B 值（60～67 行），平滑地改变被挤压椭圆的每个 z 平面上点的颜色。

71～77 行设置了填充点云的一些元数据：

```
basic_cloud_ptr->width = (int) basic_cloud_ptr->points.size();
basic_cloud_ptr->height = 1; //height=1 implies this is not an
    "ordered" point cloud
```

上面的行指定高度为 1，这意味着点云没有到 2 维数组的关联映射，并且被认为是无序点云。相应地，点云的宽度等于总点数。

当 make_clouds() 函数结束时，指针参数 basic_cloud_ptr 和 point_cloud_ptr 指向填充了数据和头信息且适合分析和显示的 cloud 对象。

代码清单 8.2 中显示的 display_ellipse.cpp 文件显示了如何将点云图像保存到磁盘，以及如何通过 rviz 将点云发布到与可视化一致的主题。此函数实例化点云指针（24～25 行），作为 make_clouds() 函数的参数（31 行）。

代码清单 8.2　display_ellipse.cpp：解释发布点云的 C++ 代码

```
1   //display_ellipse.cpp
2   //example of creating a point cloud and publishing it for rviz display
3
4   #include<ros/ros.h>
5   #include <stdlib.h>
6   #include <math.h>
7   #include <sensor_msgs/PointCloud2.h> //ROS message type to publish a pointCloud
8   #include <pcl_ros/point_cloud.h> //use these to convert between PCL and ROS datatypes
9   #include <pcl/ros/conversions.h>
10  #include <pcl-1.7/pcl/point_cloud.h>
11  #include <pcl-1.7/pcl/PCLHeader.h>
12
13  using namespace std;
14
15  //this function is defined in: make_clouds.cpp
16  extern void make_clouds(pcl::PointCloud<pcl::PointXYZ>::Ptr basic_cloud_ptr,
17      pcl::PointCloud<pcl::PointXYZRGB>::Ptr point_cloud_ptr);
18
19  int main(int argc, char** argv) {
20      ros::init(argc, argv, "ellipse"); //node name
21      ros::NodeHandle nh;
22
23      // create some point-cloud objects to hold data
24      pcl::PointCloud<pcl::PointXYZ>::Ptr basic_cloud_ptr(new pcl::PointCloud<pcl::
            PointXYZ>); //no color
25      pcl::PointCloud<pcl::PointXYZRGB>::Ptr point_cloud_clr_ptr(new pcl::PointCloud<pcl
            ::PointXYZRGB>); //colored
26
27      cout << "Generating example point-cloud ellipse.\n\n";
28      cout << "view in rviz; choose: topic= ellipse; and fixed frame= camera" << endl;
29
30      // -----use fnc to create example point clouds: basic and colored-----
31      make_clouds(basic_cloud_ptr, point_cloud_clr_ptr);
32
33      // we now have "interesting" point clouds in basic_cloud_ptr and
            point_cloud_clr_ptr
34      pcl::io::savePCDFileASCII ("ellipse.pcd", *point_cloud_clr_ptr); //save image to
            disk
35
36      sensor_msgs::PointCloud2 ros_cloud; //a ROS-compatible pointCloud message
37
38      pcl::toROSMsg(*point_cloud_clr_ptr, ros_cloud); //convert from PCL to ROS type
            this way
```

```
39
40      //publish the colored point cloud in a ROS-compatible message on topic "ellipse"
41      ros::Publisher pubCloud = nh.advertise<sensor_msgs::PointCloud2> ("/ellipse", 1);
42
43      //publish the ROS-type message; can view this in rviz on topic "/ellipse"
44      //need to set the Rviz fixed frame to "camera"
45      while (ros::ok()) {
46          pubCloud.publish(ros_cloud);
47          ros::Duration(0.5).sleep(); //keep refreshing the publication periodically
48      }
49      return 0;
50  }
```

在第 34 行，调用 PCL 函数将生成的点云保存到磁盘：

```
pcl::io::savePCDFileASCII ("ellipse.pcd", *point_cloud_clr_ptr); ←
    //save image
```

该指令将点云保存到 ellipse.pcd 文件中（在当前目录中，即运行此节点的目录）。

为了与 ROS 兼容，使用 ROS 消息类型 sensor_msgs/PointCloud2 发布点云数据。虽然这个消息类型适用于序列化和发布，但与 PCL 操作不兼容。包 pcl_ros 和 pcl_conversions 提供了 ROS 点云消息类型和 PCL 点云对象之间转换的方法。

PCL 式点云被转换为适合发布的 ROS 式点云消息（36～37 行）。然后 ROS 消息 ros_cloud 在 ellipse 主题上发布（46 行）（像 41 行上指定的那样，构建发布对象）。

要编译示例程序，必须编辑 CMakeLists.txt 文件以引用点云库，具体来说，如下行：

```
find_package(PCL 1.7 REQUIRED)
include_directories(${PCL_INCLUDE_DIRS})
```

在提供的 CMakeLists.txt 自动生成的文件中取消注释。该变化可以引入 PCL 库并将该库与主程序链接起来。

在 roscore 运行时，示例程序可以用以下命令启动：

```
rosrun pcl_utils display_ellipse
```

这个节点的输出很少，除了提醒用户选择主题 ellipse 和 camera 坐标系以在 rviz 中观察点云发布。启动 rviz 并选择 camera 作为固定坐标系，在 PointCloud2 显示中为主题选择 ellipse 得到图 8.1 中的结果。

如预期的那样，图像由挤压的椭圆采样点组成，其颜色在挤压（z）方向上变化。该图像在 rviz 中可以旋转，平移和放大，这有助于人们感知其 3 维空间属性。

savePCDFileASCII 函数在 34 行调用，使得文件以 ASCII 格式保存，而另一个指令 savePCDFile 将以二进制格式保存点云。注意应该谨慎使用 ASCII 表示。ASCII 文件通常是二进制文件大小的两倍以上。此外，（当前）在 ASCII 存储中存在导致颜色损坏的 bug。尽管如此，ASCII 选项对于理解 PCD 文件格式很有用。

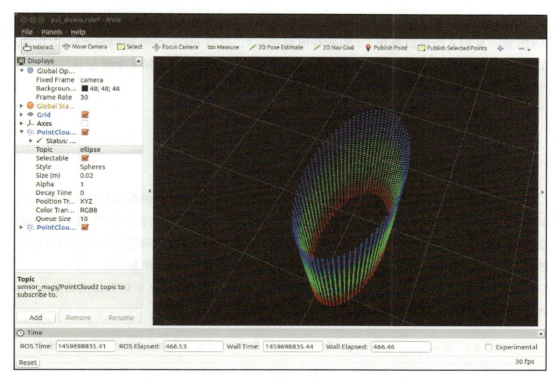

图 8.1　display_ellipse 生成并发布的 rviz 点云视图

ASCII 文件 ellipse.pcd 可以用简单的文本编辑器查看。这个文件的开头是：

```
# .PCD v0.7 - Point Cloud Data file format
VERSION 0.7
FIELDS x y z rgb
SIZE 4 4 4 4
TYPE F F F F
COUNT 1 1 1 1
WIDTH 2920
HEIGHT 1
VIEWPOINT 0 0 0 1 0 0 0
POINTS 2920
DATA ascii
0.5 0 -1 2.3423454e-38
0.49809736 0.087155737 -1 2.3423454e-38
0.49240386 0.17364818 -1 2.3423454e-38
0.48296291 0.25881904 -1 2.3423454e-38

0.46984631 0.34202015 -1 2.3423454e-38
0.45315388 0.4226183 -1 2.3423454e-38
```

文件格式包含描述点云编码方式的元数据，紧接着是数据本身。（详细文件格式信息可以在 http://pointclouds.org/documentation/tutorials/pcd_file_format.php 找到。）它的字段名称，按顺序是 x y z rgb。数据的 WIDTH 是 2 920，与 POINTS 相同。HEIGHT 仅为 1，WIDTH × HEIGHT = POINTS。这个描述意味着点云仅仅被存储为点列表——无序点云——没有任何固有结构（或者至少在文件中没有编码）。

在描述数据如何编码之后,将列出实际数据。此数据只显示了 6 行,整个数据包括 2 920 点。从前 6 行可以看出,z 的所有值都是 –1,这与 make_clouds()(从 z = –1 开始)的外部 z 高度循环一致。x 和 y 值也与期望的正弦和余弦值一致。第 4 个值很难解释,因为 RGB 数据被编码为单精度浮点值中的 4 个字节中的 3 个。

在下一节,我们将看到有序点云编码的替代方案。

8.2 从磁盘加载和显示点云图像

前一节中,用计算数据填充了点云。更常见地,通过一些形式的深度相机可以得到点云数据,例如,Kinect™ 之类的深度相机、卡内基机器人传感器头部的扫描 LIDAR 或由立体视觉产生的点云。虽然通常是在机器人操作期间在线获取和处理这些数据,但将这些数据的快照保存到磁盘也是方便的,例如,用于代码开发或创建图像数据库。

Display_pcd_file.cpp 提供了一个从磁盘读取 PCD 文件并将其显示到 rviz 的简单示例,PCD 文件如代码清单 8.3 所示。

代码清单 8.3 display_pcd_file.cpp:描述从磁盘读取 PCD 文件并将其发布为点云的 C++ 代码

```
1  ///display_pcd_file.cpp
2  // prompts for a pcd file name, reads the file, and displays to rviz on topic "pcd"
3
4  #include<ros/ros.h> //generic C++ stuff
5  #include <stdlib.h>
6  #include <math.h>
7  #include <sensor_msgs/PointCloud2.h> //useful ROS message types
8  #include <pcl_ros/point_cloud.h> //to convert between PCL a nd ROS
9  #include <pcl/ros/conversions.h>
10 #include <pcl/point_types.h>
11 #include <pcl/point_cloud.h>
12 #include <pcl/common/common_headers.h>
13 #include <pcl-1.7/pcl/point_cloud.h>
14 #include <pcl-1.7/pcl/PCLHeader.h>
15
16 using namespace std;
17
18 int main(int argc, char** argv) {
19     ros::init(argc, argv, "pcd_publisher"); //node name
20     ros::NodeHandle nh;
21     pcl::PointCloud<pcl::PointXYZRGB>::Ptr pcl_clr_ptr(new pcl::PointCloud<pcl::
           PointXYZRGB>); //pointer for color version of pointcloud
22
23     cout<<"enter pcd file name: ";
24     string fname;
25     cin>>fname;
26
27     if (pcl::io::loadPCDFile<pcl::PointXYZRGB> (fname, *pcl_clr_ptr) == -1) //* load
           the file
28     {
29         ROS_ERROR ("Couldn't read file \n");
30         return (-1);
31     }
32     std::cout << "Loaded "
33               << pcl_clr_ptr->width * pcl_clr_ptr->height
34               << " data points from file "<<fname<<std::endl;
35
36     //publish the point cloud in a ROS-compatible message; here's a publisher:
37     ros::Publisher pubCloud = nh.advertise<sensor_msgs::PointCloud2> ("/pcd", 1);
38     sensor_msgs::PointCloud2 ros_cloud; //here is the ROS-compatible message
39     pcl::toROSMsg(*pcl_clr_ptr, ros_cloud); //convert from PCL to ROS type this way
```

```
40          ros_cloud.header.frame_id = "camera_depth_optical_frame";
41
42      //publish the ROS-type message on topic "/ellipse"; can view this in rviz
43      while (ros::ok()) {
44
45          pubCloud.publish(ros_cloud);
46          ros::spinOnce();
47          ros::Duration(0.1).sleep();
48      }
49      return 0;
50  }
```

代码清单 8.3 中的 37 ～ 48 行等同于前一个 display_ellipse 程序中的对应行。主题变为 pcd（37 行），并将 frame_id 设置为 camera_depth_optical_frame（40 行），并且为了查看输出，这些必须在 rviz 中进行相应的设置。

这个示例代码的主要区别在于提示用户输入文件名（23 ～ 25 行），并且此文件名用于从磁盘加载 PCD 文件并填充指针 pcl_clr_ptr（27 行）：

```
if (pcl::io::loadPCDFile<pcl::PointXYZRGB> (fname, *pcl_clr_ptr) == -1)
```

作为诊断，32 ～ 34 行检查打开的点云的宽度和高度字段，将它们相乘，并将结果打印为点云中的点数。

示例 PCD 文件驻留在 ROS 软件包 pcd_images 中的相应软件库中。Kinect 相机图像的示例 PCD 文件片段（以 ASCII 存储）为：

```
# .PCD v0.7 - Point Cloud Data file format
VERSION 0.7
FIELDS x y z rgb
SIZE 4 4 4 4
TYPE F F F F
COUNT 1 1 1 1
WIDTH 640
HEIGHT 480
VIEWPOINT 0 0 0 1 0 0 0
POINTS 307200
DATA ascii
nan nan nan -1.9552709e+38
nan nan nan -1.9552709e+38
nan nan nan -1.9552746e+38
nan nan nan -1.9553241e+38
```

这个例子与椭圆 PCD 文件相似，但有个值得注意的例外，HEIGHT 参数不一致。HEIGHT × WIDTH 是 640 × 480，这是 Kinect 彩色相机的传感器分辨率。其总点数为 307 200，即 640 × 480。在这种情况下，数据是一个有序的点云，因为点数据的列表对应于一个矩形数组。

有序的点云保留了各个 3 维点之间潜在有价值的空间关系。例如，Kinect 相机中每个 3 维点与 2 维（彩色）图像数组中的对应像素关联。理想情况下，逆映射还将 2 维数组中的每个像素关联到相应的 3 维点。实际上，这种映射中有许多"洞"，没有有效的 3 维点与 2 维像素相关联。这种缺失数据用 NaN（非数字）代码表示，就像上面显示的 PCD 文

（如果 freenect 驱动程序尚未安装在系统上，则需要该安装程序。此安装包含在提供的安装脚本中。）

启动 rviz，并将固定坐标系设置为 camera_depth_optical_frame，添加一个 PointCloud2 项目并将其主题设置为 camera/depth_registered/points。这将提供 Kinect 数据的实时视图，作为 ROS 点云发布。

为了准备采集图像，请打开终端并导航到与存储图像相关的目录。当 rviz 界面显示捕获的场景时，运行节点：

```
rosrun pcl_utils pcd_snapshot
```

这将捕获单个点云传输并将捕获的图像以名为 kinect_snapshot.pcd 的 PCD 文件保存到磁盘（在当前目录中）。保存的图像将采用二进制格式，并将存储有色的有序点云。要获取更多快照，请将 kinect_snapshot.pcd 重新命名为某种助记符，然后重新运行 pcd_snapshot。（如果不重命名上一个快照，文件 kinect_snapshot.pcd 将被覆盖。）

图 8.2 中的图像是以这种方式获得的。其生成的 PCD 文件可以从磁盘读取并使用 display_pcd_file 进行显示，或者为了执行对点云数据的解释，可以将其读入另一个应用程序。

8.4 用 PCL 方法解释点云图像

在 pcl_utils 包中，程序 find_plane_pcd_file.cpp（如代码清单 8.5 所示）说明了几种 PCL 方法的使用。这些函数通过在 PCD 文件上的操作进行了说明。56～65 行与 display_pcd_file 类似，其中会提示用户输入 PCD 文件名，然后从磁盘读取该文件名。得到的点云在主题 pcd（68 行、73 行和 108 行）上发布，使其可通过 rviz 进行查看。

代码清单 8.5　find_plane_pcd_file.cpp：说明使用 PCL 方法的 C++ 代码

```
1  //find_plane_pcd_file.cpp
2  // prompts for a pcd file name, reads the file, and displays to rviz on topic "pcd"
3  // can select a patch; then computes a plane containing that patch, which is published←
       on topic "planar_pts"
4  // illustrates use of PCL methods: computePointNormal(), transformPointCloud(),
5  // pcl::PassThrough methods setInputCloud(), setFilterFieldName(), setFilterLimits, ←
       filter()
6  // pcl::io::loadPCDFile()
7  // pcl::toROSMsg() for converting PCL pointcloud to ROS message
8  // voxel-grid filtering: pcl::VoxelGrid,  setInputCloud(), setLeafSize(), filter()
9  //wsn March 2016
10
11 #include<ros/ros.h>
12 #include <stdlib.h>
13 #include <math.h>
14
15 #include <sensor_msgs/PointCloud2.h>
16 #include <pcl_ros/point_cloud.h> //to convert between PCL and ROS
17 #include <pcl/ros/conversions.h>
18
19 #include <pcl/point_types.h>
20 #include <pcl/point_cloud.h>
21 //#include <pcl/PCLPointCloud2.h> //PCL is migrating to PointCloud2
22
```

```cpp
#include <pcl/common/common_headers.h>
#include <pcl-1.7/pcl/point_cloud.h>
#include <pcl-1.7/pcl/PCLHeader.h>

//will use filter objects "passthrough" and "voxel_grid" in this example
#include <pcl/filters/passthrough.h>
#include <pcl/filters/voxel_grid.h>

#include <pcl_utils/pcl_utils.h>  //a local library with some utility fncs


using namespace std;
extern PclUtils *g_pcl_utils_ptr;

//this fnc is defined in a separate module, find_indices_of_plane_from_patch.cpp
extern void find_indices_of_plane_from_patch(pcl::PointCloud<pcl::PointXYZRGB>::Ptr input_cloud_ptr,
        pcl::PointCloud<pcl::PointXYZ>::Ptr patch_cloud_ptr, vector<int> &indices);

int main(int argc, char** argv) {
    ros::init(argc, argv, "plane_finder"); //node name
    ros::NodeHandle nh;
    //pointer for color version of pointcloud
    pcl::PointCloud<pcl::PointXYZRGB>::Ptr pclKinect_clr_ptr(new pcl::PointCloud<pcl::PointXYZRGB>);
    //pointer for pointcloud of planar points found
    pcl::PointCloud<pcl::PointXYZRGB>::Ptr plane_pts_ptr(new pcl::PointCloud<pcl::PointXYZRGB>);
    //ptr to selected pts from Rvis tool
    pcl::PointCloud<pcl::PointXYZ>::Ptr selected_pts_cloud_ptr(new pcl::PointCloud<pcl::PointXYZ>);
    //ptr to hold filtered Kinect image
    pcl::PointCloud<pcl::PointXYZRGB>::Ptr downsampled_kinect_ptr(new pcl::PointCloud<pcl::PointXYZRGB>);

    vector<int> indices;

    //load a PCD file using pcl::io function; alternatively, could subscribe to Kinect messages
    string fname;
    cout << "enter pcd file name: "; //prompt to enter file name
    cin >> fname;
    if (pcl::io::loadPCDFile<pcl::PointXYZRGB> (fname, *pclKinect_clr_ptr) == -1) //* load the file
    {
        ROS_ERROR("Couldn't read file \n");
        return (-1);
    }
    //PCD file does not seem to record the reference frame; set frame_id manually
    pclKinect_clr_ptr->header.frame_id = "camera_depth_optical_frame";

    //will publish  pointClouds as ROS-compatible messages; create publishers; note topics for rviz viewing
    ros::Publisher pubCloud = nh.advertise<sensor_msgs::PointCloud2> ("/pcd", 1);
    ros::Publisher pubPlane = nh.advertise<sensor_msgs::PointCloud2> ("planar_pts", 1);
    ros::Publisher pubDnSamp = nh.advertise<sensor_msgs::PointCloud2> ("downsampled_pcd", 1);

    sensor_msgs::PointCloud2 ros_cloud, ros_planar_cloud, downsampled_cloud; //here are ROS-compatible messages
    pcl::toROSMsg(*pclKinect_clr_ptr, ros_cloud); //convert from PCL cloud to ROS message this way

    //use voxel filtering to downsample the original cloud:
    cout << "starting voxel filtering" << endl;
    pcl::VoxelGrid<pcl::PointXYZRGB> vox;
    vox.setInputCloud(pclKinect_clr_ptr);

    vox.setLeafSize(0.02f, 0.02f, 0.02f);
    vox.filter(*downsampled_kinect_ptr);
    cout << "done voxel filtering" << endl;

    cout << "num bytes in original cloud data = " << pclKinect_clr_ptr->points.size() << endl;
```

```
85          cout << "num bytes in filtered cloud data = " << downsampled_kinect_ptr->points.
                size() << endl; //
86          pcl::toROSMsg(*downsampled_kinect_ptr, downsampled_cloud); //convert to ros
                message for publication and display
87
88          PclUtils pclUtils(&nh); //instantiate a PclUtils object--a local library w/ some
                handy fncs
89          g_pcl_utils_ptr = &pclUtils; // make this object shared globally, so above fnc can
                use it too
90
91          cout << " select a patch of points to find corresponding plane..." << endl; //
                prompt user action
92          //loop to test for new selected-points inputs and compute and display
                corresponding planar fits
93          while (ros::ok()) {
94              if (pclUtils.got_selected_points()) { //here if user selected a new patch of
                    points
95                  pclUtils.reset_got_selected_points(); // reset for a future trigger
96                  pclUtils.get_copy_selected_points(selected_pts_cloud_ptr); //get a copy of
                        the selected points
97                  cout << "got new patch with number of selected pts = " <<
                        selected_pts_cloud_ptr->points.size() << endl;
98
99                  //find pts coplanar w/ selected patch, using PCL methods in above-defined
                        function
100                 //"indices" will get filled with indices of points that are approx co-
                        planar with the selected patch
101                 // can extract indices from original cloud, or from voxel-filtered (down-
                        sampled) cloud
102                 //find_indices_of_plane_from_patch(pclKinect_clr_ptr,
                        selected_pts_cloud_ptr, indices);
103                 find_indices_of_plane_from_patch(downsampled_kinect_ptr,
                        selected_pts_cloud_ptr, indices);
104                 pcl::copyPointCloud(*downsampled_kinect_ptr, indices, *plane_pts_ptr); //
                        extract these pts into new cloud
105                 //the new cloud is a set of points from original cloud, coplanar with
                        selected patch; display the result
106                 pcl::toROSMsg(*plane_pts_ptr, ros_planar_cloud); //convert to ros message
                        for publication and display
107             }
108             pubCloud.publish(ros_cloud); // will not need to keep republishing if display
                    setting is persistent
109             pubPlane.publish(ros_planar_cloud); // display the set of points computed to
                    be coplanar w/ selection
110             pubDnSamp.publish(downsampled_cloud); //can directly publish a pcl::
                    PointCloud2!!
111             ros::spinOnce(); //pclUtils needs some spin cycles to invoke callbacks for new
                    selected points
112             ros::Duration(0.1).sleep();
113         }
114
115         return 0;
116     }
```

该程序中引入的新功能 voxel 滤波如 78 ～ 81 行所示：

```
pcl::VoxelGrid<pcl::PointXYZRGB> vox;
vox.setInputCloud(pclKinect_clr_ptr);
vox.setLeafSize(0.02f, 0.02f, 0.02f);
vox.filter(*downsampled_kinect_ptr);
```

这些指令实例化一个类型为 VoxelGrid 的 PCL-library 对象，操作类型为 pcl::PointXYZRGB（彩色点云）的数据。VoxelGrid 对象 vox 拥有执行下采样空间滤波的成员函数。（更多细节，请参见 http://pointclouds.org/documentation/tutorials/voxel_grid.php#voxelgrid。）典型的 PCL 方法，第一个使用 vox 的操作是将点云数据与它关联（对象将在其上运行）。PCL 试图避免 PCL 下采样拷贝数据，因为点云数据可能很多。指针或引用变量通常直接在内存中将方法指向数据。将 vox 与从磁盘读取的点云相关联后,将参数设置为叶片大小。x、y 和 z 值全部设置为 0.02(对应于 2cm 立方体)。

通过指令 filter,vox 对象过滤输入数据并生成一个下采样输出(通过指针 downsampled_kinect_ptr 将其填充到云中)。从概念上讲,通过这种方法进行的下采样相当于将体积细分为小立方体,并将原始点云的每个点分配到单个立方体。在分配所有点后,每个非空立方体由单个点表示,这是分配给该立方体所有点的平均值。根据立方体的大小,数据缩减可能会很大,而分辨率的降低可能是可以接受的。

在示例代码中,86 行和 110 行将下采样的云转换为 ROS 消息,并将新的云发布到主题 downsampled_pcd。原始和下采样云的大小被打印出来(84 行和 85 行)。

运行 rosrun pcl_utils find_plane_pcd_file 提示输入文件名。使用与图 8.2 相同的文件(coke_can.pcd),以选定的分辨率(2cm 立方体)进行下采样会得到打印输出结果:

```
done voxel filtering
num bytes in original cloud data = 307200
num bytes in filtered cloud data = 6334
```

显示下采样将点数减少到了近 1/50(在本例中)。调出 rviz,并将固定坐标系设置为 camera_depth_optical_frame,然后在 PointCloud2 显示项目中选择 downsampled_pcd 主题,产生图 8.3 的显示。在这个例子中,下采样的严重程度是显而易见的,但对应于图 8.2 的图像仍然可

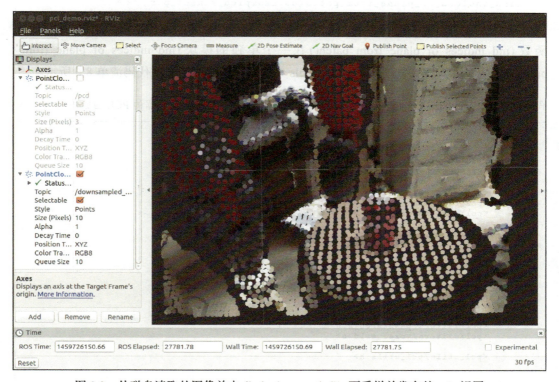

图 8.3 从磁盘读取的图像并由 find_plane_pcd_file 下采样并发布的 rviz 视图

以识别。随着数据的减少,应用于点云解释的算法的运行速度将明显加快。(下采样分辨率的选择需要针对一些特定应用进行调优。)

除了演示下采样,为了帮助解释数据,find_plane_pcd_file 还说明了与点云数据交互的方法。示例代码与包含其他点云处理示例的示例库 pcl_utils.cpp(在 pcl_utils 包中)相链接。这个库定义了一个类 PclUtils,在 88 行实例化了它的对象。另外,这个对象通过一个全局指针与外部函数共享,指针在 35 行中定义并被赋值指向 89 行的 PclUtils 对象。

PclUtils 的一个功能是订阅主题 selected_points 的订阅器。主题的发布器是 rviz 工具 publish_selected_points,它允许用户通过单击并拖动鼠标从 rviz 显示中选择点。位于这样定义的矩形中的(可选择的)点作为消息类型 sensor_msgs::PointCloud2 发布到主题 selected_points。当用户使用这个工具选择一个区域时,相应的(底层的)3 维数据点被发布,这唤醒了接收和存储相应消息的回调函数。

在 find_plane_pcd_file 中,测试 pclUtils.got_selected_points() 的值(94 行)查看用户是否选择了一个新的点块。如果是这样,则使用 PclUtils 方法获得相应选定点数据的拷贝(96 行):

```
pclUtils.get_copy_selected_points(selected_pts_cloud_ptr); ←
    //get a copy of the selected points
```

当获得所选点的新拷贝时,将调用一个函数根据所选点的提示分析下采样图像(103 行):

```
find_indices_of_plane_from_patch(downsampled_kinect_ptr, ←
    selected_pts_cloud_ptr, indices);
```

函数 find_indices_of_plane_from_patch() 在一个单独的模块 find_indices_of_plane_from_patch.cpp 中实现,该函数驻留在包 pcl_utils 中。这个模块的内容如代码清单 8.6 所示。

代码清单 8.6 find_indices_of_plane_from_patch.cpp:显示用于解释点云数据的 PCL 函数的 C++ 模块

```
1  //find_indices_of_plane_from_patch.cpp
2
3  #include<ros/ros.h>
4  #include <stdlib.h>
5  #include <math.h>
6
7  #include <sensor_msgs/PointCloud2.h>
8  #include <pcl_ros/point_cloud.h> //to convert between PCL and ROS
9  #include <pcl/ros/conversions.h>
10
11 #include <pcl/point_types.h>
12 #include <pcl/point_cloud.h>
13 //#include <pcl/PCLPointCloud2.h> //PCL is migrating to PointCloud2
14
15 #include <pcl/common/common_headers.h>
16 #include <pcl-1.7/pcl/point_cloud.h>
17 #include <pcl-1.7/pcl/PCLHeader.h>
18
19 //will use filter objects "passthrough" and "voxel_grid" in this example
20 #include <pcl/filters/passthrough.h>
21 #include <pcl/filters/voxel_grid.h>
22
23 #include <pcl_utils/pcl_utils.h>  //a local library with some utility fncs
24
25
26 using namespace std;
```

```cpp
27  PclUtils *g_pcl_utils_ptr;
28
29  void find_indices_of_plane_from_patch(pcl::PointCloud<pcl::PointXYZRGB>::Ptr ←
          input_cloud_ptr,
30          pcl::PointCloud<pcl::PointXYZ>::Ptr patch_cloud_ptr, vector<int> &indices) {
31
32      float curvature;
33      Eigen::Vector4f plane_parameters;
34
35      pcl::PointCloud<pcl::PointXYZRGB>::Ptr transformed_cloud_ptr(new pcl::PointCloud<←
          pcl::PointXYZRGB>); //pointer for color version of pointcloud
36
37      pcl::computePointNormal(*patch_cloud_ptr, plane_parameters, curvature); //pcl fnc ←
          to compute plane fit to point cloud
38      cout << "PCL: plane params of patch: " << plane_parameters.transpose() << endl;
39
40      //next, define a coordinate frame on the plane fitted to the patch.
41      // choose the z-axis of this frame to be the plane normal--but enforce that the ←
          normal
42      // must point towards the camera
43      Eigen::Affine3f A_plane_wrt_camera;
44      // here, use a utility function in pclUtils to construct a frame on the computed ←
          plane
45      A_plane_wrt_camera = g_pcl_utils_ptr->make_affine_from_plane_params(←
          plane_parameters);
46      cout << "A_plane_wrt_camera rotation:" << endl;
47      cout << A_plane_wrt_camera.linear() << endl;
48      cout << "origin: " << A_plane_wrt_camera.translation().transpose() << endl;
49
50      //next, transform all points in input_cloud into the plane frame.
51      //the result of this is, points that are members of the plane of interest should ←
52      // have z-coordinates
        // nearly 0, and thus these points will be easy to find
53      cout << "transforming all points to plane coordinates..." << endl;
54      //Transform each point in the given point cloud according to the given ←
          transformation.
55      //pcl fnc: pass in ptrs to input cloud, holder for transformed cloud, and desired ←
          transform
56      //note that if A contains a description of the frame on the plane, we want to ←
          xform with inverse(A)
57      pcl::transformPointCloud(*input_cloud_ptr, *transformed_cloud_ptr, ←
          A_plane_wrt_camera.inverse());
58
59      //now we'll use some functions from the pcl filter library;
60      pcl::PassThrough<pcl::PointXYZRGB> pass; //create a pass-through object
61      pass.setInputCloud(transformed_cloud_ptr); //set the cloud we want to operate on--←
          pass via a pointer
62      pass.setFilterFieldName("z"); // we will "filter" based on points that lie within ←
          some range of z-value
63      pass.setFilterLimits(-0.02, 0.02); //here is the range: z value near zero, -0.02<z←
          <0.02
64      pass.filter(indices); //  this will return the indices of the points in ←
          transformed_cloud_ptr that pass our test
65      cout << "number of points passing the filter = " << indices.size() << endl;
66      //This fnc populates the reference arg "indices", so the calling fnc gets the list←
          of interesting points
67  }
```

这个功能的目的是，假设提供的 patch_cloud 点几乎是共面的，在 input_cloud 中找到几乎与输入块共面的其他点，结果返回点索引向量，指定输入云中的哪些点符合共面条件。这使得操作员可以交互式地选择在 rviz 中显示的点，以促使节点找到与选择共面的所有点。这可能对于定义诸如与操作员关注焦点相对应的墙壁、门、地板和桌面是有用的。示例函数说明了使用 PCL 方法 computePointNormal()、transformPointCloud()，以及 pcl::PassThrough 滤波方法 setInputCloud()、setFilterFieldName()、setFilterLimits() 和 filter()。

在 find_indices_of_plane_from_patch() 的 37 行，分析输入云（假设点块的点近乎共面）以找到平面与点的最小二乘拟合：

```
pcl::computePointNormal(*patch_cloud_ptr, plane_parameters, curvature);
        //pcl fnc to compute plane fit to point cloud
```

根据 4 个参数描述拟合平面：平面表面法线的分量 (nx, ny, nz) 以及平面距相机原点（焦点）的最小距离。这些参数通过参考参数 plane_parameters 返回特征类型 4×1 向量。此外，在 curvature 参数中返回（标量）曲率。为了通过提供的点，实现鲁棒的最佳估计用于平面拟合，函数 computePointNormal() 使用特征值 – 特征向量方法。（请参阅 http://pointclouds.org/documentation/tutorials/normal_estimation.php，了解此实现背后的数学理论解释。）

当平面和点匹配时，平面法线的方向有歧义。数据本身不能区分正负法线。在物理上，固体物体具有区分内部和外部的表面，并且通常曲面法线定义为指向物体的外部。

在当前的例子中，点云数据被假定为相对于相机的视点来表示。因此，所有的相机可观察点必须对应到表面法线指向（至少部分）相机的表面。当平面和点匹配时，如果计算出的曲面法线具有正 z 分量，则法向量必须否定才能符合逻辑。

此外，平面与点（焦点，本例中）的距离是明确定义的。但是，有符号距离更有用，距离定义为平面沿平面法线参考点的位移。由于所有表面法线必须具有负 z 分量，所以所有表面也必须具有来自相机坐标原点的负位移。

这些更正在函数 make_affine_from_plane_params()（在 45 行调用）中根据需要应用。该函数是 pcl_utils 库中的一个方法。该方法的实现显示在代码清单 8.7。

代码清单 8.7　Pcl_utils 库中的 make_affine_from_plane_params() 方法

```
1   // given plane parameters of normal vec and distance to plane, construct and return an
          Eigen Affine object
2   // suitable for transforming points to a frame defined on the plane
3
4   Eigen::Affine3f PclUtils::make_affine_from_plane_params(Eigen::Vector4f
          plane_parameters) {
5       Eigen::Vector3f plane_normal;
6       double plane_dist;
7       plane_normal(0) = plane_parameters(0);
8       plane_normal(1) = plane_parameters(1);
9       plane_normal(2) = plane_parameters(2);
10      plane_dist = plane_parameters(3);
11      return (make_affine_from_plane_params(plane_normal, plane_dist));
12  }
13  //this version takes separate args for plane normal and plane distance
14  Eigen::Affine3f PclUtils::make_affine_from_plane_params(Eigen::Vector3f plane_normal,
          double plane_dist) {
15      Eigen::Vector3f xvec,yvec,zvec;
16      Eigen::Matrix3f R_transform;
17      Eigen::Affine3f A_transform;
18      Eigen::Vector3f plane_origin;
19      // define a frame on the plane, with zvec parallel to the plane normal
20      zvec = plane_normal;
21      if (zvec(2)>0) zvec*= -1.0; //insist that plane normal points towards camera
22      // this assumes that reference frame of points corresponds to camera w/ z axis
              pointing out from camera
23      xvec<< 1,0,0; // this is arbitrary, but should be valid for images taken w/ zvec=
              optical axis
24      xvec = xvec - zvec * (zvec.dot(xvec)); // force definition of xvec to be
              orthogonal to plane normal
25      xvec /= xvec.norm(); // want this to be unit length as well
26      yvec = zvec.cross(xvec);
27      R_transform.col(0) = xvec;
28      R_transform.col(1) = yvec;
```

```
29      R_transform.col(2) = zvec;
30      //cout<<"R_transform = :"<<endl;
31      //cout<<R_transform<<endl;
32      if (plane_dist>0) plane_dist*=-1.0; // all planes are a negative distance from the↵
            camera, to be consistent w/ normal
33      A_transform.linear() = R_transform; // directions of the x,y,z axes of the plane's↵
            frame, expressed w/rt camera frame
34      plane_origin = zvec*plane_dist; //define the plane-frame origin here
35      A_transform.translation() = plane_origin;
36      return A_transform;
37  }
```

20 行和 21 行测试并校正（如有必要）所提供点块的表面法线。同样，32 行确保平面与相机原点的有符号距离是负值。

该函数在由平面参数定义的平面上构造一个坐标系。坐标系的 z 轴等于平面法线。x 轴和 y 轴的构造（23 ～ 26 行）是相互正交的，并与 z 轴一起形成右手坐标系。这些坐标轴用于填充 3×3 方向矩阵（27 ～ 29 行）的列，它构成了 Eigen::Affine 对象的 linear 字段（33 行）。构建的坐标系的原点被定义为最靠近相机坐标原点的平面上的点。通过等于平面距离参数的（有符号）距离（34 行），在与平面法线相反的方向上计算相机原点的距离。结果向量存储为 Eigen::Affine 对象的 translation() 字段，返回填充的仿射对象结果。

函数 find_indices_of_plane_from_patch() 调用函数 make_affine_from_plane_params()（代码清单 8.6 中的 45 行）后，所得到的仿射用于转换所有输入云数据。注意到对象 A_plane_wrt_camera 指定了定义在平面坐标系上的原点和方向，使用该仿射对象的倒数，输入数据可以转换为平面坐标。PCL 函数 transformPointCloud() 可用于转换完整的点云。这在 find_indices_of_plane_from_patch() 的 57 行调用，指定输入云（*input_cloud_ptr），保存变换后的云（*transformed_cloud_ptr）的对象以及应用于输入（A_plane_wrt_camera.inverse()）的所需变换：

```
pcl::transformPointCloud(*input_cloud_ptr, *transformed_cloud_ptr,↵
    A_plane_wrt_camera.inverse());
```

在转换成定义在平面的坐标系后，数据变得更容易解释。理想情况下，所有与平面坐标系共面的点将具有零分量的 z 分量。在处理噪声的数据时，对 z 分量接近零的点，必须指定容忍度。这是通过 60 ～ 64 行的 PCL 滤波来完成的：

```
pcl::PassThrough<pcl::PointXYZRGB> pass; //create a pass-through object
pass.setInputCloud(transformed_cloud_ptr); //set the cloud we want to↵
    operate on
pass.setFilterFieldName("z"); // "filter" based on some range of z-value
pass.setFilterLimits(-0.02, 0.02); //set range: z value near zero,↵
    -0.02<z<0.02
pass.filter(indices); //  returns indices of the points that pass our test
```

PassThrough 滤波对象是从操作彩色点云的 PCL 库中实例化的。该对象是针对使用 setInputCloud() 的点云操作方法。所需的滤波操作由 setFilterFieldName() 方法指定，本例中，该方法基于对 z 坐标的检查设置为接受（通过）点。调用 setFilterLimits() 方法来指定容忍度，这里，z 值在 −2cm 和 2cm 之间的点被认为足够接近零。最后，调用方法 filter （indices），该方法执行滤波操作。指定输入云中的 z 值在 –0.02 和 0.02 之间的所有点被接受，并且这些接受点根据其在输入云的点数据中的索引来标识。这些索引返回整数索引向量。其结果是识别原始点云的点，它们与用户选择的块（几乎）共面。

调用函数——代码清单 8.5 给出的 find_plane_pcd_file 的主程序，只要用户在 rviz 中选择了一组新的点，就会调用函数 find_indices_of_plane_from_patch()（103 行）。该函数返回的点列表（在 indices 中）可以与选择块共面。虽然这些索引是从变换后的输入云中选取的（用构建的平面坐标系表示），但相同的索引适用于初始云中的点（相对于相机坐标系表示）。使用 PCL 方法 copyPointCloud() 从初始点云中提取相应的点（104 行）：

```
pcl::copyPointCloud(*downsampled_kinect_ptr, indices, *plane_pts_ptr);
    //extract these pts into new cloud
```

通过这个操作，索引中索引值引用的点将从下采样点云复制到名为 plane_pts 的新云中。该云转换为 ROS 消息（106 行）并使用定义为发布到主题 planar_pts 的发布器对象（69 行）发布（109 行）。

通过在同一输入文件上运行节点 find_plane_pcd_file，从 rviz 显示中选择点，如图 8.4 所示。已经选择了凳子上的一个矩形中的点，如这些浅青色点的点所示。选择点的行为导致 find_plane_pcd_file 节点通过点计算平面，然后查找（近似）共面的（下采样的）点云中的所有点，并在主题 planar_pts 上发布相应的云。

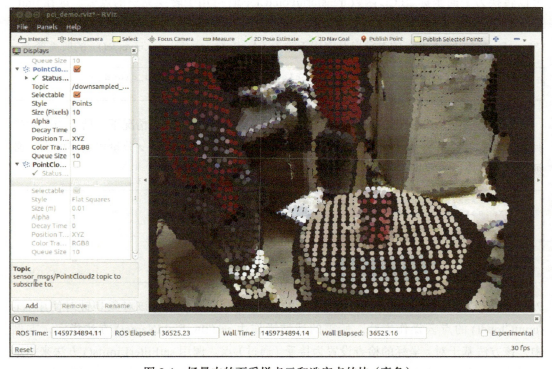

图 8.4　场景中的下采样点云和选定点的块（青色）

图 8.5 显示了从下采样点云中选择的点，它们被确定为与选择块共面。凳子表面上的点可以准确识别。然而，同一平面上的其他点，包括背景中的家具和机器人上的点，不属于凳子表面的一部分。选择的点可以被进一步过滤，以限制对 x 值和 y 值的考虑（例如，基于所选块的计算质心），因此将点提取限制为仅在凳子表面上的点。也可以提取凳子上方的点，从而产生对应于感兴趣表面上的物体的点标识。

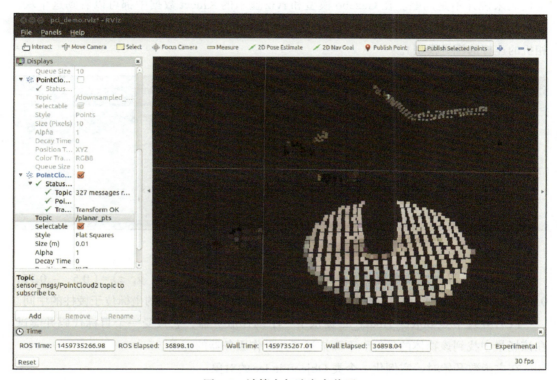

图 8.5　计算点与选定点共面

8.5　物体查找器

机器人需要使用视觉进行操作，导致引入另一种 Kinect 模型。simple_camera_model 包的 simple_kinect_model2.xacro 文件包含一个相机位姿与机器人可能使用的位姿相似的 Kinect 仿真，在这种情况下距离地面约 2m，向下倾斜，距离水平方向 1.2rad。

为了给相机提供一个有趣的场景，在 worlds 包中定义了一个 world 文件，以及一个补充的启动文件。运行：

```
roslaunch worlds table_w_block.launch
```

打开包含 DARPA 机器人挑战赛的启动笔、咖啡桌和玩具块的 world 模型的 Gazebo。

用这个 world 模型启动 Gazebo 后，可以在启动文件中添加 Kinect 模型：

```
roslaunch simple_camera_model kinect_simu2.launch
```

该启动文件还打开了保存设置文件的 rviz。这两个操作的结果如图 8.6 所示。由于 Gazebo 和 rviz 编码颜色的不一致性，所以 rviz 中的颜色与 Gazebo 中的颜色不一致。然而，Gazebo 中的模拟相机是使用在 Gazebo 中所见的模型颜色，因此这对于开发包含颜色的视觉代码来说并不是问题。在 Gazebo 模型和 rviz 显示的 Kinect 数据中都可以看到这个块。Gazebo 场景中的相机模型是一个简化的白色的直角棱柱，明显浮在空间中（因为没有支持相机的连杆的视觉模型）。

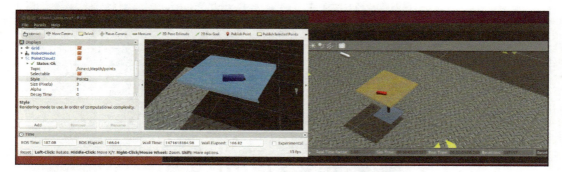

图 8.6　Kinect 相机观测桌上物体的场景

从 Gazebo 界面中选择模型 toy_block，可以看到块坐标为 $(x, y, z) = (0.5, -0.35, 0.792)$，$(R, P, Y) = (0, 0, 0.43)$。块模型的厚度为 0.035m，块的坐标位于棱柱的中间。

PCL 处理节点 object_finder_as 提供了一个动作服务器，它接受一个目标代码并尝试在该场景中找到该物体的坐标。下面描述了此动作服务器的亮点。

在主函数开始时，实例化一个类 ObjectFinder 的对象：

```
ObjectFinder object_finder_as; // create an instance of ←
    the class "ObjectFinder"
```

这个类是在同一个文件中定义的。它实例化 objectFinderActionServer。它还实例化了 PclUtils 类的一个对象（来自 pcl_utils 包），后者包含一系列操作点云的功能，以及订阅 /kinect/depth/points 的订阅器，它接收来自（仿真的）Kinect 的点云发布。

同样在 main() 中，使用转换监听器（233 行）发现从 Kinect 传感器坐标系到世界坐标系的变换：

```
tfListener.lookupTransform("base_link", "kinect_pc_frame", ros::Time(0), ←
    stf_kinect_wrt_base);
```

这个变换被测试直到它被成功接收，然后变换结果被转换为 Eigen 类型：

```
g_affine_kinect_wrt_base = object_finder_as.xformUtils_. ←
    transformTFToAffine3f(tf_kinect_wrt_base);
```

为了在世界坐标系中表示它们，随后使用这个变换来转换所有 Kinect 点云点。（应该指出的是，要使这种变换足够准确，需要进行外部标定，参见 16.1 节。在当前例子中使用仿真器，变换肯定是不精确的。）

一旦 main() 完成了这些初始化步骤，动作服务器就会等待目标消息，并且在回调函数 ObjectFinder::executeCB() 中执行收到目标消息的响应。

在回调开始时，snapshot 命令发到 pclUtils 对象（object_finder_as 的 139 行）：

```
pclUtils_.reset_got_kinect_cloud();
```

接着，（executeCB()147 行中），使用在启动时获得的 Kinect 相机变换将已得到的点云转换为世界坐标：

```
pclUtils_.transform_kinect_cloud(g_affine_kinect_wrt_base);
```

变换之后，所有的点云点都以世界坐标系的坐标表示。

将点转换为世界坐标后，很容易找到水平面，因为它们对应于具有（几乎）相同的 z 坐标的点。在 153 行上，有一个 pclUtils 函数。调用 find_table_height ( ) 来查找桌子的高度。此函数过滤点云数据仅保留位于指定范围内的点：(xmin、xmax、ymin、ymax、zmin、zmax、dz_resolution)。在这个功能中，点被提取在薄的水平板中，每个厚度都是 dz_resolution。通过这些从 zmin 到 zmax 的滤波步骤，测试每个层中的点数，并将具有最多点的那一层假定为桌子表面的高度。这个函数在 executeCB 中调用如下：

```
table_ht = pclUtils_.find_table_height(0.0, 1, -0.5, 0.5, 0.6, 1.2, 0.005);
```

找到桌子高度后，executeCB 切换到目标消息中指定的物体代码对应的案例。（例如，要找到 TOY_BLOCK 模型，该服务器的客户端应将目标消息中的物体代码设置为头文件 <object_manipulation_properties/object_ID_codes.h> 中定义的 ObjectIdCodes::TOY_BLOCK_ID。）此动作服务器的例子——简单物体查找器采用的方法是在明确的物体列表中识别特殊例子的功能。更一般地说，物体查找服务器应该查询基于网络的物体源，使用物体代码和相关属性来识别、抓取和使用。

在目前的结构中，ObjectIdCodes::TOY_BLOCK_ID 切换到调用的情况（177 行）：

```
found_object = find_toy_block(surface_height, object_pose); //special ←
    case for toy block
```

特殊用途函数 find_toy_block()（72～107 行）调用 pclUtils 的函数 find_plane_fit ( )：

```
pclUtils_.find_plane_fit(0, 1, -0.5, 0.5, surface_height + 0.035, ←
    surface_height + 0.06, 0.001,
        plane_normal, plane_dist, major_axis, centroid);
```

这个函数过滤点，将其限定在由参数（xmin、xmax、ymin、ymax、zmin、zmax）构成的方框内，并且在该范围内找到包含最多点的厚度为 dz 的水平板（这样就可以在物体顶部表面上识别点）。然后这个函数将这些点拟合成一个平面。了解桌子表面高度和外形尺寸有助于确定块顶部表面上的点。这些点几乎都是共面的。使用特征向量-特征值方法将这些数据拟合成一个平面，从中获得该块的质心、表面法线和主轴。

物体查找器动作服务器返回请求物体的坐标系的最佳估计值。在块的例子中，顶面用于帮助建立局部坐标系。但是，如果知道块厚度为 0.035，则将该偏移量应用于坐标原点的 z 分量，以便返回与模型坐标系（在块中心）一致的坐标系。

用于测试此服务器示例的运动客户端是 example_object_finder_action_client。示例代码可以运行如下。按照图 8.6 初始化 Gazebo，启动物体查找器服务器：

```
rosrun object_finder object_finder_as
```

另外，我们可以使用 5.1.2 节中介绍的三元组显示节点来显示计算的坐标结果：

```
rosrun example_rviz_marker triad_display
```

测试运动客户端节点可以通过以下方式启动：

```
rosrun object_finder example_object_finder_action_client
```

该节点向目标查找器动作服务器发送目标请求，在当前 Kinect 场景中查找玩具块模型。此节点的屏幕输出显示：

```
got pose x,y,z = 0.497095, -0.347294, 0.791365
got quaternion x,y,z, w = -0.027704, 0.017787, -0.540053, 0.840936
```

其质心非常接近预期值（0.5，-0.35，0.792）。正如预期的那样，四元数的 x 和 y 项很小，表明物体旋转对应于垂直旋转。

为了可视化结果，感知的物体位姿在 rviz 中用标记物来表示（通过将所识别的位姿发布到 display_triad 节点）。结果如图 8.7 所示。显示的坐标原点似乎正确地位于块的中间。此外，根据需要，z 轴点向上，垂直于顶部表面，以及估计的块坐标点的 x 轴沿着块的主轴。

这个简单的物体查找器的一个主要局限是它无法处理桌上的多个物体。相反，如果桌面暴露的足够多，则识别桌面的功能将不受表面上多个物体的影响。这个简单例子的一个自然延伸是聚集位于表格表面之上的点，然后分别将物体识别和定位算法应用到单独的点集合。这个例子的另一个局限是它只能识别单一物体类型。仍需要实现识别其他物体类型的方法，并且所使用的算法可能区别很大（例如，应用深度学习是一个候选项）。

尽管这个简单示例有局限性，但它仍然从概念上说明了如何设计基于 PCL 的代码来识别和定位物体。动作服务器的目的是允许客户端请求特定物体的位姿。

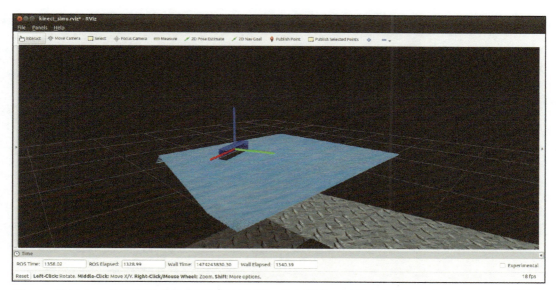

图 8.7 使用 PCL 处理的玩具块模型坐标的物体查找器估计。原点位于块的中间，z 轴垂直于顶部表面，x 轴沿着主轴

这个例子将在第六部分的整合感知和操纵的内容中重新讨论。

8.6 小结

相机是机器人中最受欢迎的传感器，因为它们提供环境中物体的高分辨率信息。非接触式感应对于导航规划和操纵很有价值。3 维感测越来越普遍，包括立体视觉、全景 LIDAR，以及使用结构光进行深度感知。

OpenCV 和 Point-Cloud Library 项目为开发人员创建了用于解释相机和深度相机数据的工具，包括目标识别和定位在内的更高层的场景解释必将持续发展，因为这种能力对于在非结构化环境中自主操作的机器人至关重要。厨房目标识别（http://wiki.ros.org/object_recognition）的最大进展是集成了各种模式匹配和定位技术来识别和定位物体。

PART4

| 第四部分 |

ROS 中的移动机器人

移动机器人导航可以大致细分为路径规划和驱动。路径规划者负责提出无碰撞、高效和可通航的路径。驱动子系统负责控制机器人安全而准确地执行此类计划。实现良好的导航需要开发多个相互关联的子系统。

全局路径规划需要环境模型（地图），因此地图制作和表示是重要的主题。

全局路径规划通常是在假设简化动力学的情况下进行的，从而产生粗略的规划。通过轨迹规划将这些规划转换为高效的、可实现的轨迹。

转向算法用于实现精确的规划，但这需要了解路径跟踪误差才能得到纠正。因此，定位是用于获取机器人坐标的重要模块，用户可以据此计算路径跟踪误差。

路径规划问题分为多种情况，包括要遵循的路径先验规范、基于地图知识的自主路径规划、具有不确定性或局部地图信息的规划、在未知环境中利用可用全局定位信息的局部路径规划或没有地图及全局定位信息的勘探行为。

这些主题非常广泛，并且是正在进行的研究，但我们不认为这种论述将覆盖移动机器人的方方面面。相反，将结合说明性算法来描述移动平台的 ROS 使用。此外，这里的示例仅限于差分驱动地面车辆，尽管这些概念可扩展到更复杂的系统，包括完整车辆、步行和爬行机器人、飞行器和水下航行器。

第9章 移动机器人的运动控制

引言

移动机器人的驱动子系统负责让机器人以足够的精度和安全性沿着期望路径运动。这通常涉及三个子系统：期望状态生成器，其指定可行的状态序列来引导机器人通过期望路径；机器人状态估计器，可用来估计机器人与期望轨迹的偏差；转向算法评估相对于期望状态的状态估计，计算并执行纠正动作。本章将介绍这三个主题。接下来的内容都假定已指定了期望的路径。路径规划的内容（也就是计算期望路径）放在第 10 章介绍。

将生成期望状态和转向主题整合到 ROS 的导航堆栈中（在第 10 章介绍）。然而，人们希望用针对特定平台优化定制设计的转向算法替换默认的导航堆栈转向算法，从而实现更可靠和更精确的运动控制。

9.1 生成期望状态

期望状态生成器的目的是在符合动态约束条件（在角度、平移速度和加速度上进行限制）下计算和流化机器人状态序列，对应随后指定的路径。得到的期望状态可以用于开环控制或闭环控制。

9.1.1 从路径到轨迹

移动平台的状态对应于其位姿和弯曲。具体来说，必须在车辆上定义参考坐标系以及一些感兴趣的参考坐标系（例如，地图坐标、绝对 GPS 坐标或者相对于机器人启动地方的简化坐标）。车辆坐标系的位姿可以指定为其位置（相对于所选择的参考坐标系，坐标原点的 x、y、z 坐标）及其方向（例如，四元数表示相对于参考坐标系的车辆方向）。另外，车辆的弯曲表示为 x、y 和 z 速度，以及相对于参考坐标系的 x、y 和 z 旋转速度。

对于平面轮式车辆的导航，可以在 x、y 和航向（ψ）坐标方面更紧凑地表示位姿。在本例中，方向有时候也叫"航向"，并使用变量 ψ。对于限制在平面上的车辆，使用"航向"代替"方向"意味着是一个标量角，这比完整的四元数更简单且更容易可视化。"航向"这个词可能是模糊的，因为传统导航按照顺时针角度测量定义了相对于北方的航向。这里，航向将以传统的工程术语定义：相对于参考坐标系 x 轴的车辆的 x 轴角度，测量从参考坐标系到车辆坐标，作为关于参考坐标系 z 轴的正向旋转。在平面中（z 轴朝上，垂直于平面），这是从参考坐标系 x 轴到车辆 x 轴的逆时针旋转角度。

对于在平面中导航，可以将方向转换为航向，如代码清单 9.1 所示。

代码清单 9.1　将方向四元数转换为平面中的标量方向角的函数

```
double convertPlanarQuat2Psi(geometry_msgs::Quaternion quaternion) {
    double quat_z = quaternion.z;
    double quat_w = quaternion.w;
    double psi = 2.0 * atan2(quat_z, quat_w); // conversion from quaternion to heading
        for planar motion
    return psi;
}
```

此函数采用四元数（表示为 ROS 消息类型 geometry_msgs::Quaternion）并将其转换为 $x-y$ 平面中的简单旋转。对应于围绕 z 的纯旋转，四元数的 x 和 y 分量简单地视为零。

将航向角转换为四元数的反函数参见代码清单 9.2。

代码清单 9.2　将车辆的平面运动的航向转换到四元数的函数

```
geometry_msgs::Quaternion convertPlanarPsi2Quaternion(double psi) {
    geometry_msgs::Quaternion quaternion;
    quaternion.x = 0.0;
    quaternion.y = 0.0;
    quaternion.z = sin(psi / 2.0);
    quaternion.w = cos(psi / 2.0);
    return (quaternion);
}
```

该函数接受标量航向角并将其转换为 ROS 四元数。请注意，这些转换仅适用于限制在平面上的运动，对于该平面，只有一个旋转自由度不受约束。在这种情况下，"航向"和"方向"可以互换使用。

除了位姿之外，机器人状态还需要指定扭曲。扭曲是 6 个速度的向量：3 个平移速度和 3 个旋转速度。对于平面中的运动，这 6 个分量中只有 3 个是相关的：v_x，v_y 和 w_z。其余分量应设置为零。

通常，用于表示机器人状态的 ROS 消息类型是 nav_msgs/Odometry，它由以下组件组成：

```
std_msgs/Header header
  uint32 seq
  time stamp
  string frame_id
string child_frame_id
geometry_msgs/PoseWithCovariance pose
```

```
    geometry_msgs/Pose pose
      geometry_msgs/Point position
        float64 x
        float64 y
        float64 z
      geometry_msgs/Quaternion orientation
        float64 x
        float64 y
        float64 z
        float64 w
    float64[36] covariance
geometry_msgs/TwistWithCovariance twist
    geometry_msgs/Twist twist
      geometry_msgs/Vector3 linear
        float64 x
        float64 y
        float64 z
      geometry_msgs/Vector3 angular
        float64 x
        float64 y
        float64 z
    float64[36] covariance
```

此消息类型可用于发布期望状态,因为它包含位姿和扭曲的字段。还可以指定状态的参考坐标系,通过头部的 frame_id 组件来完成。对于指定期望的状态,将不需要协方差字段(在状态估计的上下文中有用)。虽然这些让里程计数据结构更加烦琐,但是里程计信息的使用在 ROS 中很常见,并且使用该数据类型的期望状态让这些信息与状态估计发布一致。

使用 nav_msgs/Path 消息类型向移动机器人发送路径请求也是传统的方法,其定义为:

```
std_msgs/Header header
    uint32 seq
    time stamp
    string frame_id
geometry_msgs/PoseStamped[] poses
std_msgs/Header header
    uint32 seq
    time stamp
    string frame_id
geometry_msgs/Pose pose
    geometry_msgs/Point position
        float64 x
        float64 y
        float64 z
    geometry_msgs/Quaternion orientation
        float64 x
        float64 y
        float64 z
        float64 w
```

注意,路径的规范包含(时间戳)位姿的向量(可变长度数组)。该规范完全是几何的,不包含任何速度和时间信息。也可能是非常粗略地定义路径的情况,例如,通过点。为了在考虑速度和加速度限制的情况下沿着路径移动,应该增强路径以创建几乎连续的状态流(位姿和扭曲)。这种变换将路径转换为轨迹。得到的输出流构成期望状态,并且对应节点是期望状态生成器。

期望状态消息应该以相对高的频率更新和发布（例如，50Hz 将适合于缓慢移动的移动机器人）。状态序列应该是平滑的并且应该符合约束——可实现的速度和加速度。

为了说明期望状态发生器的设计，我们将考虑一个简单的路径描述：折线。它是一个在顶点连接的简单线段序列。在 nav_msgs/Path 消息中很容易指定折线路径。这里，Path 消息按照字面解释为：机器人应该沿着相应的折线移动，这需要在每个顶点的原地旋转自旋。规定机器人具有非零质量和旋转惯性以及非无限平移和旋转加速度的限制，因此折线路径要求机器人在路径的每个顶点处完全停止。沿着路径的移动对应于沿每个线段的纯正向平移，然后在每个顶点处进行纯旋转。由此，折线路径不够高效。

更复杂的轨迹生成器将考虑通过指定的点拟合高阶路径段，例如，圆弧或样条函数。沿着这样的路径执行运动将协调同步的平移和旋转速度不停扫过连续的轨迹。虽然为简单起见，此处假设折线路径，但此处介绍的方法可扩展到更复杂的轨迹。

将原始 Path 规范转换为细粒度状态序列的过程有时称为过滤。该过程可以在机器人运行时实时执行，或者可以作为预先计算预先执行。为了分配可行的期望状态，需要一定程度的前瞻，其中前瞻距离必须超过完全停止所需的制动距离。折线路径是最简单的情况，因为机器人必须在路径的每个顶点处完全停止。因此，期望的前瞻距离对应于路径位姿向量中的下一个子目标（顶点）。

通过简化折线，只需考虑两种行为：从初始航向旋转到期望航向，然后向前移动一段期望距离。在这两种情况下，机器人应该在运动结束时完全停止。这样做需要速度（线性或角度）从零上升到某个峰值速度，然后在达到期望目标位姿时斜坡下降到零速度。用于分析速度的常用技术是梯形速度分布。

梯形速度分布图提供了构造动态可行轨迹的简单方法。如果机器人的轨迹必须引起 d_{travel} 的净位移并且必须符合最大速度和最大加速度（平移或旋转），则梯形速度分布方法包括三个阶段：

1. 将速度从初始速度（在我们的例子中为零）上升到某个峰值 v_{cruise}，以恒定的上升加速度 a_{RU}。
2. 保持恒定速度 v_{cruise}，相隔一段距离 d_{cruise}（等效地，某些时间，$t_{cruise} = d_{cruise}/v_{cruise}$）。
3. 在恒定减速时，将速度从 v_{cruise} 减小到零，以恒定的下降减速度 a_{RD}。

用户必须选择 v_{cruise} 和 d_{cruise} 的值以满足速度约束 $|v_{cruise}| < v_{speed Limit}$ 并达到期望的总行程距离 d_{travel}。在上文中，速度 $v_{speed Limit}$ 可以对应于机器人的最大可实现速度，或者可以将其定义为更保守的速度限制（例如，用于小心地通过收缩区域或危险区域导航）。类似地，可以将加速和减速加速度的值（a_{RU} 和 a_{RD}）设置为与机器人的物理加速度和减速度限制相对应，或者可以将这些加速度设置为较低的值以进行更温和的运动（如果要求紧急制动条件，则可以将 a_{RD} 设置为物理极限）。

可以如下满足梯形速度分布约束。定义最大加速距离为 $d_{RUmax} = \frac{1}{2} v_{speedLimit}^2 / a_{RU}$。定义

最大减速距离为 $d_{\text{RDmax}} = \frac{1}{2} v_{\text{speed Limit}}^2 / a_{\text{RD}}$。这些值定义了计算速度分布时要考虑的两种情况：短移动和长移动。短移动对应于 $d_{\text{travel}} \leq d_{\text{RUmax}} + d_{\text{RDmax}}$，并且长移动是 $d_{\text{travel}} > d_{\text{RUmax}} + d_{\text{RDmax}}$。

对于短移动，可行的速度曲线将无法达到 $v_{\text{speed Limit}} = v_{\text{cruise}}$。相反，峰值速度将是 $v_{\text{peak}} < v_{\text{speed Limit}}$，并且速度分布将是三角形（$d_{\text{cruise}} = 0$，即退化梯形）而不是梯形。三角形轮廓将包括覆盖距离 $d_{\text{RU}} = \frac{1}{2} v_{\text{peak}}^2 / a_{\text{RU}}$ 的斜升阶段，以及覆盖额外斜降距离 $d_{\text{RD}} = \frac{1}{2} v_{\text{peak}}^2 / a_{\text{RD}}$ 的斜降阶段。这两个阶段必须覆盖期望的距离，因此 $d_{\text{travel}} = d_{\text{RU}} + d_{\text{RD}}$。给定期望的行进距离以及上升和下降加速度，可以求解相应的 v_{peak}：

$$v_{\text{peak}} = \sqrt{2 d_{\text{trave}} \, a_{\text{RD}} a_{\text{RU}} / (a_{\text{RD}} + a_{\text{RU}})} \tag{9.1}$$

对于 $a_{\text{RD}} = a_{\text{RU}} = a_{\text{ramp}}$ 的常见情况，这简化为 $v_{\text{peak}} = \sqrt{d_{\text{travel}} a_{\text{ramp}}}$。给定 v_{peak}，斜升和斜降时间是 $\Delta t_{\text{RU}} = v_{\text{peak}}/a_{\text{RU}}$ 和 $\Delta t_{\text{RD}} = v_{\text{peak}}/a_{\text{RD}}$。总移动时间是 $\Delta t_{\text{move}} = \Delta t_{\text{RU}} + \Delta t_{\text{RD}}$。

对于短移动情况（即三角形速度分布情况），从时间 t_0 开始作为时间函数覆盖的相应距离是：

$$d(t) = \begin{cases} \frac{1}{2} a_{\text{RU}} (t - t_0)^2 & \text{对于 } 0 \leq t - t_0 \leq \Delta t_{\text{RU}} \\ d_{\text{travel}} - \frac{1}{2} |a_{\text{RD}}| (\Delta t_{\text{move}} - (t - t_0))^2 & \text{对于 } t_{\text{RU}} \leq t - t_0 \leq \Delta t_{\text{move}} \end{cases} \tag{9.2}$$

对于长移动情况，$d_{\text{travel}} > d_{\text{RUmax}} + d_{\text{RDmax}}$，速度曲线将是由三阶段组成的梯形。第一阶段是速度上升，在此期间加速度将在 a_{RU} 处恒定。速度将上升到 v_{cruise}（可以设置 $v_{\text{speed Limit}}$，或者设置为更保守的值）。该阶段将在加速时间 $\Delta t_{\text{RU}} = v_{\text{cruise}}/a_{\text{RU}}$ 内覆盖一段距离 d_{RUmax}。在第二阶段，速度将保持恒定在 v_{cruise}。该阶段将在时间 $\Delta t_{\text{cruise}} = d_{\text{cruise}}/v_{\text{cruise}}$ 内覆盖距离 $d_{\text{cruise}} = d_{\text{travel}} - d_{\text{RUmax}} - d_{\text{RDmax}}$。第三阶段将是速度减速，其将在时间 $\Delta t_{\text{RD}} = v_{\text{cruise}}/a_{\text{RD}}$ 内覆盖距 d_{RDmax}。总移动时间为 $t_{\text{move}} = \Delta t_{\text{RU}} + \Delta t_{\text{cruise}} + \Delta t_{\text{RD}}$。

对于梯形速度分布情况，从时间 t_0 开始，作为时间函数覆盖的相应距离是：

$$d(t) = \begin{cases} \frac{1}{2} a_{\text{RU}} (t - t_0)^2 & \text{对于 } 0 \leq t - t_0 \leq \Delta t_{\text{RU}} \\ d_{\text{RUmax}} + v_{\text{cruise}} (t - \Delta t_{\text{RU}}) & \text{对于 } \Delta t_{\text{RU}} \leq t - t_0 < \Delta t_{\text{RU}} + \Delta t_{\text{cruise}} \\ d_{\text{travel}} - \frac{1}{2} |a_{\text{RD}}| (\Delta t_{\text{move}} - (t - t_0))^2 & \text{对于 } \Delta t_{\text{RU}} + \Delta t_{\text{cruise}} \leq t - t_0 \leq \Delta t_{\text{move}} \end{cases} \tag{9.3}$$

用于从路径段生成可行轨迹的这些等式的实现在下面描述的示例软件中示出。

9.1.2　轨迹构建器库

包 traj_builder（在 learning_ros 软件库的 Part_4 中）包含一个库，它定义用于构造三角形和梯形速度分布的类。代码很长，因此这里没有详细说明。

traj_builder 库的类定义位于 traj_builder.h 中。航向包括最大角度和线性加速度的默认值（假设斜升和斜降相同）、最大角速度和线速度，以及要构建的轨迹的时间步长分辨率。还定义了默认的最小距离路径段容差。忽略短于此公差的折线线段，在这种情况下，轨迹仅定义到期望航向的重新定向。所有这些参数都可以通过头文件中内联定义的相应设置函数进行更改。

几个效用函数被定义为成员函数。函数 min_dang(psi) 评估期望 δ 角的周期性替代，并返回最小幅度的选项。函数 sat(x) 返回 x 的饱和值，在 +1 或 −1 处饱和。函数 sgn(x) 返回 x（+1、−1 或 0）的符号。从四元数到航向的转换由函数 convertPlanarQuat2Psi() 执行，反向转换由 convertPlanarPsi2Quaternion() 计算。函数 xyPsi2PoseStamped(x, y, psi) 接受在平面内定义的位姿（由坐标 x 和 y 以及航向 ψ 描述）并返回填充有相应 6 维分量的 geometry_msgs::PoseStamped 对象。剩余的成员函数执行计算以将路径段转换成相应的轨迹。

traj_builder 库中的主要功能是 build_point_and_go_traj()。代码清单 9.3 中提供了此函数的内容。

代码清单 9.3　将路径段转换为轨迹的顶级函数（来自 traj_builder.cpp）

```
1   void TrajBuilder::build_point_and_go_traj(geometry_msgs::PoseStamped start_pose,
2           geometry_msgs::PoseStamped end_pose,
3           std::vector<nav_msgs::Odometry> &vec_of_states) {
4       ROS_INFO("building point-and-go trajectory");
5       nav_msgs::Odometry bridge_state;
6       geometry_msgs::PoseStamped bridge_pose; //bridge end of prev traj to start of new ←
            traj
7       vec_of_states.clear(); //get ready to build a new trajectory of desired states
8       ROS_INFO("building rotational trajectory");
9       double x_start = start_pose.pose.position.x;
10      double y_start = start_pose.pose.position.y;
11      double x_end = end_pose.pose.position.x;
12      double y_end = end_pose.pose.position.y;
13      double dx = x_end - x_start;
14      double dy = y_end - y_start;
15      double des_psi = atan2(dy, dx); //heading to point towards goal pose
16      ROS_INFO("desired heading to subgoal = %f", des_psi);
17      //bridge pose: state of robot with start_x, start_y, but pointing at next subgoal
18      // achieve this pose with a spin move before proceeding to subgoal with ←
            translational
19      // motion
20      bridge_pose = start_pose;
21      bridge_pose.pose.orientation = convertPlanarPsi2Quaternion(des_psi);
22      ROS_INFO("building reorientation trajectory");
23      build_spin_traj(start_pose, bridge_pose, vec_of_states); //build trajectory to ←
            reorient
24      //start next segment where previous segment left off
25      ROS_INFO("building translational trajectory");
26      build_travel_traj(bridge_pose, end_pose, vec_of_states);
27  }
```

此函数一次构造一个路径段的轨迹，这对折线路径很有用。它接收的参数有：一个起始位姿、一个目标位姿和一个对 nav_msgs::Odom 对象向量的引用，它将填充一系列状态，这些状态对应于从开始到目标的平滑且可执行的轨迹。此函数构建执行以下操作的轨迹：

- 查找从开始到目标坐标的航向

- 计算原地旋转轨迹以将机器人指向目标位姿
- 计算向前运动轨迹以直线移动，停在目标位姿的原点

计算出的轨迹存储在 Odometry 对象的向量中，在每个时间步长 dt_ 上采样（默认设置为 20ms，但可通过函数 set_dt(double dt) 更改）。每个 Odometry 对象都包含与增量子目标对应的状态描述。基于平面运动的 x、y 和方向 ψ 值来填充位姿分量。扭矩分量由相应的前进速度和旋转速度填充。对于折线路径，期望状态的序列在静止时开始并在静止时结束，首先执行重定向，然后是直线运动。无论是旋转还是平移，计算出的轨迹都对应于三角形速度分布或梯形速度分布，具体取决于移动距离以及加速度和速度限制参数。

对于初始的原地旋转行为，机器人必须重新定向以指向目标位姿的原点。通常，这意味着将忽略目标位姿的方向。但是，如果开始和目标位姿具有几乎相同的 (x, y) 值（由参数 path_move_tol_ 确定），则目标位姿被解释为包含期望的目标航向，并且仅计算重新定向（无平移）。因此，如果想要前往一个位姿并且到达指定的坐标和指定的方向，则可以将最后的位姿值重复作为附加的子目标，并且这将产生计算的轨迹，其结束时重新定向到期望的最终位姿。

在代码清单 9.3 中，最初清除了要计算的状态向量（7 行）。9～15 行计算从起始位姿的原点指向目标位姿原点所期望的航向。这个航向 des_psi 成为轨迹初始部分的目标——一个原地旋转动作。对于该重定向移动，通过复制起始位姿的 (x, y) 坐标但将过渡桥姿航向改为指向目标坐标来构造桥姿（中间目标位姿）。21 行通过将 bridge_pose 的方向设置为与计算出的期望航向 des_psi 相对应的四元数来实现此目的。

在 23 行，使用起始位姿、桥姿和对期望状态向量的引用的参数调用函数 build_spin_traj()。该函数计算具有斜升、可能的恒定速度和角速度斜降的剖面轨迹，其与航向 des_psi 的静止结束一致。

在 26 行，使用参数调用函数 build_travel_traj() 以指定从桥姿开始并终止于目标位姿的 (x, y) 坐标，以及对期望状态的部分构造向量的引用。build_travel_traj() 函数将附加状态附加到此向量，以指定对应于从初始 (x, y) 坐标到目标 (x, y) 坐标的直线运动的三角形或梯形速度分布。综上所述，机器人最终朝向不一定与目标位姿的方向一致。为了强制重新定向到指定的位姿，目标位姿应该作为目标而重复，从而产生没有平移运动的原地旋转运动。

函数 build_spin_traj() 和 build_travel_traj() 计算与开始和目标位姿的参数相对应的移动距离，这些函数将调用适当的辅助函数来构建三角形或梯形轨迹。这 4 个函数之一是 build_triangular_travel_traj()，如代码清单 9.4 所示。

代码清单 9.4　用于计算直线路径的三角形速度分布轨迹的低级函数（来自 traj_builder.cpp）

```
1  // constructs straight-line trajectory with triangular velocity profile,
2  // respective limits of velocity and accel
3  void TrajBuilder::build_triangular_travel_traj(geometry_msgs::PoseStamped start_pose,
4          geometry_msgs::PoseStamped end_pose,
```

```cpp
                std::vector<nav_msgs::Odometry> &vec_of_states) {
    double x_start = start_pose.pose.position.x;
    double y_start = start_pose.pose.position.y;
    double x_end = end_pose.pose.position.x;
    double y_end = end_pose.pose.position.y;
    double dx = x_end - x_start;
    double dy = y_end - y_start;
    double psi_des = atan2(dy, dx);
    nav_msgs::Odometry des_state;
    des_state.header = start_pose.header; //really, want to copy the frame_id
    des_state.pose.pose = start_pose.pose; //start from here
    des_state.twist.twist = halt_twist_; // insist on starting from rest
    double trip_len = sqrt(dx * dx + dy * dy);
    double t_ramp = sqrt(trip_len / accel_max_);
    int npts_ramp = round(t_ramp / dt_);
    double v_peak = accel_max_*t_ramp; // could consider special cases for reverse
        motion
    double d_vel = alpha_max_*dt_; // incremental velocity changes for ramp-up

    double x_des = x_start; //start from here
    double y_des = y_start;
    double speed_des = 0.0;
    des_state.twist.twist.angular.z = 0.0; //omega_des; will not change
    des_state.pose.pose.orientation = convertPlanarPsi2Quaternion(psi_des); //constant
    // orientation of des_state will not change; only position and twist
    double t = 0.0;
    //ramp up;
    for (int i = 0; i < npts_ramp; i++) {
        t += dt_;
        speed_des = accel_max_*t;
        des_state.twist.twist.linear.x = speed_des; //update speed
        //update positions
        x_des = x_start + 0.5 * accel_max_ * t * t * cos(psi_des);
        y_des = y_start + 0.5 * accel_max_ * t * t * sin(psi_des);
        des_state.pose.pose.position.x = x_des;
        des_state.pose.pose.position.y = y_des;
        vec_of_states.push_back(des_state);
    }
    //ramp down:
    for (int i = 0; i < npts_ramp; i++) {
        speed_des -= accel_max_*dt_; //Euler one-step integration
        des_state.twist.twist.linear.x = speed_des;
        x_des += speed_des * dt_ * cos(psi_des); //Euler one-step integration
        y_des += speed_des * dt_ * sin(psi_des); //Euler one-step integration
        des_state.pose.pose.position.x = x_des;
        des_state.pose.pose.position.y = y_des;
        vec_of_states.push_back(des_state);
    }
    //make sure the last state is precisely where requested, and at rest:
    des_state.pose.pose = end_pose.pose;
    //but final orientation will follow from point-and-go direction
    des_state.pose.pose.orientation = convertPlanarPsi2Quaternion(psi_des);
    des_state.twist.twist = halt_twist_; // insist on starting from rest
    vec_of_states.push_back(des_state);
}
```

函数 build_triangular_travel_traj() 有 3 个参数：开始位姿、结束位姿和对期望状态向量的引用。此功能假定机器人已经从开始位姿指向目标位姿。6～12 行从开始和结束位姿中提取 (x, y) 坐标，并计算从开始到结束位姿的方向角 psi_des。实例化 nav_msgs::Odometry 的对象，称为 des_state，并且其头部填充有起始位姿头的副本（15 行）。首先，这个值是保留输入位姿的 frame_id。在 16 行，在 des_state 中将扭曲的所有分量设置为零。在构建轨迹时，只会改变 x 速度的值，所有其他 5 个组件将保持为 0。

在 17 行和 18 行上计算行程长度（以 m 为单位）和加速时间（以 s 为单位）。轨迹将被计算为状态样本序列。在 19 行上计算加速阶段的样本数。在 20 行上计算将在三角轨迹中实现的峰值速度。

机器人的初始状态由起始位姿的 (x,y) 坐标、期望航向、des_psi 和初始速度 0（23～27 行）规定。计算斜升轨迹的循环在 31 行开始。在 33～39 行中，对应于时间 t（在循环的每次迭代中增加 dt_）更新期望状态。更新与 9.1.1 节中介绍的公式一致。这些更新填充在 des_state 中（38 行和 39 行），每个这样的状态都附加到可变长度数组 vec_of_states（40 行）。

43～51 行重复状态样本的计算，但是对于减速阶段，不使用该循环中的分析表达式，而是使用数值积分（44 行，46 行和 47 行）执行替代计算，避免数值积分导致舍入误差，所以轨迹的最终状态被强制以匹配期望的目标坐标（53～57 行）。

当此函数返回时，状态向量将包含新计算的轨迹，附加到向量最初包含的内容上。如果要清除此向量以开始计算新轨迹，则必须由调用 build_triangular_travel_traj() 的父函数清除该向量。（所有 4 个低级轨迹构建器函数都是如此。）

函数 build_triangular_spin_traj() 实际上与 build_triangular_travel_traj() 相同。三角形旋转轨迹构建器逐渐增加角速度，然后再次减速。一个重要的区别是必须考虑旋转方向的符号，这可能是正的或负的。因此，斜升可以包括斜坡到更负的角速度。可以增加平移轨迹构建器功能以考虑负运动，这对于执行备份（反向）运动是必要的。

函数 build_trapezoidal_travel_traj() 和 build_trapezoidal_spin_traj() 执行等效逻辑，但适用于包括以恒定速度行进的中间阶段的长移动。这些函数的行为类似，将起始位姿、结束位姿和引用的参数与状态向量相关联，并在状态向量中返回计算出的轨迹。

还声明了一个函数 build_braking_traj()。但是，它的实现是空的。该功能的目的是提供用于优雅停止的轨迹的计算（具有期望减速度的减速轨迹）。这样的轨迹对于机器人执行意外制动是有价值的，例如，由于地图错误或意外障碍（例如碎片或行人）。在紧急情况下即时计划停止轨迹似乎是不必要的延迟。然而，这种规划在普通计算机上仅需要大约 1ms 来计算，因此这没有显著的延迟。该功能的实现留作练习。

轨迹构建器库的使用说明由 traj_builder 包中的节点 traj_builder_example_main 提供。此节点硬编码开始和目标位姿，它从开始到目标迭代计算轨迹，然后再从目标到开始。每个计算出的轨迹按顺序每 20ms 发布到主题 desState。通过运行此功能，可以使用 rqt_plot 绘制期望的状态值。示例结果如图 9.1 所示，其中起始坐标为 (0, 0)，目标坐标为 (2, -4)。将速度限制设置为大值以产生三角形速度分布。三角形速度分布从图 9.1 可以看出，角度（蓝色）和平移（棕色）速度交替地上下三角形地上升。相应的航向（品红色）、x 位置（绿色）和 y 位置（橙色）在目标值之间平滑过渡，作为具有拐点的混合样方。第二个例子，如图 9.2 所示，指定了 (0, 0) 的起始坐标和 (2, -4) 的目标坐标，速度限制为 1.0m/s 和 1.0rad/s。如所预期的，得到的角度（蓝色）和平移（品红色）速度具有梯形轮廓。相应的 x、y 和 ψ 值是平滑的，达到预期目标，并满足加速度和速度约束。

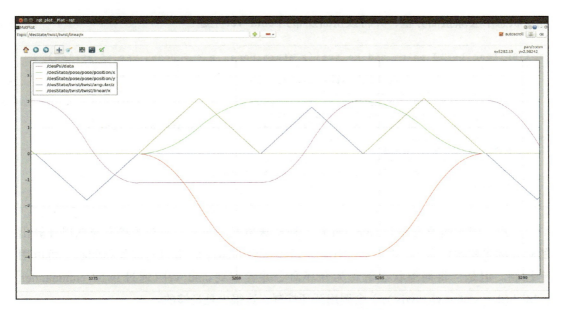

图 9.1　计算的三角形速度分布轨迹的示例

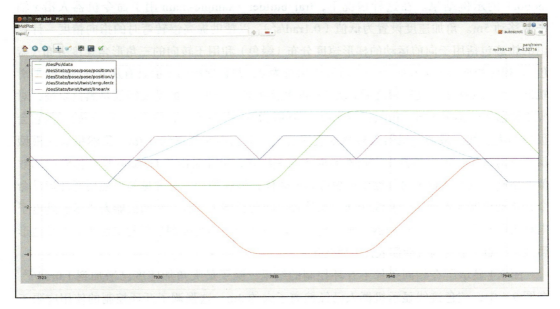

图 9.2　计算的梯形速度分布轨迹的示例

9.1.3　开环控制

使用计算轨迹的简单方法是开环控制。要使用它，只需通过 cmd_vel 主题将速度和旋转速率的扭曲值从每个期望状态复制到移动机器人的命令运动。cmd_vel 开环控制从 traj_builder_example_main 开始，以下行构建轨迹，逐步遍历轨迹（以 20ms 为间隔），从每个期望状态中去除扭曲分量，并将该扭曲发布到 cmd_vel 主题：

```
trajBuilder.build_point_and_go_traj(g_start_pose, g_end_pose, vec_of_states);
ROS_INFO("publishing desired states and open-loop cmd_vel");
for (int i = 0; i < vec_of_states.size(); i++) {
    des_state = vec_of_states[i];
    des_state.header.stamp = ros::Time::now();
    des_state_publisher.publish(des_state);
    des_psi = trajBuilder.convertPlanarQuat2Psi(des_state.pose.pose.
        orientation);
    psi_msg.data = des_psi;
    des_psi_publisher.publish(psi_msg);
    twist_commander.publish(des_state.twist.twist); //FOR OPEN-LOOP CTL ONLY!
    looprate.sleep(); //sleep for defined sample period, then do loop again
}
```

注意，将扭曲值发布到 cmd_vel 是一种特殊情况。通常，期望的状态应该以计算出的轨迹的采样率发布（如在上面的代码片段中所做的那样），并且这些发布的状态可以用于控制。但是，将期望状态解释为开环命令并发布到 cmd_vel（通过 twist_commander.publish(des_state.twist.twist);）会调用开环控制，这很少是足够的。

图 9.3 显示了使用 open-loop 命令控制我们的模型移动机器人（model mobile robot, mobot）的示例结果。在这种情况下，traj_builder_example-main 用于命令机器人沿 x 轴来回移动 5m。角加速度设置为低值（$0.1rad/s^2$），以帮助提高慢转弯时的指向精度。计算出的轨迹包括用于向前运动的梯形速度分布（绿色）和用于转向的三角形角速度分布（蓝色）。相应的期望 y 值在整个期望轨迹中保持为 0，并且期望的 x 值具有从 0～5m 的平滑轨迹，然后（在 180 度转弯之后）从 5m 再次返回到 0。图 9.3 的重要特征是黑色轨迹，对应于机器人的实际 x 值。虽然机器人以完美的初始条件（$x=0, y=0, \psi=0$）开始，但它会很快偏离航线。最初，机器人被命令直线前进，但它向左漂移约 0.8m。虽然机器人模型没有不对称性，但在仿真中它仍然倾向于向左漂移，可能是由于 Gazebo 物理仿真中的数值不精确。虽然这种不对称性没有被有意地建模，但这种行为是常见的。使用开环运动命令，移动机器人不会完全直线转向。漂移程度将随机器人属性（例如机器人技术、其电子电动机驱动器、其速度控制器、驱动轮的不均匀磨损和不受控制的脚轮的影响）以及地形属性（例如，不规则或滑溜表面）而变化。

图 9.4 显示了在相同条件下开环控制的结果，除了最大角加速度已增加到 $1.0rad/s^2$。在图 9.4 中，蓝色迹线显示机器人已经偏离了大约 3m。这强调了开环控制的使用应限于短行程距离和低加速度，除非允许大的路径偏差（例如用于随机探测）。

9.1.4 发布期望状态

示例节点 traj_builder_example_main 说明了 traj_builder 库的使用并以固定速率发布期望状态。然而，这个例子是限制性的，因为目标位姿是硬编码的。此外，没有规定响应传感器或紧急停止（E-stop）命令。

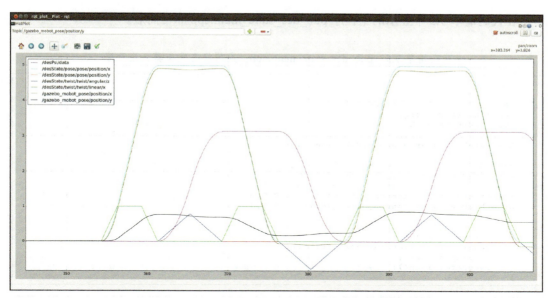

图 9.3 mobot 的开环控制示例，预期的运动沿着 x 轴

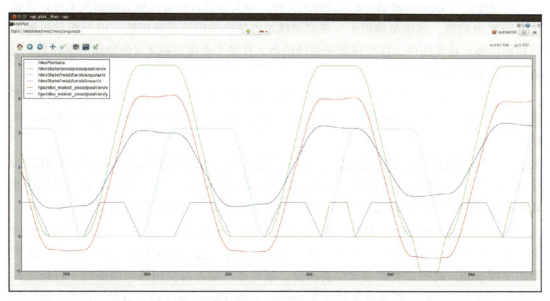

图 9.4 使用更大角加速度限制的 mobot 开环控制示例，预期的运动沿着 x 轴

用于发布期望状态的更灵活的节点包含在 mobot_pub_des_state 包中。该软件包包含 DesStatePublisher 的类定义，该文件在头文件 pub_des_state.h 中描述，并在文件 pub_des_state.cpp 中实现。在此示例中，DesStatePublisher 不是库（虽然可能是）。相反，CMakeLists.txt 文件，用以下指令将 pub_des_state.cpp 与 pub_des_state_main.cpp 一起编译为模块：

```
cs_add_executable(mobot_pub_des_state src/pub_des_state_main.↵
    cpp src/pub_des_state.cpp)
```

在代码清单 9.5 中显示的主程序 pub_des_state_main.cpp 非常简短。

代码清单 9.5　pub_des_state_main.cpp：期望状态发布器，主程序

```
1   #include "pub_des_state.h"
2
3   int main(int argc, char **argv) {
4       ros::init(argc, argv, "des_state_publisher");
5       ros::NodeHandle nh;
6       //instantiate a desired-state publisher object
7       DesStatePublisher desStatePublisher(nh);
8       //dt is set in header file pub_des_state.h
9       ros::Rate looprate(1 / dt); //timer for fixed publication rate
10      desStatePublisher.set_init_pose(0,0,0); //x=0, y=0, psi=0
11      //put some points in the path queue--hard coded here
12      desStatePublisher.append_path_queue(5.0,0.0,0.0);
13      desStatePublisher.append_path_queue(0.0,0.0,0.0);
14
15      // main loop; publish a desired state every iteration
16      while (ros::ok()) {
17          desStatePublisher.pub_next_state();
18          ros::spinOnce();
19          looprate.sleep(); //sleep for defined sample period, then do loop again
20      }
21  }
```

此程序包含 DesStatePublisher 类的头文件，该文件包含所有其他必需的头文件。该航向还设置 dt 的值，该值是将用于生成期望状态的轨迹数组的采样周期。10 行设置机器人的初始位姿。在实践中，这应该基于估计机器人在某个参考坐标系（例如地图坐标系）中的初始位姿的传感器。

12 行和 13 行显示了如何将目标位姿附加到路径队列。函数 append_path_queue() 在实践中很少使用。相反，应通过 append_path_queue_service 的服务客户端将点添加到路径队列中。

16～20 行包括该节点的主循环。在每次迭代时，都会调用 desStatePublisher 对象的成员方法 pub_next_state()，这会导致此对象在其状态机中前进一步。通常，这会导致从计算轨迹访问下一个状态并将此状态发布到主题 /desState，但可以调用其他几个行为。

DesStatePublisher 类的对象有 4 个服务。append_path_queue_service 需要一个服务请求消息，如 mobot_pub_des_state 包中所定义。此服务消息 path.srv 包含 nav_msgs/Path 类型的字段 path。此消息类型包含位姿向量。服务客户端可以使用任何期望的子目标序列填充此位姿向量，然后将其发送到服务 append_path_queue_service，以将列出的点添加到当前路径队列的末尾。执行此操作的示例程序是 pub_des_state_path_client.cpp。此节点创建 append_path_queue_service 的客户端，定义 5 个标记的位姿，将它们一次一个地附加到 nav_msgs/Path 消息中的位姿向量，然后将此消息作为请求发送到追加路径服务。

在 mobot_pub_des_state 节点运行时，调用 pub_des_state_path_client 会向期望状态发布器发送 5 个标记的位姿，这将这些位姿作为新子目标添加到子目标的 C++queue 对象中。示例结果如图 9.5 所示。从 $(x, y) = (0, 0)$ 开始并且方向 $\psi = 0$，期望的 x 速度具有梯形分布（品红色轨迹），从而产生从 0 到 5m（青色轨迹）前进的 x 值的平滑轨迹。一旦

达到该位置目标，期望状态对应通过三角形角速度分布（蓝色迹线）的重新定向，导致航向从 0 变为 $\pi/2$（绿色轨迹）。在该航向处，使用梯形速度分布将期望的 y 坐标平滑地增加到 5m。达到此子目标后，航向平稳地变为 π。下一次前进将期望状态带到 $(x, y) = (0, 5)$。然后平滑运动到 $(x, y) = (0, 0)$，然后重新定向到 $\psi = 0$。这显示了期望状态发布器如何通过符合动态限制的平滑轨迹接收位姿子目标并对其进行排序。

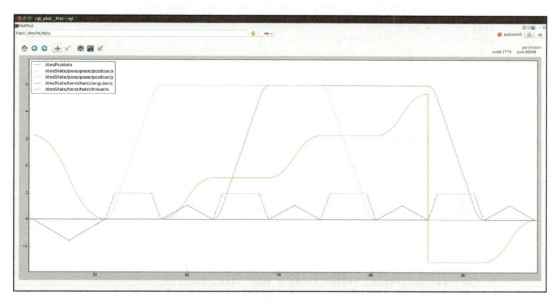

图 9.5　5m × 5m 方形路径的轨迹生成器

当期望状态发布器中的路径队列为空时，期望状态发布器继续发布最后发送的命令（应该是零扭曲命令）。通过在队列中添加新的子目标（位姿），DesStatePublisher 对象将使用 traj_builder 库将每个新位姿作为折线中的顶点处理。虽然这种行为很方便，但还需要一些额外的功能。

一个重要的补充是响应紧急停止信号的能力。为此提供了一项服务：estop_service。可以向 estop_service 发送一个触发器（消息类型为 std_srvs::Trigger），该服务将调用一个急停。紧急停止逻辑可能很复杂，因为需要内存，所以在启动急停时，期望状态节点应计算可行的减速曲线；发布该轨迹的状态至完成；然后保持最终状态，直到急停复位。对于急停复位，期望状态发布器应该计划从暂停状态到下一个未获得的子目标的轨迹，再调用此恢复轨迹的发布。

另一个重要功能是清除当前路径队列的能力。如果机器人停止，例如，由于急停，通常情况下原始计划不再有效。在指定新的子目标之前，可能需要刷新路径队列中的子目标。服务 flush_path-queue-service 接受一个触发器（消息类型 std_srvs::Trigger），该触发器将清除当前路径队列。

DesStatePublisher 类的主要功能是 pub_next_state()，其内容如代码清单 9.6 所示（从

pub_des_state.cpp 中提取）。

代码清单 9.6　来自 pub_des_state.cpp 的关键函数 pub_next_state()

```cpp
void DesStatePublisher::pub_next_state() {
    // first test if an e-stop has been triggered
    if (e_stop_trigger_) {
        e_stop_trigger_ = false; //reset trigger
        //compute a halt trajectory
        trajBuilder_.build_braking_traj(current_pose_, des_state_vec_);
        motion_mode_ = HALTING;
        traj_pt_i_ = 0;
        npts_traj_ = des_state_vec_.size();
    }
    //or if an e-stop has been cleared
    if (e_stop_reset_) {
        e_stop_reset_ = false; //reset trigger
        if (motion_mode_ != E_STOPPED) {
            ROS_WARN("e-stop reset while not in e-stop mode");
        }
        //OK...want to resume motion from e-stopped mode;
        else {
            motion_mode_ = DONE_W_SUBGOAL; //this will pick up where left off
        }
    }

    //state machine; results in publishing a new desired state
    switch (motion_mode_) {
        case E_STOPPED: //this state must be reset by a service
            desired_state_publisher_.publish(halt_state_);
            break;

        case HALTING: //e-stop service callback sets this mode
            //if need to brake from e-stop, service will have computed
            // new des_state_vec_, set indices and set motion mode;
            current_des_state_ = des_state_vec_[traj_pt_i_];
            current_des_state_.header.stamp = ros::Time::now();
            desired_state_publisher_.publish(current_des_state_);
            current_pose_.pose = current_des_state_.pose.pose;
            current_pose_.header = current_des_state_.header;
            des_psi_ = trajBuilder_.convertPlanarQuat2Psi(current_pose_.pose.
                orientation);
            float_msg_.data = des_psi_;
            des_psi_publisher_.publish(float_msg_);

            traj_pt_i_++;
            //segue from braking to halted e-stop state;
            if (traj_pt_i_ >= npts_traj_) { //here if completed all pts of braking
                traj
                halt_state_ = des_state_vec_.back(); //last point of halting traj
                // make sure it has 0 twist
                halt_state_.twist.twist = halt_twist_;
                seg_end_state_ = halt_state_;
                current_des_state_ = seg_end_state_;
                motion_mode_ = E_STOPPED; //change state to remain halted
            }
            break;

        case PURSUING_SUBGOAL: //if have remaining pts in computed traj, send them
            //extract the i'th point of our plan:
            current_des_state_ = des_state_vec_[traj_pt_i_];
            current_pose_.pose = current_des_state_.pose.pose;
            current_des_state_.header.stamp = ros::Time::now();
            desired_state_publisher_.publish(current_des_state_);
            //next three lines just for convenience--convert to heading and publish
            // for rqt_plot visualization
            des_psi_ = trajBuilder_.convertPlanarQuat2Psi(current_pose_.pose.
                orientation);
            float_msg_.data = des_psi_;
            des_psi_publisher_.publish(float_msg_);
            traj_pt_i_++; // increment counter to prep for next point of plan
            //check if we have clocked out all of our planned states:
            if (traj_pt_i_ >= npts_traj_) {
                motion_mode_ = DONE_W_SUBGOAL; //if so, indicate we are done
```

```
68                    seg_end_state_ = des_state_vec_.back(); // last state of traj
69                    path_queue_.pop(); // done w/ this subgoal; remove from the queue
70                    ROS_INFO("reached a subgoal: x = %f, y= %f",current_pose_.pose.
                          position.x,
71                            current_pose_.pose.position.y);
72                }
73                break;
74
75            case DONE_W_SUBGOAL: //suspended, pending a new subgoal
76                //see if there is another subgoal is in queue; if so, use
77                //it to compute a new trajectory and change motion mode
78
79                if (!path_queue_.empty()) {
80                    int n_path_pts = path_queue_.size();
81                    ROS_INFO("%d points in path queue",n_path_pts);
82                    start_pose_ = current_pose_;
83                    end_pose_ = path_queue_.front();
84                    trajBuilder_.build_point_and_go_traj(start_pose_, end_pose_,
                          des_state_vec_);
85                    traj_pt_i_ = 0;
86                    npts_traj_ = des_state_vec_.size();
87                    motion_mode_ = PURSUING_SUBGOAL; // got a new plan; change mode to
                          pursue it
88                    ROS_INFO("computed new trajectory to pursue");
89                } else { //no new goal? stay halted in this mode
90                    // by simply reiterating the last state sent (should have zero vel)
91                    desired_state_publisher_.publish(seg_end_state_);
92                }
93                break;
94
95            default: //this should not happen
96                ROS_WARN("motion mode not recognized!");
97                desired_state_publisher_.publish(current_des_state_);
98                break;
99        }
```

pub_next_state() 的状态机逻辑是基于将 motion_mode_ 成员变量设置为以下状态之一：E_STOPPED、DONE_W_SUBGOAL、PURSUING_SUBGOAL 或 HALTING。该状态机逻辑的图示如图 9.6 所示。状态转换的可能性如下。

如果收到急停触发器（通过服务 estop_service），则标志 e_stop_trigger_ 设置为 true。结果，pub_next_state() 的 3～10 行重置了急停触发器；使用轨迹构建者对象计算制动轨迹并将此轨迹放入 des_state_vec_；将 motion_mode_ 设置为 HALTING；将成员变量 npts_traj_ 设置为制动轨迹中的状态数；并将状态索引 traj_pt_i_ 初始化为 0，状态机将处于 HALTING 模式，准备执行计划的制动。

触发急停的补充是从急停中恢复。通过 clear_estop_service 清除急停，它将 e_stop_reset_ 的值设置为 true。12～21 行处理这种情况。重置 e_stop_reset_ 触发器，并将运动模式设置为 DONE_W_SUBGOAL。这种状态改变的效果是 pub_next_state() 函数会将这种情况视为机器人已经停止，因为它已超出目标。随后，如果队列中至少有一个目标，则将根据 DONE_W_SUBGOAL 逻辑处理它。请注意，急停不会从队列中删除当前子目标，因此重新设置急停可以恢复计划以达到此未获得的位姿。但是，也可能是在急停条件期间 flush_path_queue_service 已清空队列（如果更高级别的代码发现这是合适的），在这种情况下，最近的子目标将被遗忘。

在检查重置触发器的状态后，pub_next_state() 进入 switch-case 块以处理各种运动模式情况。

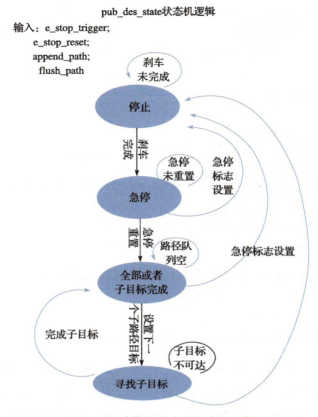

图 9.6 发布期望状态的状态机逻辑

急停复位行为情况（运动模式状态）HALTING（29～51 行）提供了将速度降低到停止的逻辑。通过将索引 traj_pt_i_ 用于数组（向量）des_state_vec_ 来更新成员变量 current_des_state_ 和 current_pose_。请注意，由于急停触发器，将计算此向量中的轨迹以进行制动。提取的期望状态发布到 /desState。此外，出于调试和可视化的目的，37～39 行计算期望的标量航向并将其发布到主题 desPsi。然后递增并测试进入期望状态向量的索引。当该索引达到期望状态向量中的最后一个值时，43～50 行将 current_des_state_ 设置为制动轨迹中的最后一个状态（用于急停恢复），设置等效的 halt_state_（零扭转），并设置运动模式为 E_STOPPED。

对于 E_STOPPED 情况，重复发布 halt_state_。E_STOPPED 模式不会使状态机前进。这是终端状态，直到或除非接收到急停复位条件（这导致运动模式变为 DONE_W_SUBGOAL）。

PURSUING_SUBGOAL 情况类似于 HALTING。此模式逐步执行 des_state_vec_ 中的状态，将它们发布到 desState 主题，更新 current_des_state_，计算和发布标量航向，以及将索引增加到 current_des_state_（53～64 行）。当达到计划中的最后一个点时，66～71 行执行以下操作。运动模式更改为 DONE_W_SUBGOAL，命令的最后一个状态保存在 seg_end_state_ 中，并且从路径队列中删除（弹出）当前（已实现）子目标。

最后，运动模式状态 DONE_W_SUBGOAL 准备用于实现下一个子目标的计划（75～93 行）。如果路径队列中至少有一个子目标（79 行），则使用轨迹构建器库（82～84 行）计算新的轨迹计划，并将轨迹索引重置为零，设置计划中的轨迹点数量，运动模式更改为 PURSUING_SUBGOAL 以执行计划。

如果路径队列中没有点，则 DONE_W_SUBGOAL 将重新发布先前实现的子目标的结束状态。（这在 DesStatePublisher 的构造函数中初始化为开始状态。）

此代码提供了一组最小的功能，用于执行计划和响应意外情况。高级代码可以构建智能计划并在适当时调用暂停（例如，基于潜在碰撞或不安全地形的感觉）。目前，此代码仅限于折线路径。一个有用的扩展是处理弯曲或样条曲线路径，以实现更优雅和更有效的导航。

另一个节点 open_loop_controller 从期望状态的发布中调用开环控制。此节点只是订阅 desState 主题，剥离扭曲术语，然后重新发布到 cmd_vel。

这些节点可以如下运行。首先，用以下内容启动 Gazebo：

```
roslaunch gazebo_ros empty_world.launch
```

将移动机器人模型加载到参数服务器上，并使用以下内容生成 Gazebo：

```
roslaunch mobot_urdf mobot.launch
```

启动开环控制器：

```
rosrun mobot_pub_des_state open_loop_controller
```

启动期望的发布器：

```
rosrun mobot_pub_des_state mobot_pub_des_state
```

通过客户端节点发送路径请求（在这种情况下为方形路径）：

```
rosrun mobot_pub_des_state pub_des_state_path_client
```

除了运行指定路径之外，还可以调用以下服务：
- rosservice call estop_service
- rosservice call clear_estop_service

但要注意，急停行为并不完全正常，因为 TrajBuilder 中的制动轨迹功能没有实现（留作读者练习）。

此处提供的代码可用于开环控制以执行规定的路径。但是，开环控制很少是足够的。通常，机器人必须精确地导航，例如，穿过门口，与充电器对接，或在位姿公差范围内接近工作站，或留在高速公路上的车道内。开环控制仅使用扭曲命令，并且不会在每个期望状态内引用位姿。为了利用期望状态的位姿分量，机器人需要知道其在空间中的实际位姿。通过将实际位姿与期望位姿进行比较，转向算法可以提高导航精度。接下来介绍状态估计的主题。

9.2 机器人状态估计

开环控制的使用导致移动机器人偏离预期路径，其随着行进距离而累积。因此，开环控制不适合于行进相当大的距离或者当路径跟踪有要求的公差时（例如，通过狭窄的门口导航）。为了更精确和可靠的路径跟踪，使用需要参考期望状态和估计的系统实际状态的反馈转向算法。本节介绍状态估计，从简单的里程计开始，并扩展到 GPS 和 LIDAR 的使用。

9.2.1 从 Gazebo 获得模型状态

仅用于开发和分析目的，从 Gazebo 获取模型状态可能很有用。但是，应该小心，不要依赖此信息来将代码部署到真实的机器人上。Gazebo 具有无所不知的系统状态意识，因为它可以计算这些状态。然而，在物理系统上，与世界相关的状态是未知的。通常需要相当大的努力来估计世界上的系统状态。

为了评估系统性能，可以参考 Gazebo 发布的系统状态并使用此信息来计算估计的系统状态和实际系统状态之间的差异（由 Gazebo 计算）。可以使用 Gazebo 发布的模型状态来开发转向算法，尽管算法能够容忍状态估计器的非理想性是很重要的。Gazebo 的理想系统状态也可以进行采样、修改和重新发布，以模拟真实的绝对传感器，例如全球定位系统。通过向 Gazebo 状态添加适当水平的噪声，可以创建一个虚拟传感器，用于开发定位算法。

开始我们的 mobot 仿真：

```
roslaunch gazebo_ros empty_world.launch
```

```
roslaunch mobot_urdf mobot.launch
```

我们可以看到发布的主题，包括 gazebo/model_states。本主题包含 gazebo_msgs/ModelStates 类型的消息。运行：

```
rosmsg show gazebo_msgs/ModelStates
```

显示此消息类型的格式：

```
string[] name
geometry_msgs/Pose[] pose
  geometry_msgs/Point position
    float64 x
    float64 y
```

```
      float64 z
    geometry_msgs/Quaternion orientation
      float64 x
      float64 y
      float64 z
      float64 w
geometry_msgs/Twist[] twist
  geometry_msgs/Vector3 linear
    float64 x
    float64 y
    float64 z
  geometry_msgs/Vector3 angular
    float64 x
    float64 y
    float64 z
```

此消息类型包含名称向量、位姿向量和扭曲向量。消息解释如下：模型名称在 name 数组中出现的顺序与位姿和扭曲数组中相应的位姿和扭曲出现的顺序相同。rostopic echo gazebo/model_states 示例输出是：

```
name: ['ground_plane', 'mobot']
pose:
  -
    position:
      x: 0.0
      y: 0.0
      z: 0.0
    orientation:
      x: 0.0
      y: 0.0
      z: 0.0
      w: 1.0
  -
    position:
      x: 0.00080270286594
      y: 0.170554714089
      z: -1.95963022377e-05
    orientation:
      x: -1.33139494634e-05
      y: 0.0020008448071
      z: 0.0033807500955
      w: 0.999992283456
twist:
  -
    linear:
      x: 0.0
      y: 0.0
      z: 0.0
    angular:
      x: 0.0
      y: 0.0
      z: 0.0
  -
    linear:
      x: 2.66486083024e-05
      y: 0.000452450930556
      z: -0.00510658997482
    angular:
      x: 5.29981190091e-05
      y: -0.00334270636901
      z: -3.15214058467e-06
```

从 echo 的内容中，我们看到 Gazebo 只发布了两种模型的状态：ground_plane 和 mobot。地平面仅具有（相同）零位姿和零速度，并且这些属性保持不变，因为地平面静态连接到世界坐标系。机器人是我们关心的模型。通过访问相应阵列中的第 2 个位姿和第 2 个扭曲，我们可以获得 Gazebo 对机器人状态的主张。

不方便的是，人们不能假设机器人将永远是 Gazebo 发布的状态阵列中的第 2 个模型。必须识别期望模型的索引位置以访问相应的状态信息。

代码清单 9.7 显示了 mobot_gazebo_state.cpp 中的代码，它包含在随附代码软件库中的同名包中。该代码可用于模拟 GPS。21～29 行搜索名称列表以匹配 mobot。如果找到匹配项，则相应的数组索引包含在 imodel 中。31 行和 32 行访问相应的位姿并在主题 gazebo_mobot_pose 上重新发布。33～37 行将理想位姿复制到对象 g_noisy_mobot_pose。位姿的 x 和 y 分量被高斯随机噪声破坏，其中平均值（0）和标准偏差（1.0）在 14 行设置。g_noisy_mobot_pose 的航向被抑制（34 行），结果被破坏的（部分）pose 发布到主题 gazebo_mobot_noisy_pose。通过将噪声添加到理想位姿信息，可以对 GPS 源进行更逼真的仿真。这些信号源没有漂移，但位置信息确实包含噪声。此外，来自 GPS 的航向信息通常不值得信赖。对于模拟的 GPS，航向信息已经被抑制，强制基于该模拟信号开发的代码不会意外地依赖于预期在实践中较差的信息。来自此节点的噪声 GPS 仿真器信号将在本章后面用于演示如何计算使用 GPS 的本地化。

主题 gazebo_mobot_pose 包含理想的位置和方向数据。它可用于开发转向算法并将定位结果与正确答案（在实践中通常是未知的）进行比较。

代码清单 9.7　mobot_gazebo_state.cpp：从 Gazebo 获取 mobot 模型状态并重新发布为理想状态和噪声状态的代码

```
1   #include <ros/ros.h>
2   #include <gazebo_msgs/ModelStates.h>
3   #include <geometry_msgs/Pose.h>
4   #include <string.h>
5   #include <stdio.h>
6   #include <math.h>
7   #include <random>
8
9   geometry_msgs::Pose g_mobot_pose; //this is the pose of the robot in the world, ←
           according to Gazebo
10  geometry_msgs::Pose g_noisy_mobot_pose; //added noise to x,y, and suppress orientation
11  geometry_msgs::Quaternion g_quat;
12  ros::Publisher g_pose_publisher;
13  ros::Publisher g_gps_publisher;
14  std::normal_distribution<double> distribution(0.0,1.0); //args: mean, std_dev
15  std::default_random_engine generator;
16  void model_state_CB(const gazebo_msgs::ModelStates& model_states)
17  {
18      int n_models = model_states.name.size();
19      int imodel;
20      //ROS_INFO("there are %d models in the transmission",n_models);
21      bool found_name=false;
22      for (imodel=0;imodel<n_models;imodel++) {
23          std::string model_name(model_states.name[imodel]);
24          if (model_name.compare("mobot")==0) {
25              //ROS_INFO("found match: mobot is model %d",imodel);
26              found_name=true;
27              break;
28          }
29      }
```

```cpp
30      if(found_name) {
31        g_mobot_pose= model_states.pose[imodel];
32        g_pose_publisher.publish(g_mobot_pose);
33        g_noisy_mobot_pose = g_mobot_pose;
34        g_noisy_mobot_pose.orientation = g_quat;
35        g_noisy_mobot_pose.position.x += distribution(generator);
36        g_noisy_mobot_pose.position.y += distribution(generator);
37        g_gps_publisher.publish(g_noisy_mobot_pose); //publish noisy values
38        //double randval = distribution(generator);
39        //ROS_INFO("randval =%f",randval);
40      }
41      else
42      {
43          ROS_WARN("state of mobot model not found");
44      }
45  }
46
47  int main(int argc, char **argv) {
48      ros::init(argc, argv, "gazebo_model_publisher");
49      ros::NodeHandle nh;
50
51      g_pose_publisher= nh.advertise<geometry_msgs::Pose>("gazebo_mobot_pose", 1);
52      g_gps_publisher= nh.advertise<geometry_msgs::Pose>("gazebo_mobot_noisy_pose", 1);
53      ros::Subscriber state_sub = nh.subscribe("gazebo/model_states",1,model_state_CB);
54      //suppress the orientation output for noisy state; fill out a legal, constant ←
            quaternion
55      g_quat.x=0;
56      g_quat.y=0;
57      g_quat.z=0;
58      g_quat.w=1;
59      ros::spin();
60  }
```

Gazebo-state 发布器节点可以通过以下方式启动：

```
rosrun mobot_gazebo_state mobot_gazebo_state
```

对于在开环控制下遵循 5m×5m 期望轨迹的机器人，得到的重新发布的 Gazebo 模型状态如图 9.7 所示。已发布的噪声 GPS 将在 9.2.3 节中用于显示如何合并传感器源以进行本地化。

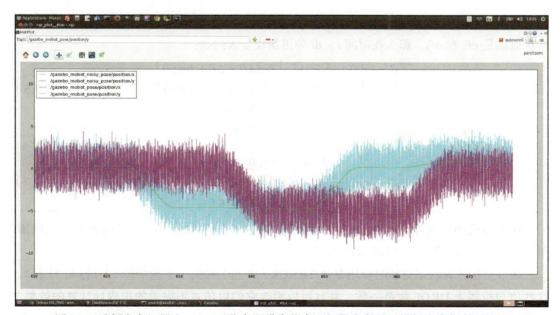

图 9.7 重新发布机器人 Gazebo 状态和噪声状态，机器人在开环控制下执行方形轨迹

9.2.2 里程计

当创建到车辆的 ROS 接口时，存在两个基本需求：命令运动的手段（例如，通过 cmd_vel）和报告估计状态的手段（通常通过主题 odom）。对于我们的差分驱动车辆，我们假设两个车轮可通过左右轮速度伺服系统独立控制，并且每个车轮都有某种类型的编码器能够提供增量的车轮角度（或者车轮速度）。从速度和旋转命令，我们需要导出相应的左右轮关节命令，并且从测量的车轮运动中，我们需要导出并发布估计的位姿和机器人扭曲的更新。

可以借助于图 9.8 导出增量车轮运动之间的差分映射，$d\theta_l$ 和 $d\theta_r$，以及相应的增量位姿更新。

通过参考图，我们在车辆上指定一个坐标系，原点位于驱动轮之间，x 轴指向前方，y 轴指向左侧。随着左轮和右轮的增量运动，机器人将其坐标系原点向前推进了量 Δs 并且将其前进量改变量 $\Delta \psi$。这种关系取决于车轮直径 D 和轨道 T（车轮之间的距离）。（隐含地假设左右车轮直径相等，虽然这不完全正确。）车辆轨道关系是：

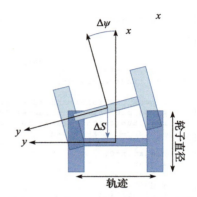

图 9.8　差分驱动动力学：增量式轮子旋转生成增量式位姿改变

$$\Delta s = \frac{1}{4}D(d\theta_l + d\theta_r) = K_s(d\theta_l + d\theta_r) \tag{9.4}$$

其中 $d\theta_l$ 和 $d\theta_r$ 的单位是 rad，s 和 D 的单位是 m。航向的变化是：

$$\Delta \psi = \frac{1}{2}D(d\theta_r + d\theta_l)/T = K_\psi(d\theta_r + d\theta_l) \tag{9.5}$$

如果在时间 t，位姿的估计是 $(\tilde{x}(t), \tilde{y}(t), \tilde{\psi}(t))$，并且如果在时间 $t+dt$，左轮和右轮的增量运动是 $d\theta_l$ 和 $d\theta_r$。那么在时间 $t+dt$ 的更新位姿大约是：

$$\begin{bmatrix} \tilde{x}(t+dt) \\ \tilde{y}(t+dt) \\ \tilde{\psi}(t+dt) \end{bmatrix} = \begin{bmatrix} \tilde{x}(t) \\ \tilde{y}(t) \\ \tilde{\psi}(t) \end{bmatrix} + \begin{bmatrix} K_s(d\theta_l + d\theta_r)\cos(\tilde{\psi}) \\ K_s(d\theta_l + d\theta_r)\sin(\tilde{\psi}) \\ K_\psi(d\theta_r - d\theta_l) \end{bmatrix} \tag{9.6}$$

机器人的扭曲也可以计算，即：

$$\begin{bmatrix} \tilde{v}_x \\ \tilde{v}_y \\ \tilde{\omega}_z \end{bmatrix} = \begin{bmatrix} K_s(d\theta_l + d\theta_r)\cos(\tilde{\psi})/dt \\ K_s(d\theta_l + d\theta_r)\sin(\tilde{\psi})/dt \\ K_\psi(d\theta_r - d\theta_l)/dt \end{bmatrix} \tag{9.7}$$

这些等式的实现在 mobot_drifty_odom.cpp 中，在同名的包中。源代码显示在代码清单 9.8 ~ 9.10（以及随附的代码软件库中）中。

该节点在计算状态更新时使用参数 TRACK（13 行）和两个车轮半径（10 行和 11 行）。这些值与机器人 URDF 规范一致，并且可以更改它们以仿真不完美的里程计计算的效果。位姿和扭曲更新中使用的车轮关节增量是基于对主题 joint_states 的订阅（125 行）。每

10ms 检查一次关节状态数据（具体地说，左轮和右轮的旋转角度）（由 128 行的循环计时器设定）。

joint-state 订阅器回调的 53 ～ 71 行，测试：数据是好的并且存在两个车轮联合主题。如果确定车轮关节数据有效，则通过 73 ～ 86 行更新位姿和扭曲估计。

代码清单 9.8　mobot_drifty_odom.cpp：计算和发布增量式车轮关节旋转的 odom 的前导代码

```cpp
#include <ros/ros.h>
#include <geometry_msgs/Pose.h>
#include <geometry_msgs/TransformStamped.h>
#include <sensor_msgs/JointState.h>
#include <nav_msgs/Odometry.h>
#include <string.h>
#include <stdio.h>
#include <math.h>
#include <tf/transform_broadcaster.h>

//from URDF:   <xacro:property name="tirediam" value="0.3302" />
const double R_LEFT_WHEEL = 0.3302 / 2.0;
const double R_RIGHT_WHEEL = R_LEFT_WHEEL + 0.005; //introduce error--tire diam diff
//from URDF: <xacro:property name="track" value=".56515" />
const double TRACK = 0.560515; //0.56515; //0.560; // track error

const double wheel_ang_sham_init = -1000000.0;
bool joints_states_good = false;

nav_msgs::Odometry g_drifty_odom;
sensor_msgs::JointState g_joint_state;
ros::Publisher g_drifty_odom_pub;
ros::Subscriber g_joint_state_subscriber;
//tf::TransformBroadcaster* g_odom_broadcaster_ptr;
geometry_msgs::TransformStamped g_odom_trans;

double g_new_left_wheel_ang, g_old_left_wheel_ang;
double g_new_right_wheel_ang, g_old_right_wheel_ang;
double g_t_new, g_t_old, g_dt;
ros::Time g_cur_time;
double g_odom_psi;

geometry_msgs::Quaternion convertPlanarPsi2Quaternion(double psi) {
    geometry_msgs::Quaternion quaternion;
    quaternion.x = 0.0;
    quaternion.y = 0.0;
    quaternion.z = sin(psi / 2.0);
    quaternion.w = cos(psi / 2.0);
    return (quaternion);
}
```

代码清单 9.9　mobot_drifty_odom.cpp：计算和发布增量式车轮关节旋转的 odom 的回调函数代码

```cpp
void joint_state_CB(const sensor_msgs::JointState& joint_states) {
    double dtheta_right, dtheta_left, ds, dpsi;
    int n_joints = joint_states.name.size();
    int ijnt;
    int njnts_found = 0;
    bool found_name = false;

    g_old_left_wheel_ang = g_new_left_wheel_ang;
    g_old_right_wheel_ang = g_new_right_wheel_ang;
    g_t_old = g_t_new;
    g_cur_time = ros::Time::now();
    g_t_new = g_cur_time.toSec();
    g_dt = g_t_new - g_t_old;

    for (ijnt = 0; ijnt < n_joints; ijnt++) {
        std::string joint_name(joint_states.name[ijnt]);
        if (joint_name.compare("left_wheel_joint") == 0) {
```

```cpp
                    g_new_left_wheel_ang = joint_states.position[ijnt];
                    njnts_found++;
                }
                if (joint_name.compare("right_wheel_joint") == 0) {
                    g_new_right_wheel_ang = joint_states.position[ijnt];
                    njnts_found++;
                }
            }
            if (njnts_found < 2) {
                //ROS_WARN("did not find both wheel joint angles!");
                //for (ijnt = 0; ijnt < n_joints; ijnt++) {
                //    std::cout<<joint_states.name[ijnt]<<std::endl;
                //}
            }
            else {
                //ROS_INFO("found both wheel joint names");
            }
            if (!joints_states_good) {
                if (g_new_left_wheel_ang > wheel_ang_sham_init / 2.0) {
                    joints_states_good = true; //passed the test
                    g_old_left_wheel_ang = g_new_left_wheel_ang;
                    g_old_right_wheel_ang = g_new_right_wheel_ang; //assume right is good now ↵
                        as well
                }
            }
            if (joints_states_good) { //only compute odom if wheel angles are valid
                dtheta_left = g_new_left_wheel_ang - g_old_left_wheel_ang;
                dtheta_right = g_new_right_wheel_ang - g_old_right_wheel_ang;
                ds = 0.5 * (dtheta_left * R_LEFT_WHEEL + dtheta_right * R_RIGHT_WHEEL);
                dpsi = dtheta_right * R_RIGHT_WHEEL / TRACK - dtheta_left * R_LEFT_WHEEL / ↵
                    TRACK;

                g_drifty_odom.pose.pose.position.x += ds * cos(g_odom_psi);
                g_drifty_odom.pose.pose.position.y += ds * sin(g_odom_psi);
                g_odom_psi += dpsi;
                //ROS_INFO("dthetal, dthetar, dpsi, odom_psi, dx, dy= %f, %f %f, %f %f %f", ↵
                    dtheta_left, dtheta_right, dpsi, g_odom_psi,
                //       ds * cos(g_odom_psi), ds * sin(g_odom_psi));
                g_drifty_odom.pose.pose.orientation = convertPlanarPsi2Quaternion(g_odom_psi);

                g_drifty_odom.twist.twist.linear.x = ds / g_dt;
                g_drifty_odom.twist.twist.angular.z = dpsi / g_dt;
                g_drifty_odom.header.stamp = g_cur_time;
                g_drifty_odom_pub.publish(g_drifty_odom);
            }
}
```

代码清单 9.10 mobot_drifty_odom.cpp：计算和发布增量式车轮关节旋转的 odom 的主程序代码

```cpp
int main(int argc, char **argv) {
    ros::init(argc, argv, "drifty_odom_publisher");
    ros::NodeHandle nh;
    //inits:
    g_new_left_wheel_ang = wheel_ang_sham_init;
    g_old_left_wheel_ang = wheel_ang_sham_init;
    g_new_right_wheel_ang = wheel_ang_sham_init;
    g_old_right_wheel_ang = wheel_ang_sham_init;
    g_cur_time = ros::Time::now();
    g_t_new = g_cur_time.toSec();
    g_t_old = g_t_new;

    //initialize odom with pose and twist defined as zero at start-up location
    g_drifty_odom.child_frame_id = "base_link";
    g_drifty_odom.header.frame_id = "drifty_odom";
    g_drifty_odom.header.stamp = g_cur_time;
    g_drifty_odom.pose.pose.position.x = 0.0;
    g_drifty_odom.pose.pose.position.y = 0.0;
    g_drifty_odom.pose.pose.position.z = 0.0;
    g_drifty_odom.pose.pose.orientation.x = 0.0;
    g_drifty_odom.pose.pose.orientation.y = 0.0;
    g_drifty_odom.pose.pose.orientation.z = 0.0;
    g_drifty_odom.pose.pose.orientation.w = 1.0;
```

```
127        g_drifty_odom.twist.twist.linear.x = 0.0;
128        g_drifty_odom.twist.twist.linear.y = 0.0;
129        g_drifty_odom.twist.twist.linear.z = 0.0;
130        g_drifty_odom.twist.twist.angular.x = 0.0;
131        g_drifty_odom.twist.twist.angular.y = 0.0;
132        g_drifty_odom.twist.twist.angular.z = 0.0;
133
134        ros::Rate timer(100.0); // a 100Hz timer
135
136        g_drifty_odom_pub = nh.advertise<nav_msgs::Odometry>("drifty_odom", 1);
137        g_joint_state_subscriber = nh.subscribe("joint_states", 1, joint_state_CB);
138        while (ros::ok()) {
139            ros::spin();
140        }
141    }
```

mobot_drifty_odom 节点可以使用以下命令启动：

```
rosrun mobot_drifty_odom mobot_drifty_odom
```

通过运行 mobot_gazebo_state 节点，可以将里程计与实际位姿进行比较，如 Gazebo 所报告的那样。如果机器人从主位姿（0，0，0）启动，它可以很好地跟踪机器人状态，如图 9.9 所示。里程计的 x 和 y 值紧随 Gazebo（理想）的 x 和 y 状态值。

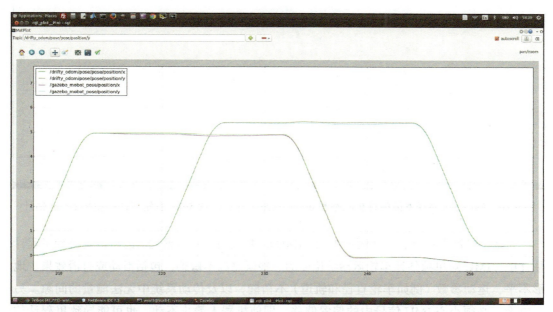

图 9.9　仿真机器人遵循 5m×5m 方形路径时，Gazebo 理想状态和 odom 估计状态的比较

请注意，尽管来自里程计的积分的状态估计非常好（在这种情况下），但这并不意味着机器人很好地遵循期望的轨迹。实际上，图 9.9 所示的路径跟踪并不是很好。x 和 y 的梯形应一致地达到并跟踪 0m 或 5m 的水平值。以下路径的问题在于差分驱动控制器（受摩擦、扭矩饱和、惯性效应和控制器带宽限制）不完美，并且命令速度不能完全相同。为了改进路径跟踪，必须使用反馈转向控制器，这将在 9.3 节中介绍。

如图 9.9 所示,来自里程计积分的状态估计质量是不切实际地精确的。可以通过改变运动学模型的参数来仿真更逼真的里程计。例如,代码清单 9.8 中的 13 行更改为:

```
const double R_RIGHT_WHEEL = R_LEFT_WHEEL+0.005;
```

在假定的车轮直径上增加 5mm 相当于具有无法识别 5mm 轮胎磨损差异的建模误差。当使用相同的 5m×5m 方形路径命令运行 mobot_drifty_odom 时,里程计估计的位姿与 Gazebo 报告的位姿差异很大,如图 9.10 所示。里程计漂移是一个重要的问题,只能参考一些额外的传感来纠正,例如,LIDAR 感应环境或 GPS 信号。尽管如此,里程计信号非常有用,特别是与其他传感器结合使用时。

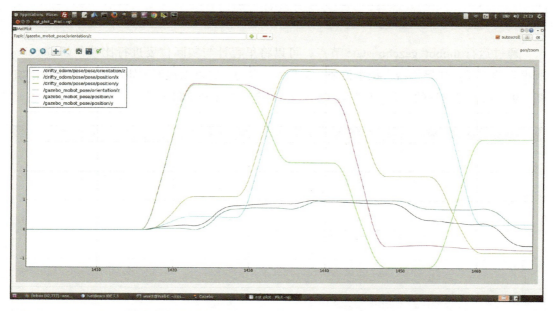

图 9.10　5m×5m 路径发散的理想状态和 odom 状态估计。注意 5mm 右轮直径误差与 odom 估计

通常,机器人将具有惯性测量单元(IMU),并且该额外的感觉信息可以折叠到里程计估计中。IMU 对单独估计车轮运动学位姿的一些误差源不敏感,包括滑动或打滑效果、地形不平、运动参数(例如车轮直径和轨道)不精确,以及传动系统中无法测量的间隙。另一方面,必须小心 IMU 信号中的偏置偏移,即使机器人静止不动,也可能导致里程计估计与无穷大相结合。

在为新的移动平台创建 ROS 接口时,应该编写类似于 mobot_drifty_odom 的代码(除非这种驱动程序已经存在,这种情况越来越常见)。该节点的结果是向主题 odom 发布估计状态。对于 STDR 机器人,会发布 odom 消息,尽管它们仅与等效的 cmd_vel 输入相同,而不考虑实际动态。Gazebo 中的 mobot 仿真使用差分驱动器插件,其中包含插件中与代码清单 9.8 等价的部分。

连接到移动平台期望的第 2 个节点作用于 vel_cmd 主题上的输入命令。此节点应将速度和旋转命令转换为右轮和左轮速度命令。从速度和旋转到车轮关节命令的转换可以如下计算。对于已知的采样周期 dt，公式 9.4 和公式 9.5 可以重写为：

$$\begin{bmatrix} ds/dt \\ d\psi/dt \end{bmatrix} = \begin{bmatrix} K_s & K_s \\ K_\psi & -K_\psi \end{bmatrix} \begin{bmatrix} d\theta_r/dt \\ d\theta_l/dt \end{bmatrix} \tag{9.8}$$

插入得到：

$$\begin{bmatrix} d\theta_r/dt \\ d\theta_l/dt \end{bmatrix} = \frac{2}{K_s K_\psi} \begin{bmatrix} K_\psi & K_s \\ K_\psi & -K_s \end{bmatrix} \begin{bmatrix} ds/dt \\ d\psi/dt \end{bmatrix} \tag{9.9}$$

公式 9.9 可用于将输入速度（ds/dt）和自旋（dψ/dt）命令从 cmd_vel 主题转换为相应的右轮和左轮速度命令 dθ_r/dt 和 dθ_l/dt。本地速度控制器应强制执行车轮速度的指令。不可避免地，在指令的车轮速度和实现的车轮速度之间将存在误差。因此，里程计应该是基于测量的车轮增量的，而不是假设车轮速度命令是精确实现的，尽管后者的方法可以在必要时采用，如 STDR 仿真器所做的那样。

如上所述，里程计的计算受到建模缺陷的影响，导致可能任意大的错误累积。解决此问题需要额外的传感器。里程计法的第二个问题是它的参考坐标系的选择。

对于位姿和扭曲，估计值对应于相对于某个地面参考坐标系表示的机器人基础坐标系。然而，参考坐标系是不明确的。默认情况下，对于里程计算，参考坐标位姿（0, 0, 0）对应于里程计节点开始计算时的机器人位姿。这种位姿（每次机器人的里程计节点开始时都不同）被称为里程计坐标系。

ROS 中解决里程计漂移的方法有点奇怪但是务实的。两个常见的绝对参考坐标是 world（例如纬度、经度和航向）和 map，其地图坐标可以相对于地图上定义的参考坐标来陈述（(x, y) = (0, 0) 的定义）。通常，计算和发布其里程计信息的机器人基地无法访问可帮助建立机器人绝对位姿的其他传感器。相反，基地继续发布其时间和行进距离越来越不准确的里程计信号。很快，这个主题的位姿信息似乎毫无价值。但是，如果与其他传感器正确组合，odom 信号仍然很有价值。在 ROS 中，这是通过计算从 odom 坐标到 world（或 map）坐标的变换来完成的。

考虑一个世界坐标系。世界上有一个正确的状态值（x, y, ψ）（无论这些值是否已知）。机器人相对于世界的位姿可以表示为变换，如第 4 章中所介绍的。变换数据可以用来表示相对于 world 坐标系的 odom 坐标系的位置和方向。在启动时，odom 发布器节点假定其初始位姿是（x, y, ψ）=（0, 0, 0），并且这将是里程计坐标的参考原点。在世界坐标中，这些值可以被称为（x_{world}, y_{world}, ψ_{world}）。等价地，这些值可以表示为 $T_{odom/world}$ 内的分量。随着机器人移动更新里程计信息，状态估计可以表示为 $T_{robot/odom}$。机器人在世界坐标系中的位姿可以计算为 $T_{robot/world} = T_{odom/world} T_{robot/odom}$。如上所述，基于里程计的状态估计在机器人移动时累积漂移误差。用于解释这种漂移的 ROS 方法是使用变量 $T_{odom/world}$ 来表示误差。可以说里程计状态估计是正确的，但是 odom 参考坐标系已经偏离了它在世界上的原始位姿。要使 odom 状态与 world 坐标系相协调，必须更新 $T_{odom/world}$。

这种奇怪的观点有一些好处。如上所述，负责发布 odom 的移动基础可能不知道其他传感器，因此它所能做的就是继续发布其越来越差的状态估计。但是，如果可以找到将里程计值与世界坐标状态进行协调的变换 $T_{odom/world}$，则里程计信号仍然有用。里程计信号非常平滑并且经常更新。这些是用于转向反馈的重要优点。相比之下，诸如 GPS 之类的附加传感器可能是噪声并且以更低的速率更新，使得它们不适合于转向反馈。世界坐标传感器（例如 GPS）确实具有零漂移的优点。因此，这些信号可用于帮助更新 $T_{odom/world}$，使用世界坐标系的坐标协调里程计发布。虽然里程计状态估计值漂移到任意大的误差，但这种漂移通常很慢。因此，绝对（世界坐标）传感器不需要快速更新，也不必具有低噪声，以便对 $T_{odom/world}$ 进行持续校正。

9.2.3 混合里程计、GPS 和惯性传感器

里程计提供快速和平滑的增量状态估计。然而，它遭受累积漂移，特别是如果发生车轮打滑。带有踏板的机器人执行滑移转向，这导致航向估计具有很大的不确定性。即使没有滑移转向，航向滑动也会显著影响航向估算。如果航向估算存在缺陷，那么来自里程计的平移估计会受到严重影响。

使用惯性测量单元（IMU）获得用于旋转估计的里程计法的改进。IMU 的成本和性能差异很大，从低成本的 MEMS 芯片到高成本的激光陀螺仪。IMU 通常提供 6 个输出，3 个平移加速度和 3 个旋转速率分量。

要在 Gazebo 中模拟 IMU，可以使用插件 libgazebo_ros_imu.so，如下面的包 mobot_urdf 中的模型文件 mobot_w_imu.xacro 所示。

```xml
<?xml version="1.0"?>
<robot
     xmlns:xacro="http://www.ros.org/wiki/xacro" name="mobot">
    <xacro:include filename="$(find mobot_urdf)/urdf/mobot.xacro" />

<link name="imu_link">
</link>

<joint name="imu_joint" type="fixed">
    <parent link="base_link"/>
    <child link="imu_link" />
</joint>

 <!--add IMU plug-in-->
<gazebo>
  <plugin name="imu_plugin" filename="libgazebo_ros_imu.so">
    <alwaysOn>true</alwaysOn>
    <updateRate>100.0</updateRate>
    <bodyName>imu_link</bodyName>
    <topicName>imu_data</topicName>
    <gaussianNoise>1e-06</gaussianNoise>
  </plugin>
</gazebo>
</robot>
```

此模型文件导入先前引入的 mobot 模型，并且它还包含 IMU 插件。当在 Gazebo 中生成此模型文件时，IMU 仿真的结果将在 imu_data 上发布，并且此数据将以指定的 100Hz 速率发布。

对于在平面上的导航，IMU 最重要的组成部分是围绕 z 轴的旋转，这是航向的变化率。这种测量比从里程计推断出航向更可靠。它的主要限制是偏置偏移，当积分时，可以累积到任意大的航向误差。

里程计或 IMU 信号的整合都会遭受错误的累积。相比之下，全球定位系统（GPS）信号是绝对的。然而，GPS 信号可能是有噪声的，可能具有有限的精度（例如几米），并且其航向估计是不可信的。然而，人们可以结合使用里程计、IMU 和 GPS 的优点来推断位姿估计，该位姿估计具有平滑性和良好精度的优点而没有漂移。这方面的一个例子是包 localization_w_gps 中的文件 localization_w_gps.cpp。该节点假定使用里程计（可能受漂移影响，特别是在偏航中）、IMU 和 GPS（可能具有显著的噪声）。

要运行此节点，首先启动 Gazebo：

```
roslaunch gazebo_ros empty_world.launch
```

然后使用 IMU 启动 mobot 模型：

```
roslaunch mobot_urdf mobot_w_imu.launch
```

运行一个（现实的）有缺陷的里程计发布器：

```
rosrun mobot_drifty_odom mobot_drifty_odom
```

开始仿真噪声 GPS 传感器：

```
rosrun localization_w_gps localization_w_gps
```

然后启动示例本地化节点：

```
rosrun localization_w_gps localization_w_gps
```

通过运行键盘远程操作可以方便地移动机器人：

```
rosrun teleop_twist_keyboard teleop_twist_keyboard.py
```

定位节点将整合来自不完美的里程计发布的信息，来自 IMU 的 z 旋转速率和噪声 GPS 数据。

在 localization_w_gps 节点内，主循环包含以下行（142～143 行）：

```
x_est = (1-K_GPS)*x_est + K_GPS*g_x_gps; //incorporate gps feedback
y_est = (1-K_GPS)*y_est + K_GPS*g_y_gps; //ditto
```

这些行使估计的 x 和 y 位置收敛于相应的 GPS 值。然而，由于 K_GPS 值较低，这种收敛将相对不受 GPS 噪声的影响。

142～143 行根据报告的前进速度和航向的最佳估计来整合里程计：

```
dl_odom_est = MAIN_DT*g_odom_speed; //moved this far in 1 DT
move_dist+= dl_odom_est; //keep track of cumulative move distance
```

基于 IMU 的 z 旋转速率（146～148 行）更新航向：

```
yaw_est+= MAIN_DT*g_omega_z_imu; //integrate the IMU's yaw to ←
    estimate heading
  if (yaw_est<-M_PI) yaw_est+= 2.0*M_PI; //remap periodically
  if (yaw_est>M_PI) yaw_est-= 2.0*M_PI;
```

增量 x 和 y 运动是根据基于里程计的速度的航向和增量运动的最佳估计来估算的，并且这种基于模型的增量运动被合并到 x 和 y 位置估计中（150～153 行）：

```
dx_odom = dl_odom_est*cos(yaw_est); //incremental x and y motions, as
dy_odom = dl_odom_est*sin(yaw_est); //inferred from speed and heading est
x_est+= dx_odom; //cumulative x and y estimates updated from odometry
y_est+= dy_odom;
```

尽管 GPS 可以帮助校正 x 和 y 坐标的漂移，但 GPS 不能提供可靠的航向信息。但是，可以通过考虑平移运动的影响来校正航向漂移。如果估计机器人前进至少一些最小距离，即 if(fabs(move_dist) > L_MOVE)，则可以比较基于里程计的积分的 x 和 y 的增量进度与基于绝对（虽然有噪声）GPS 的 x 和 y 的增量进度。这是在 156～174 行中完成的：

```
if (fabs(move_dist) > L_MOVE) { //if moved this far since last yaw update,
  //time to do another yaw update based on GPS
    //since last update, express motion in polar coords based on gps
    dang_gps = atan2((y_est-y_est_old),(x_est-x_est_old));
    //similarly, update in polar coords based on odometry
    dang_odom = atan2(delta_odom_y,delta_odom_x);
    //if gps and odom disagree on avg heading, make a correction
    yaw_err = dang_gps - dang_odom;
    if (yaw_err>M_PI) yaw_err-=2.0*M_PI;
    if (yaw_err<-M_PI) yaw_err+=2.0*M_PI;
    //K_YAW should not be lareger than unity; smaller--> less noise ←
        sensitivity
    yaw_est+=K_YAW*yaw_err; //here's the yaw update due to gps
    y_est_old=y_est; //save this state as a checkpoint for next yaw update
    x_est_old=x_est;
    move_dist=0;
    delta_odom_y=0;
    delta_odom_x=0;
}
```

利用该逻辑，推断机器人至少前进了距离 L_MOVE（可调参数）。在此运动期间，与里程计相比，x 和 y 值已经根据 GPS 计算的量发生了变化。在极坐标中，运动可以表示为根据 GPS 的 dang_gps 的角度的变化，以及根据里程计的 dang_odom 的角度的变化。如果里程计以正确的航向开始，则这些值应该一致。如果差异可归因于里程计的初始航向中的误差，则可以推断该航向误差等于 yaw_err = dang_gps – dang_odom。由于 GPS 信号是有噪声的，因此可以选择仅包含该计算校正的一小部分，由增益 K_YAW 调制，其应具有 0 和 1 之间的值。

基于行进距离 L_MOVE 进行航向校正，行驶距离计数器被重置为：距离 = 0。

通过对 x, y 和航向的反馈，计算出的定位可以具有相对低的噪声和低漂移。这在图 9.11 至图 9.14 的示例中示出。

图 9.11 显示了位姿估计收敛到实际位姿后静止机器人的位姿估计。在位姿估计上仍然存在一些噪声，但是这远小于 GPS 信号中存在的噪声（在时间 4342 之后的灰色噪声轨迹）。

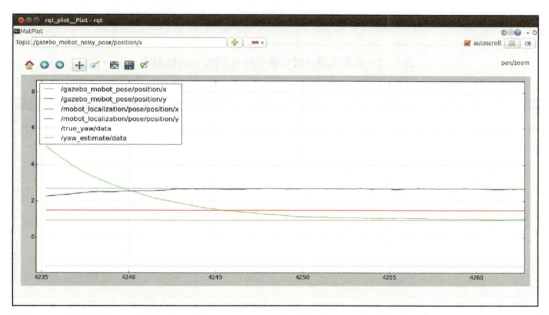

图 9.11 位姿估计和理想位姿（时间 4330～4342）和每个 GPS 的噪声位姿（时间 4342～4355）

图 9.12 显示了位置估计基于 GPS 的位置的收敛速度。利用所选择的增益，x 和 y 值会收敛于正确的 x 和 y 值，尽管这种收敛可能需要大约 10s。在此期间，航向估计值仍然存在较大值，但不会对实际航向进行修正。在机器人移动之前，航向误差不明显。

图 9.13 显示了机器人开始移动后如何校正航向。在这个例子中，机器人的运动主要在 $-y$ 方向，因为航向大致为 -90rad。由于航向的估计是严重错误的（最初估计大约 1rad），里程计预测机器人的前进速度导致 y 增加（而 GPS 确定运动减少 y）。这种差异由定位算法计算并应用于校正航向。航向估计（红色轨迹）减小，收敛于真实航向（超过约 10s）。

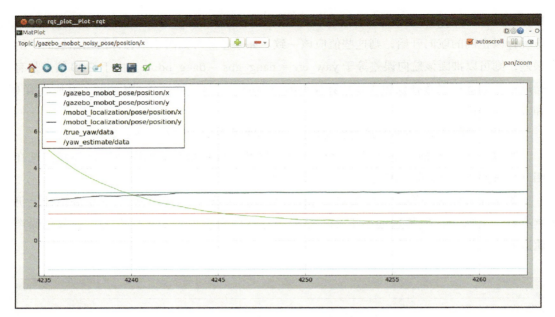

图 9.12 机器人静止时位姿估计与 GPS 值的收敛性

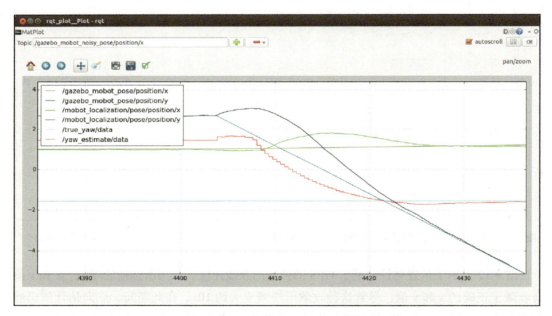

图 9.13 基于 GPS 和里程计估计之间误差的航向估计的收敛性

图 9.11～图 9.13 说明了从大的初始条件误差的收敛,并且这种收敛相对较慢(在示例增益处)。然而,一旦实现近似收敛,就可以实现相对精确的跟踪。图 9.14 显示了机器人通过各种平移和旋转移动进行远程操作时估计的位姿与真实位姿的关系。尽管没有绝对航向传感器并且 GPS 信号具有大的模拟噪声,但 x、y 和航向很好地跟踪实际值。

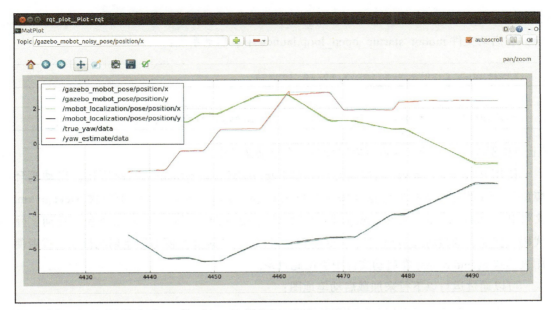

图 9.14 初始收敛后的位姿估计跟踪

实际上，GPS 值的噪音要低于这个例子。K_YAW、K_GPS 和 L_MOVE 的可调参数应根据里程计不确定度、GPS 噪声和 IMU 漂移的水平调整到适当的权重。

存在用于本地化合并多个传感器的 ROS 包，例如，使用扩展卡尔曼滤波。（例如 http://wiki.ros.org/robot_pose_ekf 和 http://wiki.ros.org/robot_pose_ekf/Tutorials/AddingGpsSensor。）本节介绍的简单定位算法可以推广到六自由度，例如：用于潜水或空中飞行器，或用于穿越非常不平坦地形的轮式车辆。但是，目前尚不清楚传感器和模型行为是否满足卡尔曼滤波的假设，包括零均值的高斯噪声。在具有特定传感器和特定环境条件的特定移动平台的背景下，不可避免地需要调整参数以获得良好性能。

9.2.4 混合里程计和 LIDAR

LIDAR 是一种特别适用于室内环境的直接环境传感类型。当具有预定的环境地图时，使用 LIDAR 进行定位是最方便的。幸运的是，使用现有的 ROS 包创建具有 LIDAR 的地图相对简单方便，如 10.1 节所述。在这里，我们假设有一张地图，我们希望借助 LIDAR 信号在地图中建立机器人的位姿。

一种基于 LIDAR 的定位的有用包是自适应蒙特卡罗定位（AMCL）。来自 http://wiki.ros.org/amcl 上的软件包 wiki：

AMCL 是用于在 2 维中移动的机器人的概率定位系统。它实现了自适应（或 KLD 采样）蒙特卡罗定位方法（如 Dieter Fox 所述），该方法使用粒子滤波器跟踪机器人对已知地图的位姿。

为了说明此软件包的使用，使用 mobot 模型启动 Gazebo，添加模型环境（在此示例中为 OSRF 启动笔）以及支持节点以发布期望状态并基于期望状态执行开环控制。这些步骤合并在启动文件 mobot_startup_open_loop.launch 中。启动系统：

```
roslaunch gazebo_ros empty_world.launch
```

```
roslaunch mobot_urdf mobot_startup_open_loop.launch
```

（上述步骤以及下面的步骤也可以组合在一个启动文件中。）

使用 ROS map_server 包加载地图，如 http://wiki.ros.org/map_server 所述。启动笔环境的示例（部分）地图被创建并保存在目录 maps/starting_pen 中。由于包含 package.xml 文件和 CMakeLists.txt 文件，maps 目录被创建为 ROS 包。但是，此目录不包含任何实际代码。但是，通过将此目录创建为 ROS 包，可以使用 roscd 方便地导航到此目录，或者使用表达式 $(find maps) 在启动文件中引用此目录。

可以通过运行以下行来加载启动笔地图：

```
roscd maps
```

其次是：

```
rosrun map_server map_server starting_pen/starting_pen_map.yaml
```

此节点使用消息类型 nav_msgs/OccupancyGrid 在主题 map 上发布指定的映射。示例地图由 4000×4000 个单元组成，每个单元格为 5cm×5cm。每个单元格包含一个灰度值，表示该单元格是被占用的（黑色）、空的（白色）或不确定的（白色和黑色之间的灰色）。这将是一个相当大的重复发送的消息，实际上，它很少更新。因此，地图服务器使用特殊的发布选项"已锁定"，以避免重新发布，除非更改消息（映射）值或新订阅器启动时。

利用 LIDAR 信号（机器人模型的"扫描"主题）并加载地图（启动笔地图，适合放置在启动笔中的机器人），可以运行 AMCL 定位算法。AMCL 节点以下方式启动：

```
rosrun amcl amcl
```

AMCL 节点希望在主题 map 上找到一个地图，并期望在主题 scan 中找到 LIDAR 数据。如果将 LIDAR 数据发布到其他主题，则可以通过主题重新映射来实现。例如，如果将 LIDAR 数据发布到主题 /laser/scan，则应使用主题重新映射启动 AMCL，如下所示：

```
rosrun amcl amcl scan:=/laser/scan
```

在 AMCL 运行时，此节点尝试发现机器人相对于地图的位姿。作为基于粒子滤波器的方法，它呈现了具有不同概率的大量候选位姿。通过在 rviz 中显示 PoseArray，并让它订阅主题 particlecloud（由 AMCL 发布），可以可视化考虑中的粒子分布。对于我们的示例，

AMCL 启动时的显示如图 9.15 所示。

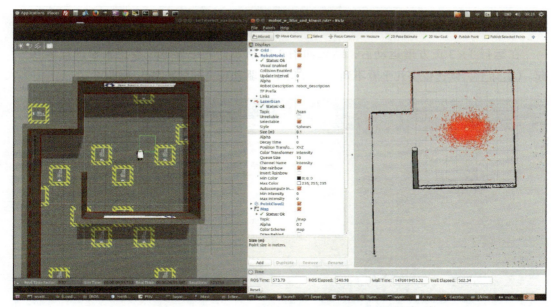

图 9.15　启动时地图内机器人的候选位姿分布。候选位姿具有较大的初始方差

注意，正在考虑的候选位姿集（如图 9.15 中的箭头所示）具有相当大的方差。

在示例中，初始位姿估计实际上非常接近正确的位姿（尽管初始不确定性很高）。这可以通过估计相对于起始地图的 rviz 中的位姿并将其与 Gazebo 中显示的基本事实进行比较来看出。此外，LIDAR 在 rviz（红点）中的脉冲与启动笔地图中的墙壁令人信服地对齐。

（注意：LIDAR 的 Gazebo 仿真使用在图形硬件上运行的插件库。没有兼容图形芯片的计算机将错误地显示最小半径的 LIDAR 点。如果在虚拟机中运行，可能需要切换设置中的 3 维加速以使 LIDAR 仿真工作。在某些情况下，optirun 可能会有所帮助。请参阅 https://wiki.ubuntu.com/Bumblebee。）

AMCL 节点将尝试推导出逻辑初始位姿，这在图 9.15 的示例中非常成功。在其他情况下，可能需要提供手动帮助以建立近似的初始位姿。可以交互式提供初始位姿估计与 rviz 工具"2 维位姿估计"，这使得用户能够单击并拖动向量，暗示初始位置和航向 AMCL 应该假设。使用此工具，地图中显示的机器人位姿将移动到用户的建议位姿，AMCL 将尝试从那里进行定位。

假设至少有一个粗略的位姿初始估计值，AMCL 对位姿的估计将会随着机器人从 LIDAR 获得多个不同视点的线索而得到改善。为了获得这样的定位证据，可以通过运行以下命令，使用期望状态发布器的客户端命令机器人在 3m × 3m 的正方形（开环）中移动：

```
rosrun mobot_pub_des_state pub_des_state_path_client_3x3
```

或者，可以通过运行下面指令命令机器人在键盘遥控操作下移动：

```
rosrun teleop_twist_keyboard teleop_twist_keyboard.py
```

在运行 3×3 正方形运动后，结果如图 9.16 所示，其中候选位姿更紧密地捆绑在一起。（实际上，候选位姿几乎看不到，主要集中在驱动轮之间的机器人下面。）

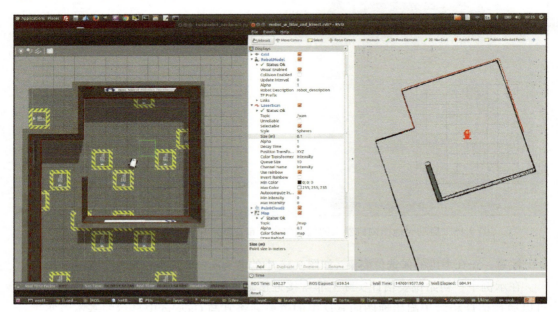

图 9.16　运动后地图内机器人的候选位姿分布，候选位姿集中在真正的机器人位姿附近的一小捆

在 AMCL 运行时，位姿估计（相对于地图坐标系）将发布到主题 amcl_pose，消息类型为 geometry_msgs/PoseWithCovarianceStamped。这些更新相对不频繁（大约几秒），因此它们不适合转向反馈。此外，这些只是位姿，扭曲信息不包括在内。

与此同时，位姿估计（连同扭曲）正在发布到平滑且具有更高带宽的 odom 主题。odom 坐标和地图坐标之间的关系可以表示为变换。通过 AMCL 重新计算并发布 odom 和 map 之间的转换（到 tf 主题）（从 AMCL 更新地图位姿估计）。可以使用 tf 包内的工具观察所得到的变换。运行：

```
rosrun tf tf_echo odom map
```

请求显示从 odom 坐标到地图坐标的变换。此命令的示例显示为：

```
At time 516.100
- Translation: [0.002, 0.024, 0.002]
- Rotation: in Quaternion [0.002, 0.001, -0.003, 1.000]
            in RPY (radian) [0.004, 0.003, -0.006]
            in RPY (degree) [0.214, 0.145, -0.332]
At time 517.058
- Translation: [0.002, 0.024, 0.002]
```

```
        - Rotation: in Quaternion [0.002, 0.001, -0.003, 1.000]
                    in RPY (radian) [0.004, 0.003, -0.006]
                    in RPY (degree) [0.214, 0.145, -0.332]
At time 518.059
        - Translation: [0.002, 0.024, 0.002]
        - Rotation: in Quaternion [0.002, 0.001, -0.003, 1.000]
                    in RPY (radian) [0.004, 0.003, -0.006]
                    in RPY (degree) [0.214, 0.145, -0.332]
```

可以在节点内以编程方式获得该变换，并用于校正里程计漂移。但请注意，此变换中的突然（通常较小）跳跃可导致使用基于此类定位的转向反馈的车辆的相应的不稳定行为。可能需要在使用反馈中的变换值之前对地图到里程计的变换进行低通滤波。另外，AMCL 的更新太慢（例如 0.5Hz）。

简而言之，AMCL 具有零漂移的优点，但其更新速率对于转向反馈而言太慢。相比之下，里程计具有较高的更新速率，但它会受到累积漂移的影响。可以将这些替代状态措施结合起来，以实现两者的好处。这在 odom_tf 包中有说明。

odom_tf 包有一个定义 OdomTf 类的库（同名）。实现文件 OdomTf.cpp 有两个回调函数：

```
void OdomTf::odomCallback(const nav_msgs::Odometry& odom_rcvd)
```

和

```
void OdomTf::amclCallback(const geometry_msgs:: ←
    PoseWithCovarianceStamped& amcl_rcvd)
```

amclCallback 函数响应主题 /amcl_pose 上的消息。AMCL 节点向该主题发布（标记的）位姿，该位姿对应于相对于地图坐标的 base_link 的位姿。这些信号是不完美的，并且（在本示例中）它们仅在 0.5Hz 下更新。但是，它们是绝对的，不会受到累积漂移的影响。当接收到每个这样的基于 AMCL 的位姿时，回调函数 amclCallback() 将该位姿重新打包为变换，指定 frame_id = map 和 child_frame = base_link。结果填充在成员变量 stfAmclBaseLinkWrtMap_ 中。

odomCallback 响应主题 drifty_odom 上的消息。（更典型的是，应该订阅 odom 主题，但出于说明目的，odom 主题被故意损坏并重新发布为 drifty_odom。）在 odomCallback 中，机器人相对于 odom 坐标的位姿作为消息被接收，并且该位姿被转换为标记变换 stfBaseLinkWrtDriftyOdom_。

可以通过以下解释来协调两个替代的定位变换 stfBaseLinkWrtDriftyOdom_ 和 stfAmclBaseLinkWrtMap_。认识到在 odom 坐标系中表达的机器人的位姿会受到漂移的影响，人们可以将其视为相当于相对于地图坐标系漂移的 odom 参考坐标系。如果里程计是完美的，那么 odom 坐标系将在地图坐标系中保持静止。然而，在里程计具有累积漂移的情况下，可以观察到 odom 坐标相对于地图坐标系移动。应当理解，尽管机器人可以快速移动，但是 odom 参考坐标将仅相对于地图坐标缓慢移动（对应于误差累积的速率）。odom 坐标相对于地图坐标的位姿表示为成员变量 stfDriftyOdomWrtBase_ 中的标记变换。

每次 amclCallback() 收到新的 AMCL 位姿时，都会更新变换 stfDriftyOdomWrtBase_。这是通过乘以变换来实现的：

```
stfDriftyOdomWrtBase_ = xform_utils.stamped_transform_inverse(
    stfBaseLinkWrtDriftyOdom_);
xform_utils.multiply_stamped_tfs(stfAmclBaseLinkWrtMap_, stfDriftyOdomWrt
    Base_, stfDriftyOdomWrtMap_)
```

每次 AMCL 发布相对于地图的机器人位姿的新估计时，更新相应的变换 stfAmclBaseLinkWrtMap_。在 amclCallback() 中，对应于 odom 的机器人位姿对应的变换的最新值 stfBaseLinkWrtDriftyOdom_ 用于推断相对于地图坐标 stfDriftyOdomWrtBase_ 的 odom 基础坐标系的更新。这是通过反转变换 stfBaseLinkWrtDriftyOdom 以获得 stfDriftyOdomWrtBase 来完成的，该变量可以在与 stfAmclBaseLinkWrtMap 的变换乘法中一致地使用以获得 stfDriftyOdomWrtMap_。

stfDriftyOdomWrtMap_ 的值以 AMCL 更新的频率更新，其可以是低频率。然而，如果里程计的漂移率低，则 map 坐标和 odom 坐标之间的变换在相对长的时间段内保持（近似）有效（可能，持续时间长于 AMCL 更新之间的时段）。在这种假设下，odom 定位可以使用变换 stfDriftyOdomWrtMap_ 以高速率进行校正，使用 odom 更新的完整频率，并在 AMCL 更新之间重复使用 stfDriftyOdomWrtMap_ 数百次。以这种方式，可以实现零累积漂移的快速且平滑的定位更新。每次更新 odom 时都会通过回调函数 odomCallback 完成。具体来说，这是通过以下操作完成的：

```
xform_utils.multiply_stamped_tfs(stfDriftyOdomWrtMap_, stfBaseLink
    WrtDriftyOdom_, stfEstBaseWrtMap_);
```

标记变换 stfEstBaseWrtMap_ 是机器人基础坐标系相对于地图坐标系的最佳估计。该估计值以 odom 的整个频率更新，并且使用 odom 坐标相对于地图坐标的最新变换进行校正。

转换 stfEstBaseWrtMap_ 发布在 tf 主题上。另外，从 stfEstBaseWrtMap_ 中提取机器人相对于地图坐标系的（标记的）位姿（从里程计和 AMCL 的融合推断）以填充成员变量 estBasePoseWrtMap_。该位姿的位置和方向可以用于转向算法，因为它经常更新且又不会漂移。9.4 节描述了这种用于转向反馈的定位估计。

9.3　差分驱动转向算法

车辆转向算法提供反馈，试图使移动机器人遵循期望的路径。存在许多变化，取决于如何指定期望的轨迹、可用于反馈的信号以及车辆的转向机构的运动学。

一些车辆具有全向转向，例如 PR2 机器人[⊖]。在这种情况下，可以指定 3 个扭转自由度

⊖　http://www.willowgarage.com/pages/pr2/overview

（速度）：前进速度、侧向速度和旋转速度。全向运动能力的转向算法相对简单。

更困难和更常见的变化涉及用于公路车辆的转向机构，称为 Ackermann 转向[17]。在这种情况下，人们控制 Ackermann 转向的前进速度和转向角（前轮的航向，例如由方向盘施加）。车辆的角速度（横摆率）取决于转向角和车辆的前进速度。车辆不能独立于向前运动而旋转。此外，车辆受到运动学约束，使得其不能（或不应）侧向滑动。对这种车辆进行转向的一种简单方法是货车把手算法，一种"纯粹追求"转向的形式[29]。

转向算法第三种情况是本章的重点，它是差分驱动运动学。例子包括滑移导向车辆，例如 iRobot 的滑行转向履带式 PackBot⊖和 Clearpath 的四轮赫斯基地面车辆⊜。或者（更优雅地），一些差分驱动机器人有 2 个驱动轮和无源脚轮。这种设计类型包括动力轮椅：Roomba⊝或 Turtlebot®和 Pioneer 3®。3.7 节中介绍的简单机器人模型就是这类移动机器人的一个例子。对于这样的设计，可以独立地控制 2 个自由度：速度和偏航率（旋转）。我们已经看到了这种类型的机器人在仿真中的控制，包括简单的 2 维机器人（STDR）和 mobot 模型，通过 cmd_vel 主题使用速度和旋转命令。我们首先对差分驱动车辆进行运动学分析。

9.3.1 机器人运动模型

考虑一个在 x – y 平面上行进的简单车辆，可以用速度 v 和角速度 ω 来命令。机器人具有 3 维位姿，可以指定为 x 和 y 坐标加上其航向 ψ。航向将定义为从世界坐标系（或选定的参考坐标系）x 轴逆时针测量。机器人的运动由以下微分方程描述：

$$\frac{d}{dt}\begin{bmatrix} x \\ y \\ \psi \end{bmatrix} = \begin{bmatrix} v\cos(\psi) \\ v\sin(\psi) \\ \omega \end{bmatrix} \quad (9.10)$$

定义相对于期望路径的路径跟随误差坐标 d_{err}（横向偏移误差）和 ψ_{err}（航向误差）将是有用的。期望路径段的示例是从 (x_0, y_0) 开始的有向线段，并且具有相切路径跟随误差坐标 $t = [\cos(\psi_{des}), \sin(\psi_{des})]^T$ 和边缘法线 $n = [-\sin(\psi_{des}), \cos(\psi_{des})]^T$，其中 ψ_{des} 是段相对于参考坐标系的 x 轴的角度（逆时针测量）。边缘法线是 t 的正 90 度旋转，其中正旋转定义为向上（围绕 z 旋转，其中 z 轴垂直于 x – y 平面定义，与形成右手坐标系统一致）。

关于这个有向线段，我们可以计算位置 (x, y) 处机器人的横向偏移误差：

$$d_{err} = \left(\begin{bmatrix} x \\ y \end{bmatrix} - \begin{bmatrix} x_0 \\ y_0 \end{bmatrix} \right) \cdot \mathbf{n} \quad (9.11)$$

航向误差 ψ_{err} 计算为实际航向与期望航向之差：$\psi_{err} = \psi - \psi_{des}$。对于旋转变量，考虑

⊖ http://www.irobot.com/For-Defense-and-Security/Robots/510-PackBot.aspx#Military
⊜ http://www.clearpathrobotics.com/husky-unmanned-ground-vehicle-robot/
⊝ http://www.irobot.com/For-the-Home/Vacuuming/Roomba.aspx
㉔ http://www.turtlebot.com/
㉕ http://www.mobilerobots.com/ResearchRobots/PioneerP3DX.aspx

周期性很重要。例如，考虑期望的 $\psi_{des} = 0$ 的航向（即，平行于 x 轴指向）和实际航向 $\psi = 0.1$。这对应于 0.1rad 的航向误差，其接近期望的航向。然而，对于 $\psi = 6.0$ 的航向，公式 $\psi_{err} = \psi - \psi_{des}$ 似乎意味着 6.0rad 的航向误差，这是一个大的航向误差。相反，应检查此结果的周期解，以找到最小的误差解释。$\psi_{err} - 2\pi$ 的航向误差周期性值对应于约 −0.28rad 的负航向误差。也就是说，通过旋转正 0.28rad 比旋转负 6rad 更容易校正航向。必须在控制算法的迭代中检查该周期性条件，否则它可能导致严重的不稳定性。我们将选择将航向误差定义为周期性替代中的最小幅度选项。

我们将根据两个错误组件定义跟随误差向量的 2 维路径：

$$e = \begin{bmatrix} d_{err} \\ \psi_{err} \end{bmatrix} \tag{9.12}$$

这些分量可以被解释为横向偏移，其在路径的左侧是正的，并且是航向误差，其作为远离路径切线的航向的逆时针旋转被测量为正。

在下文中，我们将假设机器人以速度 v 向前移动并且我们可以命令叠加旋转速率 ω，目的是将误差向量的两个分量驱动为零。如果误差向量为零，则机器人将具有零偏移（即，将位于路径段的顶部）和零航向误差（即，指向与期望航向一致）。对于差分驱动机器人，转向算法的目的是计算适当的旋转命令 ω，以将误差分量驱动为零，并且以期望的动态（例如，快速且稳定地）进行。

9.3.2 线性机器人的线性转向

我们首先考虑一个简化的系统：由线性控制器控制的机器人动力学的线性近似。为简单起见，假设期望路径是正 x 轴，误差向量简单地为 $e = [y, \psi]^T$（假设 ψ 表示为周期性替代中的最小绝对值选项）。

假设一个线性控制器，我们可以命令 $\omega = Ke$，其中 $K = [K_d, K_\psi]$。K 的两个分量是控制增益，应该选择这些控制增益以使机器人接近期望路径的期望动态。

考虑简化（线性化）车辆动力学：

$$\frac{d}{dt}\begin{bmatrix} x \\ y \\ \psi \end{bmatrix} = \begin{bmatrix} v \\ v\psi \\ \omega \end{bmatrix} \tag{9.13}$$

对应于小的 ψ 值的小角度近似。

同样，误差动态可以表示为：

$$\frac{d}{dt}e = \begin{bmatrix} 0 & v \\ 0 & 0 \end{bmatrix}e + \begin{bmatrix} 0 \\ 1 \end{bmatrix}\omega \tag{9.14}$$

在我们的控制策略中代替 ω 收益率：

$$\frac{d}{dt}e = \begin{bmatrix} 0 & v \\ 0 & 0 \end{bmatrix}e + \begin{bmatrix} 0 \\ 1 \end{bmatrix}Ke = \begin{bmatrix} 0 & v \\ K_d & K_\psi \end{bmatrix}e \tag{9.15}$$

在 LaPlace 域中，这对应于：

$$\begin{bmatrix} 0 \\ 0 \end{bmatrix} = \begin{bmatrix} s & -v \\ -K_d & s-K_\psi \end{bmatrix} e \quad (9.16)$$

它具有以下特征方程：

$$0 = s^2 - K_\psi s - vK_d \quad (9.17)$$

控制增益的负值的任何组合理论上会产生稳定控制的系统（对于该线性近似）。我们可以选择根据通用二阶系统响应解释的值来智能地选择增益：$0 = s^2 + 2\zeta\omega_n s + \omega_n^2$。如果我们选择 $\omega_n = 6$（大约 2π，或大约 1Hz）并且 $\zeta = 1$（即临界阻尼），我们将希望收敛到期望的路径，时间常数约为 1s，零过冲。

图 9.17 ～图 9.19 显示了使用所选控制器的线性化系统的仿真。正如预期的那样，初始偏移误差和航向误差都在约 1s 内收敛到零，并且偏移误差不会超调，与临界阻尼系统一致。控制努力，即 ω 命令，如图 9.19 所示。旋转命令以强负 ω 开始，当机器人收敛于零偏移误差和零航向误差时，其在收敛于零之前改变符号。

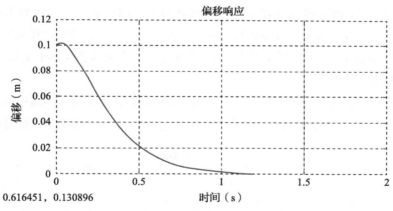

图 9.17 偏移响应与时间的关系，线性模型，线性控制器，1Hz 控制器，临界阻尼

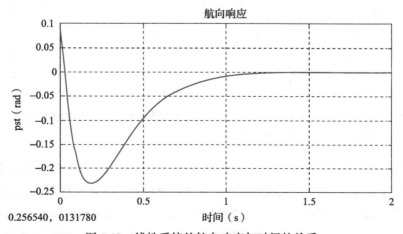

图 9.18 线性系统的航向响应与时间的关系

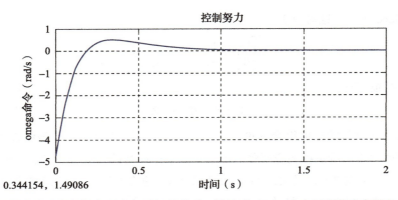

图 9.19 线性系统的控制努力历史与时间的关系。请注意，spin 命令可能超出实际的物理限制

9.3.3 非线性机器人的线性转向

在上一节中，我们考虑了一个线性控制器作用于一个假想的线性系统（我们的机器人动力学的小角度近似）。我们应该评估在更逼真的机器人模型上尝试使用线性控制器的结果。具有与 9.3.2 节相同的增益和 9.3.1 节（非线性化）的动态模型，我们考虑一个有向线段的期望路径，规定如下。线段的起点位于 $(x, y) = (1, 0)$，期望路径的斜率为 45 度。路径航向误差和偏移误差的计算方法如 9.3.1 节所述。角度旋转命令基于 9.3.2 节的线性控制算法和控制增益计算。

图 9.20 和图 9.21 显示了对相对较小的初始误差的响应，显示为横向偏移误差（图 9.20）以及 $x-y$ 平面中路径与期望路径的关系（图 9.21）。响应很好，类似于线性分析。

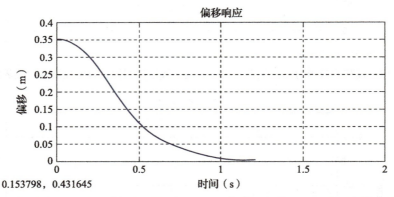

图 9.20 偏移与时间的关系，非线性模型，1Hz 线性控制器。对小的初始误差的响应是好的，类似于线性模型响应

图 9.22 显示了线性控制器对非线性机器人的响应，适用于收敛性良好的各种初始移动机器人转向。在该视图中，航向误差被绘制为位移的函数，该位移是相空间图。可以观察到，当机器人接近收敛到期望的路径段时，航向误差（机器人航向减去指定的路径航向）近似与横向偏移误差成线性比例。该观察结果将用于帮助设计与线性控制器共享特性的非

线性控制器。

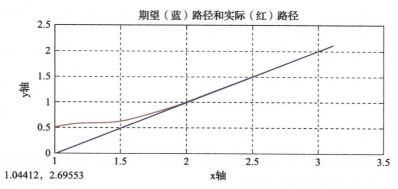

图 9.21 带线性控制器和初始误差小的非线性机器人的路径跟踪。精确路径跟随的收敛性很好

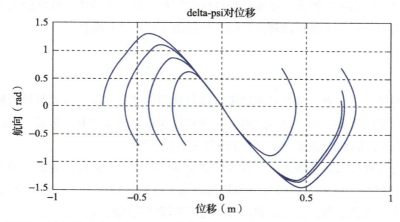

图 9.22 非线性机器人线性控制的相空间。注意在会聚区域附近的位移和航向误差之间的线性关系

与线性系统不同，非线性系统的稳定性可能取决于初始条件。调整控制器以获得理想的响应可能会给人一种表现良好的印象，但不同的初始条件会导致响应非常不稳定。图 9.23 和图 9.24 显示了一个初始偏移误差较大的例子。机器人在圆圈中旋转，可能是危险的，并且它无法收敛在期望的路径上。

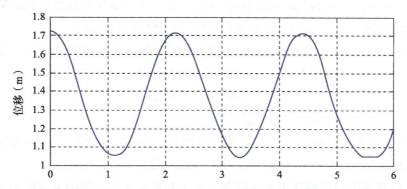

图 9.23 初始位移较大的非线性机器人上的线性控制器。位移误差与时间的关系振荡

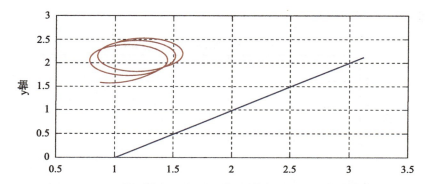

图 9.24 非线性机器人线性控制器的路径，初始误差 y 大于 x。机器人在圆圈中旋转，未能在期望的路径上收敛

简而言之，在实际机器人上不能信任线性控制器。接下来考虑非线性控制器，其将大偏移误差的策略与用于小路径跟随误差的线性控制器的行为相混合。

9.3.4 非线性机器人的非线性转向

在前面的部分中，表明线性控制器可以很好地用作转向算法，只要路径跟随误差足够小。线性控制算法将旋转速率命令计算为航向和位移误差的加权和。但是，当机器人远离目标（或具有较大的航向误差）时，线性映射是不合适的。

如果横向位移很大，机器人应该首先尝试直接朝向期望的路径。为此，最佳方向是将机器人定向到路径，机器人方向与路径航向正交。在这种情况下，航向误差为 ±π/2 是理想的，不应该受到惩罚。这可以被认为是接近阶段或达到阶段。

一旦路径段和机器人之间的横向位移足够小，到达阶段就应该转换到跟随阶段的路径，线性控制器非常适合。在路径跟随阶段中，当横向偏移减小时，航向应倾向于与路径切线对齐（即航向误差应趋于零）。

上述观察结果可以集成在一个公式中，该公式将接近行为和路径跟随行为结合为横向偏移的函数。为了构造这个控制器，我们定义了 4 个不同的航向变量：ψ_{path}，沿着指定路径的理想航向；ψ_{state}，机器人的当前航向；$\psi_{strategy}$ 是一个计算出的理想航向的策略，以实现收敛到指定路径；ψ_{cmd}，一个要发送到低级航向控制器的航向命令。

这里描述的非线性转向控制器取决于低级航向控制器。航向控制器的目的是使机器人改变其方向 ψ_{state}，指向指令方向 ψ_{cmd}。简单的航向控制器可以是以下形式：

$$\omega = K_\psi(\psi_{cmd} - \psi_{state}) \tag{9.18}$$

尽管可以使用更复杂的控制器以获得更好的性能。

在实现中，应检查 ($\psi_{cmd} - \psi_{state}$) 的值的周期性，选择最快的旋转方向（即使用最小旋转角度来达到命令的航向）。应调整增益值 K_ψ，以获得系统的良好响应。

还希望控制器明确地遵守饱和度限制。如果对旋转速率施加的速度限制（无论是硬限制还是软限制）是 $\omega_{\max}$，则可以通过使反馈算法饱和以限制旋转命令来满足这一要求，ω_{cmd}：

$$\omega_{\mathrm{cmd}} = \omega_{\max} f_{\mathrm{sat}}(K_{\psi}(\psi_{\mathrm{cmd}} - \psi_{\mathrm{state}})) \tag{9.19}$$

饱和度函数 f_{sat} 定义为：

$$f_{\mathrm{sat}} = \begin{cases} -1 & \text{如果 } x < -1 \\ 1 & \text{如果 } x > 1 \\ x & \text{否则} \end{cases} \tag{9.20}$$

假设航向控制器运行良好，它仍然需要计算航向命令的策略，该命令将引导机器人在指定路径上收敛。该映射应该产生连续且平滑的 ψ_{strategy} 的值，并且无论初始条件如何，都能实现到指定路径的良好收敛的期望结果。映射还应该混合大的 d_{err}（指向路径，与路径正交）和小的 d_{err}（对于路径跟踪，其行为类似于线性控制器）的逼近策略。

首先，考虑对应于 x 轴的期望路径（在所选择的参考坐标系中）。这种情况的路径船向是 $\psi_{\mathrm{path}} = 0$，横向偏移误差是 $d_{\mathrm{err}} = y$，航向误差是 $\psi_{\mathrm{err}} = \psi_{\mathrm{state}}$。可以构造非线性逼近策略，其指定 ψ_{strategy} 作为横向偏移 d_{err} 的函数，如下：

$$\psi_{\mathrm{strategy}}(d_{\mathrm{err}}) = -(\pi/2) f_{\mathrm{sat}}(d_{\mathrm{err}}/d_{\mathrm{thresh}}) \tag{9.21}$$

在该公式中，值 d_{thresh}（以米为单位）是要调整的参数。当横向偏移误差接近 d_{thresh} 时，航向策略接近 $\pm \pi/2$，使机器人垂直于（并指向）当前路径段定向。对于偏移误差值 d_{err}，与 d_{thresh} 相比较小，航向策略与偏移误差成比例，这符合线性转向算法的收敛区域的行为，如图 9.22 所示。

为了将逼近策略推广到任意定向的路径段，应将指定的路径航向 ψ_{path} 添加到计算策略航向中，从而产生：

$$\psi_{\mathrm{cmd}} = \psi_{\mathrm{path}} + \psi_{\mathrm{strategy}} \tag{9.22}$$

得到的 ψ_{cmd} 成为下级航向控制器的输入。

9.3.5 仿真非线性转向算法

mobot_nl_steering 包包含非线性转向算法的实现，它是类 SteeringController。代码很长，因此不会在这里完整显示。这里解释了一些关键的摘录。

考虑周期性以找到角度误差的成员函数是：

```
double SteeringController::min_dang(double dang) {
    while (dang > M_PI) dang -= 2.0 * M_PI;
    while (dang < -M_PI) dang += 2.0 * M_PI;
    return dang;
}
```

此功能可用于查找从某个初始角度到某个期望角度的最小角距离运动的方向和幅度。饱和度函数的实现是：

```cpp
double SteeringController::sat(double x) {
    if (x>1.0) {
        return 1.0;
    }
    if (x< -1.0) {
        return -1.0;
    }
    return x;
}
```

主要的转向函数是 SteeringController::mobot_nl_steering()。以下代码段：

```cpp
double tx = cos(des_state_psi_); // [tx,ty] is tangent of desired path
double ty = sin(des_state_psi_);
double nx = -ty; //components [nx, ny] of normal to path, points to left of ←
    desired heading
double ny = tx;

double dx = state_x_ - des_state_x_; //x-error relative to desired path
double dy = state_y_ - des_state_y_; //y-error

lateral_err_ = dx*nx+dy*ny; //lateral error is error vector dotted with path ←
    normal
                            // lateral offset error is positive if robot is ←
                                to the left of the path
double trip_dist_err = dx*tx+dy*ty; // progress error: if positive, then we are ←
    ahead of schedule
//heading error: if positive, should rotate -omega to align with desired heading
double heading_err = min_dang(state_psi_ - des_state_psi_);
double strategy_psi = psi_strategy(lateral_err_); //heading command, based on NL ←
    algorithm
controller_omega = omega_cmd_fnc(strategy_psi, state_psi_, des_state_psi_); //spin←
    command
```

给定期望的路径 des_state_psi_、以及路径法线 n、横向偏移误差 lateral_err_ 和航向误差 heading_err，考虑周期性，计算路径切线 t。strategy_psi 的值被计算为横向误差的函数。该功能由下式给出：

```cpp
double SteeringController::psi_strategy(double offset_err) {
    double psi_strategy = -(M_PI/2)*sat(offset_err/K_LAT_ERR_THRESH);
    return psi_strategy;
}
```

它为航向策略实现了派生的非线性表达式。这在航向控制器中使用：

```cpp
double SteeringController::omega_cmd_fnc(double psi_strategy, double ←
    psi_state, double psi_path) {
    psi_cmd_ = psi_strategy+psi_path;
    double omega_cmd = K_PSI*(psi_cmd_ - psi_state);
    omega_cmd = MAX_OMEGA*sat(omega_cmd/MAX_OMEGA); //saturate the ←
        command at specified limit
    return omega_cmd;
}
```

值 K_PSI 和 K_LAT_ERR_THRESH 是要针对期望响应而调谐的参数（例如，快速但具有低过冲)。

若要在我们的仿真移动机器人上调用控制器,我们需要估计主题 gazebo_mobot_pose 上发布的机器人状态,它是 geometry_msgs::Pose 类型的消息。为了评估我们的控制器,这个状态估计取自 Gazebo 在主题 gazebo/model_states 上的发布,解析模型 mobot 的状态,并在主题 gazebo_mobot_pose 上重新发布。这是由 mobot_gazebo_state 包中的 mobot_gazebo_state 节点执行的。可以通过启动仿真器来运行仿真实验:

```
roslaunch gazebo_ros empty_world.launch
```

加载机器人模型:

```
roslaunch mobot_urdf mobot.launch
```

启动 mobot 状态发布器:

```
rosrun mobot_gazebo_state mobot_gazebo_state
```

并运行控制器:

```
rosrun mobot_nl_steering mobot_nl_steering
```

可以使用消息类型 nav_msgs::Odometry 将期望的路径状态发布到 /desState 主题。但是,默认情况下,期望路径是世界 x 轴(指向正方向)。机器人可以在 Gazebo 中重新定位和重新定向,并且非线性转向控制器将尝试使机器人收敛在当前路径段(例如 x 轴)上。

对于选择的参数:

```
const double K_PSI= 5.0; // control gains for steering
const double K_LAT_ERR_THRESH = 3.0;
// dynamic limitations:
const double MAX_SPEED = 1.0; // m/sec; tune this
const double MAX_OMEGA = 1.0; // rad/sec; tune this
```

示例响应如图 9.25 所示。机器人以大约 4m 的横向位移误差开始(正向,即向期望路径的左侧移动)。由于这是一个大的位移误差,因此航向策略计算为 $-\pi/2$。由于机器人的初始航向为零,实际航向和期望航向之间的差异很大,导致 ω 命令在 -1.0rad/s 时饱和。当机器人重新定向并向前移动靠近路径时,此命令仍然存在。大约 2s 后,航向策略开始重新定向为零(路径航向)。ω 命令变为正数以获得更多正航向(接近零航向)。大约 4s 后,轨迹的其余部分看起来像一个线性控制器,航向误差和偏移误差平滑地收敛到零。

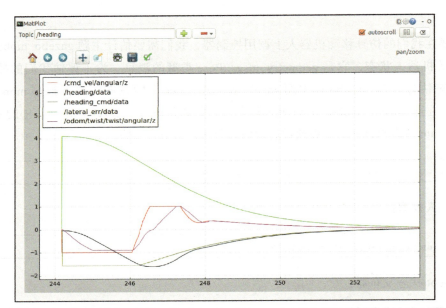

图 9.25 非线性机器人非线性控制的状态与时间的关系。大的初始误差下的行为是适当的并且与线性控制不同,而响应与线性控制行为相混合,用于收敛附近的小误差

9.4 相对于地图坐标系的转向

9.3 节的转向算法依赖于 9.2 节的状态估计技术。这里说明了使用 AMCL 与里程计的集成的具体示例,如 9.2.4 节所述。在包 lin_steering 中,节点 lin_steering_wrt_amcl(具有相同名称的源代码)执行这种转向。

lin_steering_wrt_amcl.cpp 中的主程序如代码清单 9.11 所示。

代码清单 9.11　lin_steering_w_amcl.cpp 的主程序:基于集成 AMCL 和里程计进行线性反馈转向的代码

```
int main(int argc, char** argv)
{
    ros::init(argc, argv, "steeringController"); //node name
    ros::NodeHandle nh;
    XformUtils xform_utils;
    geometry_msgs::PoseStamped est_st_pose_base_wrt_map;
    ros::Rate sleep_timer(UPDATE_RATE); //a timer for desired rate, e.g. 50Hz

    OdomTf odomTf(&nh); //instantiate an OdomTf object to fuse amcl and drifty odom
    while (!odomTf.odom_tf_is_ready()) {
        ROS_WARN("waiting on odomTf warm-up");
        ros::Duration(0.5).sleep();
        ros::spinOnce();
    }

    ROS_INFO("main: instantiating an object of type SteeringController");
    SteeringController steeringController(&nh);

    ROS_INFO("starting steering algorithm");
    while (ros::ok()) {
        ros::spinOnce();
        //get pose from computed stamped transform of base_link w/rt map, combining ←
```

```
                amcl and drifty_odom
        est_st_pose_base_wrt_map = xform_utils.get_pose_from_stamped_tf(odomTf.
            stfEstBaseWrtMap_);
        g_odom_tf_x = est_st_pose_base_wrt_map.pose.position.x;
        g_odom_tf_y = est_st_pose_base_wrt_map.pose.position.y;
        g_odom_tf_phi = xform_utils.convertPlanarQuat2Phi(est_st_pose_base_wrt_map.
            pose.orientation);
        steeringController.lin_steering_algorithm(); // compute and publish twist
            commands and cmd_vel and cmd_vel_stamped
        sleep_timer.sleep();
    }
    return 0;
}
```

这个主函数实例化一个 **OdomTf** 类型的对象和一个 **SteeringController** 类型的对象。这两个都依赖于定时循环和 ros::spinOnce()，以便它们通过其回调函数接收更新并执行各自的计算。OdomTf 对象更新（并发布）其当前对标记变换 **stfEstBaseWrtMap_** 的最佳估计，这是当前地图坐标中机器人位姿的最佳估计。如 9.2.4 节所述，OdomTf 对象将里程计坐标中机器人的位姿转换为地图坐标中机器人的位姿。这是在里程计发布的完整更新速率下进行的，使用相对于地图坐标的最新估计的里程计–坐标漂移，并基于 AMCL 发布计算。

lin_steering_wrt_amcl.cpp 的主函数包含一个更新 OdomTf 的定时循环，从这些更新中，机器人的位姿用 x、y 和航向描述，用地图坐标表示。这些值分别被复制到全局变量 g_odom_tf_x、g_odom_tf_y 和 g_odom_tf_phi，以供转向算法使用。

通过在主循环中调用 ros::spinOnce()，ros::spinOnce() 命令还可以通过 SteeringController 对象中的回调函数启用更新。此对象中的回调函数接收最新的期望状态发布（由期望状态发布器发布，如 9.1.4 节中所述）。

更新了机器人状态的估计值（在地图坐标中）和机器人的期望状态（在地图坐标中）后，调用线性转向算法。代码清单 9.12 中显示了 SteeringController 对象中的 lin_steering_algorithm() 函数。

代码清单 9.12　lin_steering_w_amcl.cpp 中的转向函数

```
void SteeringController::lin_steering_algorithm() {
    double controller_speed;
    double controller_omega;

    double tx = cos(des_state_phi_); //components of tangent to desired path
    double ty = sin(des_state_phi_);
    double nx = -ty; //components of normal to desired path
    double ny = tx;

    double heading_err;
    double lateral_err;
    double trip_dist_err; // error is scheduling...are we ahead or behind?

    // have access to: des_state_vel_, des_state_omega_, des_state_x_, des_state_y_,
        des_state_phi_
    // and corresponding state estimate values, in map coordinates
    double dx = des_state_x_ - g_odom_tf_x; //error between desired and actual x-
        coordinate value, in map coordinates
    double dy = des_state_y_ - g_odom_tf_y; //error between desired and actual y-
        coordinate value, in map coords

    lateral_err = dx*nx + dy*ny; //compute sideways offset from desired path
    trip_dist_err = dx*tx + dy*ty; //compute progress along path
```

```
        heading_err = min_dang(des_state_phi_ - g_odom_tf_phi); // watch out for ↵
            periodicity of heading

        // use linear feedback to reduce the three errors:
        controller_speed = des_state_vel_ + K_TRIP_DIST*trip_dist_err; //speed up/slow ↵
            down to null out trip dist err

        //steering feedback, based on both heading error and lateral offset error
        controller_omega = des_state_omega_ + K_PHI*heading_err + K_DISP*lateral_err;
        controller_omega = MAX_OMEGA*sat(controller_omega/MAX_OMEGA); // saturate omega ↵
            command at specified limits

        // send out corresponding speed/spin commands:
        twist_cmd_.linear.x = controller_speed;
        twist_cmd_.angular.z = controller_omega;
        twist_cmd2_.twist = twist_cmd_; // copy the twist command into twist2 message
        twist_cmd2_.header.stamp = ros::Time::now(); // look up the time and put it in the↵
            header
        cmd_publisher_.publish(twist_cmd_);
        //this second publication is simply for debug/visualization; in includes a stamped↵
            header,
        // which makes it convenient to plot with rqt_plot
        cmd_publisher2_.publish(twist_cmd2_);
}
```

线性转向功能使用最新的期望状态更新和最近的机器人状态估计更新来计算 x、y 和航向中的误差。x 和 y 误差被转换为横向偏移和行程距离误差的替代值。出行距离误差用于调节前进速度，以使机器人保持正常进度。横向偏移和航向误差用于控制角速度，以使机器人转向收敛到具有期望航向的期望路径。反馈计算用于填充 Twist 消息，然后将其发布到 cmd_vel 主题以控制机器人。重要的是，要以足够高的更新速率定期更新本发布，以使转向稳定。

可以使用以下命令观察该转向算法。首先，在 DARPA 启动笔中启动机器人：

```
roslaunch mobot_urdf mobot_in_pen.launch
```

接下来，启动多个节点：

```
roslaunch odom_tf mobot_w_odom_tf.launch
```

上述启动执行以下操作。启动 map_server 节点，参考启动笔的映射。启动 amcl 节点，特别是考虑非完整机器人移动性。启动 mobot_drifty_odom 节点，提供故意不完美的里程计发布（以便说明与 amcl 集成的价值）。启动 mobot_pub_des_state 节点，准备接受来自客户端的路径命令。lin_steering_wrt_amcl 节点已启动，该节点使用 mobot_drifty_odom 和 mobot_pub_des_state 发布的信息。为了可视化结果，启动 rviz（使用预设配置），并启动 triad_display 节点以帮助显示在 lin_steering_wrt_amcl 中计算的内部位姿值。

图 9.26 显示了启动时 Gazebo 和 rviz 中机器人的状态。请注意，rviz 的全局（固定）坐标系已设置为 map。显示 4 个坐标：机器人的真正 base_link，由 AMCL 计算/更新的机器人的位姿，（漂移）里程计参考坐标系，以及来自 AMCL 和（drifty）odom 的整合的机器人的估计位姿。在启动时，这 4 个坐标都重合，因为还没有动作引起里程计的漂移，并

且机器人静止时不能看到 AMCL 的缓慢更新速率。

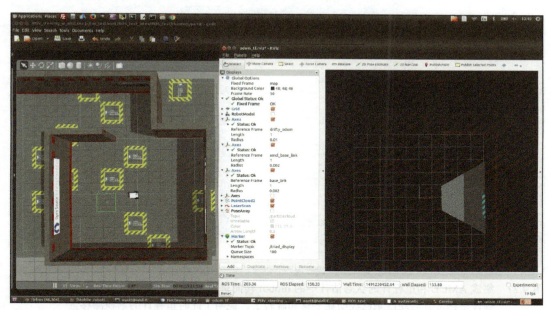

图 9.26 启动后启动笔中机器人的初始状态。请注意，在 rviz 视图中，会显示 4 个坐标，但这些坐标最初是重合的

为了让机器人移动，路径客户端 21 条通过点发送到期望状态的发布器节点。可以使用以下命令运行与启动笔相关的示例客户端：

```
rosrun mobot_pub_des_state starting_pen_pub_des_state_path_client
```

该客户端发送 3 个通过点，指示机器人退出启动笔并在笔外部的位置结束。发送此路径服务请求后的两个进度快照如图 9.27 和图 9.28 所示。在图 9.27 中，rviz 中显示的 4 个坐标不再重合。靠近 rviz 视图底部的里程计坐标系显示了平移和旋转方面的显著漂移。通过理想的里程计，这个坐标系在其启动位姿下将保持相同。AMCL 更新有助于识别累积的里程计坐标漂移，这是显示的结果。

在 rviz 视图的顶部附近，显示了其他 3 个坐标系，并且这些坐标系彼此相对接近。最顶部的坐标系是 base_link 的真实位姿。3 个聚类坐标中最低的是机器人每个 AMCL 的估计位姿。该坐标滞后，并以相对较低的更新速率以离散跳转的方式进行更新。在这两个坐标之间是基于 AMCL 和里程计的集成的机器人的估计位姿。理想情况下，此坐标将与真正的 base_link 坐标重合，尽管存在一些延迟（归因于 AMCL 的延迟更新）。在目前的情况下，里程计漂移相当严重。通过更好地调整里程计，里程计坐标系将漂移得更慢，并且 AMCL 变换将在更长的持续时间内保持有效。相应地，集成的 AMCL 和里程计将更密切地跟踪机器人的真实位姿。即使具有这种大的里程计漂移，估计的位姿仍然适合于转向，因为它经常更新并且不会随着累积误差而漂移。

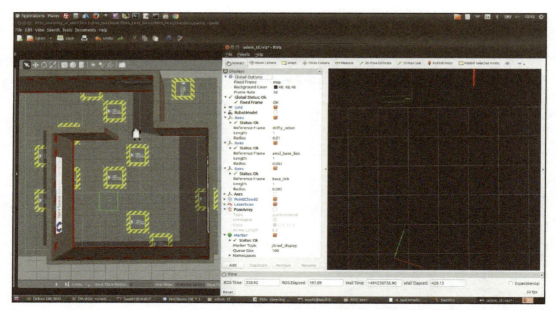

图 9.27 集成 AMCL 和里程计的状态估计中的 mobot 转向进度快照。注意，rviz 视图底部附近的里程计坐标系自启动以来已经明显平移和旋转了，说明了此时里程计的累积漂移量

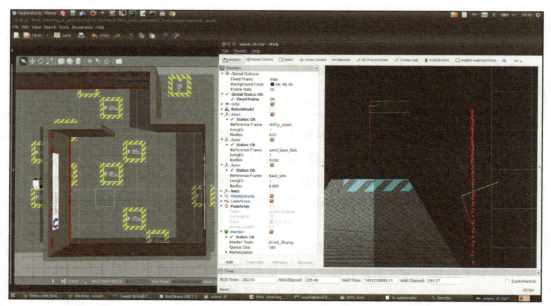

图 9.28 关于集成 AMCL 和里程计的状态估计的机器人转向结果。rviz 视图中右下方的里程计坐标系在导航过程中已经平移和旋转。尽管如此，机器人的真实位姿、AMCL 位姿估计以及集成的 AMCL 和里程计位姿估计大致一致

图 9.28 显示了机器人靠近目标位置的状态。走了更长的距离后，基于里程计的位姿估计变得更糟。这可以通过里程计参考坐标系的漂移来显现（理想情况下，它将与其初始位姿保持一致）。此时，如图 9.28 的 rviz 视图右下方所示，里程计参考坐标系几乎在笔外

漂移并旋转了近 90 度。尽管如此，集成 AMCL 和里程计的位姿估计仍然相当精确。在图 9.28 的 rviz 视图中，有 3 个坐标系彼此靠近。这 3 个坐标系的最底部是真正的机器人位姿，最顶部的坐标系是每个 AMCL 最近的位姿，中间坐标系是 AMCL 和里程计集成的估计机器人位姿。所有 3 个坐标系在机器人的方向是一致的。集成的 AMCL 和里程计坐标系接近机器人的真实位姿，这个坐标系随每个 odom 发布的而更新，使其适合转向。

运行上述代码说明了使用集成 AMCL 和里程计进行转向的成功。使用该估计值进行转向校正，机器人成功地沿预定路径准确行驶。相比之下，未校正的里程计的转向将很早就会导致在机器人轨迹上的碰撞。

9.5 小结

本章介绍了移动机器人运动控制。基本组成部分包括：对期望状态（轨迹）的充分详细说明；估计实际机器人状态（定位）；用于驱动机器人轨迹朝向期望轨迹的反馈（转向算法）。

到目前为止的介绍都假设存在一条可行的道路。在重要的环境中生成考虑避障的可行路径是路径规划要做的事，接下来再介绍。

第10章 移动机器人导航

引言

到目前为止,对规划的考虑仅限于沿特定折线的点移动。更一般地说,车辆应该能够规划和执行自己的目标运动。在这样做时,应该考虑所有可用的先验信息,例如预先录制的地图,以及途中遇到的意外障碍。在 ROS 中,这通常使用称为导航堆栈的方法来解决。导航堆栈假设使用地图、定位和障碍感知。根据车辆尺寸的规格,计算了将环境中的位姿表示成对应惩罚的代价图。全局规划器计算出从机器人的当前位姿到指定目的地的无障碍路径。当遵循全局路径规划时,机器人对障碍物进行感知,并做出反应,通常会出现绕过障碍物后的路径偏差,并重新加入全局规划。

在这一章中,我们将介绍使用 move_base 包实现导航堆栈的方法。我们首先介绍构建地图的过程,然后展示了如何结合导航堆栈使用地图,以及动作客户端如何调用导航堆栈的功能。

10.1 构建地图

gmapping 包可用于使用移动机器人和 LIDAR 传感器创建地图。gmapping 的维基网址为 http://wiki.ros.org/gmapping:

gmapping 包提供了基于激光的 SLAM(即时定位和建图)的功能,它是一个叫作 slam_gmapping 的 ROS 节点。使用 slam_gmapping,可以通过从移动机器人采集的激光和位姿数据中创建 2 维占据栅格地图(类似建筑物平面布置图)。

为了使用这个包,用户必须结合一个固定的底座水平地安装机器人的 LIDAR,并且机器人需要发布里程计数据。此包后处理 LIDAR 和 tf 数据,并试图建立一个地图来解释相对于机器人运动的 LIDAR 数据。

建图可以实时进行,也可以后期处理。对于后期处理方法,构建地图的第一步是得到(bag)数据。例如,启动 Gazebo:

```
roslaunch gazebo_ros empty_world.launch
```

包 mobot_urdf 中的 mobot_startup_open_loop.launch 文件启动机器人模型,引入 starting_pen 模型,启动所需状态发布器,并启动开环控制器。本次启动使用的机器人模型包含 LIDAR、Kinect 传感器和彩色相机。rviz 也启动了。用下列指令执行这些操作:

```
roslaunch mobot_urdf mobot_startup_open_loop.launch
```

随着机器人的运行,rviz 应该显示 LIDAR 是激活的,它可以感知到启动笔周围的墙壁。这时,机器人应该通过某条路径缓慢地运动,探索其周围的环境,同时收集主题 tf 和 scan(其中 scan 是用于机器人模型的 LIDAR 主题)上的数据。

要记录数据,打开想保存数据的文件目录。当前示例使用 learning_ros 软件库中的 maps 目录。在所选目录中,开始记录数据:

```
rosbag record -O mapData /scan /tf
```

在数据记录的同时,机器人也在移动。可以用以下方式调用 3m × 3m 方形路径的预编写脚本运动示例:

```
rosrun mobot_pub_des_state pub_des_state_path_client_3x3
```

如果需要,可以重新运行,让机器人多次执行该示例路径。由于使用开环控制,机器人将偏离期望的路径,因此重复此路径的过程中,将产生新的观测点,能够提升地图构建的精度。

当使用真正的机器人进行地图构建时,可以启动装袋进程,然后使用操纵杆手动操控机器人进入感兴趣的环境。这样做时,应该小心地慢慢移动机器人,特别是在转弯时。后期处理的时候,这些数据更容易融合来自不同位姿的扫描数据。

采集到足够的数据之后,就可以结束 rosbag 进程(使用组合键 control-C)。Gazebo 也被结束。装袋的数据将包含在所选目录中的 mapData 文件里。

给定包含 LIDAR 扫描数据和变换(tf)数据的 rosbag 记录,可以对 rosbag 进行后期处理,以计算对应的地图。因此启动 roscore,然后从存放 rosbag 数据的目录中运行:

```
rosrun gmapping slam_gmapping scan:=/scan
```

在本示例中,重新映射选项 scan:=/scan 是非必要的,因为机器人模型的 LIDAR

扫描主题已被称为 scan。然而，如果机器人的扫描主题是例如 /robot0/scan，应该使用 scan:=/robot0/scan 选项进行主题重新映射。此时，地图构建器 gmapping 订阅了 tf 主题和 LIDAR 主题。为了将采集的数据发布到对应的主题，请使用以下指令回放数据：

```
rosbag play mapData.bag
```

上述命令假定记录的数据为 mapData.bag（在 rosbag 记录期间选择的选项），并且假定该命令从 mapData.bag 所在的目录运行。无论运行 rosbag play 还是 gmapping slam_mapping，地图构建节点都将收到 LIDAR 和 tf 发布的数据，并将尝试基于这些数据构建一张地图。

地图构建过程可以实时观看。具体步骤如下，运行 rviz：

```
rosrun rviz rviz
```

要想在 rviz 中添加一个 map 显示项。在显示面板中，展开这个新项并选择主题 /map。当播放录制内容时，可以看到正在构建地图的过程。

图 10.1 显示了一个 2 维占据图例子，其中深浅灰色表示一个格子被占据的确定性程度。黑色格子对应占用率高，白色格子意味着空置率高。灰色格子意味着没有可用的信息。图 10.1 中的显示是对启动笔的可信拟合。由于机器人没有往前走，并且通过激光雷达获得相应位姿，因此走廊出口也就没有建完图。

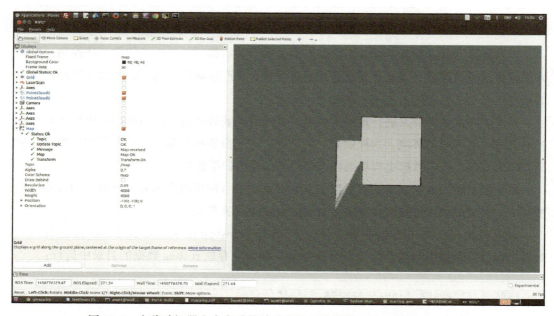

图 10.1　由移动机器人在启动笔移动的记录数据构建的地图的 rviz 视图

当包文件播放完成时，创建的地图需要保存到磁盘。需要通过命令完成：

```
rosrun map_server map_saver -f newMap
```

其中 newMap 是文件名，通常选用易于记忆的名字命名。上述命令将创建两个文件：newMap.yaml 和 newMap.pgm。对于创建的示例地图，newMap.yaml 文件包含：

```
image: newMap.pgm
resolution: 0.050000
origin: [-100.000000, -100.000000, 0.000000]
negate: 0
occupied_thresh: 0.65
free_thresh: 0.196
```

这些参数声明地图数据可以在名为 newMap.pgm 的文件中找到，并且该地图中格子的分辨率为 5cm。阈值被规划算法用来判定一个单元格的状态是占用还是空闲。

地图数据包含在 newMap.pgm 中。这是一种图像格式，在 Linux 中可以通过双击文件来直接查看。如果需要，可以使用图像编辑器程序来编辑地图。

由于另一个替代方案是依靠记录（bagging）数据和后期处理来创建地图，所以地图制作可以交互式执行。具体来说，在感兴趣的环境中启动一个机器人，并确保 LIDAR 传感器处于激活状态，发布相对于机器人基础坐标系的变换数据和里程计数据，并准备遥控移动机器人。对于我们仿真的移动机器人，可以使用以下方法完成：

```
roslaunch mobot_urdf mobot_in_pen.launch
```

该启动文件启动 Gazebo，产生启动笔的模型，将机器人模型加载到参数服务器，在 Gazebo 中生成机器人模型，并启动机器人状态发布器。在目前的情况下，LIDAR 链路已经是机器人模型的一部分，因此它的对于机器人基础坐标系的变换数据将由机器人状态发布器发布。当运行一个真实机器人时，需要一个静态变换数据发布器来建立 LIDAR 相对于机器人基础坐标系的位姿。

随着机器人在感兴趣的环境中运行，应该运行 3 个节点：gmapping、rviz 和 teleop_twist_keyboard（或一些等同的控制机器人的方法）。这些节点可以在包 mobot_mapping 中的启动文件的帮助下启动：

```
roslaunch mobot_mapping mobot_startup_gmapping.launch
```

这个启动文件使用一个预先存储的配置文件启动 rviz，该配置文件包含一个 map 显示（在 map 主题上）。当这些节点启动时，显示如图 10.2 所示。当机器人在环境中移动时，构建的地图面积将越来越大。图 10.3～图 10.5 显示了地图的更新：机器人到达边界之后缓慢地逆时针转向，完成完整的旋转后，开始进入出口走廊。

启动笔地图在 maps/starting_pen，就像之前在图 9.15 中被调用那样，通过这个过程被构建，包括机器人退出启动笔和绕着启动笔建立内部和外部地图的表示。

正如在 9.2.4 节中所介绍过的，通过地图可以建立机器人位姿与地图之间的相对关系。另外，具备了地图之后，即可对机器人进行运动规划，我们将在下面的章节介绍相应的内容。

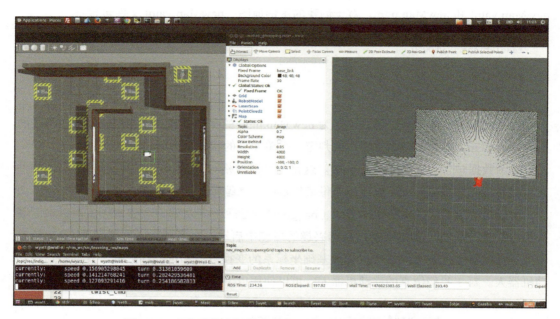

图 10.2　在启动笔中机器人运行 gmapping 进程的初始视图

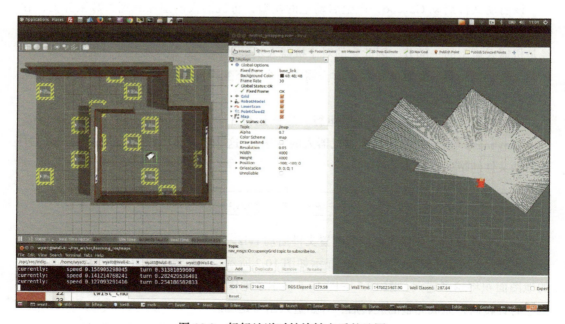

图 10.3　轻轻地逆时针旋转之后的地图

第 10 章 移动机器人导航

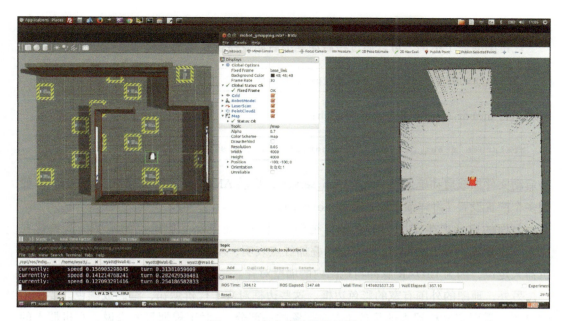

图 10.4　完全旋转后的地图

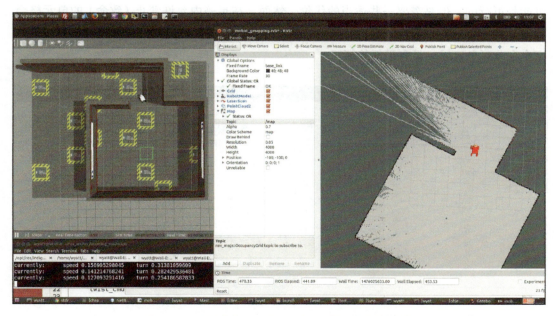

图 10.5　机器人第一次进入出口走廊时的地图状态

10.2　路径规划

ROS 中最常用的软件包之一是 move_base，其中包含许多功能。move_base 节点包含全局规划、局部规划和转向。全局和局部规划是基于代价图的概念，详见 http://wiki.ros.

org/costmap_2d。

代价图的一个示例，可以通过在启动笔中启动机器人模型来可视化：

```
roslaunch mobot_urdf mobot_in_pen.launch
```

然后运行 mobot_startup_navstack.launch：

```
roslaunch mobot_nav_config mobot_startup_navstack.launch
```

该启动文件加载启动笔地图（使用 map_server），启动 AMCL，以预设配置启动 rviz，并使用多个配置设置（将详细讨论）启动 move_base。

上面的启动产生了图 10.6 的 rviz 视图。这个界面显示了启动笔的地图，其构建在 10.1 节中描述。与 LIDAR 脉冲对应的叠加红点表明，AMCL 成功地实现了相对于地图的机器人定位，因为 LIDAR 脉冲与地图内的墙壁对齐。

另外，地图的外围有宽的彩色边框。这些边框对应于代价惩罚，编码成颜色。要使用代价图，需要定义机器人的足迹（作为配置的一部分）。对于规划目的来说，在机器人的足迹中如果允许包含非零代价单元格，候选路径方案就会受到惩罚。虽然靠近障碍物移动可能是可行的，但是需要一些适当的代价。然而，在足迹内允许禁止（致命）的单元格会将候选路径评分为不可行。地图的灰色区域没有任何惩罚，并且路径方案保持机器人足迹完全在非彩色区域，具有最低的惩罚。

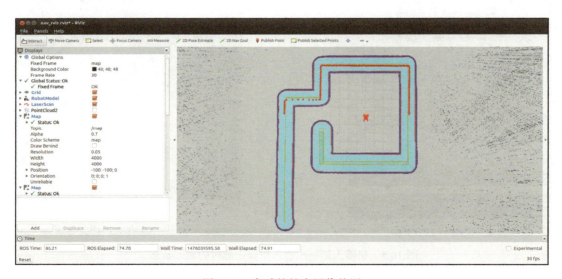

图 10.6　启动笔的全局代价图

图 10.7 是一个宽地图全局路径规划实例。蓝色轨迹显示由全局规划器计算的规划。该实例的目标是通过使用 rviz 中的 2dNavGoal 工具手动设置的。通过单击这个工具，然后在地图的未占用区域内的某处单击并拖动鼠标，可以设置导航目标的原点和航向。因此

在图 10.7 中，设定的目标显示为一个坐标系（有色三元组）。显示的路径与所有墙壁保持缓冲距离，同时尝试以最小距离到达目标。局部规划（包含转向算法）负责沿着提出的路径方案控制机器人。全局路径方案是针对已知地图计算的。然而，未知的障碍可能会使规划无效。所以就需要用到局部代价图。图 10.8 显示了覆盖在全局代价图上的局部代价图。在这种情况下，在 Gazebo 中的机器人前面添加障碍物（圆路障）。这个障碍在最初的建图过程中并不存在，因此对于全局代价图是未知的。这种情况很常见，因为家具可能会重新布置，托盘可能会在工厂移动，或者人员、车辆或其他机器人可能会像障碍物一样意外出现。如图 10.8 所示，局部代价图只考虑短距离的；它只知道在一些相对于机器人定义的窗口内感知到的障碍物。虽然传感器可能具有更长的感知范围，但局部代价图被有意表示为一种短程解释。在图 10.8 中，圆路障仅进入了机器人的局部意识。

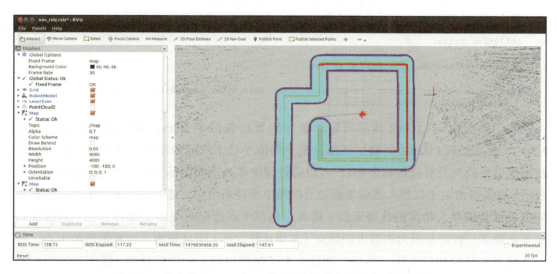

图 10.7　指定的 2d NavGoal（三元组）的全局规划（蓝色痕迹）

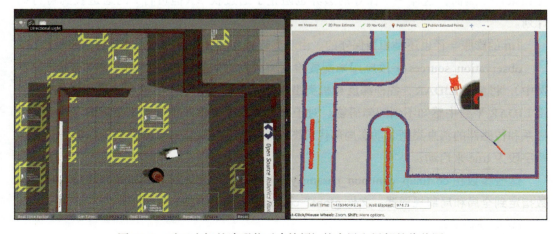

图 10.8　对于未知的障碍物（建筑桶）的全局和局部的代价图

当检测到障碍物时，重新生成绕过障碍物的路径规划，如图 10.8 中的蓝色轨迹所示。

从这个简短的介绍中可以看出，更多的计算是在后端进行的。此外，为了获得良好性能，需要进行调参。调参基于 4 个配置文件：costmap_common_params.yaml、local_costmap_params.yaml、global_costmap_params.yaml 和 base_local_planner_params.yaml。在 http://wiki.ros.org/navigation/Tutorials/RobotSetup 中介绍了如何为 navstack 设置配置参数，关于代价图的更详细信息，请参阅 http://wiki.ros.org/costmap_2d，并且对于规划参数，请参阅 http://wiki.ros.org/base_local_planner。对于我们的示例机器人，这些文件在包 mobot_nav_config 中。文件 costmap_common_params.yaml 包含：

```
obstacle_range: 3.0
raytrace_range: 3.5
#footprint: [[x0, y0], [x1, y1], ... [xn, yn]]
#footprint: [[0.2,0.4], [-0.8,0.4], [-0.8,-0.4], [0.2,-0.4]]
#alt: ir of robot:
robot_radius: 0.8
inflation_radius: 1.0

observation_sources: laser_scan_sensor

laser_scan_sensor: {sensor_frame: lidar_link, data_type: LaserScan, topic:
  /scan, marking: true, clearing: true}
```

这些参数指定 LIDAR 传感器障碍物感知数据仅限于 3.0m，清除障碍可能会达到 3.5m。（通过识别 LIDAR 射线拓展超过某个阈值半径来清除障碍物，并且因此沿着该射线到阈值半径间没有任何障碍物）。可以通过指定多边形的坐标（在机器人的基础坐标中表示）或者指定关于机器人基础坐标原点的简单半径来定义足迹。在当前例子中，注释掉的多边形是机器人轮廓的合理近似。然而，相对于多边形的规划比相对于一个圆的规划要复杂得多，特别是因为机器人的原点（在驱动轮之间）明显偏离了边界矩形的中心。另一个设置半径的替代方法必须是保守的，为了包围机器人的完整轮廓（特别是因为机器人的原点不在机器人的足迹的中心）。假设保守的循环边界可以简化规划并导致更少的死锁条件。然而，这样一个保守的边界也阻止了通过狭窄（但可行）的通道找到可行的计划。

1m 的膨胀半径也还是相当保守的。由于靠近墙壁和其他障碍物，这些规划将被惩罚。

observation_sources 字段应用来配置检测障碍物的所有传感器类型。最常见地（如本例中），将装配 LIDAR。各种深度相机类型也是其中的配置选项。这种传感器能感知在 2 维 LIDAR 平面中感知不到的障碍物。对于列出的每种传感器类型，还必须指定传感器坐标系和传感器的消息类型。动态局部代价图在感知路障。标记和清除通常可以通过设置这些字段为 true 来启动。

这些参数在 costmap_common_params.yaml 中设置，应用到全局和局部规划。其他参数指定到全局和局部规划器。文件 global_costmap_params.yaml 如下所示：

```
global_costmap:
  global_frame: /map
```

```
    robot_base_frame: /base_link
    update_frequency: 1.0
    static_map: true
```

该文件指定全局规划应该在 map 坐标系下执行，并且机器人的路径将相对于其 base_link 坐标系进行指定。全局规划想要成功运行，必须在 base_link 与 map 坐标系之间发布变换。如果加载了地图并且 AMCL 正在运行，则此变换将由 AMCL 发布。如果这些坐标系已被分配了其他名称，则名称必须在配置文件中反映。static_map 参数已设置为 true 去识别已获取并加载了完整地图。相反，动态构建的地图（例如使用 SLAM）不会是静态的。

对于局部规划器特定的代价图参数是在 local_costmap_params.yaml 中指定的，如下所示：

```
local_costmap:
  global_frame: /odom
  robot_base_frame: base_link
  update_frequency: 1
  publish_frequency: 1
  static_map: false
  rolling_window: true
  width: 3
  height: 3
  resolution: 0.05
```

在这种情况下，局部规划器使用 odom 坐标，因为里程计比 map 坐标更新得更快，这对转向控制非常重要。机器人上的参考坐标同样是 base_link。局部代价图是基于激光雷达感知进行动态构建和更新的，因此 static_map 参数为 false。局部代价图仅在机器人的相对较小的窗口内计算，定义为一个具有指定尺寸和分辨率的 rolling_window。

base_local_planner_params.yaml 文件如下：

```
TrajectoryPlannerROS:
    max_vel_x: 1
    min_vel_x: 0.1
    max_vel_theta: 1.0
    min_in_place_vel_theta: 0.2

    acc_lim_theta: 1
    acc_lim_x: 1
    acc_lim_y: 0

    holonomic_robot: false
```

该文件设置与转向相关的参数，包括最小和最大前进和旋转速度和加速度。重要的是，由于机器人模型使用差分驱动器，因此它不是完整的，即它不能侧滑或"螃蟹走"。为了通知计划器，将参数 holonomic_robot 设定为 false。

定义了 move_base 所需参数的值之后，应将这些参数加载到参数服务器从而为 move_base 所使用，这操作通过启动文件完成。包 mobot_nav_config 中的 mobot_startup_navstack.launch 文件为移动机器人示例执行这些功能。这个文件的内容如下：

```
<launch>
    <!-- Run the map server and load the starting-pen map -->
    <node name="map_server" pkg="map_server" type="map_server"
        args="$(find maps)/starting_pen/starting_pen_map.yaml"/>
```

```xml
<!-- use amcl for localization-->
<!--node pkg="amcl" type="amcl" name="amcl" output="screen"-->
<!-- alt: try differential-drive amcl config params -->
<include file="$(find amcl)/examples/amcl_diff.launch"/>

<!--alt: instead of loading a map and localizing on it, could run slam dynamically-->
<!--node name="slam_gmapping" pkg="gmapping" type="slam_gmapping"/-->

<!-- launch rviz using a specific config file -->
<node pkg="rviz" type="rviz" name="rviz" args="-d
  $(find mobot_nav_config)/nav_rviz.rviz"/>

<!--move_base w/ navstack config files-->
<node pkg="move_base" type="move_base" respawn="false"
  name="move_base" output="screen">
    <rosparam file="$(find mobot_nav_config)/costmap_common_params.yaml" command="load"
      ns="global_costmap" />
    <rosparam file="$(find mobot_nav_config)/costmap_common_params.yaml" command="load"
      ns="local_costmap" />
    <rosparam file="$(find mobot_nav_config)/base_local_planner_params.yaml"
      command="load" />

    <rosparam file="$(find mobot_nav_config)/local_costmap_params.yaml"
      command="load" />
    <rosparam file="$(find mobot_nav_config)/global_costmap_params.yaml"
      command="load" />
</node>

</launch>
```

该启动文件首先加载启动笔地图，然后启动 AMCL 运行。在这种情况下，使用差分驱动机器人的 AMCL 版本。（已知机器人不能侧身滑动有助于约束传感器对地图的定位拟合。）rviz 也会启动，并参考预先设置的配置文件。最后，启动 move_base 节点，其中包括将配置文件加载到参数服务器为 move_base 所使用。在加载这些文件时，全局和局部规划器都需要 costmap_common_params.yaml 中的参数，并且它们两个的参数应该一致。为了执行这种一致性，共享参数分别加载到 global_costmap 和 local_costmap 的名称空间中，并使用相同的源文件。

要从 move_base 获得良好性能可能需要对相关参数进行相当程度的调整。如果这些参数不适给定的机器人局部设置，机器人可能无法找到可行的解决方案，卡在障碍物边界，不规律地转向，并在目标位姿处摆动。

除了调优配置参数外，还可以选择编写全局规划器和局部规划器（和转向算法），并让这些备选规划器在 move_base 内运行（请参见 http://wiki.ros.org/nav_core）。也可以使用 move_base 得到近似目标位姿，然后使用自定义控件发布到 cmd_vel 以获得局部精度行为（例如，使用 move_base 大致靠近充电站，然后执行精确导航，在假设有传感器反馈的情况况下，完成对接操作）。

10.3 move_base 客户端示例

包 example_move_base_client（源代码 example_move_base_client.cpp）包含一个如何构建 move_base 动作服务器的动作客户端的示例。这个例子可以通过首先启动 Gazebo（机器人在启动笔中）来运行：

```
roslaunch mobot_urdf mobot_in_pen.launch
```

然后加载配置文件并使用 mobot_startup_navstack.launch 启动 move_base：

```
roslaunch mobot_nav_config mobot_startup_navstack.launch
```

示例 move_base 客户端具有硬编码的目标目的地。通过运行以下命令与 move_base 动作服务器通信：

```
rosrun example_move_base_client example_move_base_client
```

这样就生成了全局规划并且沿着该规划开始导航。图 10.9 显示了目标目的地途中的机器人屏幕截图。

图 10.9　move_base 客户端交互示例。目的地以目标消息发送到 move_base 动作服务器，规划一个路线（蓝色痕迹）到目的地（三元组目标标记物）

发送导航目标的示例代码在代码清单 10.1 中。

代码清单 10.1　example_move_base_client.cpp:move_base 动作客户端的示例

```
1  #include<ros/ros.h>
2  #include <actionlib/client/simple_action_client.h>
3  #include <actionlib/client/terminal_state.h>
4  #include <move_base_msgs/MoveBaseAction.h>
5  #include <Eigen/Eigen>
6  #include <Eigen/Dense>
7  #include <Eigen/Geometry>
8  #include <geometry_msgs/PoseStamped.h>
9  #include <tf/transform_listener.h>
10 #include <xform_utils/xform_utils.h>
11
12
13 geometry_msgs::PoseStamped g_destination_pose;
14
15 void set_des_pose() {
16     g_destination_pose.header.frame_id="/map";
```

```cpp
17        g_destination_pose.header.stamp = ros::Time::now();
18        g_destination_pose.pose.position.z=0;
19        g_destination_pose.pose.position.x = -8.8;
20        g_destination_pose.pose.position.y = 0.18;
21        g_destination_pose.pose.orientation.z= -0.707;
22        g_destination_pose.pose.orientation.w= 0.707;
23    }
24
25    void navigatorDoneCb(const actionlib::SimpleClientGoalState& state,
26            const move_base_msgs::MoveBaseResultConstPtr& result) {
27        ROS_INFO(" navigatorDoneCb: server responded with state [%s]", state.toString().
            c_str());
28    }
29
30    int main(int argc, char** argv) {
31        ros::init(argc, argv, "example_navigator_action_client"); // name this node
32        ros::NodeHandle nh; //standard ros node handle
33        set_des_pose(); //define values for via points
34        tf::TransformListener tfListener;
35        geometry_msgs::PoseStamped current_pose;
36        move_base_msgs::MoveBaseGoal move_base_goal;
37        XformUtils xform_utils; //instantiate an object of XformUtils
38
39        bool tferr=true;
40        ROS_INFO("waiting for tf between map and base_link...");
41        tf::StampedTransform tfBaseLinkWrtMap;
42        while (tferr) {
43            tferr=false;
44            try {
45                    //try to lookup transform, link2-frame w/rt base_link frame; this will
                    test if
46                // a valid transform chain has been published from base_frame to link2
47                    tfListener.lookupTransform("map","base_link", ros::Time(0),
                        tfBaseLinkWrtMap);
48            } catch(tf::TransformException &exception) {
49                ROS_WARN("%s; retrying...", exception.what());
50                tferr=true;
51                ros::Duration(0.5).sleep(); // sleep for half a second
52                ros::spinOnce();
53            }
54        }
55        ROS_INFO("tf is good; current pose is:");
56        current_pose = xform_utils.get_pose_from_stamped_tf(tfBaseLinkWrtMap);
57        xform_utils.printStampedPose(current_pose);
58
59        actionlib::SimpleActionClient<move_base_msgs::MoveBaseAction> navigator_ac("
            move_base", true);
60
61        // attempt to connect to the server:
62        ROS_INFO("waiting for move_base server: ");
63        bool server_exists = false;
64        while ((!server_exists)&&(ros::ok())) {
65            server_exists = navigator_ac.waitForServer(ros::Duration(0.5)); //
66            ros::spinOnce();
67            ros::Duration(0.5).sleep();
68            ROS_INFO("retrying...");
69        }
70        ROS_INFO("connected to move_base action server"); // if here, then we connected to
            the server;
71        //geometry_msgs/PoseStamped target_pose
72        move_base_goal.target_pose = g_destination_pose;
73
74        ROS_INFO("sending goal: ");
75        xform_utils.printStampedPose(g_destination_pose);
76        navigator_ac.sendGoal(move_base_goal,&navigatorDoneCb);
77
78
79        bool finished_before_timeout = navigator_ac.waitForResult(ros::Duration(120.0));
80            //bool finished_before_timeout = action_client.waitForResult(); // wait
                forever...
81        if (!finished_before_timeout) {
82            ROS_WARN("giving up waiting on result ");
83            return 1;
84        }
85
```

```
86      return 0;
87  }
```

move_base 动作客户端依赖于包 move_base_msgs，并且它包含相应的头文件（4 行：#include<move_base_msgs/MoveBaseAction.h>）。为了说明，还包括转换监听器和 xform_utils 类。

函数 set_des_pose() 仅将一个硬编码的目标分配给 geometry_msgs::PoseStamped 对象。

42~54 行调用重复尝试来查找在地图坐标系中机器人的当前位姿。一旦成功，变换就转换为位姿（56 行），并显示此位姿（57 行）。

使用在 move_base_msgs::MoveBaseAction 中定义的动作消息来实例化 move_base 动作客户端（59 行）。动作客户端尝试连接到动作服务器（61~70 行）。

目标消息类型被实例化（36 行）并填充所需的位姿（72 行）。该目标消息被发送到动作服务器（76 行），然后客户端等待 move_base 动作服务器做出响应。

通过发送该目标消息，move_base 动作服务器规划从起始位姿到目的位姿的全局规划，尝试最小化包括用于移动太靠近障碍物（墙壁）的惩罚和路径长度惩罚的代价函数。得到的全局规划是图 10.9 中的蓝色痕迹。局部规划器向机器人发送速度命令以跟随局部规划，并试图融合在全局规划上，同时要避免沿途发现的意外障碍。

10.4 修改导航栈

导航栈包含多个组件，包括静态和动态代价图、全局规划器和局部规划器。局部规划的目的是应对全局规划中遇到的意外障碍。默认的局部规划器使用动态窗口方法（请参阅 http://wiki.ros.org/dwa_local_planner）。这种反应式规划器将一组参数化的圆弧作为跟随一个无效全局规划的替代方案（意图是一旦意外障碍被清除后，重新加入全局规划）。这种方法，在每个局部规划器控制器循环期间重新计算 cmd_vel，这可能会导致每次迭代的弧选择都不同。如果移动机器人在跟踪每个局部规划时做得很好，那么这种方法可以表现得很好，因为重新规划的迭代将导致重迭代前一个（仍然有效的）计划。

然而，如果机器人在使用开环速度命令执行局部规划时表现不佳，则局部规划器可能表现不佳，拒绝它以前的局部计划并在每个控制周期内将其替换成新的局部规划。在 Gazebo 机器人仿真的情况下，机器人倾向于向左倾斜。虽然这是 Gazebo 物理仿真的人造物，但它仍然是真实机器人中可能预期的行为。由于尝试执行 cmd_vel 的偏差错误，局部规划器无法将机器人恢复到其起始的全局规划。因此，机器人可能偏离路径，不能成功驾驶通过可导航的狭窄通道，或者展现对目标坐标的不良收敛。

局部规划器可以通过引入反馈控制算法来改进，如 9.3 节所述。做到这一点的一种方法是将 move_base 的 cmd_vel 主题重新映射到其他主题，并运行一个发布到机器人真正

cmd_vel 主题的新节点。然而，将 move_base 的大量资源整合起来很方便，包括利用全局规划器和访问代价图。ROS 提供了一种通过编写和使用插件来实现这一点的方法。在 example_nav_plugin 包提供了替代在 move_base 中的局部规划器的最小插件示例。这个插件不包含有用的逻辑，每次指定新的导航目标时，它都会命令机器人以圆弧移动 5s。这个例子的目的仅仅是阐述创建插件的步骤。（有关 ROS 中插件的更多详细信息，请参阅 http://wiki.ros.org/pluginlib。）

创建插件需要对 package.xml 和 CMakeLists.txt 文件进行细微的变化，创建额外的小 XML 文件，在相应的启动文件中设置特定的参数以及源文件（cpp 和头文件）的特定应用程序的组合。这些步骤在下面详述，最后讨论插件源代码的组成。

对于提供的最小示例，package.xml 如代码清单 10.2 所示。

代码清单 10.2　包 example_nav_plug 的 package.xml 文件

```xml
<?xml version="1.0"?>
<package>
  <name>example_nav_plugin</name>
  <version>0.0.0</version>
  <description>The example_nav_plugin package</description>

  <buildtool_depend>catkin</buildtool_depend>
  <buildtool_depend>catkin_simple</buildtool_depend>
  <build_depend>roscpp</build_depend>
<build_depend>nav_core</build_depend>
<build_depend>xform_utils</build_depend>
<run_depend>roscpp</run_depend>
<run_depend>nav_core</run_depend>
<run_depend>xform_utils</run_depend>

  <export>
     <!-- the following line refers to another xml file, in which some
     info re/ the new plugin library is defined   -->
     <nav_core plugin="${prefix}/nav_planner_plugin.xml" />
  </export>
</package>
```

请注意第 19 行中的语句，该语句指定了附加 XML 文件的名称（叫作 nav_planner_plugin.xml）。这个额外的 XML 文件内容见代码清单 10.3。

代码清单 10.3　nav_planner_plugin.xml

```xml
<library path="lib/libminimal_nav_plugin">
    <class name="example_nav_plugin/MinimalPlanner" type="MinimalPlanner"
        base_class_type="nav_core::BaseLocalPlanner">
         <description>Example local planner plugin- causes the robot to move in a CCW
            circle.</description>
    </class>
</library>
```

在这个附加的 XML 文件中，指定了新的库名，新的类名和派生新类的基类。在本例中，此包的 CMakeLists.txt 文件中指定了库的名称是 minimal_nav_plugin。编译器会在这个名称前面加上 lib 并且后面加上 .so，将生成的库（libminimal_nav_plugin.so）放入 ROS 工作空间的 /devel/lib 目录中。

在新插件库的源代码中，定义了一个新类。这个最小例子的源代码定义了类 MinimalPlanner。XML 文件指出，MinimalPlanner 的定义在 example_nav_plugin 包中。XML 文件还指出，新类 MinimalPlanner 是从基类 nav_core::BaseLocalPlanner 派生的。基类的名字必须用来替换局部规划器。（要替换全局规划器，请改为使用基类 nav_core::BaseGlobalPlanner。）

包 example_nav_plugin 中的 CMakeLists.txt 文件包含以下行：

```
add_library(minimal_nav_plugin src/minimal_nav_plugin.cpp)
```

这指定我们正在创建一个名为 minimal_nav_plugin 的库。虽然该库将作为插件运行，但在 CMakeLists.txt 文件中不需要进一步的变化。

插件的源代码将定义一个类，在本例中，叫作 MinimalPlanner（与 nav_planner_plugin.xml 中的引用一致）。假设相应的代码已被编译到指定的库（本例中为 minimal_nav_plugin）中，则可以通过在启动文件中设置相应的参数，在 move_base 中使用新插件。在包 example_nav_plugin 中，mobot_w_minimal_plugin.launch 文件指定了如何使用新的局部规划器调出导航栈。该启动文件只有一行与默认打开的不同：

```
<param name="base_local_planner" value="example_nav_plugin/←
    MinimalPlanner"/>
```

此行指定 move_base 应该使用包 example_nav_plugin 中的新类 MinimalPlanner 替换默认的 base_local_planner。

最后，我们考虑构成新插件的代码源文件。我们新类的头文件 minimal_nav_plugin.h 内容在代码清单 10.4 中。

代码清单 10.4　minimal_nav_plugin.h

```
#ifndef MINIMAL_NAV_PLUGIN_H
#define MINIMAL_NAV_PLUGIN_H

#include <nav_core/base_local_planner.h>
#include <nav_msgs/Path.h>

    class MinimalPlanner : public nav_core::BaseLocalPlanner {
    public:
        MinimalPlanner(); //optionally, pass in args to access components of move_base
        //MinimalPlanner(std::string name, costmap_2d::Costmap2DROS* costmap_ros);

        /** overridden classes from interface nav_core::BaseGlobalPlanner **/
        void initialize(std::string name, tf::TransformListener * tf, costmap_2d::←
            Costmap2DROS * costmap_ros);
        bool isGoalReached();
        bool setPlan(const std::vector< geometry_msgs::PoseStamped > &plan);
        bool computeVelocityCommands(geometry_msgs::Twist &cmd_vel);

    private:
        ros::Time tg;
        unsigned int old_size;
        tf::TransformListener * handed_tf;
    };

#endif
```

这个头文件定义了从 nav_core::BaseLocalPlanner 派生的类 MinimalPlanner。类名称的选择必须与启动文件和插件的 XML 文件中使用的名称一致。4 个 BaseLocalPlanner 函数被新类覆盖。函数 initialize() 将被构造函数调用。函数 isGoalReached() 应该指定一个停止条件。如果收到新的全局规划，函数 setPlan() 将返回 true，并且该规划的引用变量将提供对新规划的访问。最重要的是，函数 computeVelocityCommands 负责设置 cmd_vel 的相关参数（在本例中，为前进速度和偏航速率）。通过设置这些值，move_base 节点将把这些值作为命令发布给机器人。

函数 computeVelocityCommands 将以控制器频率由 move_base 调用。虽然频率默认值为 20Hz，但可以在代码内修改或通过设置配置参数来修改。参数服务器上的当前值可以通过编程方式找到：

```
nh_.getParam("/move_base/controller_frequency", controller_rate_);
```

示例最小局部规划器插件源代码相对较短，它显示在代码清单 10.5 中。

代码清单 10.5 minimal_nav_plugin.cpp

```cpp
//package name, header name for new plugin library
#include <example_nav_plugin/minimal_nav_plugin.h>

#include <pluginlib/class_list_macros.h>

PLUGINLIB_EXPORT_CLASS(MinimalPlanner, nav_core::BaseLocalPlanner);

MinimalPlanner::MinimalPlanner(){
    //nothing ot fill in here; "initialize" will do the initializations
}

//put inits here:
void MinimalPlanner::initialize(std::string name, tf::TransformListener * tf,
        costmap_2d::Costmap2DROS * costmap_ros){
    ros::NodeHandle nh(name);

    old_size = 0;
    handed_tf = tf;
}

bool MinimalPlanner::isGoalReached(){
    //For demonstration purposes, sending a single navpoint will cause five seconds of
        activity before exiting.
    return ros::Time::now() > tg;
}

bool MinimalPlanner::setPlan(const std::vector< geometry_msgs::PoseStamped > &plan){
    //The "plan" that comes in here is a bunch of poses of varaible length, calculated
        by the global planner(?).
    //We're just ignoring it entirely, but an actual planner would probably take this
        opportunity
    //to store it somewhere and maybe update components that refrerence it.
    ROS_INFO("GOT A PLAN OF SIZE %lu", plan.size());
    //If we wait long enough, the global planner will ask us to follow the same plan
        again. This would reset the five-
    //second timer if I just had it refresh every time this function was called, so I
        check to see if the new plan is
    //"the same" as the old one first.
    if(plan.size() != old_size){
        old_size = plan.size();
        tg = ros::Time::now() + ros::Duration(5.0);
    }
    return true;
}
```

```
40  bool MinimalPlanner::computeVelocityCommands(geometry_msgs::Twist &cmd_vel){
41      //This is the meat-and-potatoes of the plugin, where velocities are actually ←
            generated.
42      //in this minimal case, simply specify constants; more generally, choose vx and ←
            omega_z
43      // intelligently based on the goal and the environment
44      // When isGoalReached() is false, computeVelocityCommands will be called each ←
            iteration
45      // of the controller--which is a settable parameter.  On each iteration, values in
46      // cmd_vel should be computed and set, and these values will be published by ←
            move_base
47      // to command robot motion
48      cmd_vel.linear.x = 0.2;
49      cmd_vel.linear.y = 0.0;
50      cmd_vel.linear.z = 0.0;
51      cmd_vel.angular.z = 0.2;
52      return true;
53  }
```

随附软件库的软件包 test_plugin 中提供了一个更广泛的插件示例。这个包定义了一个具有更多功能的类 test_planner::TestPlanner。这个替代插件实现了一个线性转向算法，如 9.3.2 节中介绍的那样。它使用全局规划器生成的全局规划，计算一段时间序列的所需状态。机器人的位姿是根据里程计和 AMCL 推导出来的，对机器人相对于地图（本例中，启动笔）进行定位。线性反馈转向使机器人能够更好地保持航向，因为它补偿了机器人的侧滑倾向。此包中的示例代码还显示了插件如何访问导航栈的 CostMaps。这个功能可以用来构建一个局部规划器，比如一个可以跟随墙壁的"bug"规划器，以便与规划的全局路径重新连接。

除了用插件覆盖默认的局部规划器外，还可以为替代的全局规划器编写插件。此外，可以为代价图创建插件，这对于注释机器人传感器无法直接访问的功能很有用。可以使用额外的代价图图层，例如，对已知危险区域实施"禁飞"区，如悬崖或楼梯间、玻璃幕墙或不通航的地形。

10.5 小结

导航栈是 ROS 中最受欢迎的功能之一。它包含了对先验地图、机器人的尺寸、机器人的移动性以及在途中感知的障碍物的考虑。受制于机器人速度和加速度的限制，全局路径规划是从初始位姿到指定的目标位姿来构建的。该规划的执行涉及局部规划器，将附近障碍物的感知和规划考虑起来，执行局部行动以避开障碍并重新与全局规划连接。

为特定机器人调整导航栈的参数可能非常耗时，而且涉及试验和错误。但是，即使调整了这些参数，move_base 的效果可能还是不行，特别是如果机器人必须精确穿过狭窄的通道（包括门道）。因此可能有必要将 move_base 目标与自定义期望状态生成和转向算法交织在一起，以实现通用性和精确运动控制之间的良好平衡。

机器人的导航将在第六部分中再次讨论，到时，将移动底盘和机械臂集成在一起进行移动操作。

PART5

| 第五部分 |

ROS 中的机械臂

本部分主要介绍机械臂的规划与控制的概念,力求用通俗易懂的方式介绍。从基础开始,先详细介绍关节控制器,包括位置控制、速度控制和力控制。然后,进一步讲解抽象层——关节空间轨迹的描述和操控(包括在规定到达时间上的关节位移协调)。结合正逆运动学原理,用户可以计算适合执行特定任务的关节空间解。若要构造一个可行的关节空间轨迹,须考虑笛卡儿运动规划并在逆运动学设置中进行选择,从而构造切实可行的关节空间轨迹规划。

上述概念是在特定机器人(Baxter机器人,来自 Rethink Robotics)环境下进行的更详细考虑,该机器人最终成为一个用于操控的 object-grabber 动作服务器。

第 11 章

底层控制

引言

本章将探讨 ROS 中底层关节控制的变化。在 3.5 节中,使用通过 Gazebo 主题与 Gazebo 交互的单独反馈节点,介绍了 ROS 中机械臂的控制概念。这种方法虽适用于说明但不推荐使用,因为通过主题进行的通信的采样率和延迟限制了这类控制器的可实现性能。相反,正如 3.6 节所介绍,使用插件与 Gazebo 进行交互更可取。本书将不介绍 Gazebo 插件的设计,但感兴趣的设计人员可以从在线教程(参见 http://gazebosim.org/tutorials?tut=ros_gzplugins)中学习。接下来将会介绍位置控制器和速度控制器的现有插件。

使用 Gazebo 的关节控制插件需要大量的具体描述(参见 http://gazebosim.org/tutorials/?tut=ros_control)。首先,用户指定关节的运动范围限制、速度限制、力量限制和阻尼。其次,URDF 须指定每个控制关节的传动装置和执行器。gazebo_ros_control.so 库包含在机器人模型文件的 Gazebo 标签中。控制增益在相关的 YAML 文件中指定。最后,用户在启动文件中指定生成单个关节控制器(位置或速度)。在指定了要使用的控制类型后,用户需要调整反馈参数,ROS 为此提供了一些有帮助的工具。

本章将介绍 3 个简单控制器的使用:位置控制、速度控制和力控制(这将需要对力传感器建模)。这些示例都将使用单自由度移动关节机器人。

11.1 单自由度移动关节机器人模型

相关的包 example_controllers 包括文件 prismatic_1dof_robot_description_w_jnt_ctl.xacro。此模型文件与 3.2 节所描述包 minimal_robot_description 中的 minimal_robot_description.urdf 非常相似,除了其单自由度是移动关节而非旋转关节。这个文件的主要部分如下:

```xml
<joint name="joint1" type="prismatic">
  <parent link="link1"/>
  <child link="link2"/>
  <origin xyz="0 0 1" rpy="0 0 0"/>
  <axis xyz="0 0 1"/>
  <limit effort="1000.0" lower="-1.0" upper="0.0" velocity="100.0"/>
  <dynamics damping="10.0"/>
</joint>
```

它定义了 joint1 并指定了运动范围的上下界、最大控制力（1000N）和最大速度（100m/s）。

下面的命令行声明了传动装置和执行器，也需要与 ROS 控制器连接：

```xml
<transmission name="tran1">
  <type>transmission_interface/SimpleTransmission</type>
  <joint name="joint1">
    <hardwareInterface>EffortJointInterface</hardwareInterface>
  </joint>
  <actuator name="motor1">
    <hardwareInterface>EffortJointInterface</hardwareInterface>
    <mechanicalReduction>1</mechanicalReduction>
  </actuator>
</transmission>
```

利用下面的命令行，可以将控制器插件库包含在 URDF 中：

```xml
<gazebo>
    <plugin name="gazebo_ros_control" filename="libgazebo_ros_control.so">
      <robotNamespace>/one_DOF_robot</robotNamespace>
    </plugin>
</gazebo>
```

（该模型还包括一个模拟的力传感器，但暂时不对此进行讨论。）

ROS 控制插件包括位置和速度控制器的选项。通过启动合适的节点，用户可建立将要使用的特定控制器。

11.2 位置控制器示例

启动文件 prismatic_1dof_robot_w_jnt_pos_ctl.launch 包含以下内容：

```xml
<launch>
  <!-- Load joint controller configurations from YAML file to parameter server -->
  <rosparam file="$(find example_controllers)/control_config/one_dof_pos_ctl_params.yaml"
      command="load"/>

  <!-- Convert xacro model file and put on parameter server -->
  <param name="robot_description" command="$(find xacro)/xacro.py
    '$(find example_controllers)/prismatic_1dof_robot_description_w_jnt_ctl.xacro'" />

  <!-- Spawn a robot into Gazebo -->
  <node name="spawn_urdf" pkg="gazebo_ros" type="spawn_model"
      args="-param robot_description -urdf -model one_DOF_robot" />

  <!--start up the controller plug-ins via the controller manager -->
  <node name="controller_spawner" pkg="controller_manager" type="spawner" respawn="false"
    output="screen" ns="/one_DOF_robot" args="joint_state_controller
    joint1_position_controller"/>

</launch>
```

此启动文件从文件 one_dof_pos_ctl_params.yaml 加载控制参数，将模型 xacro 文件转换为一个 URDF 文件并将其加载到参数服务器上，将机器人模型产生到 Gazebo 上用于仿真同时加载控制器 joint1_position_controller。控制器参数须与所选类型（位置控制器）一致。而且，与控制器（joint1）相关的关节名必须是所加载控制器名的一部分。

下面列出了配有控制参数的 YAML 文件 one_dof_pos_ctl_params.yaml：

```
one_DOF_robot:
  # Publish all joint states ----------------------------------
  joint_state_controller:
    type: joint_state_controller/JointStateController
    publish_rate: 50

  # Position Controllers --------------------------------------
  joint1_position_controller:
    type: effort_controllers/JointPositionController
    joint: joint1
    pid: {p: 400.0, i: 0.0, d: 0.0}
```

控制参数文件须引用机器人的名称（one_DOF_robot），对于每个关节（本例中只有 joint1）用户须列出位置控制器增益。在本例中，比例增益为 400N/m，所有其他增益抑制为 0。阻尼在关节定义中是隐式提及（包含描述：<dynamics damping="10.0"/>）。事实上，可能由于采用了后向差分速度估计，默认位置控制器中的衍生增益有较大噪声。在机器人模型中，隐式关节阻尼比微分反馈表现要好。

选择好的控制增益可能富有挑战性，但是 ROS 提供了的有用的工具。详细的教程可以参见 http://gazebosim.org/tutorials/?tut=ros_control。在选择增益时，用户须牢记物理引擎是以默认时间步长 1ms 运行，因此，必须设计控制带宽以适应这种限制。对于 1kHz 更新速率，应限制控制器带宽（大致）低于 100Hz。实际上，低于此频率的数值模拟表现很好。对于单自由度示例，link2 的质量设置为 1kg，比例增益设置为 400。因此，系统的无阻尼固有频率为 $\sqrt{(K_p/m)}$ = 20rad/s 或大约 3Hz。

系统对正弦命令输入的响应可以用 rqt_plot 来观察，并且可以使用 rqt_gui 交互地调节控制增益。用户也可以使用 rqt_gui 指定正弦命令输入。在 example_controllers 包中，一个名为 one_dof_sine_commander 的可选激励节点，提示用户输入频率和振幅，并将正弦命令发布到 joint1 命令主题。用户可按照如下命令测试系统。首先，启动 Gazebo：

```
roslaunch gazebo_ros empty_world.launch
```

然后，结合相关的控制增益生成机器人及其控制器：

```
roslaunch example_controllers prismatic_1dof_robot_w_jnt_pos_ctl.launch
```

启动 rqt_gui 和 rqt_plot：

```
rqt_plot
rosrun rqt_gui rqt_gui
```

在 one_DOF_robot/joint1_position_controller/command/data、one_DOF_robot/joint_states/position [0] 和 one_DOF_robot/joint_states/effort [0] 中选择要标绘的主题。

使用 rqt_gui 是有所涉及的,因为它提供了许多选项。用户可以添加 MessagePublisher 并选择主题 one_DOF_robot/joint1_position_controller/command。扩展此主题的唯一的项是 data。用户可以编辑此行的 expression 值来定义要发布的命令。这可以简单化为一个常值,也可以是一个需要动态估算的表达式(通常是正弦函数)。

在单独的 rqt_gui 面板中,用户可以执行动态的重新配置而交互地更改控件增益。将 joint1 控制主题下扩至 PID 级显露了控制增益模块。这些将被初始化为控制参数 YAML 文件中的值。用户在机器人运行时可以调整它们,因此可以在 rqt_plot 中立即观察它们的效果。

图 11.1 给出了上述过程的快照。Gazebo 窗口显示机器人,rqt_gui 窗口显示关节命令发布器和 PID 值的选择,rqt_plot 窗口以步长 −0.2m ~ −0.5m 显示位置命令、实际位置和控制力的瞬态响应。图 11.1 中的控制力很大,将位移响应压缩到一个小范围内。图 11.2 给出了此瞬态的缩放以显示步长命令(红色)和位置响应(青色)。响应展示了大约半秒钟内的几个超调量和收敛。另外,发布的激励可以是一个正弦波,如图 11.3 所示。对于这种情况,发布的命令为函数 $0.1*\sin(i/5) - 0.5$,它是一个幅度 0.1m、偏移 −0.5m(关节运动范围的中值)的正弦波。频率由发布率产生,设为 100Hz。"i"值以此速率递增,因而这个正弦波的频率是 20rad/s。由于无阻尼固有频率是 20rad/s,我们期望在此频率上看到较差的跟踪。正如预期的那样,在这个频率的激励下,位置响应会以 90 度相位滞后于命令。用户可以改变 PID 滑块来测试选择的增益和它们对阶跃输入或正弦波响应的影响。

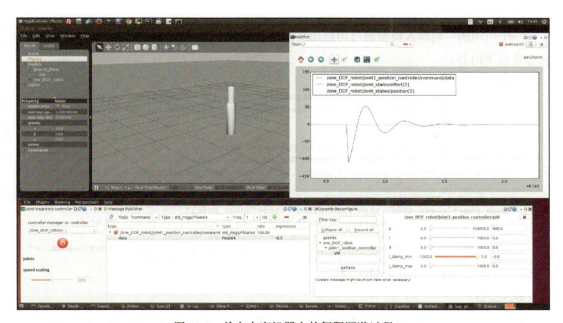

图 11.1 单自由度机器人的伺服调谐过程

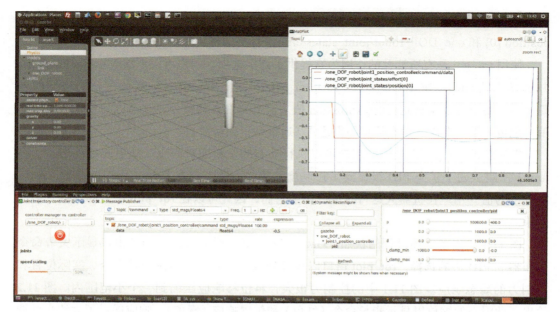

图 11.2　单自由度机器人的伺服调谐过程：位置响应的缩放

位置控制器的一个限制是，衍生的增益不接收速度前馈命令。因此，动态跟踪性能受限。一种可用方法是使用 ROS 速度控制器代替位置控制器，并通过外部节点（连续的闭环技术）来执行位置反馈。

11.3　速度控制器示例

一个引用同一机器人模型的可用启动文件是 prismatic_1dof_robot_w_jnt_vel_ctl.launch，它包含以下内容：

```
<launch>
  <!-- Load joint controller configurations from YAML file to parameter server -->
  <rosparam file="$(find example_controllers)/control_config/one_dof_vel_ctl_params.yaml"
    command="load"/>

<!-- Convert xacro model file and put on parameter server -->
<param name="robot_description" command="$(find xacro)/xacro.py
   '$(find example_controllers)/prismatic_1dof_robot_description_w_jnt_ctl.xacro'" />

  <!-- Spawn a robot into Gazebo -->
  <node name="spawn_urdf" pkg="gazebo_ros" type="spawn_model"
     args="-param robot_description -urdf -model one_DOF_robot -J joint1 -0.5" />
  <!--start up the controller plug-ins via the controller manager -->
  <node name="controller_spawner" pkg="controller_manager" type="spawner" respawn="false"
     output="screen" ns="/one_DOF_robot" args="joint_state_controller
     joint1_velocity_controller"/>

</launch>
```

由于采用了位置控制启动，此启动文件从文件（one_dof_vel_ctl_params.yaml）加载控制参数，将模型 xacro 文件转换为 URDF 文件，并将其加载到参数服务器上，在 Gazebo 上生成机器人模型用于仿真同时加载控制器（joint1_velocity_controller 替代 joint1_position_controller）。此外，与控制器相关的关节名（joint1）须是已加载的控制器名（joint1_velocity_controller）的一部分。在这个启动文件中，另一个用于生成模型的选项是 –J joint1 –0.5。它将机器人的 joint1 位置初始化为其运动范围的中值。

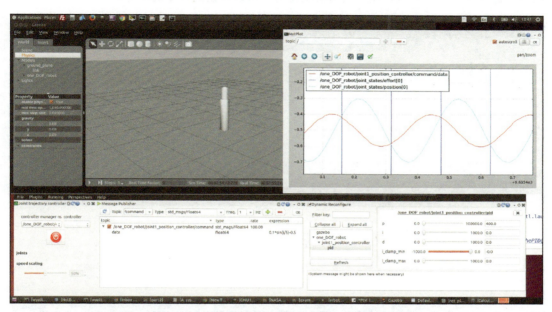

图 11.3　单自由度机器人的伺服调谐过程：20rad/s 正弦波命令

下面列出了配有控制参数的 YAML 文件 one_dof_vel_ctl_params.yaml：

```
one_DOF_robot:
  # Publish all joint states ----------------------------------
  joint_state_controller:
    type: joint_state_controller/JointStateController
    publish_rate: 50

  # Velocity Controllers --------------------------------------
  joint1_velocity_controller:
    type: effort_controllers/JointVelocityController
    joint: joint1
    pid: {p: 200.0, i: 0.0, d: 0.0}
```

此文件引用了机器人名（one_DOF_robot）和关节名（joint1）。相同的过程可用来分析速度控制器。首先，启动 Gazebo：

```
roslaunch gazebo_ros empty_world.launch
```

然后，使用可用的启动文件和增益生成机器人：

```
roslaunch example_controllers prismatic_1dof_robot_w_jnt_vel_ctl.launch
```

启动 rqt_gui 和 rqt_plot 工具：

```
rqt_plot
rosrun rqt_gui rqt_gui
```

在 rqt_gui 中，调节 joint1_velocity_controller 来改变速度增益"P"。图 11.4 展示了绘制的命令和实际的关节速度，当增益变化时，可以观察到命令的响应。

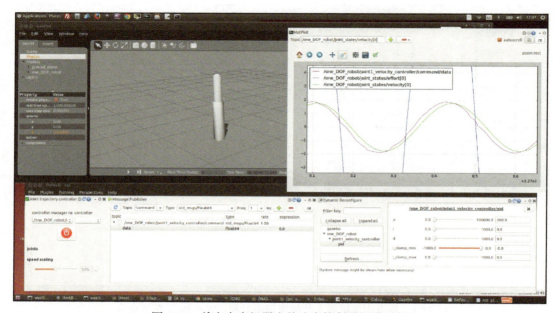

图 11.4 单自由度机器人的速度控制器调谐过程

图 11.4 所示的命令速度来自一个单独的节点：

```
rosrun example_controllers one_dof_sine_commander
```

此节点提示用户输入振幅和频率。图 11.4 的响应为 0.1m 和 3Hz。

速度控制器的分析有点难度，因为 link2 可能会从其中心偏移至位移极限处，从而在试图调整增益时引入了失真。为了解决这个问题，进行了 2 次调整。首先，在 Gazebo 中将重力设置为 0，如此 link2 将不会崩溃到最低水平。其次，在 joint1 运动范围的中值启动机器人。虽然它可能会随着时间的推移从这个平均位置偏移，但是在与关节限制交互之前，这种布局允许一些时间获得性能数据。考虑了位置的外环可以校正速度控制的偏移。下面在力反馈情景下给出了一个示例。

11.4 力控制器示例

第 3 种控制方式在实现可编程方面考虑到了相互作用力。单自由度移动机器人模型通过以下命令行来模拟力-扭矩传感器：

```xml
<!--model a f/t sensor; set up a link and a joint -->
  <link name="ft_sensor_link">
      <collision>
          <origin xyz="0 0 0" rpy="0 0 0"/>
          <geometry>
             <cylinder length="0.005" radius="0.05"/>
          </geometry>
      </collision>
      <visual>
          <origin xyz="0 0 0" rpy="0 0 0" />
          <geometry>
             <cylinder length="0.005" radius="0.05"/>
          </geometry>
      </visual>

      <inertial>
          <mass value="0.01" />
          <origin xyz="0 0 0" rpy="0 0 0"/>
          <inertia ixx="0.01" ixy="0" ixz="0" iyy="0.01" iyz="0" izz="0.01" />
      </inertial>
  </link>

  <!--ideally, this would be a static joint; until fixed in gazebo, must-->
    <!--have dynamic jnt-->
  <joint name="ft_sensor_jnt" type="prismatic">
      <parent link="link2"/>
      <child link="ft_sensor_link"/>
      <origin xyz="0 0 1" rpy="0 0 0"/>
      <axis xyz="0 0 1"/>
      <limit effort="1000.0" lower="0" upper="0.0" velocity="0.01"/>
      <dynamics damping="1.0"/>
  </joint>


<!-- Enable the Joint Feedback -->
<gazebo reference="ft_sensor_jnt">
    <provideFeedback>true</provideFeedback>
</gazebo>
<!-- The ft_sensor plugin -->
<gazebo>
    <plugin name="ft_sensor" filename="libgazebo_ros_ft_sensor.so">
        <updateRate>1000.0</updateRate>
        <topicName>ft_sensor_topic</topicName>
        <jointName>ft_sensor_jnt</jointName>
    </plugin>
</gazebo>
```

结合视觉、碰撞和惯性属性定义了一个附加的连杆 ft_sensor_link。此连杆通过一个定义为 ft_sensor_jnt 的关节连接到父连杆 link2。理想情况下，这将是一个静态关节，但是 Gazebo（当前）要求该关节可移动。因此，它被定义为一个移动关节，但具有同等的上下关节限制。

Gazebo 的标签引入了插件 libgazebo_ros_ft_sensor.so，它与 ft_sensor_jnt 相关联，并在配置后向主题 ft_sensor_topic 发布其数据。

当生成此模型时，主题 ft_sensor_topic 出现，并且：

```
rostopic info ft_sensor_topic
```

显示此主题携带 geometry_msgs/WrenchStamped 类型的消息。

如果我们启动位置控制的单自由度机器人：

```
roslaunch example_controllers prismatic_1dof_robot_w_jnt_pos_ctl.launch
```

则控制 joint1（几乎完全扩展）的位置为 –0.2，当给机器人负重时，用户可以通过使用下面命令来观察瞬态：

```
roslaunch exmpl_models add_cylinder_weight.launch
```

它将初始高度 4m 的大型圆柱模型引入到 Gazebo 中。圆柱体的质量为 10kg，并且在重力（本例减为 $-5.0 m/s^2$）影响下落向地面。图 11.5 给出了响应。由于机器人支撑了附加质量，减少了谐振频率和阻尼，从而在稳定之前导致了许多振荡。当圆柱体与机器人接触时，力传感器会感测到撞击的峰值。当 link2 反弹时，圆柱体会弹回空中，随后在圆柱体和机器人保持稳定接触之前它会产生 3 次撞击（并且 3 次失去接触）。从这一点看，机器人和有效载荷的动力学是线性的，由于机器人的位置控制器就像个弹簧，因而产生了一个正弦运动。

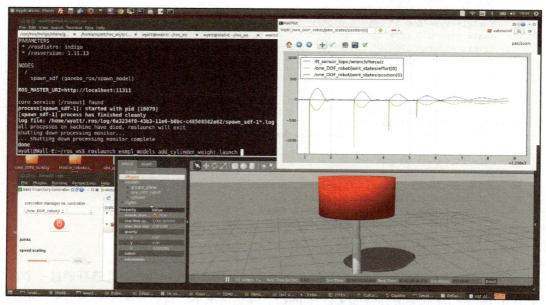

图 11.5　10kg 圆柱体落至单自由度机器人的力传感器和执行器力

执行器力与力传感器的 z 值具有相反的符号，且执行器力为 5N，远大于力传感器的值。这是因为执行器支撑了有效载荷的重量（10kg）加 link2（1kg）的重量，而力传感器只承受载荷的重量。

这个示例的一个反常之处是，关节力和力传感器平衡了错误的值。在稳定状态下，执行器力应该平衡 link2 和载荷的重量,即 1kg link2 外加 10kg 圆柱体的重量。相反,系统平衡了支撑略高于 7kg 的等效重量。这个误差可能与物理引擎在处理持续接触方面的难度有关。

位置控制器响应落下的圆柱体的行为是一个质量−弹簧−阻尼系统。然而,此响应有点不切实际,因为模型具有零库仑摩擦且传输是完全后向驱动的。通过控制符合理想的质量−弹簧−阻尼系统的速度,用户可以从更多逼真的机器人上获得类似响应。在 example_controllers 包中给出了一个实现(nac_controller.cpp)。此节点订阅了关节状态和力传感器主题。在一个紧凑循环中,如果系统是一个在力传感器位置施加作用力的理想质量−弹簧−阻尼,则可能会产生加速度。要模拟的虚拟质量、刚度和阻尼的数值分别包含于变量 M_virt、K_virt 和 B_virt。nac_controller.cpp 主循环中的关键命令行是:

```
f_virt = K_virt*(x_attractor-g_link2_pos) + B_virt*(0-g_link2_vel);
f_net =      g_force_z + f_virt;
acc_ideal = f_net/M_virt;
v_ideal+= acc_ideal*dt;
```

其中,f_virt 是由 2 项构成的虚拟力。第 1 项是虚拟的刚度弹簧 K_virt(在吸引子位置 x_attractor 和 link2 的实际位置 g_link2_pos 之间延伸)所施加的力,第 2 项是虚拟阻尼器(抑制 B_virt 在零速参考物和以速度 g_link2_vel 运动的 link2 之间作用),就像关节状态发布器所报告的那样。

除了虚拟力之外,还在机器人末端上施加了由力传感器感知的物理力。通过订阅力传感器主题,可以获得 z 方向上的感测力值 g_force_z。感测的物理力与虚拟力的总和是合力 f_net。此合力所作用的虚拟质量 M_virt 将会产生 f_net/M_virt 的加速度 acc_ideal。相应地,这种质量的速度 v_ideal 是理想加速度的时间积分。然后,将这种基于模型的速度作为命令发送到刚性速度控制器。更可取地,M_virt 的值应接近 link2 的实际质量(从而使该控制器成为自然准入控制器)。

若要运行此控制器,请再次启动 Gazebo:

```
roslaunch gazebo_ros empty_world.launch
```

然后,使用速度控制来生成机器人:

```
roslaunch example_controllers prismatic_1dof_robot_w_jnt_vel_ctl.launch
```

随后,启动 NAC 节点:

```
rosrun example_controllers nac_controller
```

在 NAC 控制器示例中,指定 M_virt = 1.0kg、K_virt = 1000N/m 和 B_virt = 50N/(m/s)。随着控制器运行和重力设置为 −9.8m/s^2,10kg 的圆柱体落至机器人上,导致图 11.6 所示的瞬态响应。通过调整 K_virt 和 B_virt 的值,我们可以将瞬态行为调整为期望的响应。

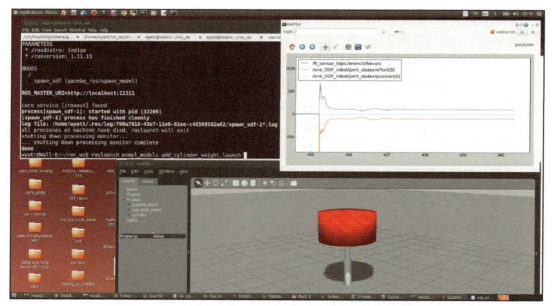

图 11.6　10kg 圆柱体落至单自由度机器人的 NAC 控制器响应

虽然此处的控制器只在单自由度上进行了说明，但是这种方法可以推广到复杂的手臂。图 11.7 给出了一个使用自然准入控制支撑圆柱体的 7 自由度臂。此示例的源代码在 arm7dof_nac_controller 中。从概念上讲，该方法与单自由度控制器相同。感测力和虚拟力合二为一（作为向量而不是标量），机器人惯量（矩阵而不是常数）被看作是计算加速度（在关节空间中），预期来自力的交互作用。对关节加速度积分以计算等效的关节速度，并将这些速度送至机器人的关节速度伺服机构。

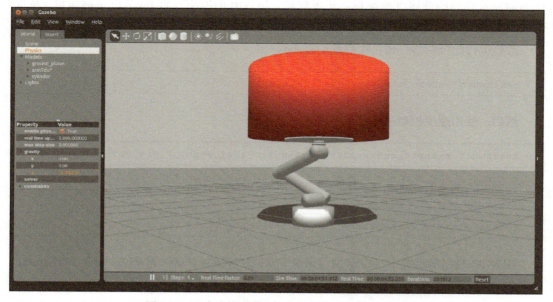

图 11.7　7 自由度臂使用 NAC 抓住和支撑圆柱体

因此，7 自由度的手臂行为就像一个质量-弹簧-阻尼系统。它从容地抓住一个落下的圆柱体，不需要过多的冲击力或振荡。

11.5 机械臂的轨迹消息

在 ROS 中，执行一个关节空间运动规划的常规方法是生成一条轨迹信息并将其发送到轨迹执行动作服务器。

正如在 URDF 文件中所描述，机器人模型由机器人连杆的集合（树）组成，通过关节成对连接。每个关节允许一个单自由度的运动：旋转或平移。这两种类型的运动都可以笼统地称为位移。用户可将位移命令输入到低层伺服控制器，从而施加扭矩或力（一般称为力）以试图实现期望的状态。该期望的状态是由期望的位移组成，可能由期望的速度累加，进一步可能由期望的加速度累加。控制器将期望的状态与实际的状态（测量）进行比较，以获得由各自执行器施加的控制力。

如果期望的状态与实际的状态相差太远，则控制器将尝试施加过度的力，从而导致力饱和以及期望状态较差的跟随性或收敛性。据此产生的运动可能难以预测且比较危险。

为了使机器人实现一个期望的运动，用户应事先评估运动命令以确保其在下列限制内可以实现：

- 机器人不应在其环境中撞击物体。
- 关节空间中的路径应符合关节最小最大运动范围的限制。
- 关节速度应该保持在各自执行器的速度限制之内。
- 期望的关节力应该保持在执行器的力限制内。

前 2 个要求是对路径规划所施加的。路径定义了要实现的一系列位姿。后面 2 个要求是对轨迹规划所施加的，随着时间的推移增长了路径。若要将路径转换为轨迹，用户须结合计算的到达时间（从运动开始时算）来增加每个位姿，从而满足速度和力的约束。

用户需要避免的情况是对任何节点的阶跃命令。如果命令一个关节从 A 瞬间移到 B，那么这个运动在物理上将不可能实现，由此产生的行为很可能就不可取。

安全机器人命令的一个必要（但不是充分）条件是，命令应该频繁地更新（例如典型的 100Hz 或更快），并且命令应该形成一个针对所有关节的平滑、连续流的近似。

由于这是一个常见的要求，ROS 包含了这种命令样式的消息类型：trajectory_msgs/JointTrajectory。

调用：

```
rosmsg show trajectory_msgs/JointTrajectory
```

显示此消息由以下字段组成：

```
std_msgs/Header header
  uint32 seq
  time stamp
  string frame_id
string[] joint_names
trajectory_msgs/JointTrajectoryPoint[] points
  float64[] positions
  float64[] velocities
  float64[] accelerations
  float64[] effort
  duration time_from_start
```

在标头中，frame_id 是无意义的，因为命令是在关节空间中（每个关节的期望状态）。

字符串向量 joint_names 应该结合指派给关节的文本名（与 URDF 文件中的命名一致）来生成。对于一个串行链机器人，关节通常是已知的整数，从最接近地面的 joint1（最近端关节）开始，顺序处理至最远端关节。然而，多臂或多腿的机器人并不那么容易描述，因此引入了名字。

在指定期望的关节位移向量时，用户须将关节命令与相应的关节名关联起来。通常，不需要以任何特定顺序指定关节命令或在每个迭代中指定所有关节命令。例如，用户可能只在一个实例中控制颈部旋转，然后通过给右臂关节的子集一个单独的命令来遵循它，等等。但是，某些包要求在每个命令中指定所有的关节状态（无论是否需要移动所有关节）。接收轨迹消息的其他包可能以特定的固有顺序依赖于关节命令，而忽略 joint_names 字段（尽管这不是首选）。

大部分轨迹信息是 trajectory_msgs/JointTrajectoryPoint 类型的向量。此类型包含 4 个变长向量和 1 个 duration。一个轨迹命令可以使用这些字段中的 1～4 个。一个常见的最小用法是在 positions 向量中只指定关节位移。这已足够，特别是对于由关节位置反馈控制的低速运动。另外，轨迹命令可能会与速度控制器通信，例如，车轮的速度控制。一个与更加复杂的关节控制器通信的复杂运动规划将包含多个字段（通常要指定位置和速度）。

若要控制一个 7 自由度臂所有 7 个关节点的协调运动，例如，用户将为要访问的 N 个点中的每个生成（至少）position 向量，从当前的位姿开始，并以某种期望的位姿结束。更好的情况是，这些点在空间中相对较近（即在序列点描述之间，任何一个关节位移命令带来相对较小的变化）。另外，较为粗糙的轨迹可能与轨迹插值器通信，从而将粗糙子目标之间的运动分成精细运动的命令流。

每个点最好都包括与指定的位移和到达时间一致的关节速度描述（尽管在不指定关节速度的情况下指定轨迹是合法的）。另外，一致生成的速度命令可能会保留较低级别的轨迹插值器节点。

要访问的每个关节空间点必须指定一个 time_from_start。这些时间描述必须随着序列点单调增加，并且应该与速度描述一致。用户有责任评估指定的关节位移、关节速度和点到达时间是否在机器人的限制范围内自相一致和可实现。

为要访问的每个关节空间点指定的 time_from_start 值将会区分路径与轨迹。如果用户只指定要实现的位姿序列，结果将会是路径描述。通过增加随时间变化的空间（路径）信息，结果就是一条轨迹（在关节空间中）。

虽然轨迹消息可能是详细的和冗长的，但更常见（也更实用）的是发送由子目标序列构成的信息（具有足够的分辨率）。用户可以通过动作服务器插值来生成详细的命令。example_trajectory 包提供了这样一个说明示例。

在此包中，定义了操作消息：TrajAction.action。此操作消息的 goal 字段包含 trajectory_msgs::JointTrajectory。用户通过轨迹客户端来使用这条操作消息，从而将目标发送到轨迹动作服务器。

两个说明性的节点是 example_trajectory_action_client 和 example_trajectory_action_server。客户端计算了一条期望的轨迹，在本例中它是由 joint1 正弦运动的样本构成。（这可以很容易地扩展到 N 个关节，但是足以在 minimal_robot 上进行测试。）我们故意采用不规则和非常粗糙的时间间隔来取得样本。图 11.8 给出了一个示例输出。位置命令的值（弧度）表明，已对原始的正弦函数进行了粗糙的和不规则的采样。这样做是为了说明轨迹消息的普遍性，并且表明它不需要是精准的。

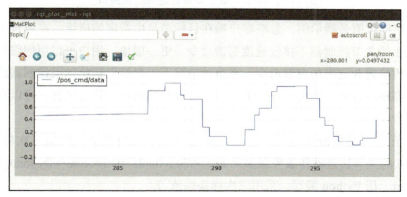

图 11.8　在正弦波不规则采样点上发布的粗轨迹

关节命令样本已打包至轨迹消息（连同到达时间一起）里，并将此消息传输到操作目标内的轨迹动作服务器。

example_trajectory_action_server 接收目标消息，并在指定点之间进行线性插值，从而产生图 11.9 所示的廓线。所得到的廓线是分段线性的，但足够平滑。minimal_robot 可以很好地遵循这个命令，从而产生一个平滑的运动。

运行示例：

```
roslaunch minimal_robot_description minimal_robot.launch
```

它给出了单自由度机器人及其控制器。启动轨迹插值动作服务器：

```
rosrun example_trajectory example_trajectory_action_server
```

并启动相应的轨迹客户端：

```
rosrun example_trajectory example_trajectory_action_client
```

此客户端生成一个粗轨迹，并将其发送到目标消息中的动作服务器。反过来，动作服务器对这个轨迹进行插值，并向机器人发送快速且平滑的命令流。

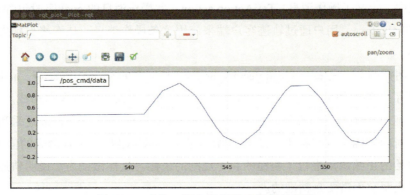

图 11.9　动作–服务器粗轨迹的线性插值

对于轨迹动作服务器示例，忽略客户端在目标消息中指定的速度。在单自由度机器人示例中，最小的关节控制器不接收速度前馈命令。更一般地，用户可以用伺服控制器做得更好，它接收位置和速度的前馈命令。在这种情况下，包括发送给伺服控制器的一致速度命令将会提高跟踪性能。通过轨迹插值或包含于较长且精准的轨迹消息，可以在运行中生成这些速度命令。

轨迹插值示例是分段线性的。它也需要有一个平滑的插值，例如三次样条。（关于 Baxter 机器人的关节轨迹动作服务器参见 http://sdk.rethinkrobotics.com/wiki/Joint_Trajectory_Action_Server，用 Python 编写，采用三次样条插值。）

轨迹动作服务器的智能化是一个设计决策。在考虑到速度、精度和避免碰撞的情况下，优化轨迹是一个计算方面的难题。此外，优化标准从一个实例到另一个实例可能会变化。即使轨迹描述是粗糙的，也必须考虑到碰撞、速度和力约束的问题。与其执行这一优化 2 次（对于构建一个可行的轨迹，通过动作服务器进一步平滑和优化此轨迹），不如作为生成轨迹描述的规划过程的一部分而执行轨迹优化。这可能会在轨迹描述以及兼容的速度、加速度和重力负载补偿上产生密集的采样点。如果采取这种方法，则一般应该满足密集轨迹命令的线性插值，即便轨迹动作服务器也应该传递包含在这些优化轨迹中的相应速度和力的值。

试图让轨迹动作服务器比单纯的线性插值更智能是不必要的，实际中可能会干扰预计算轨迹的优化。因此，一般可能认为这个简单的示例足够了。

这里讨论的轨迹消息可直接应用于 ROS-Industrial（参见 http://rosindustrial.org）。若要将 ROS 应用于现有的工业机器人，用户可以用目标机器人的母语编写等效的 example_ trajectory_action_server（并在本地机器人控制器上运行它）。此（非ROS）程序还需要自定义通信来接收包含等效轨迹消息的数据包。互补的ROS节点将通过ROS主题或ROS目标消息接收轨迹消息，把它们转换为机器人的通信程序所期望的格式，并将相应的数据包传送给机器人控制器用于插值和执行。

相应地，机器人控制器也将运行一个采样和传送机器人关节状态（至少关节角）的程序。ROS节点将以某种自定义格式接收这些值，把它们转换为ROS sensor_msgs::JointState消息，并通过其他ROS节点（包括rviz）将这些信息发布到主题joint_states以供使用。采用这种方法，ROS-Industrial联盟已经为越来越多的工业机器人改进了ROS接口。

11.6 7自由度臂的轨迹插值动作服务器

包arm7dof_traj_as包含了一个有价值的库arm7dof_trajectory_streamer和一个动作服务器arm7dof_action_server，动作服务器将小型机器人示例扩展到了7自由度。此动作服务器可响应包含关节空间轨迹的目标消息。传入的轨迹可能粗糙，因为以50Hz（在头文件arm7dof_trajectory_streamer.h中定义的参数）频率对它们进行插值。

示例客户端程序arm7dof_traj_action_client_prompter说明了轨迹动作服务器的使用。此示例客户端首先将机器人发送到一个硬编码的位姿，然后提示用户输入关节数和关节值，紧接着通过轨迹动作服务器控制机器人。若要运行此示例，首先启动Gazebo：

```
roslaunch gazebo_ros empty_world.launch
```

接下来，结合位置控制器给出7自由度机械臂：

```
roslaunch arm7dof_model arm7dof_w_pos_controller.launch
```

注意，对于机器人仿真只需要这两步。当使用ROS接口与一个物理机器人互动时，实际机器人动力学取代了Gazebo的物理引擎，真实的控制器取代了ROS控制器。通常，物理机器人将会运行roscore。机器人将为发布机器人状态和接收关节命令公开其主题。

接下来，运行：

```
rosrun arm7dof_traj_as arm7dof_traj_as
```

给出了轨迹动作服务器，它在低级关节角命令和高级轨迹规划之间提供了一个轨迹接口。此节点应在仿真和物理操作期间运行。

用户可以启动交互的轨迹客户端示例：

```
rosrun arm7dof_traj_as arm7dof_traj_action_client_prompter
```

它将会预置机器人，然后接收来自用户的命令（一次一个关节）。更一般地，基于感测信息，用户将会在执行轨迹规划的更高级应用中实例化轨迹客户端。

这里将会稍微修改 7 自由度轨迹插值动作服务器，从而将其应用到一个 Baxter 机器人的左右臂中，接下来将在第 14 章中予以介绍。

11.7 小结

本章介绍了 ROS 中的低层关节控制选项，包括位置控制、速度控制以及与力 – 扭矩传感器（可作为 Gazebo 中的插件）相关的力控制。在关节级，采用在轨迹消息上操作的关节空间插值，实现了平滑和协调的运动。诸如笛卡儿运动控制这种较高级的控制，最终取决于关节空间中较低级的控制。

在关节级控制的基础上，考虑到期望的末端执行器运动，我们接下来考虑如何计算期望的关节空间轨迹。这是正逆向运动学的主题，接下来将对此进行讨论。

第12章

机械臂运动学

引言

机械臂运动学是大多数机器人学教科书的出发点。一个基本的问题是，给定一组关节位移，空间中的末端执行器在哪里？需要明确的是，用户须定义参考坐标系。机器人上的坐标系可能是它的工具凸缘（flange），或工具尖端的某个点（例如焊机、激光器、点胶机、研磨机……），或与夹具相关的坐标系。相对于机器人的基础坐标系，计算出所定义坐标系的位姿很有用。在一个单独的变换中，用户可以表示出相对于所定义世界坐标系的机器人基础坐标系。在给定一组关节位移的情况下，相对于基础坐标系而计算机器人末端执行器的位姿视为正向运动学。对于开放的运动学链（即大多数机械臂），正向运动学的计算比较简单，作为关节位移的函数能够得到唯一且明确的位姿。

正向运动学相对简单，但更常见的问题是求逆：给定一个末端执行器坐标系的期望位姿，什么样的一组关节角将实现这个目标？求解这一逆向运动学关系才是让人困扰的问题。或许没有可行的解（目标不可及），在迥然不同的一组关节角上（典型的为 6 自由度机器人）可能有数量有限的有效解，也可能有无穷多解（典型的为超过 6 个关节的机器人）。另外，用户可以使用标准的程序获得正向运动学解，但是逆向运动学方程的求解可能需要用专用算法进行探索。

运动学和动力学包 KDL（参见 http://wiki.ros.org/orocos_kinematics_dynamics）是一种计算正向运动学和机器人动力学的常用工具。其功能之一是，它可以在参数服务器上引用机器人模型来获取计算正向运动学所需的信息。因此，ROS 中的任何开链机器人已经有一个相应的正向运动学求解器（通过 KDL）。KDL 也计算出雅可比（在任何两个指定的坐标系之间）。

不幸的是，更有用和更困难的逆向运动学求解问题一般没有得到很好的处理。如果机器人具有特定的属性（例如球形手腕的 6 自由度），则用户可以解析求解逆向运动学解，获得所有可能解的精确表达式。然而，冗余度运动学的机器人（超过 6 自由度）由于强化了灵活工作空间而越来越受欢迎，这使得计算逆向运动学变得模糊。另外，许多机器人的设计不符合等效的球形手腕，针对这种设计，可能没有已知的解析逆运动学解。

当解析逆运动学解无法求得时，通常可采用数值技术（使用运动学雅可比进行梯度搜寻）。与数字搜寻一样，这种方法可能缓慢、无法收敛、陷入局部最小值，并且（当成功时）通常存在多个解或无穷多解时返回单个解。

当使用一个特定的机器人时，如果一个逆向运动学包可用，则可能有足够的可行解。如果没有适用的包，则可能需要设计一个。

本章将介绍正向和逆向运动学库的示例，并用这些示例阐述机器人运动学中的常见问题。

12.1 正向运动学

一个说明运动学的简单示例位于包 rrbot 中。这个机器人模型从 http://gazebosim.org/tutorials?tut=ros_urdf 的在线教程借用了 rrbot（一个配有 2 个旋转关节的 2 自由度机器人）。在子目录 model 中，文件 rrbot.xacro 定义了一个简单的平面机械手，它有 3 个连杆和 2 个关节。图 12.1 给出了此机器人的 Gazebo 和 rviz 视图，启动方式如下：

```
roslaunch gazebo_ros empty_world.launch
roslaunch rrbot rrbot.launch
```

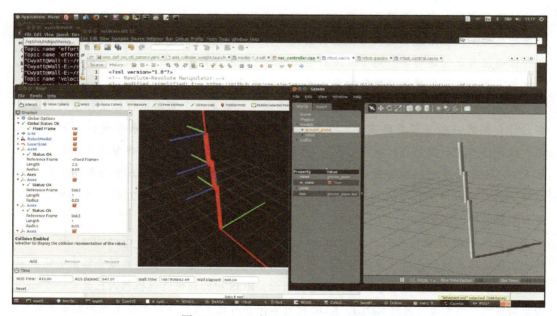

图 12.1 rrbot 的 Gazebo 和 rviz 视图

rrbot 有为其每个连杆定义的坐标系。为了与 Denavit-Hartenberg 约定一致，定义了这些坐标系以便 z 轴通过旋转关节轴（joint1 和 joint2），如下所示：

```xml
<joint name="joint1" type="continuous">
  <parent link="link1"/>
  <child link="link2"/>
  <origin xyz="${height1 - axel_offset} 0  ${width} " rpy="0 0 0"/>
  <axis xyz="0 0 1"/>
  <dynamics damping="0.7"/>
</joint>
<joint name="joint2" type="continuous">
  <parent link="link2"/>
  <child link="link3"/>
  <origin xyz="${height2 - axel_offset*2} 0 ${width} " rpy="0 0 0"/>
  <axis xyz="0 0 1"/>
  <dynamics damping="0.7"/>
</joint>
```

在最后一个连杆的顶端定义一个坐标系也很方便。若要这样做，用户需在 rrbot.xacro 中定义一个虚构的静态关节，如下所示：

```xml
<joint name="flange_jnt" type="fixed">
  <parent link="link3"/>
  <child link="flange"/>
  <origin xyz="${height3 - axel_offset} 0  0" rpy="0 0 0"/>
</joint>
```

通过定义这个坐标系，tf 将计算出此坐标系的转换。

虚构的连杆 flange 简单地定义为：

```xml
<link name="flange"/>
```

由于连杆 flange 是由一个静态关节连接，所以不需要定义惯性、视觉或碰撞分量。这个技术对于在机器人上安装传感器的建模（刚性）或在特定的末端执行器上定义工具坐标系非常有用。

结合上述关节定义，在头文件 rrbot/include/rrbot/rrbot_kinematics.h 中定义的等效 Denavit-Hartenberg 参数为：

```cpp
const double DH_a1=0.9; //link length: distance from joint1 to joint2 axes
const double DH_a2=0.95; //link length: distance from joint2 axis to flange-z axis

const double DH_d1 = 0.1;// offset along parent z axis from frame0 to frame1
const double DH_d2 = 0.0; // zero offset along parent z axis from frame1 to flange

const double DH_alpha1 = 0; //joint1 axis is parallel to joint2 axis
const double DH_alpha2 = 0; //joint2 axis is parallel to flange z-axis

//could define robot "home" angles different than DH home pose; reconcile with these
    offsets
const double DH_q_offset1 = 0.0;
const double DH_q_offset2 = 0.0;
```

在 URDF 和 DH 模型之间进行转换可能会造成混淆。在本例中，已经定义了与 DH 约定一致的关节轴，DH 坐标系 1 和坐标系 2 的 z 轴是平行的（flange 坐标系的 z 轴也是一样），因此 alpha 角为 0，而 a 参数为连杆长度。由于沿 z 方向有一个从 link1 至 link2 的偏移量，因此也存在一个非零的 d1 参数。

在 rrbot 包中，源文件 rrbot_fk_ik.cpp 编译为计算 rrbot 正逆向运动学的库。函数 compute_

A_of_DH() 返回一个 4×4 坐标转换矩阵，如第 4 章所述。一般地，连续 DH 坐标系之间的坐标转换遵循 4 个 DH 参数的描述，如 compute_A_of_DH() 中所示：

```cpp
Eigen::Matrix4d compute_A_of_DH(double q, double a, double d, double alpha) {
    Eigen::Matrix4d A;
    Eigen::Matrix3d R;
    Eigen::Vector3d p;
    A = Eigen::Matrix4d::Identity();
    R = Eigen::Matrix3d::Identity();
    //ROS_INFO("compute_A_of_DH: a,d,alpha,q = %f, %f %f %f",a,d,alpha,q);

    double cq = cos(q);
    double sq = sin(q);
    double sa = sin(alpha);
    double ca = cos(alpha);
    R(0, 0) = cq;
    R(0, 1) = -sq*ca; //% - sin(q(i))*cos(alpha);
    R(0, 2) = sq*sa; //%sin(q(i))*sin(alpha);
    R(1, 0) = sq;
    R(1, 1) = cq*ca; //%cos(q(i))*cos(alpha);
    R(1, 2) = -cq*sa; //%
    //%R(3,1)= 0; %already done by default
    R(2, 1) = sa;
    R(2, 2) = ca;
    p(0) = a * cq;
    p(1) = a * sq;
    p(2) = d;
    A.block<3, 3>(0, 0) = R;
    A.col(3).head(3) = p;
    return A;
}
```

计算正向运动学的一般步骤简单涉及计算每个连续的 4×4 变换矩阵，然后将这些矩阵相乘。这是由 rrbot_fk_ik.cpp 库中的函数 fwd_kin_solve() 实现的，如下所示：

```cpp
Eigen::Matrix4d Rrbot_fwd_solver::fwd_kin_solve_(Eigen::VectorXd q_vec) {
    Eigen::Matrix4d A = Eigen::Matrix4d::Identity();
    //%compute A matrix of frame i wrt frame i-1 for each joint:
    Eigen::Matrix4d A_i_iminusi;
    Eigen::Matrix3d R;
    Eigen::Vector3d p;
    //cout << "A_base_link_wrt_world_:" << endl;
    //cout << A_base_link_wrt_world_ << endl;
    for (int i = 0; i < NJNTS; i++) {
        A_i_iminusi = compute_A_of_DH(q_vec[i] + DH_q_offsets[i], DH_a_params[i],
            DH_d_params[i], DH_alpha_params[i]);
        A_mats_[i] = A_i_iminusi;
    }

    //now, multiply these together
    //A_base_link_wrt_world_ * A_frame1_wrt_base_link = A_frame1_wrt_world
    A_mat_products_[0] = A_base_link_wrt_world_ * A_mats_[0];

    for (int i = 1; i < NJNTS; i++) {
        A_mat_products_[i] = A_mat_products_[i - 1] * A_mats_[i];
    }
    //Eigen::Vector4d test_0_vec; //some test code to get the coordinates of the ←
        flange frame
    //test_0_vec<<0,0,0,1;
    //cout<<"test Amat prod: "<<A_base_link_wrt_world_*A_mats_[0]*A_mats_[1] *←
        test_0_vec<<endl;
    return A_mat_products_[NJNTS - 1]; //tool flange frame
}
```

同样的正向运动学代码也应用于 learning_ros/Part_5 中的其他示例机器人，包括 6 自由度 ABB 机器人（模型 IRB120）、6 自由度通用机器人 UR10、Baxter 机器人（具有 7 自由度臂）和基于 NASA Goddard 卫星服务器臂（称为 arm7dof）的机器人模型。若要自定义特定机器人的正向运动学代码，只需在各自的头文件中定义关节数和 DH 参数值。如果使用 KDL 包，则甚至不需要进行这一步，因为 KDL 将解析机器人模型以获得参数值。

用户可以使用 test_rrbot_fk.cpp 测试函数来测试正向和逆向运动学。rrbot、测试函数和支持工具生成如下：

```
roslaunch gazebo_ros empty_world.launch
roslaunch rrbot rrbot.launch
rosrun rrbot test_rrbot_fk
rosrun rqt_gui rqt_gui
rosrun tf tf_echo world flange
```

图 12.2 给出了运行这些节点的屏幕截图。使用 rqt_gui 可以将机器人移动到任何位姿。在给出的示例中，关节角都设定为 1.0rad。test_rrbot_fk 节点订阅 joint_states 并打印已发布的关节值，确认机器人处于指定的关节角。（在这个测试中，重力设置为 0，因此没有来自重力下垂的关节误差。）相对于基础（世界）坐标系，计算并显示 flange 坐标系的正向运动学如下：

```
FK: flange origin: -1.62116    -0.2 2.04093
```

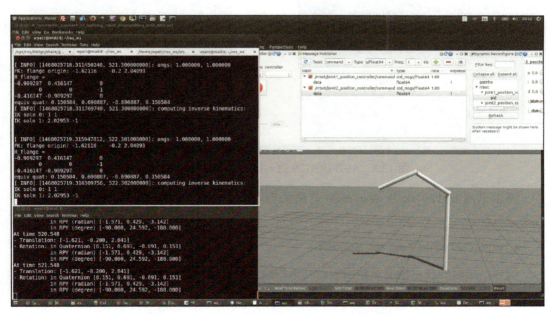

图 12.2　rrbot 的 Gazebo、tf_echo 和 fk 测试节点

若要测试此结果，运行 tf_echo 节点以获得相对于世界坐标系的 flange 坐标系。此函数显示：

```
- Translation: [-1.621, -0.200, 2.041]
```

结果的显示精度是相同的。

运行第 2 个更实际的测试如下：

```
roslaunch irb120_description irb120.launch
rosrun irb120_fk_ik irb120_fk_ik_test_main
rosrun rqt_gui rqt_gui
rosrun tf tf_echo world link7
```

它启动了 ABB IRB120 工业机器人的模型。使用 rqt_gui 将 6 个关节的数值设定为 [1, 1, –1, 2, 1, 1]。图 12.3 显示了生成的位姿。tf_echo 节点打印出相对于世界坐标系的 flange 坐标系的位姿（link7），如下所示：

```
- Translation: [0.261, 0.508, 0.531]
```

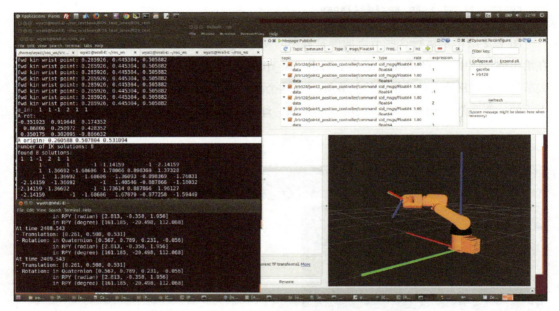

图 12.3　ABB IRB120 的 rviz、tf_echo 和 fk 测试

测试节点 irb120_fk_ik_test_main 订阅关节状态，并使用这些值来计算正向运动学。此节点打印：

```
A origin: 0.260588 0.507804 0.531094
```

同样，结果的显示精度是相同的。其他的抽样检查也会产生类似的结果。

12.2　逆向运动学

除了关节数和 DH 参数的特定数值，2 自由度 rrbot 正向运动学的代码与 6 自由度臂示例的代码实际上是一样。对于所有开放的运动学链，算法一般都是有效的。而逆向运动学可能需要机器人特定的算法，并且可能在处理多解时存在问题，这使得运动学冗余度机器人难以应对。

从 2 自由度 rrbot 出发，用户采用余弦定律可以计算逆向运动学。rrbot_fk_ik.cpp 程序包括一个正向运动学的类和一个逆向运动学的类。逆向运动学函数 ik_solve() 为期望的末端执行器位姿（作为 Eigen::Affine3object）获取了一个参数，并生成了一个包含可行解的 Eigen::Vector2 对象的 std::vector。rrbot 可能有 0、1 或 2 个解。

对于 2 自由度，它（通常）只可能满足 2 个目标。例如，用户无法找到工具 flange 任意期望位置（x, y, z）的解。rrbot 只能实现 $y = 0.2$ 的凸缘坐标。如果要求凸缘位置为（x, 0.2, z），则可能有解。

函数 ik_solve() 首先调用 solve_for_elbow_ang()，它返回 0、1 或 2 个可实现的肘关节（joint2）角。这些角遵循这样的认识，从肩部到凸缘的距离仅是 joint2（不是 joint1）的函数。用户可以根据余弦定律：$c^2 = a^2 + b^2 - 2ab\cos(C)$ 求得 joint2 的角度值。在这种情况下，a 和 b 是 2 个可移动连杆的长度，c 是从机器人的肩部（joint1）到工具凸缘（末端连杆的尖端）的期望距离。这 3 个长度构成一个三角形，且角 C 是长度为 c 的边对应的角。用户可以使用反余弦来求解这种三角关系中的角 C。然而，在这个方程中，C 有 0、1 或 2 个解。例如，如果所要求的凸缘位姿超出了机器人的能力范围（即 $c > a + b$），则 C 无解。

当要求的位置在机器人的能力范围内时，通常有 2 个解。（当手臂完全伸展时，就会出现这种特殊情况，精确地到达所期望的位置。在此情况下只有一个解。）最常见的是，如果有解，则有 2 个解（通常称为肘上和肘下）。

对于每个肘关节解，用户可以找到实现所期望凸缘位置的相应肩角（joint1 角）。这是利用函数 solve_for_shoulder_ang() 计算出的，化简肩角问题为求解方程 $r = A\cos(q) + B\sin(q)$ 的 q 值。该方程经常出现在逆向运动学算法中，并且通过函数 solve_K_eq_Acos_plus_Bsin(K, A, B, q_solns) 求解。但是，由于求得 2 个解，且只有 1 个与正确的机器人位姿一致，所以存在一些模糊性。对于一个给定的肘角，用户可利用正向运动学来测试这 2 个候选肩角，从而识别正确的肩角。通常，如果可达到期望的点，则将会有 2 个有效的解 (q_{1a}, q_{2a}) 和 (q_{1b}, q_{2b})。

例如，期望的凸缘位置：

```
flange origin: -1.62116    -0.2 2.04093
```

有 2 个解，由 test_rrbot_fk 计算和显示：

```
IK soln 0: 1 1
IK soln 1: 2.02953 -1
```

图 12.4 展示了这些解。ABB IRB120 的逆向运动学更加复杂。幸运的是，这个机器人设计包含了一个球形手腕。（球形手腕是一种末尾 3 个关节轴相交于一点的设计。）球形手腕的存在简化了 IK 问题，因为用户可以求解出相对于近端关节（IRB120 为 joint1、joint2 和 joint3）的手腕点位置（末尾 3 个关节轴的交点）。转换矩阵、余弦定律和 $r = A\cos(q) + B\sin(q)$ 的解可再次用于关节角 $q1$、$q2$ 和 $q3$ 的求解。除了肘上和肘下解，机器人还可以

绕其身躯（基座）旋转 180 度而反向实现 2 个肘上、肘下解。因此，将手腕点放置在期望的位置上可能有 4 个不同的解。对于每个解，球形手腕可给出 2 个不同的解。所有这些一起构成了 8 个 IK 解。用户可利用 irb120_fk_ik_test_main 节点来运行 IRB120 机器人的一个具体示例，在关节角 (1、1、–1、2、1、1) 处启动机器人。首先计算正向运动学，然后利用凸缘位姿来生成逆向运动学解。对于这种情况，将会有 8 个解，包括原始关节角 (1、1、–1、2、1、1) 的再现。这 8 个解为：

```
found 8 solutions:
1         1         -1         2         1         1
1         1         -1        -1.14159  -1        -2.14159
1         1.36692   -1.68606   1.78066   0.898369  1.37328
1         1.36692   -1.68606  -1.36093  -0.898369 -1.76831
-2.14159  -1.36692  -1         1.40546  -0.887866 -1.18032
-2.14159  -1.36692  -1        -1.73614   0.887866  1.96127
-2.14159  -1        -1.68606   1.67079  -0.877258 -1.59449
-2.14159  -1        -1.68606  -1.4708    0.877258  1.5471
```

这些解表明，前 3 个关节角在不同的解中出现 2 次，这仅与末尾 3 个（手腕）关节角中所呈现情形相异。图 12.5 给出了此例的所有 8 个解。每个（$q1$、$q2$、$q3$）组合的 2 个不同腕解可能不易辨别，但是这些解在（$q4$、$q5$、$q6$）中区别较大。

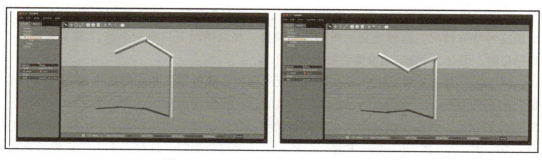

图 12.4　rrbot 的 2 个 IK 解：肘上和肘下

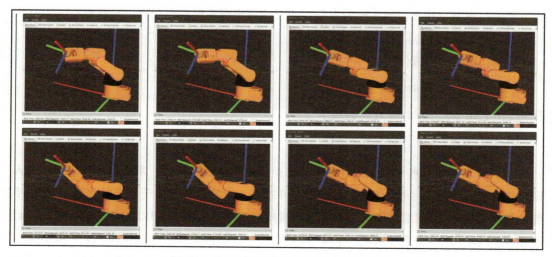

图 12.5　ABB IRB120 的 8 个 IK 解示例

虽然所示示例有 8 个 IK 解，但解的数量可能会有所变化。如果所要求的点超出了机器人的能力范围（或在机器人的身体内），将会没有可行解。如果 IK 解需要超过关节允许的运动范围移动一个或多个关节，将会有少于 8 个的有效解。如果期望的位姿可达一个奇异位姿（当 2 个或更多个关节对齐以便它们的关节轴共线时），将会有无穷个 IK 解（这可描述为对齐关节的关节角的和或差函数）。

包 ur_fk_ik 中有一个相关的示例，它是 Universal Robots UR10 机器人的正逆向运动学函数库。这个 6 自由度机器人没有球形手腕，但有一个解析的逆运动学方法。通常，在 0 ～ 360 度关节角范围内，每个期望的工具凸缘位姿（如果可实现）都有 8 个 IK 解。

对于一组 IK 解，用户需要用一个算法工具从中选择一个而执行。选择一个最佳解可能不明确，但有一个期望是机器人将不会突然跳跃，例如，在肘上和肘下解之间，轨迹执行过程中。

当机器人的自由度超过 6 个（或更一般地，当机器人自由度大于任务限制的数量）时，如何在候选解中做出选择更具挑战性。在这种情况下，有连续的（或多个、不同的连续）解可供选择。在 arm7dof 中就有这样一个示例。

arm7dof_model 中的机器人模型是基于 NASA RESTORE 臂设计，考虑用于太空中的卫星服务。图 12.6 给出了 NASA 设计的 Gazebo 视图。图 12.7 给出了 7 自由度臂的坐标系分配。在 arm7dof_model 包中，此模型是卫星服务臂的一个简化的抽象版本。图 12.8 展示了该模型（配戴一个附在工具凸缘上的大磁盘）。这个设计包含了一个简化逆向运动学算法的球形手腕。对于将腕点放置于期望位置的每个解 ($q1$、$q2$、$q3$、$q4$)，将会有实现所期望凸缘位姿（满足期望的凸缘位置和方向）的 2 个解 ($q5$、$q6$、$q7$)。但是，如果可达所期望的腕点，则通常在空间 ($q1$、$q2$、$q3$、$q4$) 中有一个连续（或多个、间断的连续）解⊖。

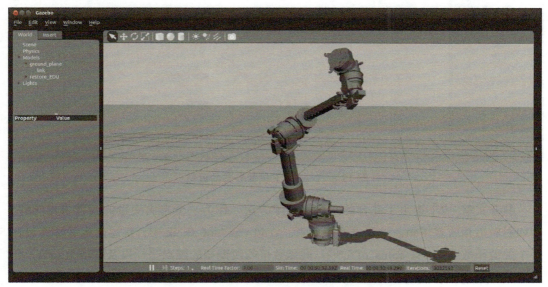

图 12.6　NASA 卫星服务臂的 Gazebo 视图

⊖ 根据 DH 习惯，关节角编号从 1 开始并从最近端关节开始，按顺序增加到最后一个关节。然而，在 C++ 中索引从 0 开始，因此关节编号有时会从 0 开始编号。

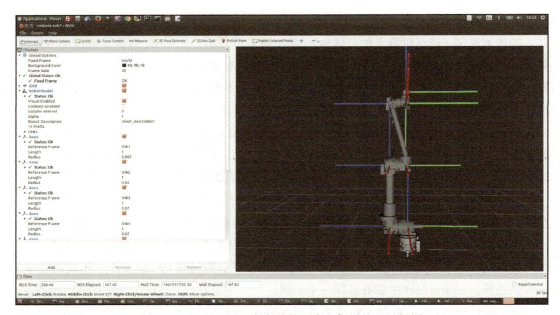

图 12.7 NASA 卫星服务臂的配有坐标系的 rviz 视图

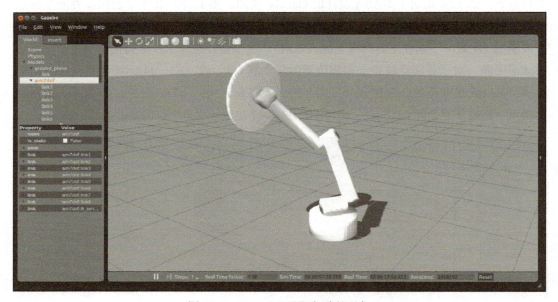

图 12.8 NASA 卫星服务臂的近似

参考文献［2］提出了此臂的逆向运动学方法，作为一个自由变量的函数求得其解，例如肘轨道角或基塔角。这里选择了后者。在包 arm7dof_fk_ik 中，正逆向运动学库包含一个关键函数 ik_wrist_solns_of_q0()。此函数接收所期望的腕点坐标以及基塔角 ($q1$)，并返回关节角 ($q2$, $q3$, $q4$) 的所有可行解。与 ABB 6 自由度机器人一样，一旦限制了 $q1$，只有（这些）3 个关节隐含腕点坐标，并且可能有多达 4 个不同的解。类似 ABB 6 自由度机器人，每个腕点解对于 ($q5$, $q6$, $q7$)（虽然这些在机器人的关节运动范围限制内可达或不可达)在理论上都有 2 个解。至少在一些实例中,将会有 8 个不同的可行 IK 解(在给定的角 $q1$ 上)。对于图 12.8 中的位姿,在 $q1 = 0$ 上会有 6 个不同的可行 IK 解。

对于最佳 IK 解而言,基准角 $q1$ 的选择难以明确。实际上,在更广泛的环境中才可能获知 $q1$ 的最佳选择。若要推迟选择 $q1$ 值,用户可以在 $q1$ 候选范围内以某个分辨率采样来计算出 IK 解。函数 ik_solns_sampled_qs0() 接收指定的凸缘位姿,并生成 7 自由度 IK 解的(参考变量)std::vector。$q1$ 的采样率是由 DQ_YAW 的值设置,在头文件 arm7dof_kinematics.h 中设为 0.1rad。对于图 12.8 中所示的位姿,在 $q1$ 的 0 ~ 2π 范围内以 0.1rad 采样率计算出 228 个有效的 IK 解。用户利用包 arm7dof_fk_ik 中的以下代码来计算此示例:

```
roslaunch gazebo_ros empty_world.launch
roslaunch arm7dof_model arm7dof_w_pos_controller.launch
rosrun rqt_gui rqt_gui (to command joint angles)
rosrun arm7dof_fk_ik arm7dof_fk_ik_test_main2
```

由于所有这些解是解析计算的,所以它们不会出现数值方面的问题,例如无法收敛。此外,解析方法产生了大量的选项,而不是简单的唯一解(与数值方法相反)。解的过程也是相对有效。对于所示的示例,用户使用英特尔 i7 核(主频 2GHz)的笔记本计算机,计算 228 个 IK 解需要大约 30ms。

在奇异的位姿中,解的数量急剧扩展。图 12.7 展示了奇异位姿中的 7 自由度臂,其中关节 7 的关节轴与关节 5 的关节轴共线。在此位姿中,给定任何解,用户都可以通过旋转关节 7(以 $\Delta\theta$)以及关节 5(以 $-\Delta\theta$)而产生一个解空间,从而在固定的 $q1$ 上产生一个连续解。

对于一些机械臂,可能无法获得解析解。在这种情况下,用户必须求助于数值方法。如果知道一个近似的解析解,则它有助于求解近似解以及用作数值搜索的起始点。在数值搜索中,机械手雅可比是一个关键组成部分。类似正向运动学,雅可比易于计算且表现良好。我们所提供的运动学库示例包括雅可比计算。

12.3 小结

本章简要介绍了机械臂的正逆向运动学。开放式运动学链的正向运动学问题已经普遍得到解决。基于 URDF 中可用的机器人模型信息,tf 包实时计算了正向运动学。流行的运动学和动力学包 KDL 也提供了正向运动学的解。另一方面,逆向运动学没有一个通解,并且对于运动学冗余度机器人,有一个完整的 IK 解选择范围。如果一个机器人还没有在 ROS 中实现的逆向运动学解,开发人员可能需要创建一个,如本章示例所示。

正逆向运动学只是机械臂运动控制中的一步。对于更高级的抽象概念,用户需要规划平滑序列的机械臂位姿而实现一些期望的行为。下一章将探讨机械臂的运动规划问题。

第13章 手臂运动规划

引言

机械臂运动规划涉及很多问题的许多方面。例如，用户可能会关注一个机器人可以执行的最优轨迹（在最短的时间内从某个最初的位姿到达某个最终的位姿），它受制于执行器的力和关节的运动范围。另一个转化是规划手臂的运动，它能够优化可用执行器的机械优势，例如举重。一个常见的问题是规划如何命令机器人的关节从最初的位姿移动到最终的位姿（在关节空间或任务空间中表示），同时避免碰撞（与机器人自身或与环境中的实体）。要执行的任务可能需要一条特定的末端执行器轨迹，例如，在激光切割、密封胶点胶或缝焊中。在这种情况下，端点的速度可能要受到任务的限制（例如最佳材料去除率、焊点速度或点胶速度）。在要求高的情况下，必须实时执行运动规划，例如生成捕捉球的运动。在另一种极端情况下，用户可以离线计算一些刻板行为（例如将双臂折叠成紧凑位姿以便运输）的运动规划，其结果作为一种机械技巧而保存用于以后执行。在通信延迟较大的情况下，监控可能是最好的方法。对于这种情况，在提交远程系统以执行已批准的规划之前，用户可以规划运动并在仿真中预览结果。

在 ROS 中，存在手臂运动规划包，并且选项的复杂性和广度很可能不断增加。在当前环境下，我们将描述单一的规划方法示例以说明如何在基于 ROS 的层次结构中集成手臂运动规划。

这里所考虑的规划问题示例假定用户在笛卡儿空间中有一条指定的 6 自由度路径，必须满足机器人的工具凸缘。例如，7 自由度臂可能需要沿指定的路径（沿着工件）移动刀片，同时保持刀片的指定方向（相对于工件），相当于限制了工具凸缘的 6 自由度位姿。假定可以通过连续路径上的 N_{path} 序列采样充分逼近笛卡儿路径，则沿着路径上的每个采样点，7 自由度臂通常会有无穷多的逆向运动学选项。事实上，这可能是由采样的 IK 解按照每个笛卡儿节点上的数以百计的选项来近似。即使在这个简化的场景中，规划问题也会令人望而生畏。例如，如果沿着笛卡儿轨迹有 100 个采样并且每个这样的位姿对应 200 个 IK 解，则会有 200^{100} 个关节空间路径选项，这是非常大的数量。

幸运的是，用户可以使用动态规划而大大简化此规划问题。这里描述的方法由 2 层构成：笛卡儿空间规划器和潜在的关节空间规划器。

13.1 笛卡儿运动规划

软件包 cartesian_planner 包含多个笛卡儿规划器的源文件，包括 arm7dof_cartesian_planner.cpp、ur10_cartesian_planner.cpp 和 baxter_cartesian_planner.cpp，它们分别为 7 自由度臂、Universal Robots UR10 臂和 Baxter 机器人定义了规划库。这些库的作用是沿着笛卡儿路径采样点，计算沿着路径上每个采样位姿的 IK 选项，以及（在关节空间规划器的帮助下）遍历期望的笛卡儿路径以找到关节空间解的最优序列。

通常，要遵循的笛卡儿路径是与任务相关的。cartesian_planner 说明了如何采样路径和计算新颖的关节空间轨迹，但是局限于其通用性。这里描述的笛卡儿规划器有多个运动规划选项：

- 在关节空间坐标系中指定一个初始位姿 q_vec，并在笛卡儿空间中指定一个目标位姿。计算一条从初始角到目标位姿 IK 解之一的关节空间轨迹。
- 在关节空间坐标系中指定一个初始位姿 q_vec，并在笛卡儿空间中指定一个目标位姿。通过沿着直线路径上的采样点计算一条笛卡儿轨迹。这将产生一条轨迹，如此将会快速获得夹具所期望的最终方向，然后在整个线性移动中保持。
- 指定一个初始位姿 q_vec 和一个期望的 delta-p 笛卡儿运动。从初始位姿开始，通过指定的位移向量在一条直线上平移，同时保持方向稳定在初始方向上，这将会产生采样的笛卡儿位姿。
- 相对于手臂的基座而指定笛卡儿的初始和最终位姿。忽略初始位姿的方向，而只考虑最终位姿的方向。生成一个笛卡儿位姿序列，从初始位置到最终位置直线移动同时保持恒定的方向。

节点 example_arm7dof_cart_path_planner_main.cpp 展示了如何使用笛卡儿规划器 arm7dof_cartesian_planner.cpp，该规划器依赖于来自相应运动学库 arm7dof_fk_ik 和通用 joint_space_planner 的支持。同样，我们为 Baxter 机器人和 Universal Robots UR10 机器人提供了各自的主程序示例。

运行节点 example_arm7dof_cart_path_planner_main 将产生关节空间位姿的一个输出文件 arm7dof_poses.path，这些关节空间位姿以工具凸缘恒定的方向产生笛卡儿运动。在本例中，我们在主程序中对期望的运动描述进行硬编码，相应保持工具凸缘朝上的方向，同时保持 $y_{desired}$ 和 $z_{desired}$ 不变而从 x_{start} 平移到 x_{end}。沿着这条路径，每 5cm 计算一次采样。用户可以编辑这些路径的描述值以测试往复运动。随着 roscore 运行，用户可以利用以下命令来运行 7 自由度臂的规划器示例：

```
rosrun  cartesian_planner example_arm7dof_cart_path_planner_main
```

对于此例，沿着笛卡儿路径计算了 60 个采样。在每个采样点上，以基准点上 0.1rad 的增量来计算逆向运动学选项。这就导致了每个笛卡儿采样点大约 200 个 IK 解（在本例中，每个笛卡儿位姿对应于 130 ~ 285 个 IK 解）。

代码 example_arm7dof_cart_path_planner_main.cpp 的关键命令行为：

```cpp
CartTrajPlanner cartTrajPlanner; //instantiate a cartesian planner object
R_gripper_up = cartTrajPlanner.get_R_gripper_up();

//specify start and end poses:
a_tool_start.linear() = R_gripper_up;
a_tool_start.translation() = flange_origin_start;
a_tool_end.linear() = R_gripper_up;
a_tool_end.translation() = flange_origin_end;

//do a Cartesian plan:
found_path = cartTrajPlanner.cartesian_path_planner(a_tool_start, ↵
    a_tool_end, optimal_path);
```

本例中调用的规划器选项是初始和最终笛卡儿位姿的描述。在调用 cartesian_path_planner() 后，将会在 optimal_path 中返回一个关节空间规划。我们将此规划写入一个输出文件，名为 arm7dof_poses.path 且有 61 行（每行对应一个笛卡儿采样点）开始几行是：

```
2.9, -0.798862, 0.227156, -1.35163, -0.191441, 2.12916, -3.16218
2.9, -0.752214, 0.210785, -1.42965, -0.173242, 2.1637, -3.15245
2.9, -0.707348, 0.196287, -1.50431, -0.156966, 2.19621, -3.1424
```

每行指定了对应于关节空间位姿的 7 个关节角，此关节空间位姿是相应的期望笛卡儿空间位姿的 IK 解。通过关节空间规划器的支持库，用户可以从候选 IK 解中选择最佳的关节空间位姿，这将在下面介绍。

在本示例中，用户可以使用规划库进行离线规划。另外，用户还可以在执行运动规划以及按需执行的动作服务器中使用规划库。在介绍了通用的关节空间规划技术之后，我们将对此进行深入讨论。

13.2 关节空间规划的动态规划

从 IK 选项中寻找最优的关节空间解可能会有挑战。这里描述的关节空间规划的动态规划方法适用于广泛的机器人，至少适用于低维零空间，诸如 7 自由度臂。

例如，由 example_arm7dof_cart_path_planner_main.cpp 所描述的 7 自由度臂的运动规划会产生 61 个笛卡儿采样，其中每个采样都有 130 ~ 285 个关节空间 IK 选项。对于每个笛卡儿采样点，必须选择一个 IK 解。但是，在每个笛卡儿采样点内不能独立选择这些 IK

选项。连续采样点之间的转换必须产生平滑的运动，即没有大的关节角跳跃。避免大的跳跃不会像向前迈进一步那么简单，如调用贪婪算法，因为这种方法可能导致后续轨迹产生较差的选项（大跳跃）。相反，用户必须结合环境考虑整个路径。

动态规划是一种在大量选项中寻找最优关节空间解序列的方法。从概念上讲，图 13.1 给出了前馈关系图。所示的网络由 6 层（列）组成，每层都有若干节点（每列内的圆圈）。前馈网络描述如下。l 层的 m 节点表示为 $n_{l,m}$，可能会链接到 $l+1$ 层的 n 节点（表示为 $n_{(l+1),n}$）。但是，除了 $l+1$ 层之外，节点 $n_{l,m}$ 没有链接到任何层的任何节点。（例如，链接从不向后指，也不会跳过随后的层）。

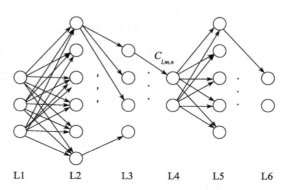

图 13.1 前馈网络动态规划问题的概念图

此网络中的路径起始于 L1 层的某个节点，在 L6 层中的某个节点结束，总共访问了路径上的 6 个节点（包括起始和结束节点）。任何此类路径都有一个关联成本 C，它是状态成本和转换成本的总和。状态成本是与通过给定节点（l 层中的 m 节点 $c_{l,m}$）相关的成本。转换成本是一个与节点 $n_{l,m}$ 和节点 $n_{(l+1),n}$ 的链接相关的成本，可将其称为 $c_{l,m,n}$（例如图 13.1 中的标记）。路径成本 C 是一个由所有状态和转换成本总和（本例中为 6 个状态成本和 5 个转换成本）构成的标量。因此，用户可以利用路径成本作为惩罚函数来获得候选路径。所提出问题的优化目标是从 L1 至 L6 寻找具有最小路径成本的路径。

关于关节空间规划的问题，我们可以将每个层解释为沿着笛卡儿路径采样的 6 自由度任务空间位姿。目标是沿着这条路径向前移动工具凸缘，例如执行切割操作，我们可以沿此路径顺序标记 6 个点。对于诸如切割（或绘图、焊接、划线、点胶等）这样的任务，跳过这些点中任何一个或后向操作都将是没有意义的。相反，用户必须依序实现每个笛卡儿子目标。我们需要末端执行器访问到每个笛卡儿位姿。然而，在计算逆向运动学时，我们发现有多个可实现位姿 l 的关节空间解。我们可以将第 l 个笛卡儿位姿上的第 m 个关节空间解标记为节点 $n_{l,m}$。（根据所选的采样分辨率，我们可能在每个任务空间的采样或层中考虑数以百计的 IK 选项。）网络中的每个节点都描述了机器人唯一的关节空间位姿。从每层依次选择 1 个节点所构成的一序列节点描述了一个（离散化）关节空间轨迹，确保了沿着任务空间轨迹通过连续的笛卡儿空间采样。

在此环境下，我们可能通过多个准则来评估给定节点的状态成本。例如，我们可能给自我碰撞或与环境碰撞的机器人位姿分配无穷大成本（或更简单地说，从网络中删除）。接近碰撞的节点（位姿）可能具有较高的状态成本。接近奇点的节点也可能受到惩罚。用户也可以考虑其他与位姿相关的准则。转换成本应对大尺度移动进行惩罚。例如，从 l 层

移动到 $l+1$ 层且移动基准关节 π 弧度的路径将导致大惯量关节的加速度很大，这不仅会缓慢并具有破坏性，还将可能导致猛烈的工具凸缘旋转，同时沿笛卡儿路径只移动一段短距离。同样地，不可接受从 l 层到 $l+1$ 层的手腕突然翻转，尽管 IK 解可能在这 2 个层中都正确。因此，我们应该惩罚关节角从一个层到另外一个层的这种大变化。

分配状态和转换惩罚的不同策略将产生不同的最优路径解。设计人员必须选择如何为关节空间位姿分配成本、如何分配转换成本、笛卡儿空间采样点（层）的数量和位置以及在每个采样点上需要考虑多少 IK 解（节点）。将规划问题转换为前馈图，我们可以将图解技术应用到抽象的问题中，从而产生一系列关节空间位姿，促成机器人通过所选择的笛卡儿空间位姿。

对于这种类型的图，用户可以有效地应用动态规划。过程如下，从最后一层向后工作，为每个节点分配一个 cost to go。对于最后一层，代价函数只是与每个最终层节点关联的状态成本。

后退到 $L-1$ 层（本例中为 L5 层），为该层中的每个节点都分配一个代价函数。例如，对于 L5 层的第 1 个节点 $n_{5,1}$，只有 2 个选项：以成本 $c_{5,1} + c_{5,1,1} + c_{6,1}$ 转换到节点 $n_{6,1}$，或以成本 $c_{5,2} + c_{5,1,2} + c_{6,2}$ 转换到节点 $n_{6,2}$。我们将为节点 $n_{5,1}$ 的代价函数分配这 2 个选项中的最小值，标为 $C_{5,1}$。类似地可以计算节点 $n_{5,2}$ 的代价函数，产生一个分配值 $C_{5,2}$。

通过网络继续后向工作，当计算 l 层中节点的代价函数时，我们可能假设已为 $l+1$ 层中的所有节点计算了代价函数。若要计算 l 层 m 节点 $C_{l,m}$ 的代价函数，需要考虑 $l+1$ 层中的各节点 n 并计算相应的成本 $C_{l,m,n} = c_{l,m} + C_{(l+1),n}$。在这些选项中寻找最小成本（$l+1$ 层中的所有选项 $n_{(l+1),n}$），并将其分配给 $C_{l,m}$。在此过程中，我们将为网络中的每个节点计算代价函数，而且在每个层上计算这些成本将会相对高效。

假定已为每个节点分配了代价函数，通过追随网络中成本 $C_{l,m}$ 的最陡梯度，用户可以找到网络中的最优路径。

图 13.2～图 13.6 给出了一个简单的数值示例。这一系列视图展示了如何从目标状态后向计算代价函数。当计算出代价函数时，我们可以淘汰许多全局最优解环境中的次优解。通常，单个链接将在每层计算的代价函数优化中生存下来。在这个具有整数型转移成本的简单示例中，可能存在不分优劣的情形，因此会从每个这样的增量优化中产生多个生存链接。然而，由于实际中转移成本将会是一个浮点值，因此不会出现上述情况。

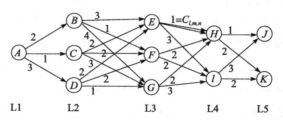

图 13.2 动态规划的简单数值示例（由 5 层构成且为每个允许的转换分配了转换成本）

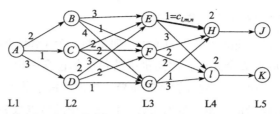

图 13.3　求解过程的第 1 步。为节点 H 和 I 计算出最小代价函数。删除了 4 层至 5 层的 4 个链接中的 2 个，因为它们被证明是次优的

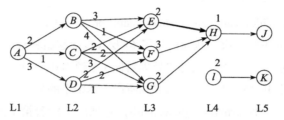

图 13.4　求解过程的第 2 步。为第 3 层中的节点 E、F 和 G（分别对应成本 2、3 和 2）计算出最小代价函数。删除了 6 个链接中的 3 个，只留下第 3 层中每个节点的唯一最佳选项。据此可以看到，最优解中将不涉及节点 I

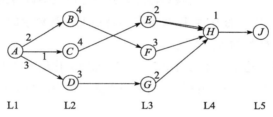

图 13.5　求解过程的第 3 步。为第 2 层中的节点 B、C 和 D（分别对应成本 4、4 和 3）计算最小代价函数。9 个链接中的 6 个已被删除，只留下 2 层中每个节点唯一最佳选项

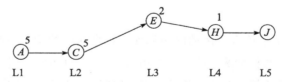

图 13.6　求解过程的最后一步。从节点 A 开始计算最小代价函数。只留下构成最优解的网络中的单路径

在所给出的示例中，早就明确节点 I 不能成为最优解的一部分，因此目标节点须是节点 J。在这些层的后向工作中，我们对链接进行了修剪，并将增量转换成本替换为与每个节点相关的最优代价函数。当此过程向后回到起始层时，产生了网络中的单路径（图 13.6）。这个解的过程非常有效，产生的路径可证明是最优。

执行此最优路径计算的库位于包 joint_space_planner 中。这个规划器假定所有状态成本都是零（假定已经从网络中删除了危险的位姿）。我们将转换成本指定为与转换相对应的三角形关节角的加权平方和。用户须为规划器构造函数提供整个网络和权重向量（与关节相关），而规划器将返回网络最优路径。传递给求解器的网络表示为：

```
vector<vector<Eigen::VectorXd> > &path_options
```

path_options 参数是（Eigen）向量的（std）向量的一个（std）向量。最外层的向量包含与网络中 L 层相对应的 L 个元素。此向量中的每层都包含一个节点向量（沿着轨迹在这一点上的 IK 解）。层内的节点数可能因层而异。层内的每个节点都是一个 N 节点的 IK 解，表示为一个 Eigen 类型的向量。根据层数、任意层中的节点数和每个节点的维数，我们可以编写网络求解器来满足任意维度。但是，由于规划可能会变得缓慢，因此应注意避免出现过多的层数和每层中的节点数。

在示例 example_arm7dof_cart_path_planner_main.cpp 中，考虑一个 7 自由度机器人沿着笛卡儿路径移动，每 5cm 采样一次，从而产生了 61 层（包括起始和最终位姿）。每层有 130 ~ 285 个 IK 关节空间选项。在一个 i7 英特尔处理器核（主频 2GHz）上，规划过程需要大约 8s，包括近似计算 13 000 个 IK 解（大约 3s）和寻找所产生网络中的最小成本路径（大约 5s）。

示例规划的结果是文件 arm7dof_poses.path，它列出了沿着笛卡儿路径为 61 层的每层所推荐的 7 自由度关节角。

包 cartesian_planner 中的笛卡儿规划器示例包括 7 自由度臂、UR10 和 Baxter，它们都使用了这里所描述的同一关节空间规划器库。此库足够灵活以容纳任意数量的节点、每个笛卡儿采样点上任意数量的 IK 解以及笛卡儿路径上任意数量的笛卡儿采样点。但是，过大的网络将需要相应较长的计算时间。

然而应该注意的是，这里阐述的简单关节空间规划优化没有考虑潜在的碰撞，无论是与环境还是与机器人自身。在规划网络中的路径之前，用户应将导致碰撞的关节空间解从图中删除。

13.3 笛卡儿运动动作服务器

在 13.1 节中，介绍了笛卡儿运动的规划库。每个这样的运动库都是为特定的机器人类型而定制的。但是，每种情况下的目标均相同：即在空间中将一个夹具或工具移动到终点位姿，通常限制为沿着笛卡儿路径移动。理想情况下，这可以利用更高级命令来实现而不必知道机器人类型。采用笛卡儿运动动作服务器是一个实现此目标的示例方法。

在 cartesian_planner 包中，节点 baxter_rt_arm_cart_move_as.cpp 和 ur10_cart_move_as.cpp 使用各自的笛卡儿规划器库，并提供一个名为 cartMoveActionServer 的动作服务器接口。利用在 cartesian_planner 包的 cart_move.action 中定义的通用操作消息，动作客户端可以与这些动作服务器进行通信。此操作消息包括 goal 字段中助记符如下所示：

```
uint8 GET_TOOL_POSE = 5
uint8 GET_Q_DATA = 7

#requests for motion plans;
uint8 PLAN_PATH_CURRENT_TO_WAITING_POSE=20
#plan a joint-space path from current arm pose to some IK soln of Cartesian goal
```

```
uint8 PLAN_JSPACE_PATH_CURRENT_TO_CART_GRIPPER_POSE = 21
#rectilinear translation w/ fixed orientation
uint8 PLAN_PATH_CURRENT_TO_GOAL_DP_XYZ = 22
#plan cartesian path from current arm pose to goal gripper pose
uint8 PLAN_PATH_CURRENT_TO_GOAL_GRIPPER_POSE=23
```

每个助记符都是可以由客户端指定的操作代码。

目标消息的成分为：

```
#goal:
int32 command_code
geometry_msgs/PoseStamped des_pose_gripper
float64[] arm_dp #a 3-D vector displacement relative to current pose
float64[] q_goal
float64 time_scale_stretch_factor
```

客户端利用一个已定义的操作代码值来填充 command_code 字段。对于 PLAN_PATH_CURRENT_TO_WAITING_POSE 的情况，不需要填充其他字段。对于向目标位姿请求一个关节空间或笛卡儿空间规划，客户端必须在目标消息中指定相应的命令代码，也必须在 des_pose_gripper 字段中指定期望的夹具位姿。如果沿着一个指定的向量请求一个相对运动，则不需要 des_pose_gripper 字段，但是必须填充 arm_dp 字段。（关节空间目标描述也是可以的，尽管这种模式不太普遍且应该避免。）

使用此操作接口的客户端程序示例是 cartesian_planner 包中的 example_generic_cart_move_ac.cpp。该节点实例化了一个动作客户端，它与动作服务器 cartMoveActionServer（通过使用库 cart_motion_commander）连接，并通过操作消息 cart_move.action 进行通信。此客户端阐述了调用由笛卡儿运动动作服务器所提供的各种动作，包括：规划和执行一条通往预定义等待位姿的路径；规划和执行一条通往绝对工具位姿的路径；规划和执行一个相对于当前工具位姿的笛卡儿运动。cart_motion_commander 库中的类 ArmMotionCommander 封装了调用这些行为的详细信息，包括生成 cart_move 目标消息、将此消息发送到动作服务器以及返回由回调函数接收的响应代码。这将简化动作客户端代码，如来自 example_generic_cart_move_ac.cpp 的以下代码段：

```
//return to pre-defined pose:
ROS_INFO("back to waiting pose");
rtn_val=arm_motion_commander.plan_move_to_waiting_pose();
rtn_val=arm_motion_commander.execute_planned_path();

//get tool pose
rtn_val = arm_motion_commander.request_tool_pose();
tool_pose = arm_motion_commander.get_tool_pose_stamped();
ROS_INFO("tool pose is: ");
xformUtils.printPose(tool_pose);
//alter the tool pose:
tool_pose.pose.position.x += 0.2; // move 20cm, along x in torso frame
// send move plan request:
rtn_val=arm_motion_commander.plan_path_current_to_goal_gripper_↵
    pose(tool_pose);
//send command to execute planned motion
rtn_val=arm_motion_commander.execute_planned_path();
```

这些代码行调用了移动到预定义等待位姿的行为，然后沿着笛卡儿路径移动到指定的工具位姿。在这种抽象级别上，客户端不需要知道它所控制的机器人类型。相反，客户端可能专注于在任务空间中移动工具，同时将逆向运动学和笛卡儿空间规划的详细信息留给动作服务器。事实上，通用动作客户端示例与 Baxter 机器人或 UR10 机器人的工作原理完全相同，尽管这些机器人具有迥然不同的运动学特性，包括关节数。

一个小问题是，不同机器人的相关坐标系名称（例如夹具坐标系和 base-link 坐标系）可能不同，这限制了应用代码的复用性。解决这一问题的方法是，在这些具有通用名称的机器人上定义额外的坐标系。例如，Baxter 机器人的右臂有一个夹具，其指尖之间的坐标系称为 right_gripper。UR10 机器人没有这样的坐标系名。UR10 最后的连杆有一个称为 tool0 的坐标系。另外，我们相对于 torso 坐标系而计算 Baxter 机器人运动学，然而 UR10 机器人没有 torso 坐标系，我们用的是 base_link 坐标系计算 UR10 机器人运动学的。若要让 Baxter 机器人有一个共同的接口，运行来自 cartesian_planner 包的 baxter_static_transforms.launch。该启动文件仅包含以下内容：

```
<launch>
<node pkg="tf" type="static_transform_publisher" name="system_ref_frame" args="0 0
    -0.91 0 0 0 1 torso system_ref_frame 100" />
<node pkg="tf" type="static_transform_publisher" name="generic_gripper_frame" args="0
    0 0 0 0 0 1 right_gripper generic_gripper_frame 100" />
</launch>
```

通过运行此启动文件，我们将在 tf: generic_gripper_frame 和 system_ref_frame 上发布 2 个附加的坐标系。在这种情况下，我们将通用夹具坐标系指定为与 right_gripper 坐标系相同，因为参数列表指定了 $x, y, z = 0, 0, 0$ 和四元数 $x, y, z, w = 0, 0, 0, 1$。在本书中，用户可以将 generic_gripper_frame 看作 right_gripper 的同义词以调用规划和运动执行。另一发布的坐标系 system_ref_frame 将一个通用的参考坐标系名与 Baxter 坐标系 torso 相关联。在这种情况下，我们将 torso 指定为在系统参考坐标系（定义为地平面）之上 0.91m。根据系统参考坐标系，用户可以定义目标位姿，并标定系统参考坐标系到 torso 坐标系的转换以适应机器人的安装高度。

对于 UR10，需要参考的模型坐标系是 base_link 和 tool0（除非在模型中添加一个夹具，在这种情况下，应该用夹具上一个合适的坐标系替换 tool0）。这些坐标系分别与 system_ref_frame 和 generic_gripper_frame 相关。这是通过启动 cartesian_planner 包中的 ur10_static_transforms.launch 来完成的。此启动文件的内容如下：

```
<launch>
<node pkg="tf" type="static_transform_publisher" name="system_ref_frame" args="0 0 0 0
    0 0 1 world system_ref_frame 100" />
<node pkg="tf" type="static_transform_publisher" name="generic_gripper_frame" args="0
    0 0 0 0 0 1 tool0 generic_gripper_frame 100" />
</launch>
```

启动此文件会使得 generic_gripper_frame 与 tool0 同义，以及 system_ref_frame 与 world

坐标系同义。它假设机器人启动了一个坐标转换，此转换描述了机器人 base_link 相对于世界坐标系的转换。利用这些额外的转换，用户可以通过引用 system_ref_frame 中的 generic_gripper_frame 来控制 UR10。

通用的笛卡儿运动动作客户端示例可以在 UR10 机器人上运行，如下所示。首先，启动一个 UR10 仿真：

```
roslaunch ur_gazebo ur10.launch
```

然后，启动夹具和参考坐标系的静态转换发布：

```
roslaunch cartesian_planner ur10_static_transforms.launch
```

针对 UR10 机器人，通过运行以下命令启动一个笛卡儿运动动作服务器：

```
rosrun cartesian_planner ur10_cart_move_as
```

此时，机器人准备接收和实施笛卡儿运动规划与执行目标。用户可以利用以下命令运行简单的动作客户端示例：

```
rosrun cartesian_planner example_generic_cart_move_ac
```

此代码示例将提示用户输入，包括为笛卡儿运动请求期望的 delta-z 值。动作客户端将会运行出结论，而动作服务器将会持续，准备从新的动作客户端接收新的目标。

若要在 Baxter 机器人上运行相同的通用笛卡儿运动客户端节点，首先启动 Baxter 机器人仿真：

```
roslaunch baxter_gazebo baxter_world.launch
```

等待启动结束（可能需要 30s 左右）。然后，利用以下命令启动电动机：

```
rosrun baxter_tools enable_robot.py -e
```

启动 trajectory-streamer 动作服务器：

```
rosrun baxter_trajectory_streamer rt_arm_as
```

启动定义了通用夹具坐标系和系统参考坐标系的转换：

```
roslaunch cartesian_planner baxter_static_transforms.launch
```

针对 Baxter 右臂，启动笛卡儿运动动作服务器：

```
rosrun  cartesian_planner baxter_rt_arm_cart_move_as
```

Baxter 机器人现在准备从动作客户端接收笛卡儿运动目标。与 UR10 机器人的情况一样，用户可以运行通用动作客户端如下所示：

```
rosrun cartesian_planner example_generic_cart_move_ac
```

运行此节点将会导致 Baxter 的 right-gripper 坐标系执行笛卡儿轨迹，与 UR10 移动其 tool0 坐标系的方式完全相同。参考通用夹具坐标系的笛卡儿空间运动的这种能力，使得我们能编写独立于任何特定机械臂设计的更高级代码。通过这种方法抽象出编程问题，程序员可以专注于任务空间的思考，同时忽略某个机器人如何执行所期望的任务空间轨迹的细节。在介绍了 Baxter 仿真器的一些细节之后，我们将在 object_grabber 包的环境下进一步讨论这一问题。

13.4 小结

控制机器人手臂最终简化为适时地生成关节角协同的代码。计算一个期望的运动可能是高度复杂的，并且手臂运动规划是一个广泛而开放的领域。采用动态规划的方法，我们提出了一种适用于运动学冗余度机器人（低零空间维度）的规划方法示例。规划计算的结果是一条轨迹消息，它可以传送到在机器人上运行的轨迹动作服务器。演示了如何将笛卡儿运动规划器嵌入到动作服务器，以及这些动作服务器如何引用通用夹具和系统参考坐标系。这种方法支持编写通用动作客户端节点的可能性，这些客户端节点专注于任务空间操作并可在多个机器人设计中复用。

接下来我们将考虑把这些概念应用到 Baxter 这个特定的机器人上。

第 14 章 Baxter 仿真器进行手臂控制

引言

在 Gazebo 中运行的 Baxter 机器人仿真器对学习机械臂的控制是有帮助的。制造商 ReThink Robotics 生产的 Baxter 仿真器是一个相当准确可靠的机器人模型。仿真器和物理机器人具有相同的 ROS 接口，因此，在仿真过程中用户可以快速地将开发的程序移植到相应的物理机器人上。

用户可以在网站 http://sdk.rethinkrobotics.com/wiki/Baxter_Simulator 上找到 Baxter 仿真器。默认情况下，我们将其作为这里所使用的安装脚本的一部分（参见 https://github.com/wsnewman/learning_ros_setup_scripts）而下载和安装，该程序将安装 ROS 以及此书附带的所有示例代码。

在本章中，我们将使用 Baxter 模型和仿真器来进一步探索正向和逆向运动学、关节空间规划器的使用、Baxter-specific 笛卡儿规划器以及目标抓取规划和执行的高级动作服务器。

14.1 运行 Baxter 仿真器

若要启动 Baxter 仿真器，可运行：

```
roslaunch baxter_gazebo baxter_world.launch
```

此命令将启动 Gazebo，并加载 Baxter 机器人模型。启动过程可能会很慢（预计约 45s）。一旦启动窗口显示：Gravity compensation was turned off，即说明仿真器已准备就绪，如图 14.1 所示。一旦完成仿真器的启动（即显示了重力消息），机械臂的关节即可响应运动命令。这可通过以下命令完成：

```
rosrun baxter_tools enable_robot.py -e
```

这将产生响应：Robot Enabled。

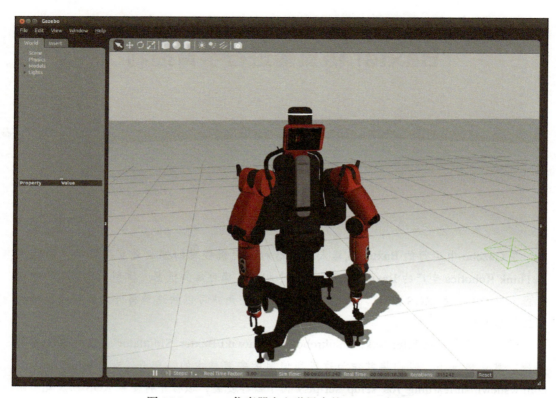

图 14.1　Baxter 仿真器在空世界中的 Gazebo 视图

用户可以利用所提供的演示函数来调用一些运动示例，包括：

```
rosrun baxter_tools tuck_arms.py -t
```

这将机器人的手臂移动到一个便于运输的位姿，如图 14.2 所示。补充的命令是：

```
rosrun baxter_tools tuck_arms.py -u
```

这将伸展机器人的手臂。

另外一个有趣的示例是：

```
rosrun baxter_examples joint_velocity_wobbler.py
```

该程序首先将手臂预置到一个适当的初始位姿，然后通过小的正弦运动驱动所有的手臂关节。随着这个节点的运行，用户可以确认关节伺服是活动的且可以看到手臂的移动。

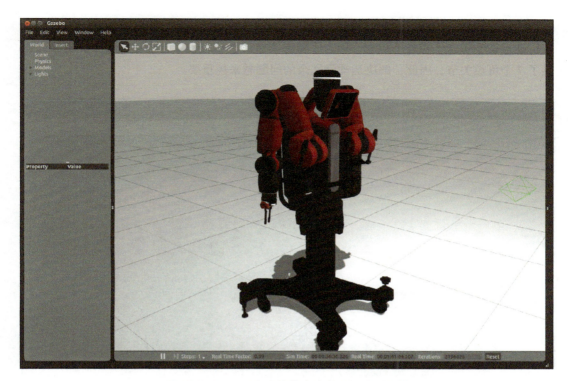

图 14.2　Baxter 在卷缩位姿中的 Gazebo 视图

14.2　Baxter 关节和主题

Baxter 机器人有 15 个伺服自由度，包括 7 个右臂关节、7 个左臂关节和 1 个颈部盘（左右旋转）运动。头（显示屏）也可以点头，虽然这只是一个二进制命令（颈部倾斜不是伺服控制）。Baxter 机器人和仿真器包括 3 个摄像头：1 个在显示屏上（头），手腕上各 1 个。其他传感器包括头冠周围的声纳传感器、每个工具凸缘上的短程红外距离传感器、每个可伺服驱动关节上的关节角传感器以及关节扭矩传感器。

启动 rviz 允许用户可视化关于该机器人的更多信息。图 14.3 给出了带有某些显示坐标系的机器人模型。机器人躯干坐标系是一个有价值的参考，它的 z 轴朝上，x 轴朝前，y 轴朝机器人左边。

机器人的右臂也显示了与臂关节相对应的坐标系。对于这 7 个坐标系中的每一个，蓝色轴对应一个关节旋转轴。（对于前臂旋转，蓝色轴是不可见的，因为它埋藏在这个视图的前臂外壳内。）可以看出，7 个臂关节的组织使每个顺序关节对有一个 90 度扭转（转动－倾斜－转动－倾斜－转动－倾斜－转动）。

在数学上，若要控制一个 6 自由度的期望夹具位姿，用户通常需要至少 6 个独立的关节自由度。然而，一旦施加了关节限制，通常难于用 6 个可控关节满足一个期望位姿的所有 6 个约束条件。拥有一个第 7 关节（类似于人的手臂）可显著改善可操作性。同时，这也给逆运动学带来了额外的挑战，因为手臂有丰富的运动结构。越来越多的工业机器人提供了 7 个可控关节，因此，解决运动学冗余的问题越来越重要。

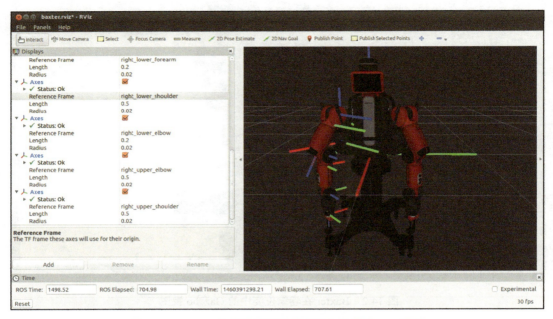

图 14.3　Baxter 仿真器模型演示右臂坐标系的 rviz 视图

Baxter 运动学的另一个挑战是该机器人没有球形手腕。在 12 章中，ABB IRB120 和抽象的 NASA 卫星服务臂的实例都有球形手腕，因为最终的 3 个关节轴都相交于一点。用户可利用这一运动学特性帮助求解逆运动学的解析解。对于 Baxter 机器人，最后 2 个轴（显示的最后 2 个坐标系的蓝色轴）相交，我们可以将此交点作为手腕点。然而，前臂旋转轴（不显示）不与此点相交，它与相交的手腕点有一个小的偏移量。由于偏移量小，它可以作为一个有用的近似而把手腕看作球形，这有助于快速计算近似的逆运动学解。

随着 Baxter 仿真器（或物理 Baxter）运行，执行：

```
rostopic list
```

该命令显示，大约使用了 300 个主题。这些主题中的近 40 个出现在摄像头下，虽然 Baxter 只有 3 个内置摄像头。各种相机主题包括可选图像编码和预处理的选项。虽然拥有这么多的相机主题，但无须担心带宽问题，因为我们使用 image_transport 来发布和订阅相机主题。image_transport 的特性之一是：在主题上至少有一个订阅器，发布器才会向该主题上发布数据。

在 robot 这个名字空间下也有近 250 个主题，包括关节状态、传感器值、机器人 I/O

设备、控制器属性和状态以及显示（face）主题。tf 和 tf_static 主题传输着描述一对坐标系之间变换的消息。如果在仿真中运行，还将有几个 Gazebo 主题。

最有价值的一个是 /robot/joint_states 主题，下面还会进一步描述它。运行：rosnode list 命令，将会显示 robot_state_publisher 节点正在运行，该节点对于 rviz 正确显示带有定位关节的机器人模型是必要的（无论是运行 Gazebo 仿真机器人还是实际的机器人）。

调用 rosparam list 命令，将会显示 robot_description 参数已加载到参数服务器上（作为 Baxter 启动过程的一部分执行）。

用户可以通过运行以下命令来检查主题 /robot/joint_states：

```
rostopic info /robot/joint_states
```

它表明此主题传输的消息类型是 sensor_msgs/JointState，这是一个发布机器人关节状态的标准 ROS 方式。JointState 消息类型可以通过运行以下命令来检查：

```
rosmsg show sensor_msgs/JointState
```

它表明此消息包含以下字段：

```
std_msgs/Header header
  uint32 seq
  time stamp
  string frame_id
string[] name
float64[] position
float64[] velocity
float64[] effort
```

运行：

```
rostopic hz /robot/joint_states
```

它表明此主题消息正以 50Hz 频率更新。若要瞥一眼发布在此主题上的数据，运行：

```
rostopic echo /robot/joint_states
```

此输出的屏幕截图如图 14.4 所示。对于所有 19 个命名关节，该输出显示了位置、速度和力。这些关节包括 14 个臂关节、1 个头盘关节和 4 个夹具指关节。在仿真中，所有力都是零。然而，如果是物理机器人，它测量和发布手臂关节的力值。

关节状态值的报告顺序与关节名称的列表相同。Baxter 使用的顺序有些古怪，通常情况下，我们按照从机器人躯干到夹具的链序报告关节。然而，ROS 通常并不关心报告状态和接收命令的关节顺序。ROS 使用的顺序为 name 向量中所使用的顺序，且这可能会随着迭代而改变。

为了阐明 Baxter 的关节顺序和名字，从机器人躯干到手腕顺序定义右臂关节为：

```
right_s0, right_s1, right_e0, right_e1, right_w0, right_w1, right_w2
```

对于左臂，命名的顺序相同，但用 left 替换 right。按列出的名字顺序报告所有的 position[]、velocity[] 和 effort[]（通过 rostopic echo 可以看到）。

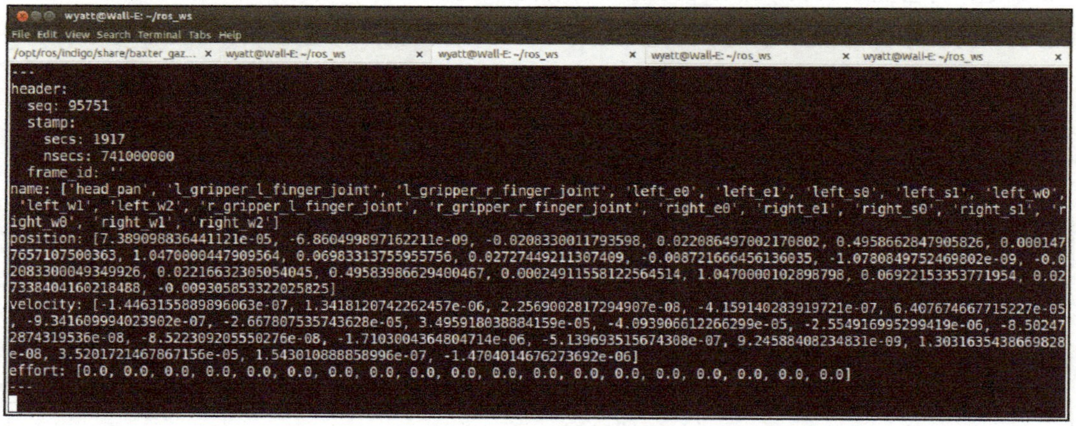

图 14.4　Baxter robot/joint_states 的 rostopic echo

主题 /tf 发布了大量连杆到连杆的坐标转换。由连接关节描述的连杆到连杆的关系都将迅速更新。这些可以通过运行 rostopic echo tf 来查看（虽然这种查看方式不方便，因为显示滚动太快）。若要查看特定的关系，使用 tf_echo 更方便。例如，若要显示与机器人躯干坐标系相对应的右手位姿（实际上是右臂的工具凸缘坐标系），运行：

```
rosrun tf tf_echo torso right_hand
```

然后，将会打印相对于机器人躯干坐标系的 right_hand 坐标系的位置和方向，每秒更新一次。

相机主题和激光扫描主题有助于感知处理。如果在 Baxter 上添加更多的传感器，我们也应将传感器的值发布在主题上以供解释所用。

14.3　Baxter 夹具

Baxter 仿真模型上的夹具是来自 ReThink Robotics 的电动平口夹具。用户可以通过 ROS 发布和订阅与夹具通信。使用消息类型 baxter_core_msgs/EndEffectorState，就可在 /robot/end_effector/right_gripper/state 和 /robot/end_effector/left_gripper/state 上发布夹具状态。此消息定义了多个助记符以及 16 个字段。值得注意的是，夹具状态包括 position 和 force 的值，这有助于检测是否已成功抓取部件或夹具是否为空。

若要控制夹具，用户需要在 /robot/end_effector/right_gripper/command 和 /robot/end_effector/left_gripper/command 主题上发布消息类型为 baxter_core_msgs/EndEffector-

Command 的消息。此消息类型包括与夹具通信的 12 个助记符串,以及命令消息中的 5 个字段。

对于当前的目标,对应于 44mm 的行程,在位置模式中简单地控制夹具以及控制全开(100)或全闭(0)的位置已经足够了。如果一个可抓的物体(既不太宽也不太窄)位于夹具指之间,控制全闭运动将导致夹具指在到达全闭位置之前失速,可以通过检查夹具状态来检测这种现象。

为了简化夹具接口,用户可在同名的包中定义 simple_baxter_gripper_interface 库。此库定义了一个 BaxterGripper 类,为左、右夹具设置发布器和订阅器。利用以下命令,用户可以定义和生成抓取命令消息:

```
gripper_cmd_open.command ="go";
gripper_cmd_open.args = "{'position': 100.0}'";
gripper_cmd_open.sender = "gripper_publisher";

gripper_cmd_close.command ="go";
gripper_cmd_close.args = "{'position': 0.0}'";
gripper_cmd_close.sender = "gripper_publisher";
```

来自夹具的位置反馈可能是带噪的。如果开启和闭合的阈值测试比较敏感,则位置信号里的噪声可能会导致误触发。用户可在回调函数中实现位置反馈的低通滤波器:

```
void BaxterGripper::right_gripper_CB(const baxter_core_msgs::←
    EndEffectorState& gripper_state) {
  //low-pass filter the gripper position for more reliable threshold tests ←
  right_gripper_pos_ = (1.0- gripper_pos_filter_val_)*right_gripper_pos_ + ←
      gripper_pos_filter_val_*gripper_state.position;
}
```

Gripper_pos_filter_val_ 的值在 BaxterGripper 构造函数中设置为 0.1。该值可介于 0 和 1 之间。如果其增加到 1,则滤波器将只返回当前夹具位置,如夹具状态发布所报告的那样。当其值减少到 0 时,对 right_gripper_pos_ 的过滤会更大。

注意,只有在触发回调函数时才会进行过滤,因此,这些滤波器的使用需要用户程序执行 ros::spin() 或 ros::spinOnce()。(最好在自己的线程中运行这些回调函数,因此,用户程序的时序不会影响滤波器带宽。)

BaxterGripper 类的成员函数简单,因此,用户可在头文件 simple_baxter_gripper_interface.h 中定义它们。在标头中定义的公共函数是:

```
void right_gripper_close(void) { gripper_publisher_right_.publish(gripper_cmd_close)←
    ;};
void left_gripper_close(void) { gripper_publisher_left_.publish(gripper_cmd_close);};
void right_gripper_open(void) { gripper_publisher_right_.publish(gripper_cmd_open);};
void left_gripper_open(void) { gripper_publisher_left_.publish(gripper_cmd_open);};
double get_right_gripper_pos(void) { return right_gripper_pos_;};
double get_left_gripper_pos(void) { return left_gripper_pos_;};
```

在主程序示例 baxter_gripper_lib_test_main 中,介绍了简单 Baxter 夹具库的使用,如代码清单 14.1 所示。

代码清单 14.1　baxter_gripper_lib_test_main.cpp:使用 BaxterGripper 库的测试主程序

```cpp
// baxter_gripper_lib_test_main:
// illustrates use of library/class BaxterGripper for simplified Baxter gripper I/O

#include<ros/ros.h>
#include<simple_baxter_gripper_interface/simple_baxter_gripper_interface.h>
//using namespace std;

int main(int argc, char** argv) {
    ros::init(argc, argv, "baxter_gripper_test_main"); // name this node
    ros::NodeHandle nh; //standard ros node handle

    //instantiate a BaxterGripper object to do gripper I/O
    BaxterGripper baxterGripper(&nh);
    //wait for filter warm-up on right-gripper position
    while (baxterGripper.get_right_gripper_pos()<-0.5) {
        ros::spinOnce();
        ros::Duration(0.01).sleep();
        ROS_INFO("waiting for right gripper position filter to settle; pos = %f",
            baxterGripper.get_right_gripper_pos());
    }

    ROS_INFO("closing right gripper");
    baxterGripper.right_gripper_close();
    ros::Duration(1.0).sleep();
    ROS_INFO("opening right gripper");
    baxterGripper.right_gripper_open();
    ros::spinOnce();
    ROS_INFO("right gripper pos = %f; waiting for pos>95", baxterGripper.
        get_right_gripper_pos());
    while (baxterGripper.get_right_gripper_pos() < 95.0) {
        baxterGripper.right_gripper_open();
        ros::spinOnce();
        ROS_INFO("gripper pos = %f", baxterGripper.get_right_gripper_pos());
        ros::Duration(0.01).sleep();
    }

    ROS_INFO("closing left gripper");
    baxterGripper.left_gripper_close();
    ros::Duration(1.0).sleep();
    ROS_INFO("opening left gripper");
    baxterGripper.left_gripper_open();

    ROS_INFO("closing right gripper");
    baxterGripper.right_gripper_close();
    ros::spinOnce();
    ROS_INFO("right gripper pos = %f; waiting for pos<90", baxterGripper.
        get_right_gripper_pos());
    while (baxterGripper.get_right_gripper_pos() > 90.0) {
        baxterGripper.right_gripper_close();
        ros::spinOnce();
        ROS_INFO("gripper pos = %f", baxterGripper.get_right_gripper_pos());
        ros::Duration(0.01).sleep();
    }

    return 0;
}
```

在代码清单 14.1 中,14 行实例化了 BaxterGripper 类型的对象。此对象初始化夹具指位置为不可能的值 −1。如果发布夹具状态,则夹具位置低通滤波器将最终在实际位置收敛。在 16 ~ 20 行中,主程序等待至观察到右夹具位置已增加到至少 −0.5,这表明右夹具的夹具状态发布器正在运行。

一旦建立了与右夹具通信，发送夹具命令。23 行：

```
baxterGripper.right_gripper_close();
```

将会导致右夹具闭合。用户可以在应用程序中便捷地使用这个简单函数。同样，26 行：

```
baxterGripper.right_gripper_open();
```

将会打开右夹具。29～34 行重复测试过滤的右夹具位置，直到夹具打开值为 95 或更大时为止。（数值 100 为完全打开。）这样的检查会很重要，因为夹具打开可能需要一些时间，并且在试图接近一个抓取位置之前，用户应该确认夹具已完全打开。

然后，关闭测试主程序并打开左、右夹具，在发送抓取命令后等待 1s。46～51 行测试已关闭右夹具到数值为 90 或更少的（过滤）位置。

如果要抓取一个已知大小的物体，还应该检查手指位置以确认此物体正阻止全指闭合。如果夹具位置为 0，则夹具无法抓取物体。用户也可能要检查夹具指的位置以评估所抓取的物体是否为预期的大小。

另一方面，用户可能要检测夹具状态的 force 成分，从而感知是否已抓取物体。与寻找抓取的一个期望的手指闭合位置相比，使用力感测将更加容忍物体大小的不确定性。

在源代码 rethink_rt_gripper_service.cpp 的 generic_gripper_services 包中给出了 Baxter 右夹具的另一个接口。此节点提供了一个名为 generic_gripper_svc 的服务，它通过此程序包 srv 目录中定义的消息进行通信。srv 消息的内容为：

```
1  #generic gripper service interface message
2  uint8 TEST_PING = 0
3  uint8 GRASP = 1
4  uint8 RELEASE = 2
5  uint8 TEST_GRASP = 3
6  uint8 GRASP_W_PARAMS=4 #useful for Baxter gripper: provide optional param values
7                        #to test for successful grasp completion of a known object
8
9  uint8 cmd_code
10 float64 test_upper_val #may need these as parameters to check status
11 float64 test_lower_val #e.g., fingers opened/closed or object is grasped
12 ---
13 #response:
14 bool success
```

此服务和消息的目的是提供一个独立于 Baxter 特定消息或命令的通用接口。用户可以类似地定义其他的夹具接口，但是需要对应特定硬件的合适接口。例如，真空夹具仍然可以响应通用命令 GRASP、RELEASE 和 TEST_GRASP，尽管实现将涉及启用和禁用吸力以及测试真空状态，而不是打开和关闭手指。此夹具抽象的概念对于在 15 章中介绍 object-grabber 包将很有用。

14.4　头盘控制

Baxter 关节控制的一个简单示例是头（显示）盘（旋转）的控制。包 baxter_head_

pan 中的 baxter_head_pan_zero.cpp（代码清单 14.2）显示了用户如何发送控制头盘的角度命令。

代码清单 14.2　头盘控制程序将盘角设置为 0

```cpp
//utility to send head pan angle to zero
#include <ros/ros.h>
#include <baxter_core_msgs/HeadPanCommand.h>
using namespace std;

int main(int argc, char **argv) {
    ros::init(argc, argv, "baxter_head_pan_zero");
    ros::NodeHandle n;
    //create a publisher to send commands to Baxter's head pan
    ros::Publisher head_pan_pub = n.advertise<baxter_core_msgs::HeadPanCommand>("/
        robot/head/command_head_pan", 1);

    baxter_core_msgs::HeadPanCommand headPanCommand; //corresponding message type for
        head-pan control
    headPanCommand.target = 0.0; //set desired angle
    headPanCommand.enable_pan_request=1;
    ros::Rate timer(4);
    for (int i=0;i<4;i++) { //send this command multiple times before quitting
        //if node sends message and then quits immediately, message can get lost
        head_pan_pub.publish(headPanCommand);
        timer.sleep();
    }
    return 0;
}
```

将命令发布到头盘伺服需要使用与 Baxter 控制（来自 Rethink Robotics）相关代码中定义的消息类型。具体而言，3 行包括了 baxter_core_msgs/HeadPanCommand 的头文件，12 行实例化了一个此类型的对象。headPanCommand 对象的组件设置为零角度命令和运动控制启用。定义了一个发布器（10 行），它使用这种消息类型并发布到主题 /robot/head/command_head_pan。

此节点只给头部指定零角度。如果 Baxter 仿真器以一个不方便的头部角度启动，它便可派上用场。该节点只需要发布运动命令，然后结束。注意，如果通过节点发完一条消息便执行 return（结束），该消息在预期的接收者接收到之前可能会丢失。因此，会多次发送此命令，并在两次发布之间处于休眠状态。

同一包中此节点上的变体为 baxter_head_pan.cpp。该节点向用户提示输入幅度和频率，然后以指定的幅度和频率连续发送振荡的头盘角命令。

若要运行这些节点中的任何一个，首先启动 Baxter 仿真器：

```
roslaunch baxter_gazebo baxter_world.launch
```

等待仿真器完成启动，然后启动电动机：

```
rosrun baxter_tools enable_robot.py -e
```

随后运行其中一个头盘控制节点，例如：

```
rosrun baxter_head_pan baxter_head_pan
```

按输入的幅度和频率进行响应,然后用户就可以在 Gazebo 中观察到头盘运动。

这是控制一个 Baxter 关节的最简单示例。更多关于右侧和左侧肢体的关节命令将在后面讨论。

14.5 指挥 Baxter 关节

Baxter 仿真器(和 Baxter 机器人)订阅主题 /robot/limb/left/joint_command 和 /robot/limb/right/joint_command 来分别接收左、右臂的关节位置命令。这些主题传输 baxter_core_msgs/JointCommand 类型的消息。我们可以通过以下命令来检查这种消息类型:

```
rosmsg show baxter_core_msgs/JointCommand
    int32 POSITION_MODE=1
    int32 VELOCITY_MODE=2
    int32 TORQUE_MODE=3
    int32 RAW_POSITION_MODE=4
    int32 mode
    float64[] command
    string[] names
```

下面的代码片段说明了如何在位置控制模式中向 Baxter 右臂下达关节角度命令:

```
//Here is an instantiation of the proper message type:
baxter_core_msgs::JointCommand right_cmd;
//Assuming we have desired joint angles in the array vector qvec[],
//we can fill the command message with:
right_cmd.mode = 1; // position-command mode

//Define a right-arm publisher as:
joint_cmd_pub_right =
nh.advertise<baxter_core_msgs::JointCommand>("/robot/limb/right/joint_command", 1);

// Define the ordering of joints to be commanded as follows:
// define the joint angles 0-6 to be right arm, from shoulder to wrist;
// we only need to do this part once, and we can subsequently re-use this message,
// changing only the position-command data
right_cmd.names.push_back("right_s0");
right_cmd.names.push_back("right_s1");
right_cmd.names.push_back("right_e0");
right_cmd.names.push_back("right_e1");
right_cmd.names.push_back("right_w0");
right_cmd.names.push_back("right_w1");
right_cmd.names.push_back("right_w2");
//Note: in the above, we have created room for 7 joint names. The push_back() command
// should not be repeated, else the list of names will grow with every iteration.
// The joint-command object can be retained, and this ordering of joint names can be
// persistent, so this step can be treated as an initialization. Within a control loop
// only the desired joint values would need to be changed within this command message.

//Assuming a pose of interest is in qvec[], we can specify the right-arm joint-angle
//commands (in radians) with:
for (int i = 0; i < 7; i++) {
right_cmd.command[i] = qvec[i];
}
//and publish this command as:
joint_cmd_pub_right.publish(right_cmd);
```

若要平滑插值和执行轨迹，拥有一个动作服务器是有用的，正如 11.5 节所描述的最小双杆臂和 11.6 节所描述的 7 自由度臂。Baxter 左、右臂相应的关节轨迹插值动作服务器分别为包 baxter_trajectory_streamer 中的节点 rt_arm_as 和 left_arm_as。这些动作服务器使用类 Baxter_traj_streamer 中的函数，此类可由 baxter_trajectory_streamer 包中的源 baxter_trajectory_streamer.cpp 编译为一个库。

左、右臂轨迹插值动作服务器响应动作客户端，此客户端通过 baxter_trajectory_streamer/trajAction.h（由 baxter_trajectory_streamer 包中的 traj.action 描述生成）中的操作消息发送目标。此操作消息的 goal 部分包含一个称为 trajectory 的 trajectory_msgs/JointTrajectory 类型组件。

左、右臂动作服务器解析接收的目标（轨迹），在这些目标轨迹中所包含的关节空间子目标之间进行插值，并以 50Hz 固定的更新率发送关节命令。（利用参数 const double dt_traj = 0.02;，用户可在 baxter_trajectory_streamer.h 头文件中指定此频率。）

用户可以利用下面的命令启动轨迹插值动作服务器：

```
rosrun baxter_trajectory_streamer rt_arm_as
```

和

```
rosrun baxter_trajectory_streamer left_arm_as
```

这些服务器响应为 ready to receive/execute trajectories，然后等待来自动作客户端的输入目标请求。

关节轨迹插值服务器的一个客户端示例是在同一 baxter_trajectory_streamer 包中，称为 traj_action_client_pre_pose.cpp。此客户端定义了左、右臂的硬编码目标位姿：

```
Eigen::VectorXd q_pre_pose_right,q_pre_pose_left;
q_pre_pose_right.resize(7);
q_pre_pose_left.resize(7);
q_pre_pose_right << -0.907528, -0.111813, 2.06622, 1.8737, ←
    -1.295, 2.00164, 0;
//corresponding values to mirror the left arm pose:
q_pre_pose_left  <<  0.907528, 0.111813, -2.06622, 1.8737, ←
    1.295, 2.00164, -2.87179;
```

根据两个关节空间点，用户定义了关节空间（对于特定的臂）中的最小路径。若要避免突然跳跃，用户应选择启动位姿与当前位姿相同。在客户端示例中，在 Baxter_traj_streamer 对象的帮助下通过读取当前关节角来建立左、右臂的起始点：

```
q_vec_right_arm = baxter_traj_streamer.get_q_vec_right_arm_Xd();
q_vec_left_arm = baxter_traj_streamer.get_q_vec_left_arm_Xd();
```

在左、右臂各自的 path 对象中设置起始和终止点：

```
std::vector<Eigen::VectorXd> des_path_right, des_path_left;
des_path_right.push_back(q_vec_right_arm); //start from current pose
des_path_right.push_back(q_pre_pose_right);

des_path_left.push_back(q_vec_left_arm);
des_path_left.push_back(q_pre_pose_left);
```

在 Baxter_traj_streamer 对象的帮助下，用户可将最小路径转换为轨迹消息。stuff_trajectory 函数使用路径点来生成轨迹消息，并分配合理的到达时间。这是通过以下代码来实现：

```
trajectory_msgs::JointTrajectory des_trajectory_right,des_trajectory_left;
    // empty trajectories
baxter_traj_streamer.stuff_trajectory_right_arm(des_path_right, des_trajectory_right);
baxter_traj_streamer.stuff_trajectory_left_arm(des_path_left, des_trajectory_left);
```

将生成的轨迹消息复制到各自的目标消息中，这些消息由轨迹插值动作服务器解析：

```
baxter_trajectory_streamer::trajGoal goal_right,goal_left;
goal_right.trajectory = des_trajectory_right; // copy traj to goal:
goal_left.trajectory = des_trajectory_left;
```

实例化 rightArmTrajActionServer 和 leftArmTrajActionServer 的动作客户端：

```
actionlib::SimpleActionClient<baxter_trajectory_streamer::trajAction>
    right_arm_action_client("rightArmTrajActionServer", true);
actionlib::SimpleActionClient<baxter_trajectory_streamer::trajAction>
    left_arm_action_client("leftArmTrajActionServer", true);
```

并且这些动作客户端用于发送目标消息：

```
right_arm_action_client.sendGoal(goal_right, &rightArmDoneCb);
left_arm_action_client.sendGoal(goal_left, &leftArmDoneCb);
```

假设 Baxter 仿真器与左、右臂轨迹插值动作服务器一起运行，用户可以利用下面的命令来运行预设的位姿节点：

```
rosrun baxter_trajectory_streamer pre_pose
```

它生成了图 14.5 所示的位姿。这种位姿在准备操作时会有用。如果感兴趣的物体处于夹具可及的工作表面且在 Baxter 传感器视野内，此预设的位姿可以避免挡住摄像头的视野，同时为夹具从上而下抓取物体做好准备。

这里描述的动作客户端示例用处有限，因为它在 C++ 代码中对期望的位姿进行了硬编码。更一般地，期望的位姿应该来自更灵活的源而不需要重新编译节点。下一步将考虑更通用的接口，从期望轨迹记录在简单文本文件开始，再建立一个更通用的 object_grabber 动作服务器。

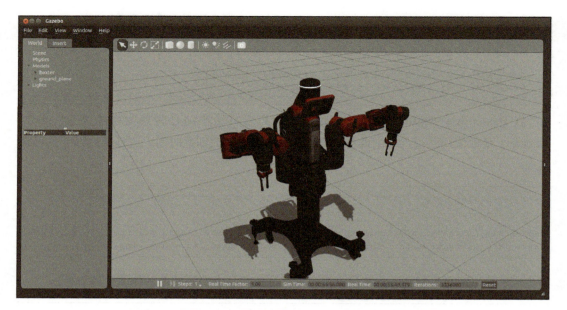

图 14.5 运行 Baxter 臂服务器 pre_pose 动作客户端的结果

14.6 使用 ROS 关节轨迹控制器

在这一点上，我们一直使用简单化、定制设计的关节轨迹插值动作服务器。一个更为复杂的关节插值包是 joint_trajectory_controller。（参见 http://wiki.ros.org/joint_trajectory_controller。）此包提供了各种改进，包括 3 次或 5 次样条插值，以及在机器人运行时抢占和替换轨迹的能力。使用这些动作服务器时，至少须配置轨迹控制器以指定所使用的控制器类型（例如位置控制器）和命令关节的主题名称。对于特定的机器人，应适当指定关节约束和公差以覆盖默认值。

对于 Baxter 机器人，在启动和启用机器人（仿真中或物理机器人）后，用户应当利用下面的命令来启动 Baxter 特定的轨迹控制器：

```
rosrun baxter_interface joint_trajectory_action_server.py --mode position
```

这个节点提供了名为 /robot/limb/right/follow_joint_trajectory 和 /robot/limb/left/follow_joint_trajectory 的动作服务器。这些动作服务器使用一种在包 control_msgs 中定义的标准 ROS 操作消息，包括 control_msgs/FollowJointTrajectoryGoal 以及相应的 Feedback 和 Result 消息。用户可以通过以下命令查看完整的消息结构：

```
rosmsg show control_msgs/FollowJointTrajectoryAction
```

此服务的动作客户端应包括相应的 ROS 消息头文件：

```
#include <control_msgs/FollowJointTrajectoryAction.h>
```

在 baxter_jnt_traj_ctlr_client_home.cpp 和 baxter_jnt_traj_ctlr_client_pre_pose.cpp 中给出了使用关节轨迹动作服务器的 2 个动作客户端节点示例。这些节点将让 Baxter 右臂复位（所有关节角为零）或让右臂运动到预设的位置，该位置直接在代码中指定。随着关节轨迹动作服务器运行，用户可以利用下面的命令来运行预设位姿的示例节点：

```
rosrun baxter_jnt_traj_ctlr_client baxter_jnt_traj_ctlr_client_pre_pose
```

可以观察到 Baxter 将其右臂移动到预设的位姿。

另一个客户端节点示例 baxter_jnt_traj_ctlr_client_home.cpp 允许用户设置移动时间。通过尝试不同的经验值，当移动时间实际违背速度极限时我们可以观测控制器轨迹的行为，同时观测合理快速移动运动的情况。

正如前述的简单关节插值和执行节点，可能只是发送一个非常稀疏的轨迹目标（例如，仅限于开始和结束目标）。而通常，一个候选轨迹应该在执行之前生成，在执行过程中需对其进行评估（例如，潜在的碰撞）。因此，由轨迹控制器预计算、完全审查和密集指定的轨迹样条插值可能是无用的，因为已经完全评估过的规划不应该被一个更低级（且知道更少信息）的控制器改变。

14.7　关节空间记录和回放节点

对机器人编程的一种常用方法是示教和回放。如果机器人的环境是结构化的，则用户始终以可重现的位姿呈现工件，并可以运行有用的程序来执行盲操作。

通常情况下，我们利用示教器来完成这种方式的编程，程序员通过示教器设备上的按键驱动机器人依次达到一系列的关键位姿。记录每个关键位姿，并可使用这些位姿序列构建运动程序。

对于 Baxter 机器人，不需要示教器。用户可以简单地抓住一个手腕（或两个同时）来调用一个跟踪模式，然后将手臂移动到感兴趣的点。Baxter 代码示例包括示教－回放接口。（参见 http://sdk.rethinkrobotics.com/wiki/Joint_Trajectory_Playback_Example。）然而，这些节点采用 Python 语言编写，并且只对这些节点的用法进行了解释。这些节点的对应项已在 learning_ros 软件库中使用 C++ 重新编写，这里对它们进行一下说明。

C++ 对应项是在包 baxter_playfile_nodes 中。源代码 get_and_save_jntvals.cpp 与同名的可执行文件（get_and_save_jntvals）有助于记录各个关键点。随着 Baxter 仿真器或物理 Baxter 机器人运行，用户可以用以下命令来启动此程序：

```
rosrun baxter_playfile_nodes get_and_save_jntvals
```

该节点将响应：enter 1 for a snapshot, 0 to finish:。然后，用户可以将 1 个或 2 个手臂移动到一个新的位姿，这里如果输入 1，程序则记录下相应的关节角，并将结果保存在名为 baxter_r_arm_angs.txt 和 baxter_l_arm_angs.txt 的文件中。当记录更多点时，它们将逐行添加到这些文件中。当所有关键位姿都记录完成后，就可以输入"0"来关闭这些文件并终止程序。

此过程创建的文件是简单的 ASCII 文本文件。一个记录右臂关节位姿的文件内容示例是：

```
-0.272241, 1.047, -0.010058, 0.49904, -0.0810748, 0.0224539, 0.0263518, 1
-0.9, -0.109987, 2.05995, 1.87001, -1.3, 2, 3.50788e-08, 2
```

这个文件简单地包含右臂的关节角，以 Denavit-Hartenberg 顺序排列关节（从机器人躯干到夹具）。文件的每行列出了 7 个关节角。相应的左臂文件包含了同样序列的左臂关节角。

使用通过 get_and_save_jntvals 节点记录的数据需要进行一些手动编辑。用户可以使用这些值作为路径点，并将其硬编码到关节插值动作服务器的动作客户端代码中，然后再将路径点序列转换为轨迹消息（随着到达时间的增加）并作为目标发送到轨迹动作服务器。

另外，用户也可以利用来自 baxter_playfile_nodes: baxter_record_trajectory.cpp（以可执行的节点名称 baxter_recorder）的另一节点记录包含时间的整个轨迹。运行此程序：

```
rosrun baxter_playfile_nodes baxter_recorder
```

启动时，节点提示用户："输入 1 开始捕获，然后以期望的轨迹移动手臂；完成记录时输入 control-C"。一旦开始记录，左、右臂的关节角分别存储于文件 baxter_l_arm_traj.jsp 和 baxter_r_arm_traj.jsp 中。（jsp 后缀是一个关节空间播放文件的助记符）。我们以 5Hz 频率采样关节角，且将每个采样附加于文件中。这些文件是简单的 ASCII 文本文件。一个右臂关键关节角的记录文件示例具有以下初始行：

```
-0.586748, 0.541879, 2.96327, 2.22964, 1.57195, -1.57386, 0.965257, 0.2
-0.585597, 0.552617, 2.95406, 2.23769, 1.57578, -1.57386, 0.965641, 0.4
-0.562204, 0.565272, 2.92377, 2.27221, 1.59764, -1.57348, 0.973694, 0.6
```

每行有 7 个关节角和 1 个到达时间。由于记录的采样速率为 5Hz，所以到达时间增量为 0.2s。

用户随后可使用产生的记录来重放录制的运动。一个说明此过程的包是 baxter_playfile_nodes。在仿真过程中，用户不能真实地抓住 Baxter 的手腕来定义手臂的运动轨迹。然而，用户可以通过记录其他任意的运动来展示这个记录程序的效果，例如记录一个由动作客户端程序产生的位姿。此外，一些记录了物理 Baxter 机器人的关节空间轨迹的示例包含在 baxter_playfile_nodes 包中，包括 shy.jsp、hug.jsp、wave.jsp、pre_pose_right.jsp、pre_pose_left.jsp、shake.jsp 和 stick_em_up.jsp。

若要播放任何记录的轨迹，按下列步骤来操作。

在仿真中运行 Baxter，启动一个 Gazebo 世界：

```
roslaunch baxter_gazebo baxter_world.launch
```

（另外，启动一个物理的 Baxter 机器人，而不是一个仿真的 Baxter 机器人。）

当机器人（真实或仿真）准备就绪时，启动电动机：

```
rosrun baxter_tools enable_robot.py -e
```

使用：

```
rosrun baxter_trajectory_streamer rt_arm_as
```

和（在另一个单独的终端中）：

```
rosrun baxter_trajectory_streamer left_arm_as
```

启动左、右臂轨迹插值动作服务器（注意：可以改用 joint_trajectory_controller，只需对 baxter_playback 节点进行相对较小的编辑就可以使用与 ROS joint_trajectory_controller 相关的操作消息类型和动作服务器。）

若要运行 baxter_playback 节点，请打开一个终端并进入 baxter_playfile_nodes 包（因为 jsp 文件示例放在此包中）：

```
roscd baxter_playfile_nodes
```

然后，利用右臂和（可选）左臂所选择的文件名运行 baxter_playback 节点。例如，运行：

```
rosrun baxter_playfile_nodes baxter_playback ←
    pre_pose_right.jsp pre_pose_left.jsp
```

该命令将手臂从机器人的初始位姿平滑地移动到一个预先定义的位姿，将产生图 14.6 所示的位姿。

图 14.6　利用 pre_pose_right.jsp 和 pre_pose_left.jsp 运动文件运行 baxter_playback 的结果

另外,用户可以指定单个播放文件,这时其默认应用于右臂。例如,运行:

```
rosrun baxter_playfile_nodes baxter_playback shy.jsp
```

控制右臂平滑地移动右夹具到 Baxter 面前的位姿,如图 14.7 所示。源代码 baxter_playfile_jointspace.cpp 相当长(近 380 行),但在概念上很简单。函数 read_traj_file(fname、trajectory)的功能是打开并解析文件 fname,该文件格式为 .jsp(每行 7 个关节角和 1 个到达时间)。检查文件的一致性(每行 7 个关节角和 1 个到达时间)。然后利用此信息,解析 jsp 文件并用相应的数据生成 trajectory_msgs::JointTrajectory 对象。在主程序中该函数用来解析右、(可选)左臂文件,以生成轨迹对象 des_trajectory_right 和 des_trajectory_left。然而,应该承认,所记录轨迹的第一个点可能离机器人的当前位姿很远。这时,如果直接按记录的轨迹来播放,将可能导致胡乱运动。为了解决这一问题,应该计算一条轨迹(对于每个臂)来连接当前的关节角和 jsp 文件中的第一个点。在类 Baxter_traj_streamer(在主程序中实例化的一个对象)的成员函数 stuff_trajectory_right_arm() 和 stuff_trajectory_left_arm 帮助下,可将一个路径对象(由一对 7 自由度的关节空间点组成)转换为一条轨迹。

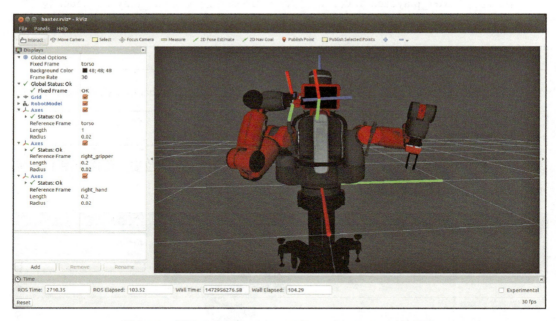

图 14.7 利用运动文件 shy.jsp 运行 baxter_playback 的结果

实例化左、右臂关节插值动作服务器的动作客户端,用趋近轨迹生成目标消息,并将其发送到各自的服务器。当完成这些动作时,手臂位于所记录的 jsp 文件的起始点,然后控制(通过向各自的关节空间插值服务器发送相应的目标请求)所期望的左、右臂轨迹。回放节点等待来自动作服务器的回调函数,然后终止。

baxter_playback 的另一个变体是 baxter_playfile_nodes 包中的节点 baxter_multitraj_player（源代码在 baxter_multitraj_player.cpp 中）。该节点与 baxter_playback 非常相似，只不过它可以由其他 ROS 节点调用。它不采用文件名的命令行选项，而是订阅主题 playfile_codes 并侦听 std_msgs::UInt32 类型的消息。当唤醒相应的回调函数时，将传入的数据复制到全局变量 g_playfile_code，并且将标志 g_got_code_trigger 设置为 true。在主程序中，定时循环连续运行，当 g_got_code_trigger 为真时，switch-case 语句基于 g_playfile_code 中的代码选择一个播放文件。同时，用与 baxter_playback 相同的方式解析和执行相应的 jsp 文件。

节点 baxter_multitraj_player 也比 baxter_playback 稍微方便一些，因为它不需要从包含 jsp 播放文件的目录开始。为了实现这一点，baxter_multitraj_player 创建了一个包含 baxter_playfile_nodes 包完整路径的字符串。这是通过首先针对环境变量 ROS_WORKSPACE（通向 ros_ws 的路径）请求操作系统，然后使用以下两行代码将相对路径连接到包 baxter_playfile_nodes 来完成：

```
std::string ros_ws_path = getenv("ROS_WORKSPACE"); //get the
    ros-workspace path
//append path to playfiles relative to ros_ws:
std::string path_to_playfiles= ros_ws_path+"/src/learning_ros/
    Part_5/baxter/
    baxter_playfile_nodes/";
```

随后，要执行的每个 jsp 文件都有它的文件名，并结合路径附到 baxter_playfile_nodes。这种灵活性在允许从启动文件启动 baxter_multitraj_player 时特别方便。

若要运行 baxter_multitraj_player（假如正在运行物理或仿真的 Baxter，以及关节插值动作服务器），输入：

```
rosrun baxter_playfile_nodes baxter_multitraj_player
```

该文件播放器现在准备接收与记录的 jsp 文件相对应的代码了。通过将代码发布到主题 playfile_codes，其他程序可以调用这些预先录制的运动。对于测试，用户可以从终端手动发布。例如：

```
rostopic pub playfile_codes std_msgs/UInt32 0
```

促使发送播放文件代码"0"，它调用与文件 pre_pose_left.jsp 和 pre_pose_right.jsp 相对应的左、右臂运动。在 baxter_multitraj_player 中，为各种 jsp 文件定义了代码 0～6。该代码易于扩展至包含附加 jsp 文件的其他情形。

baxter_multitraj_player 是一个可以与其他运动控制节点同时运行的有用节点。在控制操作序列中，它可以方便地交错预先录制的运动与感知派生的运动。通过启动 baxter_multitraj_player 节点，较高级的协调节点可以根据需要调用任何可用的播放文件节点。

为了简化启动，在包 baxter_launch_files 中定义了 baxter_playfile_nodes.launch。随着仿真或物理 Baxter 的运行（准备启动），用户可以利用下面的命令来运行此启动文件：

```
roslaunch baxter_launch_files baxter_playfile_nodes.launch
```

此启动文件将调用 enable_robot.py（这将启动机器人的电动机），启动左、右臂轨迹插值动作服务器，启动 rviz（带有预定义的配置文件），运行带有 pre_pose_right.jsp 和 pre_pose_left.jsp 文件名参数的 baxter_playback，并启动 baxter_multitraj_player 节点。

带有这些文件名参数的 baxter_playback 节点将会调用启动运动，将手臂从初始位姿（臂悬挂）移动到图 14.6 所示的位姿。baxter_playback 将运行出结论，但 baxter_multitraj_player 节点将保持活动状态以响应在 playfile_codes 主题上发布的播放文件代码。

baxter_multitraj_player 的一个变体是 baxter_playfile_service。此节点与 baxter_multitraj_player 在逻辑本质上相同。但是，此节点不使用发布和订阅，而是提供服务。在 baxter_playfile_nodes 的 srv 子目录中定义一条服务消息。此服务消息包括多个助记符的定义，如 int32 PRE_POSE = 0，因此，客户端可以发送助记码代替数值来引用 playfiles。

baxter_playfile_service 节点找到了通往 baxter_playfile_nodes 的路径，实例化一个 Baxter_traj_streamer，实例化一对与 rightArmTrajActionServer 动作服务器和 leftArmTrajActionServer 动作服务器相对应的动作客户端，并实例化与 srv_callback() 回调函数相关的 playfile_service。此后，主程序进入 spin()，同时服务回调函数从事所有的工作。在回调函数中，根据与命名 playfiles 对应的助记码来诠释请求。

playfile_service 的客户端示例是节点 example_baxter_playfile_client.cpp，如代码清单 14.3 所示。

代码清单 14.3　example_baxter_playfile_client.cpp: Baxter 播放文件服务的播放文件客户端示例

```
1  // example_baxter_playfile_client
2  #include<ros/ros.h>
3  #include<baxter_playfile_nodes/playfileSrv.h>
4
5  int main(int argc, char** argv) {
6      ros::init(argc, argv, "example_baxter_playfile_client"); // name this node
7      ros::NodeHandle nh;
8      //create a client of playfile_service
9      ros::ServiceClient client = nh.serviceClient<baxter_playfile_nodes::playfileSrv>("←
              playfile_service");
10     baxter_playfile_nodes::playfileSrv playfile_srv_msg; //compatible service message
11     //set the request to PRE_POSE, per the mnemonic defined in the service message
12     playfile_srv_msg.request.playfile_code = baxter_playfile_nodes::playfileSrvRequest←
              ::PRE_POSE;
13
14     ROS_INFO("sending pre-pose command to playfile service: ");
15     client.call(playfile_srv_msg);
16     //blocks here until service call completes...
17     ROS_INFO("service responded with code %d", playfile_srv_msg.response.return_code);
18     return 0;
19  }
```

该客户端包括为 playfile 服务器定义的服务消息头（3 行）。它利用相应的服务消息类型实例化 playfile_service 的客户端（9 行）。它创建 playfileSrv 消息的一个实例（10 行），并将请求的 playfile_code 字段设置为 baxter_playfile_nodes::playfileSrvRequest::PRE_POSE。以这种方式引用代码有点冗长，但有助于在正确的位置保留定义。在此实例中，PRE_POSE 的定义是特定于包 baxter_playfile_nodes 中的服务消息 playfileSrv。如果以后更改或扩充代码，把它们放在 playfileSrv 中将会使这些更改传播到使用播放文件服务的所有节点。注意，这种定义也可以在两个位置定义：在 request 字段中或在 response 字段中。通过预制定义并结合相应的字段名，用户可使用服务消息中的定义。例如，要引用在 playfile 服务消息的 request 字段中定义的常量 PRE_POSE，相应地使用：playfileSrvRequest::PRE_POSE 这些消息。

通过启动 Baxter 仿真器（或物理 Baxter 机器人）并等待仿真器或机器人完成其启动程序，用户就可以运行客户端示例。然后，启动

```
roslaunch baxter_launch_files baxter_playfile_service_nodes.launch
```

该文件执行几个任务，包括启动机器人的电动机，启动左、右臂轨迹流，以及启动 playfile 服务。

在另一个终端中，运行客户端：

```
rosrun baxter_playfile_nodes baxter_playfile_client
```

使用 playfile 服务比使用 baxter_multitraj_player 有几个好处。第一，playfile 服务采用 C/S 模式，这样客户端可以确保服务接收到其请求。如果采用发布和订阅方式，订阅命令的节点在发布请求之前可能尚未就绪，这就会丢弃该消息。第二，服务的客户端将会阻塞（暂停）直到请求结束。因此，服务的客户端可以在请求其他运动之前知道何时完成运动。虽然客户端和服务通信需要更多的代码行，但有保证的点对点通信的优势在这种情况下是有价值的。

虽然示教和回放编程是一种很有用的方法，但是更好的自主性应该通过实时生成轨迹来实现，理想情况下应该是基于感知实时生成。为了动态地生成有用的轨迹，Baxter 需要逆向运动学解和笛卡儿空间规划。接下来讨论 Baxter 的运动学。

14.8 Baxter 运动学

第 12 章以 2 关节臂、6 关节的 ABB IRB120 机械臂和 7 关节的机械臂为例，介绍了机械臂的运动学。如前所述，正向运动学一般用来求解开放的运动学链，同样的求解方法适用于 Baxter 机械臂（包括使用 KDL 包）。计算逆向运动学（IK）更加困难，并且 IK 算法专用于某种机器人类型。

Baxter 臂与 7DOFarm 示例非常相似，因为 Baxter 的双臂都是 7 自由度，不同的是

Baxter 机器人没有球形手腕。因此，严格来说不能直接使用 ABB 和 7 自由度臂案例中的简化方法。然而，由于 Baxter 的手腕偏移量相对较小，因此一个有用的近似是，假设 Baxter 的手腕是一个球形手腕，并直接调用与 7 自由度臂示例一样的逆向运动学策略。这将产生近似正确的 IK 解。若有必要，可以调用基于雅克比的数值迭代方法来获得更精确的解。若将良好的 IK 解的近似作为种子值，这种数值迭代方法的计算将更稳定和更快收敛。

baxter_fk_ik 是实现 Baxter 右臂正、逆向运动学的库，它的源代码是 baxter_fk_ik.cpp。这个库的函数计算相对于机器人躯干坐标系的机器人工具凸缘（称为 right-hand）的 6 自由度位姿。计算关于工具凸缘的运动学是一个有用的方法，因为工具凸缘可以安装不同的工具或夹具。这样，在描述各种从工具凸缘到夹具或工具的固定坐标转换时，就可复用工具凸缘运动学。同时，还使用了从躯干坐标系到肩部坐标系的固定变换，以便在定义初始坐标系（在这种情况下与第一个肩关节对齐）方面符合 Denavit-Hartenberg 惯例。

虽然 baxter_fk_ik.cpp 代码冗长乏味，但一些可用的函数（在 baxter_fk_ik 库的头文件中声明）还是值得强调一下。源代码定义了两个类 Baxter_fwd_solver 和 Baxter_IK_solver。

正向运动学求解类中的关键函数是：

```
Eigen::Affine3d fwd_kin_flange_wrt_torso_solve(const Vectorq7x1& q_vec);
```

该函数接受一个右臂关节角向量，并返回一个 Eigen 类型仿射对象，该对象描述了与 Baxter 机器人躯干坐标系相关的右夹具坐标系位姿。此函数快速、精确且表现良好。

而逆向运动学求解类 Baxter_IK_solver 的一个关键函数是：

```
int ik_solve_approx_wrt_torso(Eigen::Affine3d const& desired_
    flange_pose,std::vector< Vectorq7x1> &q_solns);
```

该函数调用一个球形手腕近似来计算一组 IK 解。这些解根据关节 $q0$ 的采样建立索引。在 $q0$ 的运动范围内，以 const double DQS0 = 0.05；的采样间隔考虑 $q0$ 的候选值，DQS0 变量在头文件 baxter_fk_ik.h 中声明。（通过编辑头文件的值和重新编译，可以随意增加或减少此值。）在 $q0$ 的每个值上，有多达 8 个 IK 解。IK 函数返回找到的所有可行解的数量，这些解考虑了关节限制条件（但未考虑与环境或机器人自身可能发生的碰撞）。

当近似的笛卡儿空间运动可满足要求时，近似的 IK 函数将会适用。然而，当接近对象进行抓取时，可能需要更精确的解。针对此目的的函数是：

```
bool Baxter_IK_solver::improve_7dof_soln_wrt_torso (Eigen::Affine3d const& 
    desired_flange_pose_wrt_torso, Vectorq7x1 q_in, Vectorq7x1 &q_7dof_
    precise) {
```

它返回 true，则说明计算出有效的、改进的解。

在改进解时，假定所提供的近似解有一个期望的 $q0$ 角，并且此角将会保持不变。我们将会扰动肩角、肱骨扭转和肘角而使手腕点更接近期望的手腕点。在近似解的基础上，用户可利用精确的正向运动学来计算腕点误差。帮助函数 precise_soln_q123() 计算一个 3×3 雅可比矩阵，将关节 $q1$、$q2$ 和 $q3$ 与腕点坐标 x、y、z 关联起来。转置此 3×3 雅可比，并将其用于梯度搜索的数值迭代中而找到使腕点位置误差最小的（$q1$、$q2$、$q3$）改进值。所得到的解将是近似解的扰动，如果迭代成功，则工具凸缘的笛卡儿空间位姿误差将会很小。一个使用近似、精确 IK 算法的示例是包 cartesian_planner 中的源代码 baxter_cartesian_planner.cpp。

14.9　Baxter 笛卡儿运动

13.3 节介绍了包 cartesian_planner 中的 Baxter 笛卡儿运动规划器和相应的动作服务器。Baxter 的笛卡儿运动规划器非常类似于 13 章中介绍的 arm7dof_planner，因为两个机器人都有 7 个关节（每臂），因而在这两种情况下用户都必须解决如何控制运动学冗余度。此外，Baxter 机器人没有一个精确的解析逆运动学解，因此用户须调用一些额外的函数来解决 Baxter 的非球形手腕。

Baxter 笛卡儿规划器的源代码是 baxter_cartesian_planner.cpp，它是一个规划函数库。这是一个说明性的库，它有许多局限性，尽管考虑了关节运动范围的限制。然而，规划得到的路径并不检查自身碰撞或与环境的碰撞。至少应检查产生的候选路径是否发生碰撞，如果碰撞检测失败，则必须使用更复杂的规划器。尽管如此，这个库还是非常有助于理解手臂运动规划的各个步骤。

两个可用的规划函数实际上是关节空间运动规划器：

```
bool jspace_trivial_path_planner(Vectorq7x1 q_start, Vectorq7x1
    q_end, std::vector< Eigen::VectorXd > &optimal_path);
bool jspace_path_planner_to_affine_goal(Vectorq7x1 q_start,
    Eigen::Affine3d a_flange_end, std::vector<Eigen::VectorXd>
    &optimal_path);
```

第 1 个函数仅仅是为了方便，实际上它不执行任何笛卡儿空间路径规划。此函数接受一个起始的关节空间位姿和一个终止的关节空间位姿，它将这些重新包装为一个仅由这两个关节空间点组成的最佳路径。该最佳路径向量的格式适用于向完全轨迹消息的转换。

第 2 个函数也是计算一个关节空间轨迹。然而，它考虑了可选的目标解，这些目标解是所给定笛卡儿目标位姿的 IK 解。在该函数里会根据关节空间的移动是否高效来对每个候选的目标解进行评估。

另外 4 个规划函数强制机器人的末端执行器沿着笛卡儿路径直线移动。这些函数（来自头文件 baxter_cartesian_planner.h）包括：

```
//these planners assume Affine args are right-arm flange w/rt torso
///specify start and end poses w/rt torso. Only orientation of end pose will be ←
    considered; orientation of start pose is ignored
bool cartesian_path_planner(Eigen::Affine3d a_flange_start,Eigen::Affine3d ←
    a_flange_end, std::vector<Eigen::VectorXd> &optimal_path);
/// alt version: specify start as a q_vec, and goal as a Cartesian pose (w/rt torso)
bool cartesian_path_planner(Vectorq7x1 q_start,Eigen::Affine3d a_flange_end, std::←
    vector<Eigen::VectorXd> &optimal_path, double    dp_scalar = ←
    CARTESIAN_PATH_SAMPLE_SPACING);
///this version uses a small Cartesian step size and refined IK
bool fine_cartesian_path_planner(Vectorq7x1 q_start,Eigen::Affine3d a_flange_end, std←
    ::vector<Eigen::VectorXd> &optimal_path);
///alt version: compute path from current pose with cartesian move of delta_p with R ←
    fixed
/// return "true" if successful
bool cartesian_path_planner_delta_p(Vectorq7x1 q_start, Eigen::Vector3d delta_p, std::←
    vector<Eigen::VectorXd> &optimal_path);
```

应该注意的是，我们将所有表示为 Eigen::Affine3d 对象的笛卡儿位姿解释为相对于机器人躯干坐标系的右臂工具凸缘坐标系。通常，用户会更关心相对于某个世界或传感器坐标系的夹具坐标系。然而，如果参考机器人躯干和工具凸缘坐标系，那么这些代码的复用性将更好。对于任何给定的任务，用户可以将夹具坐标系转换为相应的工具凸缘坐标系，并将期望夹具坐标系的 frame_id 转换为机器人躯干坐标系。因此，目前关于参考坐标系的限制足够通用。

在 baxter_cartesian_planner 的上述函数中，第 1 个函数是基础。此函数接受两个位姿的参数（表示为 Eigen 类型的仿射对象），并生成关节空间位姿序列，沿着这些序列能将工具凸缘从指定的初始位姿移动到期望的最终位姿。用于定义此移动的插值操作可描述为如下几行代码（代码从 baxter_cartesian_planner.cpp 中截取，函数 cartesian_path_planner(...) 以起始和终止的仿射位姿作为参数）：

```
Eigen::Affine3d a_flange_des;
Eigen::Vector3d dp_vec, del_p, p_start, p_end;
Eigen::Matrix3d R_des = a_flange_end.linear();
a_flange_des.linear() = R_des;
p_start = a_flange_start.translation();
p_end = a_flange_end.translation();
del_p = p_end - p_start;
dp_vec = del_p / nsteps;
for (int istep = 0; istep < nsteps; istep++) {
    a_flange_des.translation() = p_des;
    cartesian_affine_samples_.push_back(a_flange_des);
    p_des += dp_vec;
}
```

这种插值方法控制机器人将其工具凸缘的原点沿着直线从指定的初始位姿移动到期望的最终位姿，而沿此线的中间笛卡儿位置以分辨率 CARTESIAN_PATH_SAMPLE_SPACING 来采样，该分辨率在库的头文件中指定。这个直线运动非常直观。然而，工具凸缘朝向的插值就不是那么直观了。如果初始和最终位姿具有相同的工具凸缘朝向，则此朝向将在整个移动过程中保持不变。这种处理将会很方便，例如，让机械臂端一托盘物体而不洒落出来（可通过保持工具凸缘 z 轴始终垂直来实现）。如果需要在不同的初始和终止朝向之间进行插值，则该函数简单地假定工具凸缘的朝向在可行情况下尽快从初始朝向转变为目标朝向，然后在剩余移动中保持目标朝向。

在笛卡儿空间中进行采样可产生一个期望的仿射位姿序列。对于每个位姿，可行的 IK 解可以有 0 个，也可以有无穷多个（因为冗余的运动学存在一个单自由度零空间）。对于期望的笛卡儿路径中每个笛卡儿位姿，用户可通过调用关节 1～6 的近似解析 IK 函数来计算一个有限数量的 IK 解，同时关节 0 通过 $q0$ 的采样进行索引（使用 baxter_fk_ik 库中 Baxter_IK_solver 类的函数 ik_solve_approx_wrt_torso(a_flange_des, q_solns)）。如果在笛卡儿路径上存在某个期望位姿没有 IK 解，则所要求的笛卡儿运动是不可行的，并且函数返回 false。注意，这可能是一个不必要的苛刻测试。要求机器人在自由空间中进行笛卡儿运动时，通常不需要机器人遵循精确的笛卡儿轨迹。事实上，若只需末端执行器到达期望的笛卡儿位姿，使用函数 jspace_path_planner_to_affine_goal() 进行关节空间规划可能是可接受的。另一方面，一些笛卡儿运动不只是预置末端执行器，而是要完成一些与路径密切相关的任务，这时候就需要机器人严格遵循精确的笛卡儿轨迹了。这些任务的例子包括激光切割、密封、接缝焊接以及精确到达抓取或组装位姿。

第 2 个 cartesian_path_planner(...) 函数接受一个初始关节空间位姿和一个目标笛卡儿空间位姿的参数。与第 1 个笛卡儿规划器一样，第 3 个参数是 std::vector<Eigen::VectorXd> 类型对象的引用，它将由该函数计算得到的关节空间轨迹来生成。第 4 个参数指定了沿笛卡儿路径的采样分辨率（如果未提供此参数，则默认为 CARTESIAN_PATH_SAMPLE_SPACING）。该备选规划器首先计算与指定的初始关节空间位姿相对应的仿射笛卡儿位姿，具体代码如下：

```
a_flange_start = baxter_fwd_solver_.fwd_kin_flange_wrt_torso_solve(q_start);
```

然后，它使用与第 1 个规划器相同的逻辑。重要的是，第 2 个函数指定了一个明确的关节空间初始位姿，而不是一个初始位姿选项的向量。这一点很重要，因为机器人的轨迹需要从实际的机器人关节角出发。在运行规划中，应该能获得当前机器人的关节角（从 joint_states 主题获取），并且这些角应该用作规划笛卡儿运动的出发点。

第 3 个笛卡儿规划函数 fine_cartesian_path_planner() 也采用了一个起始关节空间位姿和一个目标笛卡儿空间位姿的参数。然而，该函数会进一步细化轨迹以获得一个更加精确的笛卡儿空间运动，而不是一个近似 IK 求解器得出的解。为此，该函数首先调用带有初始关节角和期望笛卡儿目标的笛卡儿空间规划器，但是调用时指定了更高分辨率的笛卡儿空间采样（使用 CARTESIAN_PATH_FINE_SAMPLE_SPACING）。这将得到一个关节空间规划，其中每个关节空间解是期望笛卡儿路径的近似解。然后，采用函数 refine_cartesian_path_plan(optimal_path) 对该规划进行完善，这样对每个关节空间解进行数值迭代（利用 3×3 雅可比的逆，仅作用于关节 1、2 和 3）以获得更加精确地匹配每个期望笛卡儿子目标的 IK 解。

一个使用笛卡儿规划库的说明性测试 main() 程序是 example_baxter_cart_path_planner_ main.cpp。代码清单 14.4 是从该程序中提取的。

代码清单 14.4　使用 Baxter 笛卡儿规划器的示例，从 example_baxter_cart_path_planner_main.cpp 中提取的代码行

```
1   for (x_des = 0.2; x_des < 1.5; x_des += 0.1) {
2       for (y_des = -1.5; y_des <= 1.5; y_des += 0.1) {
3           for (flange_theta = 0.0; flange_theta < 6.28; flange_theta += 0.2) {
4               flange_b_des << cos(flange_theta), sin(flange_theta), 0;
5               flange_t_des = flange_b_des.cross(flange_n_des);
6               R_flange_horiz.col(0) = flange_n_des;
7               R_flange_horiz.col(1) = flange_t_des;
8               R_flange_horiz.col(2) = flange_b_des;
9               a_toolflange_start.linear() = R_flange_horiz;
10              a_toolflange_end.linear() = R_flange_horiz;
11
12              flange_origin << x_des, y_des, z_des; //specify flange pose at grasp ←
                    position
13              a_toolflange_start.translation() = flange_origin;
14              a_toolflange_end.translation() = flange_origin - L_depart*flange_b_des←
                    ;
15
16              found_path = cartTrajPlanner.cartesian_path_planner(a_toolflange_start←
                    , a_toolflange_end, optimal_path);
17
18              if (found_path) {
19                  ROS_INFO("found path; x= %f, y= %f, flange_theta = %f", x_des, ←
                        y_des, flange_theta);
20                  outfile << x_des << ", " << y_des << ", " << flange_theta << endl;
21
22              } else {
23                  ROS_WARN("no path found; x= %f, y= %f, flange_theta = %f", x_des, ←
                        y_des, flange_theta);
24              }
25          }
26      }
27  }
```

该程序执行离线规划以获取可行的趋近位姿。假定的趋近位姿朝向是工具凸缘 x 轴向上，夹具可水平滑动（即工具凸缘的 z 轴是水平的）。通过夹具的水平滑动，夹具手指夹住圆柱体，夹具的这种位姿适合抓取一个直立的圆柱体。趋近的距离建议为 0.25m，即沿工具凸缘 z 轴方向有 0.25m 的滑动。该程序在 x（相对于机器人躯干，例如 Baxter 前面）的范围 0.2～1.4m、y 的范围 -1.5～+1.5m 和 z = 0（机器人躯干的高度，略高于标准桌子的高度）中考虑候选工具凸缘的原点。在 0～2π 范围内以 0.2rad 增量测试该趋近角。此函数测试是否可以在笛卡儿运动超过 0.25m 时接近每个候选的抓取位姿。该程序分析大约 13 000 条趋近路径，这需要耗费几分钟的计算时间。程序的运行结果存储在一个名为 approachable_poses.dat 的文件中，它列出了 0.25m 水平笛卡儿趋近可行的 (x、y、θ) 采样（在 ASCII 文本中逐行）。这些结果可以用来规划机器人底盘如何导航到合适的位姿，以确保机械臂可以执行抓取计划。

除了离线笛卡儿规划分析外，笛卡儿规划库还可用于在线规划运动。为此，我们将专用于 Baxter 右臂的规划库合并到 cartesian_planner 库内的一个动作服务器 baxter_rt_arm_cart_move_as.cpp 中。该动作服务器接收通用操作消息类型 cart_move.action 的目标消息，cart_move.action 在 cartesian_planner 包中定义。此操作消息指的是笛卡儿空间运动类型，

但它并没有假定任何特定的机器人。因此，尽管补充的动作服务器必须专用于各种类型的机器人，但是动作客户端在不同机器人之间可以通用。

为了使得动作客户端节点对机器人透明，请求的运动应该参照通用的坐标系 generic_gripper_frame 和 system_ref_frame。不过需要注意，Baxter 右臂的 IK 函数依赖相对于机器人躯干的右臂工具凸缘。若要实现期望的通用性，传入的目标可以指定相对于系统参考坐标系的通用夹具坐标系的运动，这些运动通过笛卡儿运动动作服务器转换为参考特定机器人坐标系的运动。为此，baxter_rt_arm_cart_move_as 节点内的辅助类 ArmMotionInterface 的构造函数在右工具凸缘坐标系和通用夹具坐标系之间寻找转换（与右夹具的指尖坐标系一致）。这可以通过使用以下代码行完成：

```
tfListener_->lookupTransform("generic_gripper_frame","right_hand", ←
    ros::Time(0),
    generic_toolflange_frame_wrt_gripper_frame_stf_);
```

使用生成的变换，可将通用夹具坐标系的所有参照物转换成等价的右臂工具凸缘坐标系的目标。同样地，相同的构造函数使用 tfListener 来找到机器人躯干坐标系和系统参考坐标系之间的转换：

```
tfListener_->lookupTransform("system_ref_frame", "torso", ros::Time(0), ←
    torso_wrt_system_ref_frame_stf_);
```

利用此变换的知识，用户可以将所有传入的目标请求适当地转换为与躯干相关的工具凸缘运动，这是 IK 库所需要的。

利用这些可用变换，右臂笛卡儿动作服务器可以根据 cart_move.action 文件中定义的运动请求（包括 PLAN_PATH_CURRENT_TO_WAITING_POSE、PLAN_JSPACE_PATH_CURRENT_TO_CART_GRIPPER_POSE、PLAN_PATH_CURRENT_TO_GOAL_DP_XYZ 和 PLAN_PATH_CURRENT_TO_GOAL_GRIPPER_POSE|）进行操作。这些目标指的是如何移动独立于所使用的特定机器人的通用夹具坐标系。

笛卡儿运动动作服务器响应包含状态代码的结果消息。这些状态代码包括 PATH_IS_VALID、PATH_NOT_VALID、COMMAND_CODE_NOT_RECOGNIZED 和 SUCCESS。动作服务器的客户端将在返回的 result 消息的 return_code 字段中接收一个已定义结果消息的状态消息。

动作服务器 baxter_cart_move_as.cpp 定义了一个类 ArmMotionInterface。在 main() 程序中实例化了此类的一个对象，然后主程序只需进入（定时）旋转，同时 ArmMotionInterface 对象的回调函数处理所有的工作。ArmMotionInterface 的 executeCB() 函数接收来自动作客户端的目标消息并处理它们。该回调函数首先检查 command_code 值，然后进入到相应的分支来处理这个命令代码。根据命令代码，用户可能需要检查目标消息的其他成分（例如，如果请求了笛卡儿规划，则还必须在目标消息中指定一个夹具目标位姿）。

如果请求了一个规划，则回调函数将返回一个代码，指示是否找到了可行的运动规划。我们将一个成功计算的规划保存在动作服务器的内存中。然后，动作客户端可以通过发送命令代码 EXECUTE_PLANNED_PATH 来请求执行规划。

13.3 节介绍了动作客户端程序示例 example_generic_cart_move_ac.cpp。在库 cart_motion_commander（同名的源代码）中定义的类 ArmMotionCommander 的帮助下，此动作客户端对如何使用笛卡儿运动动作服务器进行了说明。类 ArmMotionCommander 封装了一些动作服务器 – 动作客户端交互，这有助于让笛卡儿运动动作客户端更简单。

用户如何使用 arm_motion_commander 的成员函数来调用规划和执行。客户端示例对如何使用笛卡儿运动动作服务器的 8 个已定义操作代码进行了说明，包括规划请求、位姿请求和执行请求。13.3 节介绍了可以在 Baxter 机器人上运行的通用笛卡儿运动动作客户端示例。

14.10 小结

本章所描述的 Baxter 仿真器是一个实际的和相关的机器人模型。使用这个仿真器，用户可以演示机器人各个层面的运动控制，包括从低层关节空间轨迹插值到笛卡儿空间规划器和动作服务器。

用户可以使用此仿真器开发大量的离线机器人编程。随后，在一个物理 Baxter 机器人上运行开发的代码仅需要指定一个远程 ROS 主机。开发中所使用的人机接口可以重复使用。用户甚至可以在仿真过程中开发感知处理程序，随后在物理机器人上运行。ROS 的仿真工具开发的代码在很大程度上可直接部署到物理机器人上。当然，考虑到仿真模型和物理系统之间的差异，不可避免地需要稍微调整和标定。此外，光照条件、环境接触条件、传感器特性建模的不当以及虚拟环境建模的不足等因素将可能导致仿真和物理现实之间存在一定的差异。尽管如此，ROS 和 Gazebo 中的离线开发为代码开发提供了有吸引力的效率提升。

在本书的剩余部分，Baxter 仿真器将用于示例说明。

第15章 object-grabber 包

引言

机械臂的控制操作包括相当多的细节。最好的构建解决方案是将任务分解成多个独立层,在其中可以将细节进行封装并逐步实现更为抽象的交互。ROS 功能通过参数服务器的机制支持逻辑分解,在独立节点、客户端 – 服务交互和动作服务器之间发布和订阅通信。本章介绍了如何利用这些功能来构建一个通用的操作系统。

15.1 object-grabber 代码组织

图 15.1 显示了这里所描述的用于 object-grabber 开发的代码组织的流程图。在顶层,object-grabber 客户端与 object-grabber 动作服务器进行交互。在包 object_grabber 中放置的这些节点,通过同一包中定义的动作消息 object_grabber.action 进行通信。在这种抽象级上,客户端根据高级操作代码(如 GRAB_OBJECT)、对象标识符代码和(标记的)目标位姿来表示目标。如果有多个已知的来执行抓取的可行选项或可以假定的默认策略,用户还可选择抓取策略。

从客户端的角度来看,没有必要知道要使用的机器人类型,既不需要知道

图 15.1 object_grabber 系统的代码层级

如何安装机器人（或它在世界坐标系中的当前位姿），也不需要知道机器人上是何种类型的夹具。相反，客户端可以专注于将部件从初始位姿转移到目标位姿。

节点 object_grabber_action_server 呈现一个名为 object_grabber_action_service 的动作服务器，它通过 object_grabber.action 消息接收目标。此动作服务器必须了解执行操作目标请求所涉及的一些具体细节。具体而言，它必须了解在机器人上存在的特定手臂末端工具（例如夹具）和要操作的指定对象之间需要哪些交互。对于给定的夹具和对象，如果要实现目标，必须有一个或多个成功操作的策略。如何确定适当的抓取策略（给定一个特定的对象和一个特定的夹具）通常是一个困难的问题和一个持续的研究领域。然而，在代码组织中，用户可以通过创建对象操作查询服务来对这些问题进行封装。目的是：给定一个对象 ID 和一个夹具 ID，利用关键的夹具位姿回应目标抓取或目标放置。未来，更为复杂的实例化可能会取代对目标操作查询进行应答的这个假定的数据库。这里提供了一个简单的示例。如果使用相同的服务消息接口，则用户可以利用更强大的查询服务来替代此示例，而不会中断系统的其余部分。

在实现目标获取和放置时，object_grabber_action_server 还须控制夹具驱动。目前可能有各种各样的夹具，例如手指、平口虎钳、真空夹具或简单的非执行工具，如钩或刮刀。对于任何给定的夹具类型，对象操作查询服务将会有推荐的关键位姿，包括一个适合初始化抓取的夹具依赖位姿。一般情况下，object-grabber 动作服务器应通过控制适合目标的抓取或释放的夹具动作而与夹具交互。GRASP 命令可能涉及闭合手指（例如 Baxter 夹具）、使真空夹具能够抽吸、什么都不做（钩或刮刀）。在每种情况下，夹具应该执行恰当的操作。为此，object-grabber 动作服务器依赖于 generic_gripper_svc 服务。服务请求可以作为定义的操作代码发送，如 GRASP 或 RELEASE。在启动特定系统的节点时，应启动合适的夹具服务，此服务包含了如何驱动所使用夹具的细节。

object-grabber 动作服务器还与笛卡儿运动动作服务器进行交互（将目标发送至笛卡儿运动动作服务器）。正如 13.3 节所描述，笛卡儿运动动作客户端可以不必知道是什么机器人。如果目的是在空间中移动一个特定的夹具，动作客户端可以请求运动规划和运动执行以实现期望的夹具运动。然而，笛卡儿运动动作服务器需要知道正在使用的手臂，因为这个节点将需要启动机器人的逆向运动学调用。尽管笛卡儿运动动作服务器必须知道是什么机器人，但它仍然可以使用常用的服务器名称（cartMoveActionServer）和动作消息（object_grabber.action）来呈现通用接口。

若要调用规划的轨迹，笛卡儿规划器动作服务器将规划的轨迹捆绑到 trajectory_msgs/JointTrajectory 类型的消息中，并将它们发送到要执行的低级交互服务器。对于 Baxter 机器人的右臂，这可以是提供的 ros_controller 动作服务 robot/limb/right/follow_joint_trajectory 或这里所描述的简单自定义关节轨迹动作服务器 rt_arm_as（在 baxter_trajectory_streamer 包中）。这些动作服务器可以直接控制机器人的关节命令，因此它们也特定于机器人设计及其 ROS 界面。

前面已介绍动作服务器 cartMoveActionServer。本章将介绍 object_manip_query_svc、generic_gripper_svc、object_grabber_action_service 和 object-grabber 动作客户端示例。

15.2 对象操作查询服务

包 object_manipulation_properties 中的代码 object_manipulation_query_svc.cpp 提供了一个服务 object_manip_query_svc，它通过同一包中定义的服务消息 objectManipulationQuery.srv 进行通信。用户可通过同一包 example_object_manip_query_client.cpp 中的一个客户端示例对这个服务的使用进行说明。此服务的目的是为一个特定的夹具如何获取或放置一个特定的物体而提供建议和选项。

在这个服务中，根据与获取和放置对象步骤相关的关键夹具位姿，用户提取操作动作。提供这类建议可能相当复杂，因为有无数的抓取选项和策略。对于一些简单的机器人，例如 4 自由度平面关节型机器人（Selective Compliance Assembly Robot Arm，SCARA）设计，操作仅限于从上而下接近物体。如果夹具是一个真空夹具，则通过目标上的辅助特征来限制抓取选项，例如水平的平面表面足够宽广、光滑和平坦而用吸盘提供密封。此外，这一特性必须足够靠近物体的质心，部件才能由于真空夹具的较大力矩而不会掉落。因此，相对于部件表面的位置 (x、y、z)（与部件参考坐标系相关），在这种情况下成功抓取的选项可能相当有限。若要推荐这种抓取策略，通过指定与夹具坐标系相关的目标坐标系的（标记的）位姿，对象操作查询服务将响应一个查询（指定夹具 ID 和目标 ID）。（如前所述，如果一个静态的转换发布器让 tf 知道此坐标系，则我们可以将夹具坐标系称为 generic_gripper_frame）。

除了指定一个相对的抓取位姿（与夹具坐标系相关的目标坐标系），还必须指定接近和离开策略。对于真空夹具从上面抓取的简单情形，一个典型的策略是：将夹具移动到一个直接高于预定抓取位姿的位姿；垂直下降到期望的抓取位姿；使真空夹具能够抓住物体；并朝上纯 z 平移从工作表面离开。因此，用户可以用 3 种关键的位姿简洁地描述抓取部件的策略：接近、抓取和离开的夹具位姿（相对于目标坐标系）。如果从接近到抓取再到离开执行笛卡儿运动，则获取部件应该是成功的。部件在抓取前将不受干扰，并且在举起它时不会被碰掉。同样地，用户可以表示放置的 3 种关键夹具位姿，包括达到期望的部件放置位姿所要求的夹具位姿，以及相应的接近和离开位姿。

如果有多个可行的抓取位置可用，则对象操作查询服务应该提供这些选项。默认（首选）的抓取选项应该呈现为第一选项。但是，如果此选项不可能（例如机器人够不着或被遮挡），则可能将其考虑为成功操作的备用抓取选项。

对于带有平口虎钳夹具的 6 自由度臂，可以有更多的操作选项。例如，它可以从上方或侧面抓取水平面上直立的圆柱体（例如罐或水瓶）。如果目标是从水瓶里倒水，则从侧面抓取将是首选。如果物体是插入孔中的钉，则可能需要从上面抓取。此外，这种情况下的物体对称性将会为任何一个抓取策略留下一个自由度。例如，利用夹具的 z 轴径向指向物体的中心线，夹具可以侧向接近垂直的圆柱体。然而，用户可以在任意极性角上使用这种径向方法，它提供了单自由度的接近和抓取选项。有时可能需要探索多个选项以找到一个运动学上可及的方法。

即使选定了抓取位姿，接近和离开位姿也有选择。例如，沿着夹具的 z 轴（例如，平行于桌面通过滑动夹具），通过接近目标就可实现直立圆柱体的力抓取（夹具的 z 轴水平）。另外，用户可以通过在抓取方向上定向夹具来实现相同的抓取位姿，但是要从圆柱体上方的位置启动并且沿着 –z 方向下降。在这两种情况下，用户可以根据 3 种关键位姿来描述期望的策略：在抓取位姿上相对于目标坐标系的夹具坐标系的位姿，在接近位姿上相对于目标的夹具坐标系的位姿，以及离开时相对于目标（原始的位姿）的夹具坐标系的位姿。一旦建立了抓取策略，只需要指定这 3 种关键的位姿。（注意：在这个实现中，关键的位姿表示为相对于夹具坐标系的目标坐标系的位姿）。

使用对象操作查询服务需要参考夹具 ID 和目标 ID。在目前的实现中，这些都是在 object_manipulation_properties 包中指定，此包位于文件 gripper_ID_codes.h 和 object_ID_codes.h 的 include 子目录中。目前，所包括的夹具和目标非常稀疏，但是这些都是未来更通用的知识库的占位符。

我们在 object_grabber 包的 object_grabber.cpp 中对用于抓取目标的查询服务进行了说明。此代码包括函数 get_default_grab_poses()（代码清单 15.2 显示了它的一部分）：

```cpp
bool ObjectGrabber::get_default_grab_poses(int object_id,geometry_msgs::PoseStamped
        object_pose_stamped) {
    //fill in 3 necessary poses: approach, grasp, depart_w_object
    //find out what the default grasp strategy is for this gripper/object combination:
    manip_properties_srv_.request.gripper_ID = gripper_id_; //this is known from
        parameter server
    manip_properties_srv_.request.object_ID = object_id;
    manip_properties_srv_.request.query_code =
            object_manipulation_properties::objectManipulationQueryRequest::
                GRASP_STRATEGY_OPTIONS_QUERY;
    manip_properties_client_.call(manip_properties_srv_);
    int n_grasp_strategy_options = manip_properties_srv_.response.
        grasp_strategy_options.size();
    ROS_INFO("there are %d grasp options for this gripper/object combo; choosing 1st
        option (default)",n_grasp_strategy_options);
    if (n_grasp_strategy_options <1) return false;
    int grasp_option = manip_properties_srv_.response.grasp_strategy_options[0];
    ROS_INFO("chosen grasp strategy is code %d",grasp_option);
    //use this grasp strategy for finding corresponding grasp pose

    manip_properties_srv_.request.grasp_option = grasp_option; //default option for
        grasp strategy
    manip_properties_srv_.request.query_code = object_manipulation_properties::
        objectManipulationQueryRequest::GET_GRASP_POSE_TRANSFORMS;
    manip_properties_client_.call(manip_properties_srv_);
    int n_grasp_pose_options = manip_properties_srv_.response.gripper_pose_options.
        size();
    if (n_grasp_pose_options<1) {
                ROS_WARN("no pose options returned for gripper_ID %d and object_ID
                    %d",gripper_id_,object_id);;
                return false;
            }

    grasp_object_pose_wrt_gripper_ = manip_properties_srv_.response.
        gripper_pose_options[0];
```

该函数利用夹具 ID 代码、目标 ID 代码和操作代码 GRASP_STRATEGY_OPTIONS_QUERY 来生成查询消息。客户端使用此请求消息调用查询服务并接收应答。此函数检查返回了多少抓取策略，如果没有已知的抓取方案，则函数返回失败。否则，函数选择第一个可用的策略，它（根据设计）也是默认的首选抓取策略。

然后，函数 get_default_grab_poses() 在服务请求中指定此抓取选项，并指定操作代码 GET_GRASP_POSE_TRANSFORMS。在响应中，针对所选的抓取策略，我们将利用候选的抓取位姿生成字段 geometry_msgs/Pose[] gripper_pose_options。默认情况下，选择此函数中的第 1 个选项。更一般地，如果默认位姿不可及，则可以检查备选方案。

get_default_grab_poses() 重复这个过程 2 次以获得默认抓取策略的接近位姿和离开位姿。

对象操作查询服务返回与目标坐标系（通常与夹具坐标系相关）相对应的位姿。用户必须将这些位姿转换成与某个参考坐标系（例如传感器坐标系、躯干、世界坐标系或一般的 system_ref_frame）相关的期望夹具位姿。针对抓取转换而执行此转换的 get_default_grab_poses() 代码行是：

```
tf::StampedTransform object_stf =
    xformUtils.convert_poseStamped_to_stampedTransform
        (object_pose_stamped, "
            object_frame");
geometry_msgs::PoseStamped object_wrt_gripper_ps;
object_wrt_gripper_ps.pose = grasp_object_pose_wrt_gripper_;
object_wrt_gripper_ps.header.frame_id = "generic_gripper_frame";
tf::StampedTransform object_wrt_gripper_stf =
    xformUtils.convert_poseStamped_to_stampedTransform(object_wrt_gripper_ps,
        "object_frame");
//ROS_INFO("object w/rt gripper stf: ");
//xformUtils.printStampedTf(object_wrt_gripper_stf);
tf::StampedTransform gripper_wrt_object_stf = xformUtils.stamped_transform_inverse
    (object_wrt_gripper_stf); //object_wrt_gripper_stf.inverse();
//ROS_INFO("gripper w/rt stf: ");
//xformUtils.printStampedTf(gripper_wrt_object_stf);
//now compute gripper pose w/rt whatever frame object was expressed in:
tf::StampedTransform gripper_stf;
if (!xformUtils.multiply_stamped_tfs(object_stf,gripper_wrt_object_stf,gripper_stf
    )) {
    ROS_WARN("illegal stamped-transform multiply");
    return false;
}
//extract stamped pose from stf; this is the desired generic_gripper_frame w/rt a
    named frame_id
// that corresponds to desired grasp transform for given object at a given pose w/
    rt frame_id
grasp_pose_ = xformUtils.get_pose_from_stamped_tf(gripper_stf);
```

在此过程中，在 XformUtils 包中的实用函数帮助下，将表示方式转换为用于实现转换的 transform 对象。首先，我们将空间中的对象位置指定为 poseStamped。换言之，一个命名的 frame_id 表示一个位姿，但此位姿并不指定一个子坐标系。若要将 poseStamped 转换为 StampedTransform，需将 child_frame_id 命名为 object_frame。注意，在父坐标系中可任意表示目标位姿，它可以是传感器坐标系、世界坐标系或任何其他相关的坐标系。这里我们将其称为 object_parent_frame。

按照对象操作服务的建议，我们只为 geometry_msgs/Pose 提供期望的抓取位姿。通过提供一个父 frame_id(generic_gripper_frame) 和一个 child_frame_id(object_frame)，用户可将其转换为 StampedTransform。将产生的与夹具坐标系相关的目标坐标系变换反转为与目标坐标系相对的夹具坐标系。这种反转是右乘以 StampedTransform 对象以获得与 generic_gripper_frame（相对于 object_parent_frame）相对应的 StampedTransform。在这一点上，目标获取的关键坐标系之一已知并表示为与某个指定坐标系（object_parent_frame）相关的通用夹具坐标系的 StampedTransform。随后，我们将其转换为与机器人的基连杆相关的工具凸缘位姿，它将适合使用逆向运动学函数。

同时我们还计算了相应的接近和离开位姿的变换。

函数 get_default_dropoff_poses() 调用了同一过程，生成了 3 个关键的位姿。但是，这些位姿专用于部件放置而不是部件获取。我们将它们转化为与指定的 frame_id 相关的期望夹具位姿。

获得了关键的位姿，剩下的步骤就是计算依序实现这些位姿的轨迹，这些轨迹应是从接近位姿到抓取位姿再到离开位姿的笛卡儿运动。

利用功能逐渐强大的节点，预计未来将取代这个简单的对象操作查询服务示例。特别地，这个数据库应该能够通过多种方式扩展其知识库，包括手动可视化的和编码的抓取选项、计算抓取选项以及通过在线机器人实验和学习发掘的抓取。目前的实现仅仅是用于简单情形下的说明。尽管如此，这种实现已经适用于各种相对简单的工厂自动化任务。

15.3 通用夹具服务

其意图是使 object-grabber 客户端独立于任何特定的手臂或夹具。然而，它应专注于任务级，指定期望的目标运动。若要执行这类请求，object-grabber 动作服务器必须知道如何控制实际使用的夹具。为了保持 object-grabber 动作服务器通用化，系统引入了通用夹具。在 14.3 节中已对通用夹具接口进行了描述，尤其是 Baxter 仿真器右臂上的 ReThink 夹具。generic_gripper_services 包中的 rethink_rt_gripper_service.cpp 节点为这个夹具提供了包装。此服务的请求使用了 genericGripperInterface.srv 中定义的通用服务消息。用户可以使用此服务消息将诸如 GRASP 这样的通用命令节点发送到名为 generic_gripper_svc 的服务。在 generic_gripper_services 包中，有多个节点以此名字运行服务，并使用 genericGripperInterface 服务消息。只有其中一个应该在给定的机器人系统中启动使用，并且应符合实际使用的夹具。虽然各种通用的夹具服务接收常见的命令，但是任何特定的夹具服务节点都应该将这些命令映射到特定夹具的合适驱动上。

Generic_gripper_services 包中的节点 virtual_vacuum_gripper_service 仿真了一个真空夹具。此服务与一个称为 sticky_fingers 且表现像一个真空夹具（但缺少气动或流体流动的细节）的自定义 Gazebo 插件进行通信。我们在补充软件库 learning_ros_external_packages 的 sticky_fingers 包中定义了 sticky-fingers 插件。此包创建了一个来自源代码 sticky_ fingers.cpp 的库，编译为 libsticky_fingers.so，该库用作 Gazebo 插件。一个相关的说明位于模型文件 ur10_on_pedestal_w_sticky_fingers.xacro 的 ur10_launch（在随书 learning_ros 软件库的 Part_5 中的一个包）中。代码清单 15.1 显示了此模型文件。

代码清单 15.1　ur10_on_pedestal_w_sticky_fingers. xacro

```xml
 1  <?xml version="1.0"?>
 2  <robot
 3    xmlns:xacro="http://www.ros.org/wiki/xacro" name="ur10_on_pedestal">
 4
 5  <!--ur10 description -->
 6    <xacro:include filename="$(find ur10_launch)/ur10_robot.urdf.xacro">
 7      <xacro:arg name="gazebo" value="${gazebo}"/>
 8    </xacro:include>
 9   <!--pedestal model-->
10    <xacro:include filename="$(find ur10_launch)/ur10_pedestal.xacro" />
11
12    <!-- attach robot base link to the pedestal -->
13       <link name="world"/>
14    <joint name="ur10_base_joint" type="fixed">
15      <parent link="pedestal_base_link" />
16      <!--ur10 base link is child-->
17      <child link="base_link" />
18      <origin rpy="0 0 0 " xyz="0 0 0.426"/>
19    </joint>
20
21    <!--attach the pedestal to the world-->
22    <joint name="glue_base_to_world" type="fixed">
23      <parent link="world"/>
24      <child link="pedestal_base_link" />
25      <origin rpy="0 0 0 " xyz="0 0 0.426"/>
26      <origin rpy="0 0 0 " xyz="0 0 0"/>
27    </joint>
28
29    <!--define a link to emulate vacuum gripper-->
30    <link name= "vvg">
31        <origin rpy="0 0 0 " xyz="0 0 0"/>
32        <visual>
33            <geometry>
34                <cylinder length="0.02" radius="0.04"/>
35            </geometry>
36            <material name="blue">
37                <color rgba="0 0 .8 1"/>
38            </material>
39        </visual>
40        <collision name="vvg_collision">
41            <geometry>
42                <cylinder length="0.02" radius="0.04"/>
43            </geometry>
44        </collision>
45        <inertial>
46            <mass value="0.01"/>
47            <inertia ixx="1.0" ixy="0.0" ixz="0.0" iyy="1.0" iyz="0.0" izz="1.0"/>
48        </inertial>
49    </link>
50
51    <!--attach virtual vacuum gripper, vvg, to tool flange-->
52    <joint name="gripper_joint" type="fixed">
53      <parent link="tool0" />
54      <child link="vvg" />
55      <origin rpy="0 0 0 " xyz="0 0 0.01"/>
56    </joint>
57
58    <!-- bring in the sticky-fingers plug-in to simulate a vacuum gripper-->
59    <gazebo>
60        <plugin name="virtual_vacuum_gripper_finger" filename="libsticky_fingers.so">
61            <capacity>10</capacity>
62            <link>ur10_on_pedestal::wrist_3_link</link>
63        </plugin>
64    </gazebo>
65
66  </robot>
```

在代码清单15.1中，6行和7行导入了从ROS安装的UR10模型（来自包ur_description，通过所包含的文件ur10_robot.urdf.xacro引用）。10行引入了一个简单的基座模型。14～19行指定了一个将UR10模型附连到基座的关节，22～27行将基座与世界坐标系相关联。

30～49行描述了一个简单的圆柱形连杆，它将模拟虚拟真空夹具的主体。重要的是，在碰撞模型的描述中，我们为碰撞模型分派了一个名称：vvg_collision。利用52～56行指定的连杆，用户可将此连杆附连到机器人的工具凸缘。

59～64行在Gazebo标签内引入了sticky-fingers插件。sticky-fingers库将虚拟夹具的负载容量限制为10kg的一个值集（在本例中）。sticky-fingers插件表现如下。通过对/sticky_finger/wrist_3_link这个只会将状态设置为true或false的服务的调用，用户可启用或禁用vvg连杆的黏性。当状态设置为true时，插件咨询Gazebo以确定在质量小于10kg（在capacity标签中设定的值）情况下，vvg_collision边界与环境中的某个物体之间是否有接触。如果有，则创建一个新的临时关节，将识别的目标连接到机器人模型的远端连杆（最后的手腕连杆）。此后，随着机器人移动，它也将携带所连接的目标并体验重力、惯性和碰撞的影响。

当sticky-fingers状态设置为false时，则删除临时的连杆。在这种状态下，虚拟夹具将不会连接到任何目标，并且将释放之前持有的目标。

通过在sticky_fingers包中定义的相应服务和服务消息，实现与sticky-fingers状态的通信。利用通用服务名称generic_gripper_svc（使用在generic_gripper_services包中定义的通用服务消息genericGripperInterface.srv）创建另一个服务，节点virtual_vacuum_gripper_service对使用真空夹具进行抽象化。通过运行节点virtual_vacuum_gripper_service，用户可以使用通用服务名称和通用服务消息发送诸如GRASP和RELEASE的通用命令。因此，object-grabber动作客户端无须知道使用哪种类型的夹具就可以控制抓取和释放。

使用虚拟的真空夹具还要求相应的静态转换发布器在期望的位置（虚拟真空夹具连杆的表面）指定一个通用的夹具坐标系。我们将在object-grabber动作服务器–动作客户端操作的环境下介绍虚拟的真空夹具。

15.4 object-grabber 动作服务器

object-grabber动作服务器（在包object_grabber中）从动作客户端（未参考任何特定的臂或夹具）接收操作目标，并且生成规划和命令以实现期望的操作目标。

执行一个成功的抓取需要几个步骤。例如，考虑使用平口虎钳夹具从上方抓取桌面上一个物体。用户必须控制所选的手臂打开夹具；移动手臂至桌面上足够高的位置（没有碰撞桌子）；将夹具定向至合适的接近姿势；执行笛卡儿移动以接近目标，促使夹具手指环绕目标；以合适的手指间距闭合夹具手指；执行笛卡儿移动从桌面上部（理想情况下，垂直于桌面）离开。

在 2 个服务和 1 个动作服务器的帮助下完成这些步骤。通用的夹具服务将 GRASP 和 RELEASE 命令转换为相应的适合于目标夹具（例如手指与真空夹具）的驱动命令。给定目标 ID 和夹具 ID，对象操作查询服务为关键的夹具位姿提供建议。关键位姿（接近、抓取、离开）之间的笛卡儿移动实现了恰当的接近和离开，使夹具组件在抓取前不会干扰目标，并且已抓取的目标在取出时不会干扰支撑面。

object-grabber 动作服务没有从其客户端接收夹具 ID。相反，此服务须知道所控制的手臂上的夹具是何种类型。这是使用参数服务器来完成的。当启动 object-grabber 节点时，其中一个节点应执行在参数服务器上设置夹具 ID 的操作。例如，object_grabber 包中的节点 set_baxter_gripper_param.cpp 包含：

```cpp
//example to show how to set gripper_ID programmatically
#include <ros/ros.h>
#include <object_manipulation_properties/gripper_ID_codes.h>

int main(int argc, char **argv) {
    ros::init(argc, argv, "gripper_ID_setter");
    ros::NodeHandle nh; // two lines to create a publisher
        object that can talk to ROS
    int gripper_id = GripperIdCodes::RETHINK_ELECTRIC_GRIPPER_RT;
    nh.setParam("gripper_ID", gripper_id);
}
```

运行此节点会将参数 gripper_ID 设置为代码 RETHINK_ELECTRIC_GRIPPER_RT（在头文件 object_manipulation_properties/gripper_ID_codes.h 中定义）。

启动时，object-grabber 节点咨询参数服务器以获取夹具 ID，这个 ID 随后用于将查询发送到对象操作查询服务以获得关键的夹具位姿。同样地，object-grabber 节点与通用的夹具服务、对象操作查询服务和笛卡儿运动动作服务器建立了连接。虽然 object-grabber 动作服务器确实需要知道用于操作的夹具，但它不需要知道所使用的机械臂类型。相反，我们在笛卡儿运动动作服务器中指定目标夹具位姿，该服务器负责计算和执行协调的关节运动以实现期望的夹具运动。

虽然 object-grabber 代码很长，但它的样式重复较多。executeCallback 函数解析目标消息以提取目标消息中的操作代码。它在 switch-case 语句中使用此操作代码来恰当地指导计算。对于代码 GRAB_OBJECT，相应的内容如下：

```cpp
case object_grabber::object_grabberGoal::GRAB_OBJECT:
    ROS_INFO("GRAB_OBJECT: ");
    object_id = goal->object_id;
    grasp_option = goal->grasp_option;
    object_pose_stamped_ = goal->object_frame;
    //get grasp-plan details for this case:
    if (grasp_option != object_grabber::object_grabberGoal::
        DEFAULT_GRASP_STRATEGY)
    {
        ROS_WARN("grasp strategy %d not implemented yet; using default
            strategy",grasp_option);
    }
    rtn_val = grab_object(object_id,object_pose_stamped_);
```

```
            ROS_INFO("grasp attempt concluded");
            grab_result_.return_code = rtn_val;
            object_grabber_as_.setSucceeded(grab_result_);
            break;
```

这种情况下的关键行是 rtn_val = grab_object(object_id, object_pose_stamped_)，它使用目标消息的 object_id 字段和目标消息中相应的 stamped 位姿。这些被用作函数 grab_object() 的参数。

下面介绍 grab_object() 函数。该函数首先调用 get_default_grab_poses (object_id, object_pose_stamped)，从中获得 3 个关键的夹具位姿：approach_pose_、grasp_pose_ 和 depart_pose_。利用以下命令行，用户可将夹具放置于适合接近目标的状态：

```
gripper_srv_.request.cmd_code = generic_gripper_services::↵
    genericGripperInterfaceRequest::RELEASE;
gripper_client_.call(gripper_srv_);
```

在手指夹具的情况下，打开手指；对于真空夹具，禁用抽吸。

在类 ArmMotionCommander 的帮助下，封装了与笛卡儿运动动作服务器通信的一些细节，利用下面的命令，用户可从当前位姿到接近位姿为关节空间运动计算出一个手臂运动规划：

```
rtn_val=arm_motion_commander_.plan_jspace_path_current_to_ ↵
    cart_gripper_pose(
    approach_pose_);
```

检查返回值以查看是否成功计算了运动规划。如果是这样，则指示笛卡儿运动动作服务器通过下面的函数调用来执行此运动规划：

```cpp
int ObjectGrabber::grab_object(int object_id,geometry_msgs::PoseStamped ↵
    object_pose_stamped){
    //given gripper_ID, object_ID and object poseStamped,
    // and assuming default approach, grasp and depart strategies for this object/↵
        gripper combo,
    // compute the corresponding required gripper-frame poses w/rt a named frame_id
    // (which will be same frame_id as specified in object poseStamped)
    int rtn_val;
    bool success;
    if(!get_default_grab_poses(object_id,object_pose_stamped)) {
        ROS_WARN("no valid grasp strategy; giving up");
        return object_grabber::object_grabberResult::↵
            NO_KNOWN_GRASP_OPTIONS_THIS_GRIPPER_AND_OBJECT;
    }
    //invoke the sequence of moves to perform approach, grasp, depart:
    ROS_WARN("prepare gripper state to anticipate grasp...");
    gripper_srv_.request.cmd_code = generic_gripper_services::↵
        genericGripperInterfaceRequest::RELEASE;
    gripper_client_.call(gripper_srv_);
    success = gripper_srv_.response.success;
    if (success) { ROS_INFO("gripper responded w/ success"); }
    else {ROS_WARN("responded with failure"); }

    ROS_WARN("object-grabber as planning joint-space move to approach pose");
    //xformUtils.printPose(approach_pose_);

    rtn_val=arm_motion_commander_.plan_jspace_path_current_to_cart_gripper_pose(↵
        approach_pose_);
    if (rtn_val != cartesian_planner::cart_moveResult::SUCCESS) return rtn_val; //↵
        return error code
```

```cpp
//send command to execute planned motion
ROS_INFO("executing plan: ");
rtn_val=arm_motion_commander_.execute_planned_path();
if (rtn_val != cartesian_planner::cart_moveResult::SUCCESS) return rtn_val; //←
    return error code
//ros::Duration(2.0).sleep();

ROS_INFO("planning motion of gripper to grasp pose at: ");
xformUtils.printPose(grasp_pose_);
rtn_val=arm_motion_commander_.plan_path_current_to_goal_gripper_pose(grasp_pose_);
if (rtn_val != cartesian_planner::cart_moveResult::SUCCESS) return rtn_val; //←
    return error code
ROS_INFO("executing plan: ");
rtn_val=arm_motion_commander_.execute_planned_path();
ROS_WARN("poised to grasp object; invoke gripper grasp action here ...");

gripper_srv_.request.cmd_code = generic_gripper_services::←
    genericGripperInterfaceRequest::GRASP;
gripper_client_.call(gripper_srv_);
success = gripper_srv_.response.success;
ros::Duration(1.0).sleep(); //add some extra time to stabilize grasp...tune this
if (success) { ROS_INFO("gripper responded w/ success"); }
else {ROS_WARN("responded with failure"); }

ROS_INFO("planning motion of gripper to depart pose at: ");
xformUtils.printPose(depart_pose_);
rtn_val=arm_motion_commander_.plan_path_current_to_goal_gripper_pose(depart_pose_)←
    ;
if (rtn_val != cartesian_planner::cart_moveResult::SUCCESS) return rtn_val; //←
    return error code
ROS_INFO("performing motion");
rtn_val=arm_motion_commander_.execute_planned_path();

return rtn_val;
}
```

```cpp
rtn_val=arm_motion_commander_.execute_planned_path();
```

然后，通过调用下面的函数，用户可计算出一个笛卡儿运动规划，将手臂从接近位姿移动到抓取位姿：

```cpp
rtn_val=arm_motion_commander_.plan_path_current_to_goal_gripper_pose ←
    (grasp_pose_);
```

此函数将目标消息中的相应规划器操作代码发送到笛卡儿运动动作服务器。由于从运动规划器－动作服务器节点分离出 object-grabber 动作服务器节点，object-grabber 节点可以不必知道是什么机器人，但是运动规划器必须为特定的机器人设计定制。

grab_object() 函数结合其他的调用函数来调用抓取，然后规划和执行携带抓取物体的离开轨迹。

15.5　object-grabber 动作客户端示例

object-grabber 动作服务的目的是允许高级代码专注于任务级，而独立于机器人或夹具的描述。结合 object-grabber 动作服务的动作客户端，这里介绍了一个此方法的示例。

代码清单 15.2～15.4 展示了 object_grabber 包中的节点 example_object_grabber_action_client。

代码清单 15.2　example_object_grabber_action_client.cpp: object-grabber 动作服务器、前导和用法示例

```cpp
// example_object_grabber_action_client: minimalist client
// use with object_grabber action server called "objectGrabberActionServer"
// in file object_grabber_as.cpp

//client gets gripper ID from param server
// gets grasp strategy options from manip_properties(gripper_ID,object_ID)
// two primary fncs:
//    **   object_grab(object_id, object_pickup_pose, grasp_strategy, approach_strategy
         , depart_strategy)
//    **   object_dropoff(object_id, object_destination_pose, grasp_strategy,
         dropoff_strategy, depart_strategy)
//        have default args for grasp_strategy, depart_strategy, ...
//          default is grab from above, approach and depart from above
//        grasp strategy implies a grasp transform--to be used by action service for
         planning paths
//        all coords expressed as object frame w/rt named frame--which must have a
//          kinematic path to system_ref_frame (e.g. simply use system_ref_frame)

#include<ros/ros.h>
#include <actionlib/client/simple_action_client.h>
#include <actionlib/client/terminal_state.h>
#include <object_grabber/object_grabberAction.h>
#include <Eigen/Eigen>
#include <Eigen/Dense>
#include <Eigen/Geometry>
#include <xform_utils/xform_utils.h>
#include <object_manipulation_properties/object_ID_codes.h>
#include <generic_gripper_services/genericGripperInterface.h>

using namespace std;
XformUtils xformUtils; //type conversion utilities

int g_object_grabber_return_code;

void objectGrabberDoneCb(const actionlib::SimpleClientGoalState& state,
        const object_grabber::object_grabberResultConstPtr& result) {
    ROS_INFO(" objectGrabberDoneCb: server responded with state [%s]", state.toString
        ().c_str());
    g_object_grabber_return_code = result->return_code;
    ROS_INFO("got result output = %d; ", g_object_grabber_return_code);
}


//test fnc to specify object pick-up and drop-off frames;
//should get pick-up frame from perception, and drop-off frame from perception or task

void set_example_object_frames(geometry_msgs::PoseStamped &object_poseStamped,
        geometry_msgs::PoseStamped &object_dropoff_poseStamped) {
    //hard code an object pose; later, this will come from perception
    //specify reference frame in which this pose is expressed:
    //will require that "system_ref_frame" is known to tf
    object_poseStamped.header.frame_id = "system_ref_frame"; //set object pose; ref
        frame must be connected via tf
    object_poseStamped.pose.position.x = 0.5;
    object_poseStamped.pose.position.y = -0.35;
    object_poseStamped.pose.position.z = 0.7921; //-0.125; //pose w/rt world frame
    object_poseStamped.pose.orientation.x = 0;
    object_poseStamped.pose.orientation.y = 0;
    object_poseStamped.pose.orientation.z = 0.842;
    object_poseStamped.pose.orientation.w = 0.54;
    object_poseStamped.header.stamp = ros::Time::now();

    object_dropoff_poseStamped = object_poseStamped; //specify desired drop-off pose
        of object
    object_dropoff_poseStamped.pose.orientation.z = 1;
    object_dropoff_poseStamped.pose.orientation.w = 0;
}
```

代码清单 15.3　example_object_grabber_action_client.cpp: object-grabber 动作服务器、操作函数的用法示例

```cpp
64  void move_to_waiting_pose() {
65      ROS_INFO("sending command to move to waiting pose");
66      g_got_callback=false; //reset callback-done flag
67      object_grabber::object_grabberGoal object_grabber_goal;
68      object_grabber_goal.action_code = object_grabber::object_grabberGoal::↵
            MOVE_TO_WAITING_POSE;
69      g_object_grabber_ac_ptr->sendGoal(object_grabber_goal, &objectGrabberDoneCb);
70  }
71
72  void grab_object(geometry_msgs::PoseStamped object_pickup_poseStamped) {
73      ROS_INFO("sending a grab-object command");
74      g_got_callback=false; //reset callback-done flag
75      object_grabber::object_grabberGoal object_grabber_goal;
76      object_grabber_goal.action_code = object_grabber::object_grabberGoal::GRAB_OBJECT;↵
            //specify the action to be performed
77      object_grabber_goal.object_id = ObjectIdCodes::TOY_BLOCK_ID; // specify the object↵
            to manipulate
78      object_grabber_goal.object_frame = object_pickup_poseStamped; //and the object's ↵
            current pose
79      object_grabber_goal.grasp_option = object_grabber::object_grabberGoal::↵
            DEFAULT_GRASP_STRATEGY; //from above
80      object_grabber_goal.speed_factor = 1.0;
81      ROS_INFO("sending goal to grab object: ");
82      g_object_grabber_ac_ptr->sendGoal(object_grabber_goal, &objectGrabberDoneCb);
83  }
84
85  void dropoff_object(geometry_msgs::PoseStamped object_dropoff_poseStamped) {
86      ROS_INFO("sending a dropoff-object command");
87      object_grabber::object_grabberGoal object_grabber_goal;
88      object_grabber_goal.action_code = object_grabber::object_grabberGoal::↵
            DROPOFF_OBJECT; //specify the action to be performed
89      object_grabber_goal.object_id = ObjectIdCodes::TOY_BLOCK_ID; // specify the object↵
            to manipulate
90      object_grabber_goal.object_frame = object_dropoff_poseStamped; //and the object's ↵
            current pose
91      object_grabber_goal.grasp_option = object_grabber::object_grabberGoal::↵
            DEFAULT_GRASP_STRATEGY; //from above
92      object_grabber_goal.speed_factor = 1.0;
93      ROS_INFO("sending goal to dropoff object: ");
94      g_object_grabber_ac_ptr->sendGoal(object_grabber_goal, &objectGrabberDoneCb);
95  }
```

代码清单 15.4　example_object_grabber_action_client.cpp: object-grabber 动作服务器、主程序的用法示例

```cpp
101 int main(int argc, char** argv) {
102     ros::init(argc, argv, "example_object_grabber_action_client");
103     ros::NodeHandle nh;
104     geometry_msgs::PoseStamped object_pickup_poseStamped;
105     geometry_msgs::PoseStamped object_dropoff_poseStamped;
106
107     //specify object pick-up and drop-off frames using simple test fnc
108     //more generally, pick-up comes from perception and drop-off comes from task
109     set_example_object_frames(object_pickup_poseStamped, object_dropoff_poseStamped);
110     //instantiate an action client of object_grabber_action_service:
111     actionlib::SimpleActionClient<object_grabber::object_grabberAction> ↵
            object_grabber_ac("object_grabber_action_service", true);
112     g_object_grabber_ac_ptr = &object_grabber_ac; // make available to fncs
113     ROS_INFO("waiting for server: ");
114     bool server_exists = false;
115     while ((!server_exists)&&(ros::ok())) {
116         server_exists = object_grabber_ac.waitForServer(ros::Duration(0.5)); //
117         ros::spinOnce();
118         ros::Duration(0.5).sleep();
119         ROS_INFO("retrying...");
120     }
121     ROS_INFO("connected to object_grabber action server"); // if here, then we ↵
            connected to the server;
```

```
122
123        //move to waiting pose
124        move_to_waiting_pose();
125        while(!g_got_callback) {
126            ROS_INFO("waiting on move...");
127            ros::Duration(0.5).sleep(); //could do something useful
128        }
129
130        grab_object(object_pickup_poseStamped);
131        while(!g_got_callback) {
132            ROS_INFO("waiting on grab...");
133            ros::Duration(0.5).sleep(); //could do something useful
134        }
135
136        dropoff_object(object_dropoff_poseStamped);
137        while(!g_got_callback) {
138            ROS_INFO("waiting on dropoff...");
139            ros::Duration(0.5).sleep(); //could do something useful
140        }
141        return 0;
142    }
```

在这个程序中，48～66 行的函数 set_example_object_frames()，仅为目标拾取和放置的位姿进行了硬编码。更一般地，这些位姿将来自一个数据库或感测系统。

动作客户端建立了与 object_grabber_action_service 的连接（111～121 行）。此动作客户端通过全局指针 g_object_grabber_ac_ptr 提供给外部函数。然后，主程序使用函数 move_to_waiting_pose()（在 68～74 行中定义）将手臂移动到假想桌面上的预定义位姿。

接下来，主程序调用 76～97 行定义的 grab_object(object_pickup_poseStamped)。此函数利用目标 ID、拾取位姿和代码来生成目标消息，从而指导使用默认的抓取策略。当将这个目标发送到 object-grabber 服务时，预期的结果是，机器人的夹具从指定的拾取位置抓取指定的目标。

在抓取目标后，主程序调用 89～99 行定义的 dropoff_object(object_dropoff_poseStamped)。此函数生成并发送目标来执行在指定位置放置抓取目标的互补操作。

所有指定的坐标都参考目标坐标系，独立于任何夹具或手臂。

使用不同的目标机器人系统，用户可以运行这个 object-grabber 动作客户端示例。只需要将指定的目标实际上置于指定的位姿。首先，利用相关的 Baxter 机器人来介绍动作客户端。

图 15.2 展示了名为 right_gripper 的坐标系，手腕指向 z 轴，从右指尖指向左指尖的为 y 轴。原点在夹具坐标系 z 轴上，与指尖在一个水平线上。使用静态转换启动文件 baxter_static_transforms.launch，该坐标系与名为 generic_gripper_frame 的坐标系同义。此外，定义 Baxter 运动学库所使用的 torso 坐标系与 system_ref_frame 相关，system_ref_frame 位于 torso 坐标系正下方 0.91m 的地平面上。

对于感兴趣的物体，我们将再次考虑 8.5 节中所使用的玩具块。为了在 Baxter 范围内介绍桌子和玩具块，首先在一个空洞的世界启动 Baxter：

```
roslaunch baxter_gazebo baxter_world.launch
```

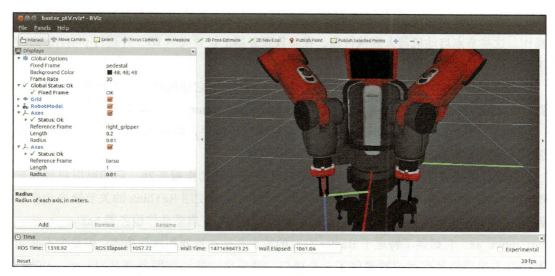

图 15.2 Baxter 的 torso 坐标系和 right_gripper 坐标系

接下来，通过启动以下命令添加一个桌子和一个玩具块：

```
roslaunch exmpl_models add_table_and_block.launch
```

在启动操作中，无法保证时序。因此，在生成桌子模型之前，可能会在 Gazebo 中生成玩具块模型。在这种情况下，玩具块会掉到地面上。有 2 种方法可以重置该玩具块。在 Gazebo 窗口中，使用顶部菜单中的 edit 选项并选择 reset model poses。该玩具块将被重置到其最初定义的位姿。用户从 Gazebo 窗口可以看到打开 models 选项的结果，选择玩具块模型并点击其 pose 选项。如图 15.3 所示，玩具块的原点在 $(x、y、z) = (0.5、-0.35、0.792)$。注意，在 object-grabber 客户端代码示例中，这些都是硬编码的坐标。

重置玩具块位姿的另一种方法是：

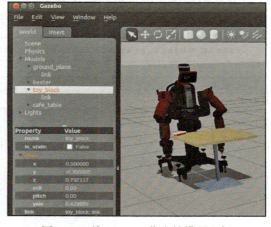

图 15.3 从 Gazebo 获取的模型坐标

```
rosrun example_gazebo_set_state reset_block_state
```

此节点包括与 Gazebo 直接交互的代码，从而将命名的模型设置为指定的位姿（如 3.4 节中介绍的那样）。

在启动了 Baxter 仿真器（或物理机器人）后，等待机器人准备就绪，然后运行：

```
roslaunch baxter_launch_files baxter_object_grabber_nodes.launch
```

此启动文件启动了 12 个不同的节点。其中 3 个节点执行用来运行完成和终止这样的操作。这些节点启动机器人的执行器,在参数服务器上设置夹具 ID,并运行 playfile 而将手臂移动到已定义的等待位姿。

此启动文件也启动了与已保存配置文件相关的 rviz。它还包括启动 2 个静态转换发布器(定义了坐标系 generic_gripper_frame 和 system_ref_frame)的启动文件。

启动了 3 个服务:playfile 服务(对于目标抓取不需要,但可以有用),对象操作属性服务以及抽象化 Baxter 右夹具控制的通用夹具服务。

最后,启动 4 个动作服务器。启动左右臂关节轨迹动作服务器,它们可以将接收轨迹作为目标,并通过精插补来执行。(另外,可以启动和使用 ReThink 的关节轨迹动作服务器,尽管在使用时将需要调整笛卡儿运动动作服务器。)启动动作服务器 baxter_rt_arm_cart_move_as,它提供了特定于 Baxter 右臂的笛卡儿运动规划和执行功能,但是为不必知道机器人类型的动作客户端提供了一个接口。最后启动的动作服务器是 object_grabber_action_server,它假定采用了机器人独立的笛卡儿运动动作服务器(本例是 baxter_rt_arm_cart_move_as)。object_grabber_action_server 为客户端提供了一个动作服务器接口,使客户端能够指定独立于特定机器人或夹具的操作目标。

运行此启动文件的结果是控制 Baxter 的手臂移动到已定义的等待位姿,然后 object-grabber 等待目标。图 15.4 展示了它的初始状态。object-grabber 动作客户端程序示例有一个配有硬编码位姿的硬编码目标 ID,与 Gazebo 中生成的咖啡桌上的玩具块一致,正如图 15.3 所示那样。用户可以利用下面的命令运行客户端程序示例:

```
rosrun object_grabber example_object_grabber_action_client
```

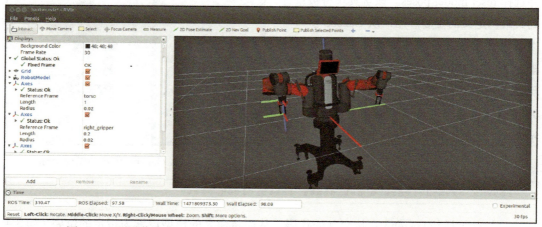

图 15.4 预设位姿中 Baxter 仿真器的 rviz 视图,给出了右手和右夹具坐标系

运行此节点将会使机器人拾取该玩具块、旋转它并将其放回原处。第一步是向 object-grabber 动作服务器发送一个 GRAB_OBJECT 目标。这将调用一系列操作,促使机器人将其夹具移动到推荐的接近位姿,打开夹具指,下降到所建议的抓取位姿,闭合夹具指并提

升到所建议的离开位姿。

执行默认策略的接近位姿产生了图 15.5 所示场景，夹具在玩具块正上方 0.1m 处，夹具指打开并对齐，准备下降到抓取位姿。

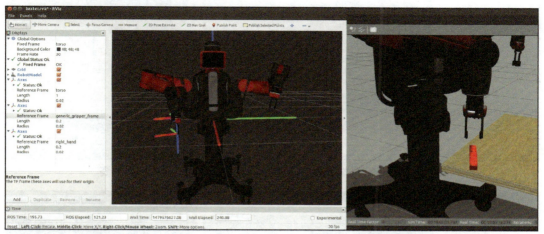

图 15.5　动作客户端 object_grabber_action_client 的接近位姿，在已知的精确坐标处预置玩具块

图 15.6 显示了移动到对象操作查询服务所描述的抓取位姿。结合指尖之间定义的原点定位通用夹具坐标系，以使其原点与玩具块坐标系原点重合。指定夹具坐标系方向，使夹具坐标系的 z 轴逆平行于玩具块坐标系的 z 轴，夹具坐标系的 x 轴平行于该玩具块的主轴（玩具块坐标系的 x 轴）。在这个建议的抓取位姿中，指尖跨立于玩具块的中心附近，准备抓取玩具块。在下降到抓取位姿并关闭夹具后，机器人移动到它的离开位姿，假定成功抓取目标，产生图 15.7 所示的位姿。这就结束了 GRAB_OBJECT 操作。接下来，object-grabber 动作客户端控制 DROPOFF_OBJECT。在这个序列中，机器人移动到一个位于 drop-off 坐标系上的接近位姿，下降到目标位姿，打开夹具，然后撤回夹具。图 15.8 展示了已将玩具块放置在其目标坐标系、夹具指已打开及准备撤回夹具这样一种状态。

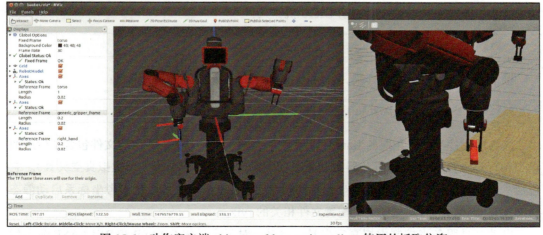

图 15.6　动作客户端 object_grabber_action_client 使用的抓取位姿

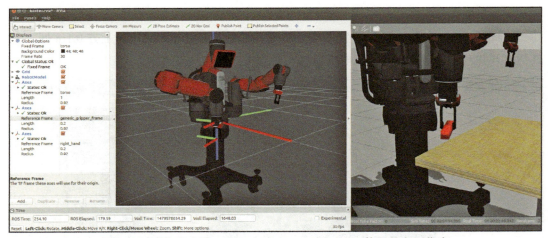

图 15.7　动作客户端 object_grabber_action_client 使用的离开位姿

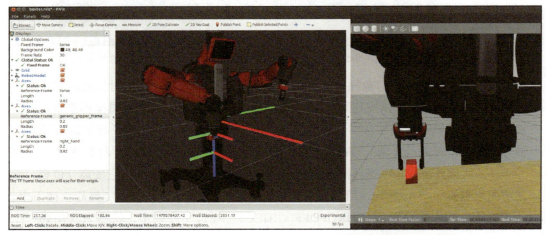

图 15.8　动作客户端 object_grabber_action_client 使用的 drop-off 位姿

为了说明动作客户端程序的通用性，UR10 机器人可以执行同一操作。首先，在一个添加了虚拟真空夹具的基座上启动 UR10 机器人：

```
roslaunch ur10_launch ur10_w_gripper.launch
```

接下来，添加桌子和玩具块，并启动 object-grabber 服务所需的节点：

```
roslaunch ur10_launch ur10_object_grabber_nodes.launch
```

该启动文件类似于相应的 Baxter 启动文件。(补充一点，UR10 启动文件包含了生成的桌子和玩具块。)它在参数服务器上设置了一个夹具 ID (本例中为一个虚拟真空夹具)。它包括一个启动文件，为通用夹具坐标系和相对于 UR10 坐标系的系统参考坐标系启动静态转换发布器。它也启动与预定义配置文件相关的 rviz。

启动夹具服务来控制虚拟真空夹具，但是，对于定义的 GRASP 和 RELEASE 命令代码，它仍然提供了一个通用接口。

启动笛卡儿运动动作服务器 ur10_cart_move_as。此动作服务器为动作客户端提供一个通用接口，但其实现特定于 UR10 机器人。

启动对象操作查询服务。此服务与 Baxter 示例中所用的一样。启动 object-grabber 动作服务，与 Baxter 示例中所用的一样。

启动这些节点的结果如图 15.9 所示。

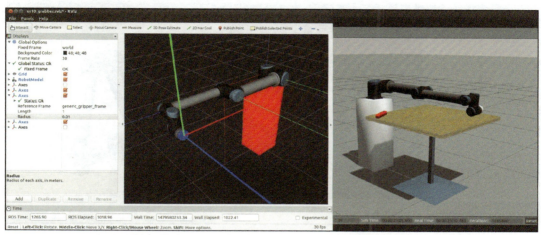

图 15.9　启动 UR10 object-grabber 节点后的初始状态

通过运行 object-grabber 动作服务器（支持节点），用户可以运行一个动作客户端。为 Baxter 示例演示的 object_grabber 动作客户端可以为 UR10 示例逐条运行：

```
rosrun object_grabber example_object_grabber_action_client
```

在执行 GRAB_OBJECT 操作时，首先将 UR10 发送到接近位姿，如图 15.10 所示。此接近位姿是由对象操作查询服务建议的，适合相对于玩具块部件的模拟真空夹具。

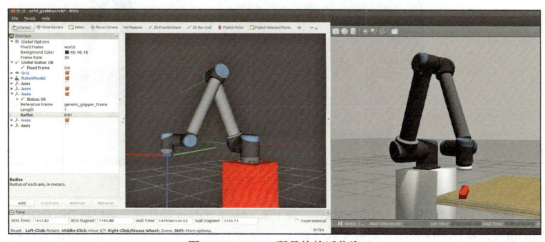

图 15.10　UR10 玩具块接近位姿

针对这种夹具和物体，图 15.11 展示了移动到对象操作查询服务所描述的抓取位姿的结果。定位通用夹具坐标系，其原点定义为真空夹具面的中心，如此原点与玩具块的顶面重合。指定夹具坐标系方向，使夹具坐标系的 z 轴逆平行于玩具块坐标系的 z 轴。（夹具坐标系 x 轴的方向是任意的，但限制为垂直于 z 轴。）在这个建议的抓取位姿中，可能期望真空夹具与玩具块的顶面形成一个密封。

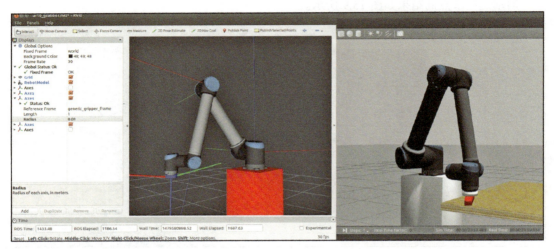

图 15.11 动作客户端 object_grabber_action_client 使用的抓取位姿

在下降到抓取位姿并控制夹具 GRASP 后，机器人移动到其离开位姿，假定已成功抓取目标，产生的位姿如图 15.12 所示。

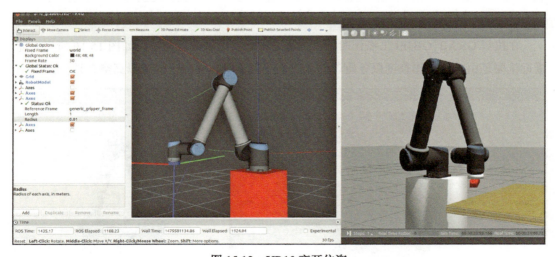

图 15.12 UR10 离开位姿

至此，结束了 GRAB_OBJECT 操作。接下来，object-grabber 动作客户端控制 DROPOFF_OBJECT。在这个序列中，机器人移动到 drop-off 坐标系上的一个接近位姿，下降到目标位姿，调用一个 RELEASE 命令至夹具，然后撤回夹具。图 15.13 展示了这样一个机器人状态，刚将玩具块放置在其目标坐标系但在夹具释放部件之前。

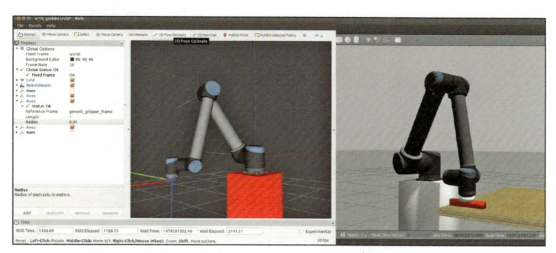

图 15.13　动作客户端 object_grabber_action_client 使用的 drop-off 位姿

object-grabber 动作客户端示例可以成功实现将一个部件从指定的初始位姿移动到期望的目标位姿这样一种期望的效果。用户可以在不同的机械臂和夹具上使用同一动作客户端。

15.6　小结

本章所描述的 object-grabber 动作服务是一个我们如何使用 ROS 才能让软件更具复用性的示例。object-grabber 动作服务独立于任何特定的机械臂。对于对象操作命令，系统必须知道使用的是哪种类型的夹具，这里采取的方法是通过参数服务器提供此信息。

结果表明，我们可以通过允许程序员专注于任务属性而非机器人属性这一方式，构成 object-grabber 动作服务器的动作客户端。在提供的简单示例中，将目标从指定的初始位姿重新定位到指定的目标位姿。这是通过使用 2 个不同夹具的机械臂来完成，但 2 个系统可以使用同一动作客户端程序来完成任务目标。

在本书的最后部分，我们考虑了系统集成的问题，包括感测、移动和操作。

PART6

第六部分
系统集成与高级控制

在这最后一部分里，重点是系统集成与高级控制。结合第二部分（建模）、第三部分（感知）、第四部分（移动）和第五部分（操作）的内容，第六部分对移动机械手进行建模和控制。这部分展示了如何将这些方面结合起来构建一个非常复杂的系统，从而能够使用感知、导航规划与执行以及操作规划与执行来执行目标导向的行为。所产生的系统体现了未来机器人系统的构成，它们将能够推理出实现特定目标的环境，而不仅是重复刻板的机械运动。

第16章

基于感知的操作

引言

在开发移动操作之前,我们首先考虑将感知和操作结合起来。融合感知和操作也需要手眼标定,因此,首先讨论外部相机标定。

16.1 外部相机标定

执行基于感知的操作需要相机标定。在 6.2 节中,我们已介绍了外部相机标定。此外,用户必须对外部相机进行标定以建立机器人参考坐标系与传感器参考坐标系之间的运动学变换。利用良好的外部标定,用户可以感知一个感兴趣的物体,然后从传感器坐标系到机器人基座坐标系转换物体的坐标。如果这种转换精确,则用户可构建和执行一个运动规划而使机器人成功抓取物体。

图 16.1 展示了近乎完美的外部相机标定。这个 rviz 视图对应于 Baxter 机器人模型上安装的 Kinect 传感器数据。(下一节将会描述此改进的 Baxter 模型。)首先,用户可通过创建一个空洞的世界来启动改进的 Baxter 模型:

```
roslaunch gazebo_ros empty_world.launch
```

然后启动:

```
roslaunch baxter_variations baxter_on_pedestal_w_kinect.launch
```

图 16.1 的屏幕截图是从机器人的肩部来看的,取自类似 Kinect 传感器的视角。在 rviz 显示中,基于点的 z 高度而着色 Kinect 的点云点。从这个角度来看,我们可以看到机器人右臂和手模型表面上的许多点。这些点与看到机械臂的 Kinect 相对应。点云点几乎

与机器人模型同时出现，就好像是在模型上描绘出来的。这种一致性解释了理想的手眼标定。这种精度水平超乎寻常地好，只有通过机器人与 Kinect 模型的自洽性才会出现。在仿真中，Kinect 传感器通过射线跟踪机械臂上的表面点来获得其点。这些表面点产生自机器人模型（在 URDF 中）和机器人的状态知识（关节角）。Kinect 相对于机器人躯干坐标系的转换是精确的，因为这种转换是机器人模型的一部分。因此，在机器人模型和该模型的 Kinect 感知之间没有标定误差。

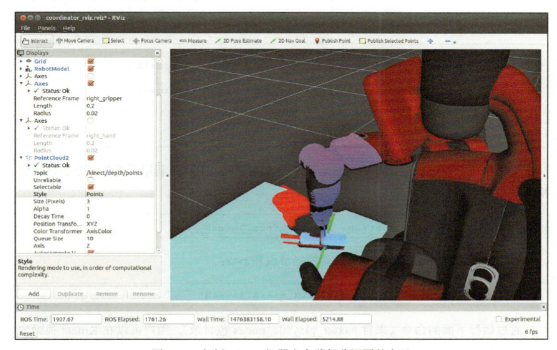

图 16.1　包括 Kinect 机器人右臂部分视图的点云

在实际中，物理机器人的 CAD 模型在模型与现实之间存在显著差异。此外，机器人连杆位姿的精确知识依赖于关节传感器的精度、机器人复位角标定的质量以及机器人运动学模型的精度。实际上，CAD 模型可以是高质量的，并且机器人的运动学模型和复位角的标定可以非常精确，因此，这些对于手眼标定误差的影响很小。

手眼标定中最大的误差源通常来自传感器（Kinect）坐标系与机器人躯干（或基座）坐标系之间转换的不确定性。以足够的精度找到这种转换是成功进行基于感知操作的必要条件。寻找此转换与 extrinsic 传感器标定有关。

如果机器人的 URDF 模型（包括在连杆的 CAD 模型中描述的运动学模型和可视化属性）足够精确，则诸如图 16.1 中的可视化可在实验上用于帮助识别传感器转换。

利用下面的命令，用户可以启动配置了 Kinect 传感器的改进 Baxter 机器人：

```
roslaunch gazebo_ros empty_world.launch
```

```
roslaunch baxter_variations baxter_on_pedestal_w_kinect2.launch
```

上面的启动文件和先前的 baxter_on_pedestal_w_kinect.launch 启动文件之间的差异是删除了下面的命令行：

```xml
<node pkg="tf" type="static_transform_publisher"
    name="kinect_broadcaster2" args="0
    0 0 -0.500 0.500 -0.500 0.500 kinect_link kinect_pc_frame 100" />
```

而将此行插入单独的 kinect_xform.launch 文件，其内容为：

```xml
<launch>
  <!--imperfect sensor transform, to illustrate extrinsic
      calibration -->
  <node pkg="tf" type="static_transform_publisher" name=
      "kinect_broadcaster2" args="
      0.1 0.1 0.1 -0.50 0.50 -0.50 0.5 kinect_link kinect_pc_frame
      100" />
</launch>
```

此转换中的数值故意不准确（在 x、y 和 z 方向偏移 0.1m）。利用下面的命令启动该转换发布器：

```
roslaunch baxter_variations kinect_xform.launch
```

然后，可以通过下面的命令来启动控制节点和 rviz：

```
roslaunch coordinator coord_vision_manip.launch
```

通过运行下面的命令（来自 baxter_playfile_nodes 包目录），用户可以在 Kinect 视野内方便地定位机器人的手臂：

```
rosrun baxter_playfile_nodes baxter_playback can_grasp_pose.jsp
```

在这些条件下，Kinect 的点云出现，如图 16.2 所示。由于不完善的 Kinect 坐标系转换，点云不再依赖机器人模型手臂的表面。我们将点云看作是与机械臂和夹具的形状有关，但是它偏离了机器人模型。用户可以停止、编辑和重启（无须重新启动任何其他节点）kinect_xform.launch。通过交互式更改转换值，用户可以尝试找到促使点云与机器人模型一致的数值，这种情形将预示着良好的手眼标定。

（注意，我们将 Gazebo 仿真中的传感器坐标系称为 kinect_pc_frame，但是在运行物理 Kinect 的驱动程序时称之为 camera_link，因此，对于仿真与物理设备需要不同的转换发布机制。）

作为一种可选方案，用户可以利用一个已知的附件转换将视觉目标附连到手臂，并且可以控制手臂将目标移动到空间中的不同位姿。通过将 Kinect 快照与相应的正向运动学解相关联，用户可以根据与机器人基座坐标系相关的相机转换来计算数据的最佳解。

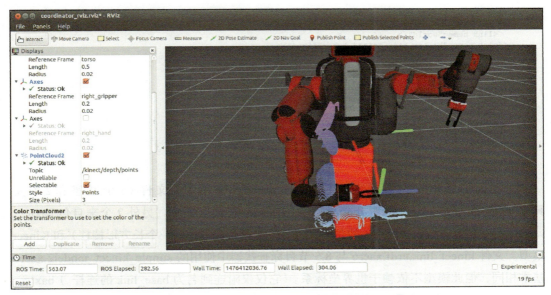

图 16.2　Kinect 转换不准确所导致的手臂感知偏移

假定外部传感器标定已达到足够的精度，用户可以使用感测信息来规划和执行操作。下面就介绍这样一个使用 Baxter 仿真器的示例。

16.2　综合感知和操作

在 8.5 节中，我们描述了 object-finder 动作服务器。用户可以从点云图像中推断出目标的坐标。在 15.4 节中，提出了一个 object-grabber 动作服务器，动作客户端可以使用它来指定操作目标，包括目标 ID 及其位姿。将这 2 种功能结合在一起，机器人就能够感知目标并操纵它们。

若要融合这些功能，用户可将 Kinect 传感器改装到 Baxter 机器人（模型或物理机器人）上。实现此效果的模型文件是包 baxter_variations 中的 baxter_on_pedestal.xacro。下面的模型文件仅合并单个模型文件。

```
<?xml version="1.0"?>
<robot
  xmlns:xacro="http://www.ros.org/wiki/xacro" name="baxter_on_pedestal">

  <!-- Baxter Base URDF -->
  <xacro:include filename="$(find baxter_description)/urdf/baxter_base/baxter_base.urdf.xacro">
    <xacro:arg name="gazebo" value="${gazebo}"/>
  </xacro:include>
  <!--grippers-->
  <xacro:include filename="$(find baxter_description)/urdf/left_end_effector.urdf.xacro" />
  <xacro:include filename="$(find baxter_description)/urdf/right_end_effector.urdf.xacro" />

  <!--retrofit with Kinect and pedestal-->
```

```xml
    <xacro:include filename="$(find baxter_variations)/kinect_link.urdf.xacro" />
    <xacro:include filename="$(find baxter_variations)/baxter_pedestal.xacro" />

    <!-- attach baxter torso to the pedestal -->
    <!-- results in torso 0.760 above ground plane-->
       <link name="world"/>
    <joint name="baxter_base_joint" type="fixed">
      <parent link="base_link" />
      <child link="base" />
      <origin rpy="0 0 0 " xyz="0 0 0.91"/>
    </joint>
    <joint name="glue_base_to_world" type="fixed">
      <parent link="world" />
      <child link="base_link" />
      <origin rpy="0 0 0 " xyz="0 0 0"/>
    </joint>

</robot>
```

在上面的代码中，包括来自包 baxter_description 的 3 个文件（1 个基座和 2 个夹具），此包是一个由 Rethink Robotics 提供的 Baxter 机器人模型。另外 2 个来自包 baxter_variations（在随书的软件库中）的包含文件分别是简单的基座（一个长方形棱柱）和 Kinect 模型。文件 kinect_link.urdf.xacro 与 8.5 节目标查找器中使用的 simple_kinect_model2.xacro 基本相同，但此模型不依赖于世界坐标系。（它仅仅附连到名为 base_link 的连杆。）baxter_pedestal.xacro 模型构成了 base_link。在 baxter_on_pedestal.xacro 中声明的 2 个关节严格地将 Baxter 基座附连到基座以及将基座附连到世界坐标系。这种模型组合将 Kinect 传感器（在 object-finder 包中使用）与机器人和夹具（在 object-grabber 包中使用）集成在一起。

首先，通过创建一个空洞的世界来启动此模型：

```
roslaunch gazebo_ros empty_world.launch
```

然后，启动：

```
roslaunch baxter_variations baxter_on_pedestal_w_kinect.launch
```

这将创建安装在基座上并增加了 Kinect 传感器的 Baxter 模型，位于放置玩具块的桌前，如图 16.3 所示。（注意：如果玩具块从桌上掉落，通过 Gazebo GUI 可重置其位置，在 edit 一栏选择 Reset Model Poses。）

一旦 Baxter 仿真器准备就绪，用户可以利用下面的命令启动控制节点：

```
roslaunch coordinator coord_vision_manip.launch
```

该启动文件启动 18 个节点，包括 6 个动作服务器节点、4 个用于服务的服务器节点、1 个标记显示侦听器节点、2 个静态转换发布器、1 个 rviz 和 4 个快速运行出结论的简单节点。前面已对这些节点中的大多数进行了介绍。

可运行出结论的 4 个节点通过执行操作而启动 Baxter 电动机，在参数服务器上设置夹具 ID，控制头盘转到零角度（以防启动旋转，挡住 Kinect 视野），运行 playfile 而将手臂移动到初始的位姿（经由避免碰撞咖啡桌的点）。

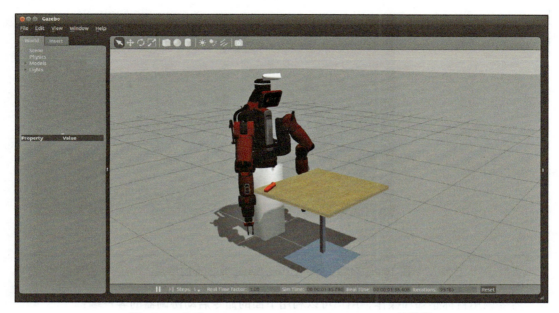

图 16.3　启动 baxter_on_pedestal_w_kinect.launch 的结果

通过 cartesian_planner 包中的启动文件，用户可引入 2 个静态转换发布器节点。这些发布器建立坐标系 generic_gripper_frame 和 system_ref_frame。

rviz 显示开始于预定义的配置文件。启动 example_rviz_marker 包中的 triad_display 节点，这有助于在 rviz 中显示目标查询结果。启动的 4 个服务包括：Baxter playfile 服务（不是必要的，但可能有用）；在 15.2 节中介绍的对象操作查询服务；在 15.3 节中介绍的控制 Baxter 右夹具的通用夹具服务；来自 example_gazebo_set_state 包的 set_block_state 服务。最后的服务不是必要的，但是对于运行操作测试可能很有用。每次调用此服务时，它就会将玩具块模型重设为一个限制在桌面上或机器人能力范围内的随机位姿。

在上述节点和服务的帮助下，用户可通过 6 个动作服务器来完成视觉和操作系统的主要工作。4 个服务器支持目标操作，如 15.1 节中图 15.1 所示。这些包括左右臂的轨迹流（14.5 节）、笛卡儿运动动作服务器（14.9 节）和 object-grabber 动作服务器（15.4 节）。object-grabber 动作服务器等待目标以执行操作。

若要融合感知和操作，用户还要启动 object-finder 动作服务器（8.5 节）。服务器等待目标以寻找目标位姿。

这里介绍的第 6 个动作服务器是来自 coordinator 包的 command_bundler。

启动这些节点以后，Baxter 机器人所呈现的位姿如图 16.4 所示。

在该位姿中，预置手臂准备从物体上方降落而不会撞到桌子。此外，定位手臂时避免挡住 Kinect 传感器的视野。在 rviz 中显示 Kinect 点云，因而桌上的玩具块比较明显。

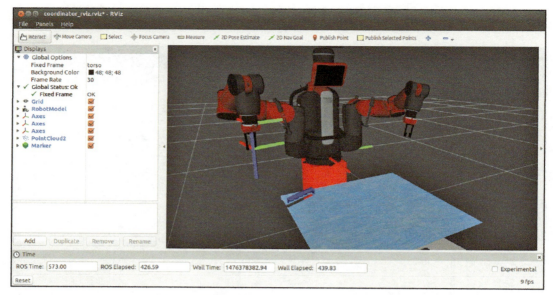

图 16.4 启动 coord_vision_manip.launch 的结果

若要调用目标感知和操作，用户可以利用下面的命令启动协调器的客户端：

```
rosrun coordinator acquire_block_client
```

此客户端请求协调器：查找桌面，感知玩具块，规划和执行玩具块的抓取，并将手臂（携带抓取的玩具块）移动到预置位姿位置。图 16.5 显示了在桌面上定位玩具块的请求结果。目标查找器利用点云数据计算玩具块的位置，并使用 triad_display 节点在 rviz 中放置一个标记

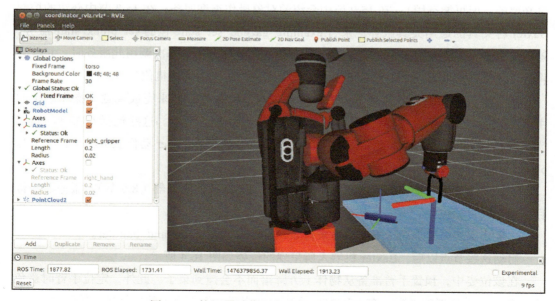

图 16.5 协调器动作服务调用玩具块感知的结果

来解释计算的结果。此步骤的示例结果如图 16.5 所示。这种表现与 8.5 节中描述的目标查找器一致。唯一的区别是，在 Baxter 机器人上安装了 Kinect 传感器，并且已知与 Baxter 躯干坐标系相关的 Kinect 传感器坐标系（因为它们都连接到一个与基座相关的已定义 base_link）。

给定目标坐标系，下一个目标是抓取物体。所调用的操作与 15.5 节中描述的示例 example_object_grabber_action_client 类似。该示例中的代码已合并到 command_bundler 动作服务器，从而调用 object-grabber 动作服务器的 GRASP 目标。机器人的手臂从上往下移动靠近（基于感知目标坐标系和来自对象操作查询服务的建议），打开夹具手指（使用通用的夹具服务接口），下降到抓取位姿，闭合夹具，并携带抓取的部件离开桌子。

图 16.6 展示了此过程的中间状态，其中将夹具定位在抓取位姿。在 rviz 中显示的轴表明，夹具和目标坐标系具有期望的抓取转换关系。

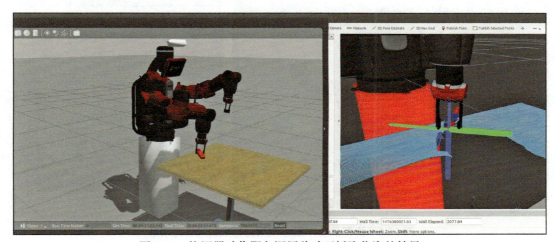

图 16.6　协调器动作服务调用移动至抓取位姿的结果

一旦抓取到目标，机器人执行离开移动，相应地在 z 轴方向上提升物体。移动的结果如图 16.7 所示。笛卡儿移动适合这个步骤，如此机器人不会将物体与桌子相碰而致抓取失败。

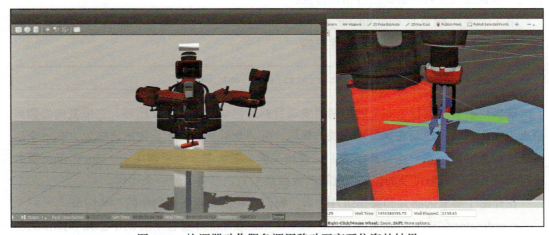

图 16.7　协调器动作服务调用移动至离开位姿的结果

在笛卡儿移动离开桌子后，机器人执行关节空间移动至已定义的预置位姿（仍然抓着玩具块）。

利用以下命令，用户可以调用第 2 个动作客户端来放置玩具块：

```
rosrun coordinator dropoff_block_client
```

该客户端指定了目标的硬编码 drop-off 位姿。这一移动依赖于 object-grabber 动作服务器，从而调用关节空间运动至接近位姿，笛卡儿下降到 drop-off 位姿，打开夹具，笛卡儿从 drop-off 位姿撤回。

图 16.8 展示了机器人释放前的 drop-off 位姿。

图 16.8　协调器动作服务调用目标 drop-off 的结果

在打开夹具并在垂直方向上执行笛卡儿移动的离开后，控制机器人返回其预置位姿位置。

命令簇动作服务器的客户端从动作服务器接收结果。如果报告了任何错误，则客户端有机会检查这些代码并尝试进行错误修复。

第 3 个客户端节点 coordinator_action_client_tester 在一个循环中融合目标拾取和放置。利用下面的命令可运行此动作客户端：

```
rosrun coordinator coordinator_action_client_tester
```

该客户端节点运行了一个向协调器发送目标并记录结果的连续循环。它反复向协调器请求感知玩具块，规划和执行玩具块的抓取，并将玩具块放置于指定的坐标处。在每个目标请求结果之后，客户端计算结果，记录相关的失败数据，然后调用 set_block_state 服务将玩具块（以随机但可及的位姿）重新放置在桌子上，以备另外一个迭代。

在介绍了集成的感知和操作组件之后，我们现在需要检查代码中的一些细节。coordinator 包中的启动文件 coord_vision_manip.launch 整合了有助于感知和操作的各种行为。节点 command_bundler.cpp 具有 15.4 节所描述的 object-grabber 动作服务器和 8.5 节所描述的 object-finder 动作服务器的动作客户端。命令簇节点提供了一个动作服务器 manip_task_action_service，它通过 ManipTask.action 消息与动作客户端进行通信。此操作消息定义了如下目标组件：

```
#goal specification:
int32 action_code #what should we do with the named object?
int32 object_code #refer to a-priori known object types by object-ID codes
geometry_msgs/PoseStamped pickup_frame #specify object coords for pickup
geometry_msgs/PoseStamped dropoff_frame #specify desired drop-off
                                       #coords of object's frame
int32 perception_source   #e.g. name a camera source
```

action_code 字段在节点 command_bundler.cpp 中选择了动作服务器的一个功能。在 ManipTask.action 消息的目标字段中定义的操作代码包括：FIND_TABLE_SURFACE, GET_PICKUP_POSE, GRAB_OBJECT, DROPOFF_OBJECT 和 MOVE_TO_PRE_POSE。这些操作代码中最简单的是 MOVE_TO_PRE_POSE，它只是控制机器人将其手臂举起到一个不会干扰 Kinect 传感器视野的位姿。

操作代码 FIND_TABLE_SURFACE 调用可识别水平面高度的 object-finder 动作服务器的功能。识别此平面可以更简单地找到它上面的物体。

大多数操作都是相对于特定目标而执行。通过目标消息 object_code 字段中的唯一标识代码，我们可引用此目标。在 object_manipulation_properties/object_ID_codes.h 头文件中定义这些代码。

操作代码 GET_PICKUP_POSE 需要附加的描述。用户必须通过 object_code 字段中的目标 ID 来指定要抓取的目标。此外，字段 perception_source 必须设置为感知源 ID（当前仅定义为 PCL_VISION）。如果指定了 PCL_VISION，则调用目标查找器来寻找桌面上指定的目标。在这种情况下，如果目标查找器成功地定位了指定的目标，则在字段 object_pose 的 result 消息中返回目标位姿。

操作代码 GRAB_OBJECT 调用运动规划和执行，包括关节空间移动到接近目标位姿，打开夹具并将夹指横跨于目标而抓取的笛卡儿运动，以及抓取位姿的笛卡儿离开。GRAB_OBJECT 操作需要指定目标 ID，这是运动规划器推断基于目标位姿的夹具位姿和期望的抓取转换所必需的。

在 coordinator 包的客户端节点 acquire_block_client.cpp 中介绍了这些操作。用户可通过将手臂发送到硬编码的预置位姿启动该节点，从而避免手臂阻挡 Kinect 的视野，并定位夹具以准备操作。下面的命令行调用此行为：

```
ROS_INFO("sending a goal: move to pre-pose");
g_goal_done = false;
goal.action_code = coordinator::ManipTaskGoal::MOVE_TO_PRE_POSE;
action_client.sendGoal(goal, &doneCb, &activeCb, &feedbackCb);
while (!g_goal_done) {
```

```
    ros::Duration(0.1).sleep();
}
if (g_callback_status!= coordinator::ManipTaskResult::MANIP_SUCCESS)
{
    ROS_ERROR("failed to move quitting");
    return 0;
}
```

操作代码 MOVE_TO_PRE_POSE 不需要生成其他的目标字段。在发送目标后，主程序将检查全局变量 g_goal_done，它将在动作服务器返回结果消息时由动作客户端的回调函数进行设置。动作客户端的回调函数将从动作服务器接收结果消息。如果成功实现目标，则结果字段 manip_return_code 会返回 MANIP_SUCCESS。检查该值，如果目标不成功，则退出客户端程序。

接下来，acquire_block_client 节点通过下面的命令行调用 find-table 行为：

```
//send vision request to find table top:
ROS_INFO("sending a goal: seeking table top");
g_goal_done = false;
goal.action_code = coordinator::ManipTaskGoal::FIND_TABLE_SURFACE;

action_client.sendGoal(goal, &doneCb, &activeCb, &feedbackCb);
while (!g_goal_done) {
    ros::Duration(0.1).sleep();
}
```

对于查找桌子顶部，在目标消息中只需要操作代码。与 MOVE_TO_PRE_POSE 目标一样，在发送目标后，主程序检查 g_goal_done，它将在动作服务器返回结果消息时由动作客户端的回调函数进行设置。

接下来使用以下命令行，动作客户端发送一个目标来寻找桌面上玩具块的位姿：

```
//send vision goal to find block:
ROS_INFO("sending a goal: find block");
g_goal_done = false;
goal.action_code = coordinator::ManipTaskGoal::GET_PICKUP_POSE;
goal.object_code= ObjectIdCodes::TOY_BLOCK_ID;
goal.perception_source = coordinator::ManipTaskGoal::PCL_VISION;
action_client.sendGoal(goal, &doneCb, &activeCb, &feedbackCb);
while (!g_goal_done) {
    ros::Duration(0.1).sleep();
}
if (g_callback_status!= coordinator::ManipTaskResult::MANIP_SUCCESS)
{
    ROS_ERROR("failed to find block quitting");
    return 0;
}
g_object_pose = g_result.object_pose;
```

在这种情况下，在目标消息中说明 Kinect 数据（感知源 PCL_VISION）的点云处理。如果成功找到目标，返回到动作客户端回调函数的结果消息将包含该目标的位姿。在当前示例中，无法找到目标将会导致退出动作客户端节点。更一般地，用户可以调用恢复行为，例如在其他地方查找该目标。

假定找到了目标，接下来就是控制机器人抓取目标，使用以下命令行：

```
//send command to acquire block:
ROS_INFO("sending a goal: grab block");
g_goal_done = false;
goal.action_code = coordinator::ManipTaskGoal::GRAB_OBJECT;
goal.pickup_frame = g_result.object_pose;
goal.object_code= ObjectIdCodes::TOY_BLOCK_ID;
action_client.sendGoal(goal, &doneCb, &activeCb, &feedbackCb);
while (!g_goal_done) {
    ros::Duration(0.1).sleep();
}
    if (g_callback_status!= coordinator::ManipTaskResult::MANIP_SUCCESS)
{
    ROS_ERROR("failed to grab block; quitting");
    return 0;
}
```

在上面代码中，目标操作代码设置为 GRAB_OBJECT，设置目标 ID 并指定其位姿（根据先前视觉调用函数返回的结果）。与前面的实例一样，主程序检查 g_goal_done 标志以确定动作服务器何时完成。如果返回代码没有指示成功，则程序退出。另外，用户可以尝试进行错误修复（例如再次查找部件并重新尝试抓取）。

如果成功地抓取目标，则再次调用 MOVE_TO_PRE_POSE 行为，然后结束此动作客户端。

第 2 个要说明的动作客户端是 dropoff_block_client.cpp。此节点硬编码了一个 drop-off 位姿，然后通过下面的命令行在 DROPOFF_OBJECT 行为中使用它：

```
g_goal_done = false;
goal.action_code = coordinator::ManipTaskGoal::DROPOFF_OBJECT;
goal.dropoff_frame = dropoff_pose; //pre-defined pose
goal.object_code= ObjectIdCodes::TOY_BLOCK_ID; //assumes robot is holding ←
    TOY_BLOCK object
action_client.sendGoal(goal, &doneCb, &activeCb, &feedbackCb);
while (!g_goal_done) {
    ros::Duration(0.1).sleep();
}
    if (g_callback_status!= coordinator::ManipTaskResult::MANIP_SUCCESS)
{
    ROS_ERROR("failed to drop off block; quitting");
    return 0;
}
```

在上面代码中，设置了目标字段 dropoff_frame 以及目标 ID。drop-off 坐标系适用于所抓取目标的期望位姿，因此，我们需要目标 ID 来从相关的抓取转换中推导出相应的工具凸缘位姿。与先前一样，轮询 g_goal_done 标志，然后检查结果代码以评估 drop-off 是否成功。

节点 coordinator_action_client_tester 解释了融合目标获取和目标 drop-off。利用硬编码值，用户可设置目标 dropoff_frame。使用那些与拾取和 drop-off 动作客户端示例相同的代码行，我们可反复调用感知、抓取和 drop-off。每次尝试后，随机化玩具块位姿，并重复感知、抓取和放置操作。

16.3 小结

在本章中，融合了感知和操作以实现基于视觉的操作。前面介绍的 object-finder 动作服务器和 object-grabber 动作服务器可以一起使用，这是由命令簇进行协调。对于基于视觉的操作，重要的是标定机器人的图像源。结果表明，用户可以使用 rviz 来可视化外部相机标定的质量，并且可以交互地进行标定。

这里介绍的命令簇动作服务器示例以及相应的动作客户端节点，阐明了如何集成感知和操作。如果机械手可移动，则可实现更大的灵活性，下面将对此进行讨论。

第17章 移动操作

引言

通过将 Baxter 模型与先前的机器人移动平台相结合,我们就可以介绍移动操作了。然后,移动机械手可以利用第三部分(感知)、第四部分(移动)和第五部分(操作)中的所有开发。

17.1 移动机械手模型

移动机械手模型包含在包 baxter_variations 的文件 baxter_on_mobot. xacro 中。此模型文件的内容如下:

```
<?xml version="1.0"?>
<robot
  xmlns:xacro="http://www.ros.org/wiki/xacro" name="baxter_on_mobot">
  <xacro:include filename="$(find baxter_variations)/mobot_base.xacro" />

  <xacro:include filename=
     "$(find baxter_variations)/baxter_base.urdf.xacro">
    <xacro:arg name="gazebo" value="${gazebo}"/>
  </xacro:include>
  <xacro:include filename=
     "$(find baxter_description)/urdf/left_end_effector.urdf.xacro" />
  <xacro:include filename=
     "$(find baxter_description)/urdf/right_end_effector.urdf.xacro" />
  <xacro:include filename=
     "$(find baxter_variations)/kinect_link.urdf.xacro" />

  <!-- attach baxter torso to the mobile robot -->
  <joint name="baxter_base_joint" type="fixed">
    <parent link="mobot_top" />
    <child link="base" />
    <origin rpy="0 0 0 " xyz="0.1 0 0.06"/>
  </joint>
</robot>
```

该模型汇集了移动基座模型（mobot_base.xacro）、Baxter 模型，左、右末端执行器，以及 Kinect 模型。Baxter 模型是移除基座（以及禁用多个传感器）的原始模型的改进版。移动基座几乎等同于包 mobot_urdf 中的 mobot-with-Lidar 模型（详见第二部分）。然而，移动机器人的高度与 Baxter 基座的高度大致相同。

使用在 baxter_on_mobot.xacro 模型文件中定义的固定 baxter_base_joint，用户可将 Baxter 模型 base 坐标系连接到移动基座的 mobot_top 坐标系。

通过包括来自包 baxter_variations 的 Kinect 模型文件 kinect_link.urdf.xacro，用户可将 Kinect 传感器添加到机器人模型上。这个模型文件与 16.2 节中 baxter_on_pedestal.xacro 所包括的文件（也在 baxter_variations 中）相同。Kinect 模型文件包含一个将 Kinect 连杆附连到 Baxter 躯干坐标系的关节。

图 17.1 给出了组合的移动基座以及 Baxter 机器人。

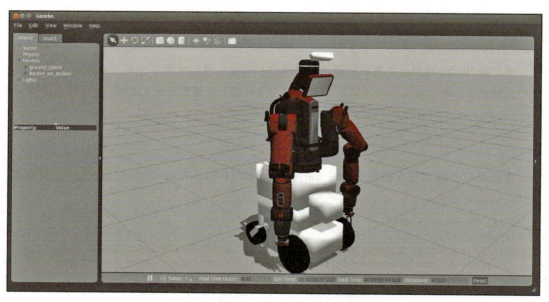

图 17.1　移动机械手模型的 Gazebo 视图

该模型包括了 Baxter 机器人的功能、Kinect 传感器和带有激光雷达传感器的移动基座。相关的传感器和控件支持地图制作、定位和导航，以及 3 维点云感知和机器人操作。

17.2　移动操作

我们通过以下步骤来介绍移动操作。首先，利用下面的命令启动 Gazebo 和 baxter_on_mobot 模型：

```
roslaunch baxter_variations baxter_on_mobot.launch
```

（注：移动机器人使用了一个激光雷达 Gazebo 插件，这需要 GPU 或适当的模拟。）其次，启动机械手控件。等待仿真器稳定。然后，启动各种节点和服务，包括命令簇：

```
roslaunch coordinator command_bundler.launch
```

该启动文件与 16.2 节中所使用的几乎相同，除了它包含移动性节点。当然，文件 baxter_variations/mobot_startup_navstack.launch 也包括在内。此启动文件启动了 AMCL 定位器，加载了代价图和 move_base 参数，并启动了 move_base 节点。此外，还启动了 2 个实用服务：open_loop_nav_service 和 open_loop_yaw_service，这开启了基座上的简单开环控制（例如，后退一段定义的距离）。

通过运行一系列节点，用户可以以递增方式控制移动操作过程。以下行：

```
rosrun coordinator acquire_block_client
```

调用目标感知和抓取，如 16.2 节所示。一旦抓取到玩具块，用户可利用手动命令控制基座向后移动 1m：

```
rosservice call open_loop_nav_service -- -1
```

然后，利用服务调用函数控制其逆时针旋转 1rad：

```
rosservice call open_loop_yaw_service 1
```

这里所使用的命令用来简化 move_base 中的规划过程。当机器人靠近桌子时，move_base 规划器可能认为机器人处于一个规划器无法恢复的致命位姿。此外，规划器对于调用逆向运动有点困难，该逆向运动是机器人从其接近桌子到离开所必不可少的。通过插入手动运动命令，用户可从表中清除机器人并指向出口，随后的自动化规划更简单、更稳健。

此时，用户可以利用以下命令启动自动的规划和驱动：

```
rosrun example_move_base_client example_move_base_client
```

该客户端要求将基座从其当前位姿移动到这样一个目标位姿，即靠近和面对放置钢笔的第 2 张桌子。

一旦机器人接近第 2 张桌子，用户可以利用下面的命令调用一个接近桌子的开环命令：

```
rosservice call open_loop_nav_service 0.7
```

该命令假定 move_base 进程成功实现了面向第 2 张桌子的位姿，偏移量约为 0.7m（以避免进入致命区域的感知）。（稍后将放宽此开环假设。）

随着机器人已接近第 2 张桌子,用户可以使用一个相对于机器人躯干的硬编码终点调用玩具块 drop-off 命令:

```
rosrun coordinator dropoff_block_client
```

上面的增量过程解释了移动操作中所涉及的步骤。然而,缺点是机器人相对于第 2 张桌子的位姿可能不够精确,无法成功实现玩具块 drop-off。更可靠的是,用户将会调用感知来微调接近位姿以及感知 drop-off 位置。在节点 fetch_and_stack_client 中解释了这类改进,此节点融合了上述所有步骤,除了基于感知的接近和 drop-off。利用下面的命令可以运行该节点:

```
rosrun coordinator fetch_and_stack_client
```

fetch-and-stack 节点包括命令簇(用于感知和操作)和 move_base(用于导航规划和执行)的动作客户端。另外,它还有开环基座转换和偏航服务的客户端。此节点包含上述的独立命令,包括玩具块感知和抓取、开环基座备份和重新定位、导航调用。在此节点中,导航器通过第一个命令运动到靠近启动笔出口的一个穿过点,然后控制接近第 2 张桌子。一旦完成 move_base 接近第 2 张桌子,fetch-and-stack 节点咨询 tf 以找到相对于地图坐标系的机器人基座(通过 AMCL 计算)。从这个位姿出发,计算第 2 张桌子与已知地图坐标系的偏移量,并调用开环接近服务而靠近桌子。

图 17.2 和图 17.3 给出了 fetch-and-stack 的初始和最终操作。图 17.2 展示了 Gazebo 和 rviz 视图中的移动机器人,最初定位在放有玩具块的桌前。rviz 视图展示了全局代价图中的机器人位姿。机器人位姿的不确定性离散度最初非常大,因为机器人还没有移动,因此没有确凿的证据证明它的位姿超越了其启动位姿的 LIDAR 视图。然而,可以准确抓取目标,因为它的位姿是基于来自 Kinect 数据的机器人感知。

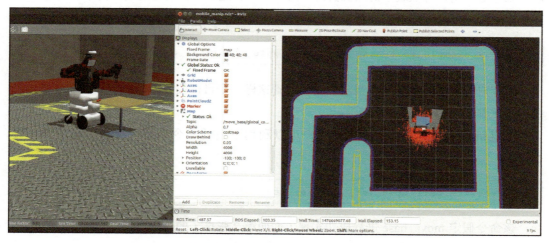

图 17.2　刚启动后移动机械手的 rviz 和 Gazebo 视图

图 17.3 移动机械手堆叠抓取的玩具块的 rviz 和 Gazebo 视图

在机器人已遵循其导航规划、接近第 2 张桌子、寻找桌上的玩具块以及在桌面上堆叠抓取的玩具块后，图 17.3 展示了 fetch-and-stack 客户端的结果。图 17.3 中的 rviz 视图给出了计算的路径（细蓝线）以及与机器人左侧墙壁对齐的 LIDAR 脉冲（红色球状体），这就能够进行定位。

fetch_and_stack_client.cpp 的 275 ～ 291 行（如下所示）朝第 2 张桌子执行最后的接近。已知期望的接近坐标，我们可咨询 tfListener 以在 move_base 命令（故意缺失最终目的地）结束时找到机器人的位姿。调用开环偏航服务来纠正任意方向偏差，并使用开环转换服务将机器人推进到一个相对桌子的计算距离。

```
nt_pose = xform_utils.get_pose_from_stamped_tf(tfBaseLinkWrtMap);
_utils.printStampedPose(current_pose);
 xform_utils.convertPlanarQuat2Phi(current_pose.pose.orientation);
NFO("yaw = %f",yaw);
ired yaw is -90 deg = -1.57 rad
oopNavSvcMsg.request.move_distance= -1.57-yaw;
aw_client.call(openLoopNavSvcMsg);
 move forward as well:
stener.lookupTransform("map","base_link", ros::Time(0), tfBaseLinkWrtMap);
nt_pose = xform_utils.get_pose_from_stamped_tf(tfBaseLinkWrtMap);
_utils.printStampedPose(current_pose);

NFO("approaching table 2");
uld be pointing in -y direction w/rt map; compute how much to creep up on ←
table:
oopNavSvcMsg.request.move_distance= -(table2_y_des  -current_pose.pose.←
osition.y);
ove_client.call(openLoopNavSvcMsg);
```

若要解释基于感知的 drop-off，复用先前的玩具块感知代码。（启动文件已经在此桌上放了一个玩具块。）fetch-and-stack 节点请求第 2 个桌上玩具块的感知（301 ～ 304 行）：

```
goal.action_code = coordinator::ManipTaskGoal::GET_PICKUP_POSE;
goal.object_code= TOY_BLOCK_ID;
```

```
goal.perception_source = coordinator::ManipTaskGoal::PCL_VISION;
action_client.sendGoal(goal, &doneCb, &activeCb, &feedbackCb);
```

然后，fetch-and-stack 客户端计算在现有玩具块上堆叠玩具块的对应坐标，并基于这些坐标控制 drop-off。325～330 行实现此计算：

```
goal.action_code = coordinator::ManipTaskGoal::DROPOFF_OBJECT;
goal.dropoff_frame = g_object_pose; //frame per PCL perception
goal.dropoff_frame.pose.position.z+=0.035; //set height to one ←
      block thickness higher
                                     // so new block will stack ←
                                            on prior block
goal.object_code= ObjectIdCodes::TOY_BLOCK_ID;
action_client.sendGoal(goal, &doneCb, &activeCb, &feedbackCb);
```

结果是机器人成功地将抓取的玩具块放置在感知的玩具块之上。更一般地，用户可以感知一个托盘或特定的包，并从这个角度推断放置的坐标。

17.3 小结

本章中介绍的示例集成了本书中描述的单元。使用了所有 4 种形式的 ROS 通信：参数服务器、发布和订阅、服务以及动作服务器。机器人仿真、传感器仿真、机器人建模和可视化用来将移动平台、双臂机器人和 Kinect 传感器结合在一起。感知处理用于定位感兴趣的目标。计算和执行手臂运动规划以操控目标。使用传感器定位、全局运动规划、局部运动规划和车辆驱动来执行与地图相关的导航。总的来说，这些组件使移动机械手能够使用其传感器来规划和操作，从而完成指定的目标。

这里所给出的示例是出于解释目的而特意进行了简化。用户可以而且应该对它们做出许多改进。仅是对感知系统进行验证就可在大体已知高度的水平面上辨识一个单独的、孤立的目标。对象操作查询服务只是一个更胜任未来系统的骨架，组合了许多目标和夹具。利用较差的驱动精度来执行导航规划，用户可以通过融入精密转向算法来提高精度。最重要的是，示例代码不包含误差检测和纠正。一个实际的系统将是一个提供适当误差测试和应急规划的较大数量级的系统。

尽管有许多简化和限制，但这些示例展示了 ROS 在简化构建大型复杂机器人系统方面的潜力。使用 ROS 包、节点和消息选项激励了模块化、代码复用、协作以及扩展性和测试性。利用这些优点，ROS 承诺一个希望，即未来可能建立高度复杂和精干的机器人系统。

第18章

总　　结

虽然第一个工业机器人诞生于 50 年前，但是该领域的进展缓慢。在很大程度上，这是因为用于独特系统构建的力量薄弱，而且在随后的系统中很少复用这种工作。由于构建复杂、智能的系统困难重重，个人的努力难以超越早期项目的成就。随着 ROS 的问世以及机器人学对它的接受，目前的机器人系统的发展比过去要快得多，使得人们更加关注推动机器人能力的前沿技术。利用 ROS 的通信基础结构，用户可以同时运行独立但集成的节点，并且可以在多台计算机上轻松地分配这些节点，这些节点可以是来自全世界合作者的贡献。在 ROS 兼容的系统中，用户可以便捷快速地使用和集成那些表现出具有世界领先性能的特定算法。此外，ROS 还具有独立的开源项目，包括 OpenCV、点云库、Eigen 库和 Gazebo（基础的开源物理引擎）。

本书结构化地概述了 ROS，从其通信基础开始。第一部分介绍了节点之间的通信概念，包括发布和订阅的范例、服务和客户端、动作服务器、动作客户端和参数服务器。协助开发和调试的工具包括 rosrun、roslaunch、rosbag、rqt_plot、rqt_reconfigure 和 rqt_console。这些工具连同底层的通信，帮助开发人员比以往任何时候都更快地创建机器人系统。

第二部分介绍了 ROS 中的仿真和可视化。机器人描述格式统一，将便于机器人建模，包括运动学、动力学、可视化和物理的交互（接触和碰撞）。ROS 仿真能力的一个关键组件是能够仿真物理传感器，包括扭矩传感器、加速度计、LIDAR、相机、立体相机和深度相机。此外，Gazebo 仿真和 rviz 可视化的开源支持额外的插件而扩展这些功能。通过提供机器人模型的可视化及其感测值（如点云显示）和规划的可视化（如代价图中的导航规划），rviz 支持机器人系统的开发。除了提供感测显示，rviz 还可以用作人机接口。操作员可以直接与显示的数据进行交互，为机器人系统提供关注或语境焦点。用户定义的标记可以帮助展示机器人的"想法"，这有助于在监督控制系统中对规划进行调试或验证。用户也可以构建交互的标记，允许操作员指定 6 维位姿。

第三部分阐述了感知处理，包括相机标定、使用 OpenCV、立体成像、3 维 LIDAR 感知和深度相机。传感器的使用对于建图、导航、避碰、目标感知和定位、操作、误差检测和恢复都是必要的。感知处理是一个很大的领域，目前的介绍通常并不是用来示教机器视觉或点云处理。然而，作为 ROS 的一项功能，它与感知平滑地结合，包括 OpenCV 与 PCL 的桥接。ROS 为坐标转换提供了广泛的支持，这也是关键之一。坐标转换对于标定传感器以实现导航、避碰以及手眼协调至关重要。ROS 的 tf 包和 tfListener 用于整合在 rviz 中显示的数据，以及支持导航和机械臂运动学。对目标查询动作服务器进行了描述，并可识别和定位其中特定的、模型化的目标。该示例包的功能有限，但是它解释了更通用的感知包功能。

第四部分介绍了 ROS 对移动机器人的支持。导航栈是 ROS 众多成功之一。它集成了制图、定位、全局规划、局部规划和转向。能一起工作的导航栈模块包括来自世界各地研究员的一些最优算法。同时，用户可以对整个领域或特定的目标系统进行改进。

第五部分介绍了 ROS 机械臂规划和控制方面。在关节空间层面，轨迹消息的概念统一了各种常见和新颖的机器人之间的接口，而并行的 ROS 工业努力则将其扩展为日益增长的工业机器人基础。关节级接口支持示教和回放——通用的工业编程方法。然而，基于感知的操作需要在线运动学规划。虽然机器人运动学（正向和逆向）和运动学规划的领域太宽泛而无法在本书中全面讨论，但书中展示了如何在 ROS 中实现运动学库和运动学规划。使用 Baxter 机器人的一个现实仿真，我们可提供具体的示例。介绍了 object-grabber 操作服务器，它利用已知的期望抓取转换，在目标操作的环境下实现运动学规划和执行。它展示了如何构造这种功能以便在任务级对操作编程进行抽象。通过这种抽象，用户可以在不同类型的机器人与不同类型的工具或夹具之间复用操作程序。

第六部分聚焦于系统集成。结合 LIDAR 导航感知和深度操作感知，我们将第二部分的机器人和传感器建模用于在移动基座上集成双臂机器人。第三部分的目标查找器、第四部分的导航堆栈实现以及第五部分的 object-grabber 包都整合在 fetch-and-stack 示例中。利用这些功能，机器人能够感知目标、规划和执行目标的抓取、导航到 drop-off 目的地、感知 drop-off 位置并相应地放置抓取目标。该演示显示了在自动化存储和检索、工业配套操作、填写客户订单的物流以及机器人未来应用中的新兴领域。

虽然这个展示已研究了机器人的很多方面，但是这也仅是触及到了表面。ROS 有数以千计的开源包，允许开发人员快速构建新颖的系统以及合并特定的专业技能，而不需要开发人员成为每个方面的专家。全球范围的从业者将继续贡献其他的功能及其升级。这里没有提到更高级的控制，包括更加抽象规划的状态机和决策树。在 ROS 中，用户可以使用 3 维复杂的目标识别、抓取规划、环境建模和运动学规划。我们还未描述整合了许多这种组件的 MoveIt! 环境。尽管如此，作者希望本书能让读者成为一个更有效的学习者。ROS 的在线教程提供了本书未覆盖的广泛细节，但是本书将使读者能够更有效地从这些教程中学习。此外，希望读者通过构建和剖析本书所附的代码，能更有效地使用现有的 ROS 包，必要时使用和改进它们并贡献新的包和工具，从而进一步促进机器人学领域的发展。

参 考 文 献

[1] C. E. Agero, N. Koenig, I. Chen, H. Boyer, S. Peters, J. Hsu, B. Gerkey, S. Paepcke, J. L. Rivero, J. Manzo, E. Krotkov, and G. Pratt. Inside the virtual robotics challenge: Simulating real-time robotic disaster response. *IEEE Transactions on Automation Science and Engineering*, 12(2):494–506, April 2015.

[2] H. H. An, W. I. Clement, and B. Reed. Analytical inverse kinematic solution with self-motion constraint for the 7-dof restore robot arm. In *2014 IEEE/ASME International Conference on Advanced Intelligent Mechatronics*, pages 1325–1330, July 2014.

[3] Haruhiko Asada and Jean-Jacques E. Slotine. *Robot analysis and control*. J. Wiley and Sons, New York, 1986. A Wiley Interscience publication.

[4] Gary Bradski and Adrian Kaehler. *Learning OpenCV*. O'Reilly Media Inc., 2008.

[5] DARPA Urban Challenge. http://archive.darpa.mil/grandchallenge/.

[6] Boston Dynamics. http://www.bostondynamics.com/robot_Atlas.html.

[7] J.F. Engelberger, D. Lock, and K. Willis. *Robotics in Practice: Management and Applications of Industrial Robots*. AMACOM, 1980.

[8] Open Dynamics Engine. http://www.ode.org/.

[9] C. Fitzgerald. Developing baxter. In *2013 IEEE Conference on Technologies for Practical Robot Applications (TePRA)*, pages 1–6, April 2013.

[10] Open Source Robotics Foundation. http://www.osrfoundation.org/.

[11] J. Funda and R. P. Paul. A comparison of transforms and quaternions in robotics. In *Proceedings. 1988 IEEE International Conference on Robotics and Automation*, pages 886–891 vol.2, Apr 1988.

[12] Willow Garage. http://www.willowgarage.com/.

[13] Patrick Goebel. *ROS By Example*. Lulu, April 2013.

[14] L. Gomes. When will google's self-driving car really be ready? it depends on where you live and what you mean by "ready" [news]. *IEEE Spectrum*, 53(5):13–14, May 2016.

[15] V. Hayward and R. Paul. Introduction to rccl: A robot control amp;c amp; library. In *Proceedings. 1984 IEEE International Conference on Robotics and Automation*, volume 1, pages 293–297, Mar 1984.

[16] P. Kazanzides, Z. Chen, A. Deguet, G. S. Fischer, R. H. Taylor, and S. P. DiMaio. An open-source research kit for the da vinci; surgical system. In *2014 IEEE International Conference on Robotics and Automation (ICRA)*, pages 6434–6439, May 2014.

[17] Desmond King-Hele. Erasmus darwin's improved design for steering carriages–and cars. *Notes and Records of the Royal Society of London*, 56(1):41–62, 2002.

[18] DaVinci Research Kit. https://github.com/jhu-dvrk/dvrk-ros.

[19] Nathan Koenig and Andrew Howard. Design and use paradigms for gazebo, an open-source multi-robot simulator. In *IEEE/RSJ International Conference on Intelligent Robots and Systems*, pages 2149–2154, Sendai, Japan, Sep 2004.

[20] Eigen Library. http://eigen.tuxfamily.org/.

[21] PointCloud Library. http://pointclouds.org/.

[22] Hokuyo LIDAR. https://www.hokuyo-aut.jp/02sensor/07scanner/urg_04lx_ug01.html.

[23] Sick LIDAR. www.sick.com/us/en/product-portfolio/detection-and-ranging-solutions/3d-laser-scanners/c/g282752ation.

[24] Labview Robotics Module. http://www.ni.com/white-paper/11564/en/.

[25] Richard M. Murray, Zexiang Li, and S. Shankar Sastry. *A mathematical introduction to robotic manipulation*. CRC Press, Boca Raton, 1994.

[26] Andrew Y. Ng, Stephen Gould, Morgan Quigley, Ashutosh Saxena, and Eric Berger. Stair: Hardware and software architecture. In *AAAI 2007 Robotics Workshop*, 2007.

[27] Jason M. O'Kane. *A Gentle Introduction to ROS*. Independently published, October 2013. Available at http://www.cse.sc.edu/~jokane/agitr/.

[28] OpenCV. http://opencv.org/.

[29] M. W. Park, S. W. Lee, and W. Y. Han. Development of lateral control system for autonomous vehicle based on adaptive pure pursuit algorithm. In *2014 14th International Conference on Control, Automation and Systems (ICCAS 2014)*, pages 1443–1447, Oct 2014.

[30] G. Pratt and J. Manzo. The darpa robotics challenge [competitions]. *IEEE Robotics Automation Magazine*, 20(2):10–12, June 2013.

[31] Yale Openhand Project. https://www.eng.yale.edu/grablab/openhand/.

[32] Selected Patch Publisher. https://github.com/xpharry/publish_selected_patch.

[33] Selected Points Publisher. https://github.com/tu-rbo/turbo-ros-pkg.

[34] Morgan Quigley, Brian Gerkey, and William D. Smart. *Programming Robots with ROS*. O'Reilly Media, 12 2015.

[35] Carnegie Robotics. http://carnegierobotics.com/multisense-sl.

[36] Bruno Siciliano, Lorenzo Sciavicco, and Luigi Villani. *Robotics : modelling, planning and control*. Advanced Textbooks in Control and Signal Processing. Springer, London, 2009. 013-81159.

[37] Baxter simulation model. http://sdk.rethinkrobotics.com/wiki/Baxter_Simulator.

[38] J. Solaro. The kinect digital out-of-box experience. *Computer*, 44(6):97–99, June 2011.

[39] IEEE Spectrum. http://spectrum.ieee.org/automaton/robotics/robotics-software/microsoft-shuts-down-its-robotics-group.

[40] Microsoft Robotics Studio. http://www.techspot.com/downloads/3690-microsoft-robotics-studio.html.

[41] Intuitive Surgical. http://www.intuitivesurgical.com/.

[42] Velodyne. http://velodynelidar.com/.